LEOPOLD KRONECKER'S WERKE.

LEOPOLD KRONECKER'S WERKE.

HERAUSGEGEBEN AUF VERANLASSUNG

DER

KÖNIGLICH PREUSSISCHEN AKADEMIE DER WISSENSCHAFTEN

VON

K. HENSEL.

DRITTEN BANDES ERSTER HALBBAND.

LEIPZIG,
DRUCK UND VERLAG VON B. G. TEUBNER.
1899.

VORREDE.

Nach dem in der Vorrede zum ersten Bande veröffentlichten Plane sollen die drei ersten Bände der Werke Leopold Kronecker's alle auf die arithmetische Theorie der algebraischen Grössen bezüglichen veröffentlichten und nachgelassenen Abhandlungen enthalten.

Da die Anzahl und der Umfang der noch nicht veröffentlichten Arbeiten verhältnissmässig gross ist, so erschien es zweckmässig, den letzten von diesen drei Bänden in zwei Halbbände zu theilen, von denen ich den ersten hiermit der Oeffentlichkeit übergebe. Er enthält 16 Abhandlungen, deren Publication in die Zeit von 1883—1890 fällt.

Bei der genauen Nachprüfung dieser Arbeiten bin ich, wie ich hier mit aufrichtigem Danke hervorheben möchte, in wirksamster Weise durch die Herren Hermite, Kneser, Minkowski, Netto, Steinitz und Vahlen unterstützt worden; so konnte das Erscheinen dieses Bandes verhältnissmässig schnell nach dem des zweiten Bandes erfolgen.

Berlin, im April 1899.

K. Hensel.

INHALTSVERZEICHNISS.

SUR LES UNITÉS COMPLEXES

PAR

M. L. KRONECKER.

Comptes rendus des séances de l'Académie des Sciences, t. XCVI, I Sem. 93—98, 148—152, 216—221, séances des 8, 15 et 22 janvier 1883.

SUR LES UNITÉS COMPLEXES.

»Une Lettre de Lejeune-Dirichlet, adressée à Liouville et insérée dans les *Comptes rendus* de 1840 (t. X, p. 285[1]), contient les premières Communications de l'illustre géomètre sur ses recherches concernant les unités complexes. Jamais on n'avait encore abordé dans toute leur généralité ces belles questions, qui comptent parmi les plus élevées de l'Arithmétique. Lejeune-Dirichlet se sert, pour les résoudre, de méthodes à la fois simples et fécondes. Dans ces recherches comme dans tant d'autres, il fait plutôt usage de la puissance admirable de sa pensée que de sa connaissance profonde des méthodes analytiques. Il trouve ainsi la voie la plus directe qui conduit au résultat.

»Lejeune-Dirichlet a communiqué plus tard à l'Académie de Berlin trois Notes (*Monatsberichte*, octobre 1841, avril 1842, mars 1846[2]) dans lesquelles il donne les résultats principaux de ses recherches sur les unités complexes, mais indique seulement les démonstrations. Dans la Note de 1846, il désigne comme point capital de cette théorie que, si les valeurs absolues différentes des racines de l'équation fondamentale sont en nombre h, on peut trouver $h-1$ unités complexes indépendantes.

»Dans les Leçons sur la théorie arithmétique des formes algébriques que j'ai données à l'Université de Berlin en février et mars 1882, j'ai exposé dans tous ses détails la théorie des unités complexes et j'ai surtout cherché à mettre en pleine lumière la cause du succès des méthodes employées par

---

1) *G. Lejeune-Dirichlet* gesammelte Werke Bd. I S. 619—624. H.

2) *G. Lejeune-Dirichlet* gesammelte Werke Bd. I S. 625—632, 633—638, 639—644. H.

Lejeune-Dirichlet. A cet effet, j'ai spécialement développé les considérations générales indiquées dans la Note de 1842. Le titre de cette Note, *Généralisation d'un théorème concernant les fractions continues et applications à la théorie des nombres*, indique déjà sa grande portée. J'ai été ainsi amené à modifier sensiblement la démonstration du point capital énoncé dans la Note de 1846 et à éclaircir notablement les méthodes de Lejeune-Dirichlet.

»Il m'a semblé que le résultat de mes recherches pourrait offrir quelque intérêt aux géomètres qui s'occupent de la théorie des nombres. C'est pourquoi j'entreprends de communiquer à l'Académie les développements que j'ai donnés l'hiver dernier à mes auditeurs. L'un d'eux, M. J. Molk, a bien voulu mettre à ma disposition les parties correspondantes de mon Cours, qu'il a rédigées avec soin; il m'a, de plus, été fort utile en m'aidant à la rédaction de ce Mémoire.

»1. Désignons par $w', w'', \ldots, w^{(n)}$ des nombres entiers quelconques, et par $z', z'', \ldots, z^{(n)}$ des quantités réelles ou complexes telles, qu'une équation de la forme $w'z' + w''z'' + \cdots + w^{(n)}z^{(n)} = 0$ ne puisse avoir lieu que si tous les w sont nuls. Donnons aux w m systèmes de valeurs, et formons les expressions correspondantes $w'z' + w''z'' + \cdots + w^{(n)}z^{(n)}$; par hypothèse, elles sont inégales; si nous les partageons en t groupes arbitraires, l'un d'eux au moins en contiendra $\frac{m}{t} + p$, où $p \geqq 0$.

»2. Si donc nous considérons ν systèmes

$$z'_\alpha, \quad z''_\alpha, \quad \ldots, \quad z^{(n)}_\alpha \qquad (\alpha = 1, 2, \ldots, \nu),$$

et si nous partageons en t_α groupes arbitraires les m valeurs correspondantes (w, z_α) pour $\alpha = 1, 2, \ldots, \nu$, où

$$(w, z_\alpha) = w'z'_\alpha + w''z''_\alpha + \cdots + w^{(n)}z^{(n)}_\alpha \qquad (\alpha = 1, 2, \ldots, \nu),$$

il y aura, parmi les t_1 groupes considérés, au moins un groupe G_1 contenant $\frac{m}{t_1} + p_1$ des valeurs (w, z_1) où $p_1 \geqq 0$. En posant $\frac{m}{t_1} + p_1 = m_1$, nous obtenons ainsi m_1 des m systèmes (w) et, par suite, m_1 valeurs correspondantes (w, z_2), dont

$\frac{m_1}{t_2} + p_2$, où $p_2 \geqq 0$, sont sûrement contenues dans un des t_2 groupes déjà définis. Nommons ce dernier groupe G_2; si nous posons $\frac{m_1}{t_2} + p_2 = m_2$, il est bien évident que $m_2 \geqq \frac{m}{t_1 t_2}$. En répétant plusieurs fois le même raisonnement, on trouve m_ν systèmes

$$w'_\varrho, \; w''_\varrho, \; \ldots, \; w^{(n)}_\varrho \qquad (\varrho = 1, 2, \ldots, m_\nu),$$

où les m_ν expressions correspondantes (w_ϱ, z_1) font partie d'un même groupe G_1, et en général les m_ν expressions (w_ϱ, z_α) appartiendront à un même groupe G_α pour chacune des valeurs $\alpha = 1, 2, \ldots, \nu$. On a d'ailleurs, $E(x)$ étant le plus grand entier contenu dans x,

$$m_\nu \geqq E\left(\frac{m}{t_1 t_2 \ldots t_\nu}\right),$$

où t_α désigne le nombre des groupes arbitraires formés par les différentes valeurs des m expressions (w, z_α).

»Il est bon d'observer que quelques-uns des systèmes $(z'_\alpha, z''_\alpha, \ldots, z^{(n)}_\alpha)$ peuvent être imaginaires conjugués ou même identiques.

»3. Nous pouvons considérer chacun des m systèmes $(w', w'', \ldots, w^{(n)})$ comme un point d'une variété $n^{\text{ième}}$, et chacune des valeurs correspondantes (w, z_α) comme un point dans le plan (α) des quantités complexes. Dans la variété $n^{\text{ième}}$, nous formerons une *région* (W), contenant les m points $(w', w'', \ldots, w^{(n)})$, et dans chaque plan (α) une *région* (R_α), contenant les m points (w, z_α). Nous partagerons ensuite, d'une manière arbitraire, chaque région (R_α) en t_α *domaines.* Il y aura alors, d'après ce que nous avons démontré, au moins $E\left(\frac{m}{t_1 t_2 \ldots t_\nu}\right)$ points $(w'_\varrho, w''_\varrho, \ldots, w^{(n)}_\varrho)$ tels que leurs correspondants (w_ϱ, z_α), où $\varrho = 1, 2, \ldots, m_\nu$, soient contenus dans un même domaine (G_α) pour $\alpha = 1, 2, \ldots, \nu$.

»4. Soit T_α la distance maximum de deux points quelconques (w, z_α) du domaine (G_α). Il est manifeste que

$$|(w_\varrho - w_1,\ z_\alpha)| \leqq T_\alpha \qquad (\alpha = 1, 2, \ldots, \nu).$$

On sait que $|x|$ désigne la valeur absolue de x.

»Comme l'indice ϱ ne peut prendre que les valeurs 2, 3, ..., m_ν, il y a $m_\nu - 1$ expressions $(w_\varrho - w_1,\ z_\alpha)$; et l'on voit que, pour $m_\nu > \frac{m}{t_1 t_2 \ldots t_\nu}$, on a

$$m_\nu - 1 \geqq E\left(\frac{m}{t_1 t_2 \ldots t_\nu}\right),$$

tandis que

$$m_\nu - 1 = E\left(\frac{m-1}{t_1 t_2 \ldots t_\nu}\right)$$

pour $m_\nu = \frac{m}{t_1 t_2 \ldots t_\nu}$. Dans ce dernier cas, les valeurs de $(w,\ z_\alpha)$ sont réparties uniformément dans les $t_1, t_2, \ldots, t_\nu$ groupes que l'on définit comme ensemble de tous les points (w) auxquels correspondent les points qui, pour chaque plan (α), sont situés dans un seul domaine. Nous pouvons donc écrire l'inégalité

$$m_\nu - 1 \geqq E\left(\frac{m-1}{t_1 t_2 \ldots t_\nu}\right).$$

»5. Si l'on prend pour chacun des $w^{(k)}$ les nombres entiers consécutifs

$$b^{(k)} + 1,\quad b^{(k)} + 2,\ \ldots,\ b^{(k)} + s^{(k)},$$

les valeurs absolues des différences $(w_\varrho^{(k)} - w_1^{(k)})$ sont plus petites que $s^{(k)}$. Nous avons donc $m_\nu - 1$ expressions $(c_\varrho,\ z_\alpha)$, où

$$(c_\varrho,\ z_\alpha) = c'_\varrho z'_\alpha + c''_\varrho z''_\alpha + \cdots + c_\varrho^{(n)} z_\alpha^{(n)},$$

dont les valeurs absolues ne surpassent pas les limites T_α, les entiers $|c_\varrho^{(k)}|$ restant plus petits que $s^{(k)}$. D'ailleurs $m_\nu - 1$ est au moins égal à

$$E\left(\frac{s' s'' \ldots s^{(n)} - 1}{t_1 t_2 \ldots t_\nu}\right).$$

En particulier, si les nombres $s^{(k)}$ sont tous égaux à rt, on voit qu'il existe au moins

$$\mathrm{E}\left(\frac{r^n t^n - 1}{t_1 t_2 \ldots t_\nu}\right)$$

expressions (c_ϱ, z_α) telles que nous ayons à la fois

$$\left| c_\varrho^{(k)} \right| < rt \quad \text{et} \quad \left| (c_\varrho, z_\alpha) \right| \leqq \mathrm{T}_\alpha .$$

»Il est d'ailleurs facile de remplacer les T_α par d'autres limites, susceptibles d'une interprétation plus élégante. On prendra d'abord pour région (R_α) un rectangle dont les côtés sont parallèles aux axes coordonnés et passent par les points extrêmes considérés; on partagera ensuite (R_α) en θ_α^2 rectangles semblables à (R_α) et égaux entre eux. Alors, si D_α est la diagonale de (R_α), chacun de ces rectangles aura une diagonale $\frac{\mathrm{D}_\alpha}{\theta_\alpha}$ au moins égale à T_α. Si, d'autre part, nous introduisons des variables $v', v'', \ldots, v^{(n)}$, l'ensemble des points $v', v'', \ldots, v^{(n)}$, où chaque $v^{(k)}$ prend toutes les valeurs comprises dans un intervalle égal à l'unité, forme un *prismatoïde* (P) dans la variété $n^{\text{ième}}$ (v). Ce prismatoïde (P) détermine dans chaque plan (α) une région finie renfermant tous les points (v, z_α). Nous pouvons donc construire un rectangle, à côtés parallèles aux axes coordonnés, de manière que cette région y soit contenue tout entière. Nous nommerons S_α la diagonale de ce rectangle. Alors, en posant

$$w^{(k)} = rtv^{(k)} \qquad (k = 1, 2, \ldots, n),$$

nous définissons des points (v) situés dans un prismatoïde (P) et par suite des points (v, z_α) situés dans le rectangle à diagonale S_α. Nous avons donc $\mathrm{D}_\alpha < rt\mathrm{S}_\alpha$, et, puisque $\theta_\alpha \mathrm{T}_\alpha \leqq \mathrm{D}_\alpha$, il vient $\theta_\alpha \mathrm{T}_\alpha < rt\mathrm{S}_\alpha$, ce qui permet de remplacer l'inégalité $\left| (c_\varrho, z_\alpha) \right| \leqq \mathrm{T}_\alpha$ par la suivante:

$$\left| (c_\varrho, z_\alpha) \right| < \frac{rt\mathrm{S}_\alpha}{\theta_\alpha},$$

dans laquelle, par définition, les S_α ne dépendent que des $n \cdot \nu$ quantités

$z_\alpha^{(k)}$ et où $\theta_\alpha^2 = t_\alpha$, à moins que le rectangle (R_α) ne se réduise à un segment de droite.

»6. Supposons maintenant que, les $c^{(k)}$ désignant toujours des nombres entiers, et M un nombre essentiellement positif, l'inégalité

$$\prod_\alpha |(c, z_\alpha)| \geqq M \qquad (\alpha = 1, 2, \ldots, \nu)$$

ait lieu pour tout système des $c^{(k)}$ différent de zéro. Donnons aux $c^{(k)}$ *toutes* les valeurs telles que $|c^{(k)}| < rt$, et formons les expressions correspondantes (c, z_α). Nous pouvons envisager chacune d'entre elles comme différence de deux expressions (w, z_α), dans lesquelles les $w^{(k)}$ ne varient que de $b^{(k)} + 1$ à $b^{(k)} + rt$; il en résulte que les expressions $|(c, z_\alpha)|$ sont plus petites que rtS_α; nous aurons donc

$$\frac{M}{\prod_\alpha |(c, z_\alpha)|} \leqq \prod_\beta |(c, z_\beta)| < (rt)^{\nu-\lambda} \prod_\beta S_\beta \qquad \begin{pmatrix}\alpha = 1, 2, \ldots, \lambda; \\ \beta = \lambda+1, \ldots, \nu\end{pmatrix}.$$

»Pour les c_ϱ, la limite supérieure peut être remplacée par

$$(rt)^{\nu-\lambda} \prod_\beta \frac{S_\beta}{\theta_\beta} \qquad (\beta = \lambda+1, \ldots, \nu).$$

»Nous en déduisons les inégalités fondamentales

$$\left.\begin{aligned} \frac{M}{(rt)^{\nu-\lambda}\prod_\beta S_\beta} &< \prod_\alpha |(c, z_\alpha)| < (rt)^\lambda \prod_\alpha S_\alpha \\ \frac{M}{(rt)^{\nu-\lambda}} \prod_\beta \frac{\theta_\beta}{S_\beta} &< \prod_\alpha |(c_\varrho, z_\alpha)| < (rt)^\lambda \prod_\alpha \frac{S_\alpha}{\theta_\alpha} \end{aligned}\right\} \qquad \begin{pmatrix}\alpha = 1, 2, \ldots, \lambda \\ \beta = \lambda+1, \ldots, \nu \\ \varrho = 1, 2, \ldots, m_\nu\end{pmatrix}.$$

»Ce sont ces inégalités qui, pour $\lambda = 1$ et $\lambda = \nu$, nous indiqueront avec évidence comment on peut trouver un système complet de $h - 1$ unités complexes indépendantes. Mais auparavant nous tirerons de ces inégalités quelques conséquences intéressantes, concernant la réduction approximative des équations irréductibles.

»7. Soit u une quantité indéterminée. Développons le produit

$$\prod_\alpha [u + |(c,\, z_\alpha)|] \qquad (\alpha = 1, 2, \ldots, \lambda),$$

et appliquons aux coefficients des différentes puissances de u l'inégalité connue

$$m\, |a_1 a_2 \ldots a_m|^{\frac{1}{m}} \leqq |a_1| + |a_2| + \cdots + |a_m|.$$

Les inégalités fondamentales que nous avons obtenues à la fin du paragraphe précédent nous permettent alors de passer à tout un système d'inégalités que nous écrirons sous la forme

$$\begin{aligned}
\prod_\alpha [u + |(c,\, z_\alpha)|] &= \left[u + (rt)^{1-\frac{\nu}{\lambda}} \mathrm{M}^{\frac{1}{\lambda}} \prod_\beta \mathrm{S}_\beta^{-\frac{1}{\lambda}}\right]^\lambda + \mathrm{P}(u), \\
\prod_\alpha [u + |(c,\, z_\alpha)|] &= \prod_\alpha (u + rt\,\mathrm{S}_\alpha) - \mathrm{P}'(u), \\
\prod_\alpha [u + |(c_\varrho,\, z_\alpha)|] &= \left[u + (rt)^{1-\frac{\nu}{\lambda}} \mathrm{M}^{\frac{1}{\lambda}} \prod_\beta \theta_\beta^{\frac{1}{\lambda}} \mathrm{S}_\beta^{-\frac{1}{\lambda}}\right]^\lambda + \mathrm{P}_\varrho(u), \\
\prod_\alpha [u + |(c_\varrho,\, z_\alpha)|] &= \prod_\alpha (u + rt\,\mathrm{S}_\alpha \theta_\alpha^{-1}) - \mathrm{P}'_\varrho(u);
\end{aligned}
\qquad \begin{pmatrix} \alpha = 1, 2, \ldots\ldots\ldots, \lambda \\ \beta = \lambda+1, \lambda+2, \ldots, \nu \end{pmatrix}$$

les coefficients des fonctions entières $\mathrm{P}(u)$ sont essentiellement positifs.

»Les inégalités du paragraphe précédent se rapportaient seulement au produit des quantités $|(c,\, z_\alpha)|$; celles que nous venons d'en déduire sont plus générales. Elles nous donnent des limites inférieures et supérieures pour chaque fonction symétrique élémentaire de ces quantités et, par suite, pour ces λ quantités elles-mêmes. Nous pouvons donc les considérer comme donnant et limitant l'approximation avec laquelle on peut résoudre le système d'équations

$$c' z'_\alpha + c'' z''_\alpha + \cdots + c^{(n)} z^{(n)}_\alpha = 0 \qquad (\alpha = 1, 2, \ldots, \lambda),$$

où il est naturel de supposer qu'il n'y a point deux systèmes z_α identiques, et qu'à tout système imaginaire correspond toujours un système conjugué, compris parmi les λ systèmes (z_α). Ce problème est identique au suivant: *Trouver des nombres rationnels* $\gamma'', \gamma''', \ldots, \gamma^{(n)}$ *tels que les équations*

$$z'_\alpha + \gamma'' z''_\alpha + \cdots + \gamma^{(n)} z^{(n)}_\alpha = 0 \qquad (\alpha = 1, 2, \ldots, \lambda)$$

soient approximativement vérifiées.

»Pour résoudre ce problème, nous pourrons faire usage des nombres c_ϱ si nous parvenons à resserrer suffisamment les limites données par la dernière inégalité. Les quantités θ_α et rt y sont seules à notre disposition. Comme rt est la limite supérieure des entiers $|c|$, si nous fixons le nombre r, il faut laisser croître arbitrairement le nombre t. Alors l'ordre de grandeur des entiers $|c|$ nous sera donné par t; c'est à ce nombre que nous comparerons les quantités $t_1, t_2, \ldots, t_\nu$ dont nous pouvons encore disposer, ainsi que la valeur des quantités $|(c_\varrho, z_\alpha)|$, c'est-à-dire le degré d'approximation avec lequel les équations sont vérifiées. En fixant un terme de comparaison pour la grandeur des $|c_\varrho|$ et pour la valeur des $|(c_\varrho, z_\alpha)|$, le problème posé se présente sous une forme plus déterminée.

»Si $2\varkappa$ des λ systèmes (z_α) sont imaginaires et si nous posons $\lambda - \varkappa = h$, il n'y a à résoudre que h équations

$$c' z'_\alpha + c'' z''_\alpha + \cdots + c^{(n)} z^{(n)}_\alpha = 0 \qquad (\alpha = 1, 2, \ldots, h).$$

Les $\theta_1, \theta_2, \ldots, \theta_h$ y peuvent être choisis arbitrairement; mais les $t_1, t_2, \ldots, t_h$ sont alors déterminés; selon que le système (z_α) est réel ou imaginaire, t_α est égal à θ_α ou à θ^2_α. Comme nous ajoutons cependant aux h équations celles qui correspondent aux $\varkappa$ systèmes conjugués $(z_{h+1}), (z_{h+2}), \ldots, (z_\lambda)$, il convient de prendre les valeurs de $t_{h+1}, t_{h+2}, \ldots, t_\lambda$ égales à l'unité; mais deux θ correspondant à deux systèmes (z) conjugués, sont nécessairement égaux, car nos inégalités se basent sur ce que la *valeur absolue* de (c_ϱ, z_α) est plus petite que $\frac{rt\,S_\alpha}{\theta_\alpha}$.

»Ceci posé, nous aurons l'égalité

$$t_1 t_2 \dots t_\lambda = \theta_1 \theta_2 \dots \theta_\lambda.$$

Pour être certain que parmi les c il existe des c_ϱ, il est nécessaire de satisfaire à la condition

$$t_1 t_2 \dots t_\nu \leqq (rt)^n - 1 \quad \text{ou} \quad \theta_1 \theta_2 \dots \theta_\lambda t_{\lambda+1} t_{\lambda+2} \dots t_\nu \leqq (rt)^n - 1.$$

D'autre part, pour que tous les $|(c_\varrho, z_\alpha)|$ deviennent simultanément aussi petits que possible, il faudra prendre les θ_α aussi grands que possible et du même ordre. Nous poserons donc $\theta_\alpha = r_\alpha t^\sigma$, les r_α désignant des nombres déterminés et σ devant être choisi aussi grand que possible. La condition

$$r_1 r_2 \dots r_\lambda t_{\lambda+1} t_{\lambda+2} \dots t_\nu t^{\lambda\sigma} \leqq (rt)^n - 1$$

montre alors qu'il faut choisir

$$t_{\lambda+1} = t_{\lambda+2} = \dots = t_\nu = 1 \quad \text{et} \quad \sigma = \frac{n}{\lambda}.$$

»Il résulte de ce qui précède que nous pouvons satisfaire aux λ équations

$$z'_\alpha + \gamma'' z''_\alpha + \dots + \gamma^{(n)} z^{(n)}_\alpha = 0 \qquad (\alpha = 1, 2, \dots, \lambda)$$

avec une approximation de l'ordre de $t^{-\frac{n}{\lambda}}$, en posant chaque $\gamma^{(k)}$ égal à une fraction $\frac{c^{(k)}_\varrho}{c'_\varrho}$ dont le numérateur et le dénominateur ont des valeurs du même ordre que t.

»Nous n'avons fait usage jusqu'ici que des limites supérieures des inégalités générales établies plus haut. Les limites inférieures nous montrent immédiatement que les λ équations ne peuvent être vérifiées par des fractions rationnelles $\frac{c^{(k)}}{c'}$ avec une approximation plus grande que $t^{-\frac{\nu}{\lambda}}$.

»Si $n = \lambda + 1$, et si l'on pose

$$z_\alpha^{(a)} = \delta_{a\alpha} \qquad (a,\ \alpha = 1, 2, \ldots, \lambda),$$

$\delta_{a\alpha}$ étant nul pour $a \gtrless \alpha$ et δ_{aa} étant égal à l'unité, nous obtenons une approximation simultanée de l'ordre de $t^{-\frac{n}{n-1}}$ pour les valeurs de $z_1^{(\lambda+1)}, z_2^{(\lambda+1)}, \ldots, z_\lambda^{(\lambda+1)}$. C'est le cas considéré par M. Hermite dans son célèbre Mémoire sur la fonction exponentielle.

»8. Supposons maintenant que $z_1, z_2, \ldots, z_\nu$ soient les racines d'une équation irréductible $F(z) = 0$, à coefficients rationnels, et que $z'_\alpha, z''_\alpha, \ldots, z_\alpha^{(n)}$ soient des fonctions entières de z_α à coefficients rationnels. Pour que la condition imposée aux systèmes (z) dès le début de nos recherches soit vérifiée, il est nécessaire de choisir les z_α de manière qu'une équation de la forme $(c, z_\alpha) = 0$, où les c sont des nombres entiers, ne puisse avoir lieu que si tous les c sont nuls. Mais alors l'existence d'un minimum M, différent de zéro, est manifeste. Car, si nous prenons pour g un entier tel que les $gz^{(k)}$ soient des nombres algébriques *entiers*, le produit $g^\nu \prod_\alpha |(c, z_\alpha)|$ sera égal à un nombre entier différent de zéro, et, par suite, nous pourrons prendre pour M la fraction $\frac{1}{g^\nu}$. Nous pouvons donc appliquer les résultats du paragraphe précédent aux z ainsi définis, et parvenir ainsi à une *réduction approximative* de toute équation irréductible. Il suffit pour cela de prendre pour les fonctions $z'_\alpha, z''_\alpha, \ldots, z_\alpha^{(n)}$ les puissances successives de z_α et de poser

$$z_\alpha^{(k)} = z_\alpha^{n-k} \qquad (k = 1, 2, \ldots, n).$$

Puisqu'on suppose que l'équation $F(z) = 0$, de degré ν, est irréductible et qu'il n'existe pas de relations linéaires à coefficients entiers entre les n fonctions $z^{(k)}$, il est manifeste que $n \leqq \nu$.

»Si nous formons une équation

$$\Phi(z) = z^{n-1} + \frac{c''_\varrho}{c'_\varrho} z^{n-2} + \cdots + \frac{c_\varrho^{(n)}}{c'_\varrho} = 0,$$

elle nous donne une réduction approximative de l'équation $F(z)=0$; car $\Phi(z)=0$, dont le degré $n-1$ est plus petit que ν, est vérifiée pour λ racines de $F(z)=0$ avec une approximation de l'ordre de $t^{-\frac{n}{\lambda}}$. Nous savons, de plus, qu'il est impossible de parvenir à une approximation plus grande que $t^{-\frac{\nu}{\lambda}}$. Ainsi l'ordre $t^{-\frac{n}{\lambda}}$ de la réduction approximative que nos méthodes nous permettent d'obtenir dépend du degré de l'équation *réduite*, tandis que la *limite* de l'ordre d'une réduction approximative quelconque dépend du degré de l'équation *à réduire*.

»Mais il est bien naturel d'admettre que le degré de l'équation réduite n'est inférieur que d'une unité à celui de l'équation donnée; ce cas est d'ailleurs le plus important. Nous poserons donc $n=\nu$. Alors l'ordre de réduction approximative donnée par $\Phi(z)=0$ coïncide avec l'ordre extrême que la nature du problème permet d'atteindre, ce qui résout la question que nous avons été amenés à nous poser.

»En considérant le cas particulier où $n=2$ et $\lambda=1$, nous sommes amené, avec M. Liouville (*Journal de Mathématiques*, t. XVI, p. 133), à faire une remarque intéressante que nous pouvons énoncer ainsi: La distance qui sépare les nombres algébriques d'ordre ν des nombres rationnels dont le numérateur et le dénominateur sont de l'ordre de t, est au moins de l'ordre de $t^{-\nu}$.

»Ce résultat découle immédiatement de l'introduction de limites inférieures pour $|(c, z_\alpha)|$, et il me semble que cette introduction est le seul point essentiel ajouté dans ce Mémoire aux principes clairement indiqués par Lejeune-Dirichlet, dans sa Note de 1842.

»9. Pour obtenir les résultats concernant les unités complexes, nous ferons $n=\nu=\lambda$; nous supposerons que les coefficients de $F(z)$ soient des nombres entiers, le coefficient de z^n étant égal à l'unité, et nous prendrons pour $z'_\alpha, z''_\alpha, \ldots, z^{(n)}_\alpha$ les puissances successives $z^{n-1}_\alpha, z^{n-2}_\alpha, \ldots, z^0_\alpha$ de z_α, ou plus généralement un système fondamental d'une *espèce* de nombres algébriques entiers du *genre* z_α; nous savons alors (*Crelle*, t. XCII, p. 13, 20 et 99[1]) que chaque fonction entière à coefficients entiers de $z'_\alpha, z''_\alpha, \ldots, z^{(n)}_\alpha$ peut s'exprimer en fonction homogène linéaire à coefficients entiers de ces mêmes $z'_\alpha, z''_\alpha, \ldots, z^{(n)}_\alpha$.

»Ceci posé, on a $M = 1$, $\theta_1 \theta_2 \ldots \theta_n = t_1 t_2 \ldots t_n$, et la limite inférieure du nombre des expressions (c_ϱ, z_α) est donnée par $E\left[\frac{(rt)^n - 1}{\theta_1 \theta_2 \ldots \theta_n}\right]$. Il faut donc choisir les θ de manière à satisfaire à la condition

$$\theta_1 \theta_2 \ldots \theta_n \leqq (rt)^n - 1.$$

Cette dernière est vérifiée si, p désignant le produit $(rt)^n \frac{S_1 S_2 \ldots S_n}{\theta_1 \theta_2 \ldots \theta_n}$, nous prenons pour p un nombre arbitraire plus grand que $S_1 S_2 \ldots S_n$.

»Mais les inégalités du § 6 nous donnent pour $\nu = n$, $\lambda = 1$, les suivantes:

$$\frac{1}{p} \frac{rt S_\alpha}{\theta_\alpha} < |(c_\varrho, z_\alpha)| < \frac{rt S_\alpha}{\theta_\alpha} \qquad (\alpha = 1, 2, \ldots, n).$$

Le produit de leurs limites supérieures est p; nous aurons donc aussi

$$1 \leqq \prod_\alpha |(c_\varrho, z_\alpha)| < p \qquad (\alpha = 1, 2, \ldots, n),$$

résultat que nous aurions pu obtenir directement en posant $n = \nu = \lambda$ dans les inégalités du § 6.

»Si maintenant nous posons $\theta_\alpha = r_\alpha t^{1+\sigma_\alpha}$, et si q désigne un nombre quelconque plus petit que $\frac{1}{p}$, nous aurons

$$q \frac{r S_\alpha}{r_\alpha} t^{-\sigma_\alpha} < |(c_\varrho, z_\alpha)| < \frac{r S_\alpha}{r_\alpha} t^{-\sigma_\alpha} \qquad (\alpha = 1, 2, \ldots, n),$$

où les σ sont des nombres arbitraires, égaux lorsque les θ correspondants

[1]) *L. Kronecker*, Grundzüge einer arithmetischen Theorie der algebraischen Grössen. Bd. II S. 260, 267 und 360 dieser Ausgabe von *L. Kronecker*'s Werken. H.

sont égaux et soumis à la condition $\sigma_1 + \sigma_2 + \cdots + \sigma_n = 0$, parce que $t^{\sigma_1+\sigma_2+\cdots+\sigma_n}$ est égal à $\frac{r^n S_1 S_2 \ldots S_n}{p\, r_1 r_2 \ldots r_n}$, et que cette fraction est, par définition, indépendante de t.

»Nous obtenons ainsi une approximation simultanée dans un sens plus général que dans le paragraphe précédent, car nous venons de déterminer des systèmes c_ϱ qui nous donnent des valeurs $|(c_\varrho, z_\alpha)|$ d'un ordre $(-\sigma_\alpha)$, arbitrairement fixé pour chaque α.

»De ce résultat nous pouvons déduire un système d'inégalités se prêtant particulièrement à l'objet que nous avons en vue. Nous choisissons, à cet effet, la valeur réciproque de t égale à une puissance entière et positive τ de q, ce qui nous permet d'écrire l'inégalité précédente sous la forme

$$\frac{r}{r_\alpha} S_\alpha q^{\tau\sigma_\alpha+1} < |(c_\varrho, z_\alpha)| < \frac{r}{r_\alpha} S_\alpha q^{\tau\sigma_\alpha}.$$

Les nombres arbitraires $q, r, r_1, r_2, \ldots, r_n$ sont soumis à l'unique condition

$$q\, S_1 S_2 \cdots S_n \leqq \frac{r_1 r_2 \ldots r_n}{r^n} < 1;$$

chaque S_α dépend des $z'_\alpha, z''_\alpha, \ldots, z^{(n)}_\alpha$ correspondants, et τ doit être pris assez grand pour que la condition $(rt)^n - 1 \geqq r_1 r_2 \ldots r_n t^n$ ou bien $r^n - r_1 r_2 \ldots r_n \geqq q^{\tau n}$ soit vérifiée. Les σ sont arbitraires pourvu que leur somme soit nulle. Nous prendrons

$$\sigma_1 = 1,\quad \sigma_2 = 0,\quad \sigma_3 = \sigma_4 = \cdots = \sigma_{n-2} = 0,\quad \sigma_{n-1} = 0,\quad \sigma_n = -1;$$
$$\sigma_1 = 1,\quad \sigma_2 = 1,\quad \sigma_3 = \sigma_4 = \cdots = \sigma_{n-2} = 0,\quad \sigma_{n-1} = 0,\quad \sigma_n = -2;$$
$$\sigma_1 = 1,\quad \sigma_2 = 1,\quad \sigma_3 = \sigma_4 = \cdots = \sigma_{n-2} = 0,\quad \sigma_{n-1} = -1,\quad \sigma_n = -1,$$

suivant que toutes les racines z_α sont réelles, ou que deux z_α seulement, z_1 et z_2, sont imaginaires conjuguées, ou enfin que, outre z_1 et z_2, z_{n-1} et z_n, au moins, sont imaginaires conjuguées.

»Si alors nous désignons, avec Lejeune-Dirichlet (1846), par h le nombre de racines z_α de l'équation fondamentale différentes en valeur absolue, il est bien facile de voir que pour $h-2$ des expressions $|(c_\varrho, z_\alpha)|$, correspondant aux h valeurs $|z_\alpha|$, les σ sont nuls. Nous avons donc $h-2$ expressions $|(c_\varrho, z_\alpha)|$ pour lesquelles les limites sont $\frac{r}{r_\alpha}\mathrm{S}_\alpha q$ et $\frac{r}{r_\alpha}\mathrm{S}_\alpha$, et par suite sont indépendantes de τ. Pour $|(c_\varrho, z_1)|$, nous avons, au contraire,

$$\frac{r}{r_1}\mathrm{S}_1 q^{\tau+1} < |(c_\varrho, z_\alpha)| < \frac{r}{r_1}\mathrm{S}_1 q^\tau.$$

Comme les intervalles donnés par cette dernière inégalité sont différents pour deux valeurs différentes de l'entier τ, et que nous pouvons donner à τ une infinité de valeurs, nous obtenons un nombre infini d'expressions différentes (c_ϱ, z_1). D'ailleurs, toutes ces expressions ont une norme plus petite que $\frac{1}{q}$, en valeur absolue. Il y en a donc un nombre infini qui ont même norme et sont congrues entre elles suivant un module fixé arbitrairement. Si maintenant nous prenons ce module égal au produit de tous les nombres plus petits que $\frac{1}{q}$, nous obtenons un nombre infini de nombres complexes (c_ϱ, z_α) divisibles l'un par l'autre. Leurs quotients (a_ϱ, z_α) sont des *unités complexes* dont les valeurs absolues sont comprises, pour $h-2$ des conjuguées, entre les quotients des limites des expressions $|(c_\varrho, z_\alpha)|$, q et $\frac{1}{q}$, ou, si l'on veut

$$\frac{r_1 r_2 \ldots r_n}{r^n \mathrm{S}_1 \mathrm{S}_2 \ldots \mathrm{S}_n} \quad \text{et} \quad \frac{r^n \mathrm{S}_1 \mathrm{S}_2 \ldots \mathrm{S}_n}{r_1 r_2 \ldots r_n}.$$

Ainsi:

»Dans chaque espèce de nombres algébriques, il y a un nombre infini »d'unités ayant chacune, en valeur absolue, toutes ses conjuguées, à l'ex»ception de deux, comprises entre des limites finies.»

»C'est la démonstration de ce théorème que j'avais en vue. Le résultat de Lejeune-Dirichlet (1846) s'en déduit à l'aide des considérations bien simples que j'ai développées dans ma Thèse de 1845[1]).

[1]) De unitatibus complexis. Bd. I S. 5—44 dieser Ausgabe von *L. Kronecker*'s Werken. H.

»10. En nous appuyant sur les § 10 à 12 de cette Thèse, *De unitatibus complexis,* nous démontrerons successivement:

»1° Qu'il n'y a qu'un nombre fini d'unités dont plus de $h-2$ valeurs absolues conjuguées sont comprises entre des limites finies;

»2° Qu'il y a donc, parmi les unités complexes (a_ϱ, z_α) du théorème précédent, $h-1$ qui sont *indépendantes* (Lejeune-Dirichlet, 1846);

»3° Que, parmi les systèmes indépendants, il y a une infinité de systèmes *fondamentaux.*

»Rappelons que l'on nomme *indépendantes* les unités complexes

$$\text{(A)} \qquad |(a_1, z_\alpha)|, \; |(a_2, z_\alpha)|, \; \ldots, \; |(a_g, z_\alpha)| \qquad (\alpha = 1, 2, \ldots, n),$$

lorsque le produit

$$\text{(B)} \qquad |(a_1, z_\alpha)^{m_1} (a_2, z_\alpha)^{m_2} \ldots (a_g, z_\alpha)^{m_g}| \qquad (\alpha = 1, 2, \ldots, n),$$

est différent de l'unité pour *tous* les systèmes $m_1, m_2, \ldots, m_g$ différents du système $0, 0, \ldots, 0$, et que la suite (A) représente, pour $g = h-1$, un système *fondamental* lorsque l'expression (B) nous donne toutes les unités de l'espèce $(z'_\alpha, z''_\alpha, \ldots, z^{(n)}_\alpha)$, les m étant entiers.

»I. En fixant des limites pour $h-1$ valeurs absolues conjuguées d'une unité complexe (a, z_α), nous limitons les valeurs de ses coefficients, et, par suite, le nombre de systèmes des entiers $a', a'', \ldots, a^{(n)}$.

»II. Le théorème du § 9 nous donne une suite infinie $|(a_\varrho, z_\alpha)|$. Considérons, parmi ces unités, celles que l'on peut exprimer par un produit de puissances de g unités indépendantes, choisies arbitrairement. Pour déterminer les exposants de ces puissances, il suffit de choisir g conjuguées de l'unité à représenter. Si g est plus petit que $h-1$, nous pouvons prendre les g unités conjuguées parmi celles dont les valeurs absolues sont comprises entre des limites finies; alors les exposants eux-mêmes et, par suite, toutes les h valeurs conjuguées restent finies. Mais nous venons de démontrer que ces unités ne sont pas en nombre infini. Ainsi, si g est plus petit que $h-1$, nous pouvons sûrement trouver, dans la suite infinie (a_ϱ, z_α), une unité qui forme avec les g précédentes un système indépendant.

»III. *Toute* unité $|(a, z_\alpha)|$ de l'espèce considérée peut être exprimée par l'expression (B) dans le cas où $g = h-1$; on a donc

$$|(a, z_\alpha)| = |(a_1, z_\alpha)^{m_1}(a_2, z_\alpha)^{m_2}\ldots(a_{h-1}, z_\alpha)^{m_{h-1}}| \qquad (\alpha = 1, 2, \ldots, h).$$

Car, si nous déterminons $m_1, m_2, \ldots, m_{h-1}$ à l'aide de $h-1$ de ces h équations, la dernière est également vérifiée.

»Les exposants m sont nécessairement rationnels; en effet, s'il en était autrement, nous obtiendrions, en nombre infini, des unités

$$|(a_1, z_\alpha)|^{\mu m_1 - r_1^{(\mu)}}|(a_2, z_\alpha)|^{\mu m_2 - r_2^{(\mu)}}\ldots|(a_{h-1}, z_\alpha)|^{\mu m_{h-1} - r_{h-1}^{(\mu)}} \qquad (\mu = 1, 2, \ldots\ldots),$$

toutes comprises entre des limites finies, pour des entiers r tels que $0 \leqq \mu m_k - r_k^{(\mu)} < 1$.

»Les exposants seront entiers si l'on prend pour indépendantes: 1° l'une des expressions (B), dans laquelle le nombre rationnel m_1 est positif et minimum; 2° l'une des expressions (B) dans laquelle, m_1 étant nul, m_2 est positif et minimum, etc. De cette manière, on parvient à un système fondamental; il est facile d'en déduire une infinité d'autres, si $h > 2$.

»Supposons que $(a_1, z_\alpha), (a_2, z_\alpha), \ldots, (a_{h-1}, z_\alpha)$ forment un système fondamental. Comme alors une unité quelconque (a, z_α) satisfait à une relation

$$|(a, z_\alpha)| = |(a_1, z_\alpha)^{m_1}(a_2, z_\alpha)^{m_2}\ldots(a_{h-1}, z_\alpha)^{m_{h-1}}| \qquad (\alpha = 1, 2, \ldots, n),$$

dans laquelle les m sont entiers, les n unités conjuguées

$$(a, z_\alpha)^{-1}(a_1, z_\alpha)^{m_1}(a_2, z_\alpha)^{m_2}\ldots(a_{h-1}, z_\alpha)^{m_{h-1}} \qquad (\alpha = 1, 2, \ldots, n)$$

sont, en valeur absolue, égales à 1. Or, j'ai démontré (*Journal de Crelle,* t. 53, p. 173[1]) que »les racines de l'unité sont les seuls nombres algébriques dont »les valeurs absolues conjuguées soient toutes égales à 1.» Nous obtenons donc le théorème de Lejeune-Dirichlet:

»Toute unité d'une espèce donnée dont le nombre de conjuguées en valeur absolue est h peut être représentée par $h-1$ unités fondamentales et une racine de l'unité, contenue dans l'espèce, en élevant chacun de ces éléments à une puissance entière et en formant leur produit.

»Lejeune-Dirichlet fait remarquer que ce théorème donne la solution *complète,* en nombres entiers w, de l'équation $\mathrm{Nm}\,(w, z_\alpha) = 1$. Je ferai observer cependant qu'on suppose connus $h-1$ systèmes de n nombres fondamentaux w; alors seulement le théorème précédent permet de former rationnellement tous les nombres w; mais il n'est pas démontré qu'en général on ne peut y parvenir à l'aide d'un nombre moindre de systèmes fondamentaux. Ce point demande d'autant plus d'être éclairci que, dans le cas des équations abéliennes, il suffit toujours de connaître *deux* systèmes de n nombres fondamentaux w, comme je l'ai montré dans ma Thèse, à laquelle je renverrai pour plus de détails.»

[1]) Zwei Sätze über Gleichungen mit ganzzahligen Coefficienten. Bd. I. S. 103—108 dieser Ausgabe von *L. Kronecker*'s Werken. H.

ADDITIONS AU MÉMOIRE SUR LES UNITÉS COMPLEXES.

PAR

M. L. KRONECKER.

Comptes rendus des séances de l'Académie des Sciences, t. XCIX, II Sem. 765—771, séance du 10 novembre 1884.

ADDITIONS AU MÉMOIRE SUR LES UNITÉS COMPLEXES.

»Je voudrais généraliser et simplifier à la fois les considérations contenues dans la première Partie du Mémoire que j'ai communiqué à l'Académie, en janvier 1883[1]).

»I. Désignons par $(x_{1\varrho}, x_{2\varrho}, \ldots, x_{k\varrho})$ un système de valeurs des variables réelles $x_1, x_2, \ldots, x_k$, c'est-à-dire un point de la variété $k^{\text{ième}}$ $(x_1, x_2, \ldots, x_k)$; on sait que l'on peut représenter ce point par la forme linéaire à coefficients indéterminés $u_1 x_{1\varrho} + u_2 x_{2\varrho} + \cdots + u_k x_{k\varrho}$ *).

»Prenons m points quelconques et partageons-les en g groupes arbitraires; un de ces groupes, au moins, en contiendra $\frac{m}{g} + p$, où $p \geqq 0$. Il n'est pas nécessaire que les points considérés soient tous différents, et, s'il y a des points identiques, il n'est pas nécessaire qu'ils fassent partie du même groupe.

»II. En posant

$$x_\alpha = w' y'_\alpha + w'' y''_\alpha + \cdots + w^{(n)} y^{(n)}_\alpha = (w, y_\alpha) \qquad (\alpha = 1, 2, \ldots, k),$$

$y'_\alpha, y''_\alpha, \ldots, y^{(n)}_\alpha$ étant des quantités réelles déterminées et $w', w'', \ldots, w^{(n)}$ des variables réelles, à chaque point de la variété $n^{\text{ième}}$ $(w', w'', \ldots, w^{(n)})$

*) *Crelle*, t. 92, p. 49[2]).

[1]) Bd. III S. 1—19 dieser Ausgabe. H.

[2]) Bd. II S. 301 und 302 dieser Ausgabe. H.

correspond un point de la variété $k^{\text{ième}}$ $(x', x'', \ldots, x^{(k)})$. Si, pour fixer les m points $(x_1, x_2, \ldots, x_k)$ du n° I, nous employons m points

$$(w'_\varrho, w''_\varrho, \ldots, w^{(n)}_\varrho) \qquad (\varrho = 1, 2, \ldots, m),$$

il y en aura $\frac{m}{g} + p$ tels que leurs correspondants $(x_{1\varrho}, x_{2\varrho}, \ldots, x_{k\varrho})$ soient contenus dans un même groupe*). Et si nous formons les m systèmes $(w'_\varrho, w''_\varrho, \ldots, w^{(n)}_\varrho)$ en prenant t nombres entiers consécutifs pour chacun des n éléments du système $(w', w'', \ldots, w^{(n)})$, nous aurons $m = t^n$.

»III. Si I_α désigne une quantité telle que la valeur de

$$w' y'_\alpha + w'' y''_\alpha + \cdots + w^{(n)} y^{(n)}_\alpha$$

reste comprise dans un intervalle I_α, lorsque chaque coefficient $w^{(k)}$ prend toutes les valeurs comprises dans un intervalle égal à l'unité, il est bien évident que les quantités $x_{\alpha 1}, x_{\alpha 2}, \ldots, x_{\alpha m}$ seront comprises dans un intervalle égal à tI_α. Ces intervalles $tI_1, tI_2, \ldots, tI_k$ déterminent un prismatoïde $P^{(k)}_t$ dans lequel sont situés les m points

$$(x_{1\varrho}, x_{2\varrho}, \ldots, x_{k\varrho}) \qquad (\varrho = 1, 2, \ldots, m).$$

»IV. Pour former les g groupes arbitraires du n° I, partageons I_α en θ_α parties égales**), par conséquent $P^{(k)}_t$ en $\theta_1 \theta_2 \ldots \theta_k$ prismatoïdes partiels $\Pi^{(k)}_t$, et comprenons dans un même groupe tous les points situés dans un même prismatoïde $\Pi^{(k)}_t$. Nous aurons alors $g = \theta_1 \theta_2 \ldots \theta_k$, et, comme $m = t^n$, l'un au moins des prismatoïdes partiels contiendra un nombre de points

---

*) Ce résultat nous conduit immédiatement à celui du n° 3 de mon Mémoire précédent, pour $g = t_1 t_2 \ldots t_\nu$. L'hypothèse du n° 1, relative aux quantités z, peut être omise sans que les développements des n°s 1, 2, 3 en soient affectés, pourvu que nous admettions, comme nous le faisons ici, des expressions $w'z' + w''z'' + \cdots + w^{(n)} z^{(n)}$ dont les valeurs sont égales.

**) Quelques-uns des nombres θ_α peuvent être égaux à l'unité.

$$[(w_\varrho, y_1),\ (w_\varrho, y_2), \ldots, (w_\varrho, y_k)]$$

égal à

$$\frac{t^n}{\theta_1 \theta_2 \ldots \theta_k} + p, \quad \text{où} \quad p \geqq 0.$$

»Le prismatoïde $P_t^{(k)}$ est limité, entre autres, par 2^{k-a} prismatoïdes de variété $a^{\text{ième}}$ $(x_1, x_2, \ldots, x_a)$. Pour chacun de ces prismatoïdes les quantités $x_{a+1}, \ldots, x_k$ ont des valeurs déterminées. Soit $P_t^{(a)}$ le prismatoïde pour lequel $x_{a+1} = \xi_{a+1}, \ldots, x_k = \xi_k$. A chaque point $(x_{1\varrho}, x_{2\varrho}, \ldots, x_{k\varrho})$ de $P_t^{(k)}$ correspond un point $(x_{1\varrho}, \ldots, x_{a\varrho}, \xi_{a+1,\varrho}, \ldots, \xi_{k\varrho})$ de $P_t^{(a)}$; donc au prismatoïde $\Pi_t^{(k)}$ correspond un prismatoïde $\Pi_t^{(a)}$, et $P_t^{(a)}$ est ainsi divisé en $\theta_1\theta_2\ldots\theta_a$ prismatoïdes $\Pi_t^{(a)}$.

»V. Dans ce qui va suivre, nous considérerons des fonctions homogènes de dimension *un*, ne dépendant que des valeurs absolues de leurs arguments réels et n'étant jamais ni négatives ni infinies pour des valeurs finies de ces mêmes arguments, ne s'évanouissant d'ailleurs que si tous les arguments sont nuls, comme par exemple la valeur absolue de $\sqrt{x_1^2 + \cdots + x_k^2}$ ou encore de $\sqrt[4]{x_1^4 + \cdots + x_k^4}$. Nous désignerons par $D(x_1, x_2, \ldots, x_k)$ ces fonctions qui sont, en quelque sorte, «*distantives*» par rapport aux deux points $(x_1, \ldots, x_k)$ et $(0, \ldots, 0)$.

»Si Δ est la valeur maximum de $D(x_1 - x_1', \ldots, x_a - x_a', 0, \ldots, 0)$ pour deux points quelconques

$$(x_1, \ldots, x_a, \xi_{a+1}, \ldots, \xi_k) \quad \text{et} \quad (x_1', \ldots, x_a', \xi_{a+1}, \ldots, \xi_k)$$

du prismatoïde $P_t^{(a)}$, nous aurons, en considérant deux points

$$(x_{1\varrho}, \ldots, x_{a\varrho}, \xi_{a+1}, \ldots, \xi_k) \quad \text{et} \quad (x_{1\varrho}', \ldots, x_{a\varrho}', \xi_{a+1}, \ldots, \xi_k)$$

situés dans un même prismatoïde partiel $\Pi_t^{(a)}$ et en faisant usage de l'homogénéité de D, l'inégalité

$$D(x_{1\varrho} - x'_{1\varrho}, \ldots, x_{a\varrho} - x'_{a\varrho}, 0, \ldots, 0) \leqq \frac{\varDelta}{\theta_a},$$

pourvu que nous choisissions $\theta_1 = \theta_2 = \cdots = \theta_a$. Et, si S_a est la valeur maximum de la fonction distantive D pour deux points quelconques du prismatoïde de variété $a^{\text{ième}}$ déterminé par les quantités $I_1, \ldots, I_a$ du n° III, nous pourrons remplacer cette inégalité par la suivante:

$$D(x_{1\varrho} - x'_{1\varrho}, \ldots, x_{a\varrho} - x'_{a\varrho}, 0, \ldots, 0) \leqq \frac{t\,S_a}{\theta_a}.$$

»La différence $x_{a\varrho} - x'_{a\varrho}$ est, d'après le n° II, une fonction homogène linéaire de $y'_a, y''_a, \ldots, y^{(n)}_a$, à coefficients entiers, plus petits que t, en valeur absolue. Si donc nous écrivons

$$x_{a\varrho} - x'_{a\varrho} = c'_\varrho y'_a + c''_\varrho y''_a + \cdots + c^{(n)}_\varrho y^{(n)}_a = (c_\varrho, y_a),$$

l'inégalité précédente nous montre, en tenant compte des développements du n° IV, que nous pouvons toujours déterminer $\frac{t^n}{\theta_1\theta_2\ldots\theta_k} + p - 1$ systèmes d'entiers c, satisfaisant à la fois aux inégalités

$$|c'_\varrho| < t; \quad |c''_\varrho| < t; \quad \ldots; \quad |c^{(n)}_\varrho| < t;$$

$$D[(c_\varrho, y_1), (c_\varrho, y_2), \ldots, (c_\varrho, y_a), 0, \ldots, 0] \leqq \frac{t\,S_a}{\theta_a}.$$

Pour être certain qu'il y a de tels systèmes, c'est-à-dire que

$$\frac{t^n}{\theta_1\theta_2\ldots\theta_k} + p - 1 > 0,$$

il suffit de choisir les nombres $t, \theta_1, \theta_2, \ldots, \theta_k$, de manière que

$$t^n > \theta_1\theta_2\ldots\theta_k.$$

»Si, au lieu d'une seule fonction distantive D, nous en avions considéré plusieurs, $D', D'', \ldots, D^{(\nu)}$, rien ne serait changé aux développements précédents. Nous voyons donc immédiatement qu'il existe des entiers c plus petits que t, en valeur absolue, et tels que les valeurs des ν fonctions $D', D'', \ldots, D^{(\nu)}$, dont les arguments sont les (c_ϱ, y_α), ne dépassent pas respectivement $\frac{tS_a}{\theta_a}, \frac{tS_b}{\theta_b}, \ldots$, a étant le nombre d'arguments différents de zéro de la fonction D', b étant le nombre d'arguments différents de zéro de la fonction D'', ...

»En particulier, lorsque les arguments de D', différents de zéro, sont $x_{a+1}, \ldots, x_{a+b}$, que ceux de D'' sont $x_{a+b+1}, \ldots, x_{a+b+c}$, et ainsi de suite, la somme $a+b+c+\cdots$ étant égale à k, nous sommes certains de pouvoir trouver des entiers c_ϱ vérifiant les n inégalités

$$|c'_\varrho| < t, \quad |c''_\varrho| < t, \ldots, \quad |c^{(n)}_\varrho| < t,$$

ainsi que les ν inégalités

$$D'[(c_\varrho, y_1), \ldots, (c_\varrho, y_a), 0, \ldots, 0] \leqq \frac{tS_a}{\theta_a},$$

$$D''[0, \ldots, 0, (c_\varrho, y_{a+1}), \ldots, (c_\varrho, y_{a+b}), 0, \ldots, 0] \leqq \frac{tS_b}{\theta_b},$$

. . . . ,

pourvu que $t^n > \theta_1 \theta_2 \ldots \theta_k$. Puisque

$$\theta_1 = \theta_2 = \cdots = \theta_a; \quad \theta_{a+1} = \theta_{a+2} = \cdots = \theta_{a+b}; \cdots,$$

en posant $\theta_a^a = t_1$, $\theta_{a+b}^b = t_2, \ldots$, la condition précédente devient

$$t^n > t_1 t_2 \ldots t_\nu.$$

»Le résultat que nous venons d'obtenir est plus général que celui du n° 5 du Mémoire déjà cité; il lui est identique lorsque chacun des entiers $a, b, \ldots$ est égal à 1 ou 2, et que les fonctions distantives $D', D'', \ldots, D^{(\nu)}$ expriment vraiment la distance des points dont elles dépendent. Cette dernière condition est, d'ailleurs, inutile lorsqu'un seul des arguments de D est différent de zéro, car, dans ce cas, D se réduit toujours à la valeur absolue de son unique argument.

»VI. En substituant les expressions $c'y'_\alpha + \cdots + c^{(n)}y^{(n)}_\alpha$ aux arguments $x_\alpha - x'_\alpha$ des fonctions distantives D, ces dernières deviennent des fonctions déterminées de $c', c'', \ldots, c^{(n)}$; nous les désignerons par $\Delta', \Delta'', \ldots, \Delta^{(\nu)}$. Les considérations qui précèdent nous donnent le moyen de résoudre approximativement, par des systèmes d'entiers, les ν équations

$$\Delta' = 0, \quad \Delta'' = 0, \quad \ldots, \quad \Delta^{(\nu)} = 0.$$

»En effet, pour $\theta_a = t^{1+\sigma_1}$, $\theta_b = t^{1+\sigma_2}$, ...*), la condition $t^n > t_1 t_2 \ldots t_\nu$ devient

$$a(1+\sigma_1) + b(1+\sigma_2) + \cdots < n \quad \text{ou bien} \quad a\sigma_1 + b\sigma_2 + \cdots < n - k;$$

et, en substituant aux arguments c les nombres c_ϱ, nous avons

$$\Delta' \leqq t^{-\sigma_1} S_a, \quad \Delta'' \leqq t^{-\sigma_2} S_b, \quad \ldots.$$

»Donc, pourvu que n soit plus grand que k et que nous prenions pour $\sigma_1, \sigma_2, \ldots$ des quantités positives, vérifiant l'inégalité

$$a\sigma_1 + b\sigma_2 + \cdots < n - k,$$

les valeurs de $\Delta', \Delta'', \ldots$ pourront être rendues aussi petites que l'on veut, en choisissant le nombre t suffisamment grand. On voit aussi que, en augmentant t, on obtient de nouveaux systèmes $(c'_\varrho, c''_\varrho, \ldots, c^{(n)}_\varrho)$ vérifiant simultanément, avec une approximation de plus en plus grande, les ν équations $\Delta = 0$, à moins qu'il n'y ait un système $(c'_\varrho, c''_\varrho, \ldots, c^{(n)}_\varrho)$ les vérifiant absolument.

---

*) Comparez n° 9 de mon Mémoire *Sur les unités complexes*[1]).

[1]) Bd. III S. 14 dieser Ausgabe. H.

»Remarquons que l'on peut considérer la résolution approximative des ν équations $\Delta = 0$ comme une résolution approximative des k équations linéaires $(c, y_\alpha) = 0$, telles que les fonctions distantives D', D'', ..., $D^{(\nu)}$ des petites valeurs de (c, y_α) deviennent elles-mêmes petites d'un ordre déterminé par $\sigma_1, \sigma_2, \ldots, \sigma_\nu$.

»VII. Dans le cas particulier du Mémoire plusieurs fois cité, nous obtenons ainsi une résolution approximative des équations du n° 7:

$$c' z'_\alpha + c'' z''_\alpha + \cdots + c^{(n)} z^{(n)}_\alpha = 0 \qquad (\alpha = 1, \ldots, \lambda),$$

en posant $y_\alpha = z_\alpha$ lorsque la fonction D est égale à $|(c, y_\alpha)|$ et $y_\alpha + i y_\beta = z_\alpha$, $y_\alpha - i y_\beta = z_\beta$ lorsqu'elle est égale à $|(c, y_\alpha) + i(c, y_\beta)|$; k est alors égal à λ. L'approximation est alors telle que la valeur absolue des nombres c reste plus petite que t et que les valeurs absolues des expressions (c, z_α) sont de l'ordre $t^{-\sigma_\alpha}$. Il faut remarquer que si z_α et z_β sont des imaginaires conjuguées, on a $\sigma_\alpha = \sigma_\beta$.

»Nous avons, dans le n° 7, choisi tous les σ égaux, donc $\sigma = \frac{n}{\lambda} - 1$; en d'autres termes, nous avons considéré le cas où l'approximation de toutes les équations est de l'ordre $t^{1-\frac{n}{\lambda}}$.

»Dans ce même numéro, nous avons passé de la résolution approximative des équations à coefficients entiers $(c, z_\alpha) = 0$ à celle des équations à coefficients rationnels $z'_\alpha + \gamma'' z''_\alpha + \cdots + \gamma^{(n)} z^{(n)}_\alpha = 0$. L'ordre d'approximation de cette dernière équation est $t^{-\frac{n}{\lambda}}$, à condition toutefois que l'un au moins des coefficients c, celui par lequel nous divisons (c, z_α), soit vraiment d'ordre t. Nous avons omis de parler de cette condition. Pour qu'elle soit satisfaite, il est nécessaire et suffisant que l'approximation donnée par les coefficients c soit la meilleure possible.

»En effet, si, dans une certaine approximation, le plus grand des coefficients c est de l'ordre $t\varrho$, où $\varrho \lesseqgtr 1$, tandis que (c, z_α) est de l'ordre $t^{-\sigma_\alpha}$, nous avons aussi, en écrivant t_1 au lieu de t_ϱ, une approximation de l'ordre $\left(\frac{t_1}{\varrho}\right)^{-\sigma_\alpha}$, le plus grand des coefficients c étant de l'ordre t_1. Si ϱ est plus petit que *un*, il y a donc une approximation meilleure que $t^{-\sigma_\alpha}$, et inversement, si nous savons qu'il n'y a pas de meilleure approximation que $t^{-\sigma_\alpha}$, nous pouvons en conclure que $\varrho = 1$, c'est-à-dire que l'un au moins des coefficients c, qui sont, par hypothèse, plus petits que t, atteint l'ordre de t

»Nous avons indiqué, dans les n°s 7 et 8, les cas où la méthode suivie nous donne sûrement la meilleure approximation possible.

»Nous avons ensuite appliqué les résultats obtenus à la réduction approximative d'une équation $F(z) = 0$ de degré n. Nous avons montré que l'on obtient la meilleure approximation possible lorsque l'équation réduite est choisie de degré $n-1$. Alors, comme nous venons de le voir, l'un au moins des coefficients c_ϱ, par exemlpe $c_\varrho^{(h)}$, est nécessairement de l'ordre t; si donc c'_ϱ était d'un ordre moindre, le quotient $\frac{c_\varrho^{(h)}}{c'_\varrho}$ croîtrait indéfiniment avec t, ce qui est impossible lorsque l'équation $\Phi(z) = 0$ doit être vérifiée approximativement par $n-1$ des racines de $F(z) = 0$. Donc, pour $\lambda = n-1$, nous pourrons passer de l'équation réduite

$$c'_\varrho z^{n-1} + \cdots + c_\varrho^{(n)} = 0$$

à l'équation $\Phi(z) = 0$, où le coefficient de la plus haute puissance de z est égal à l'unité. Il faut nous restreindre à ce cas $\lambda = n-1$, parce que, pour $\lambda < n-1$, il pourrait arriver que c'_ϱ fût d'un ordre inférieur à t.

»Il résulte de ce qui précède qu'il faut chercher à faire la réduction approximative d'une équation de degré n par une équation de degré $n-1$ à coefficients réels, vérifiée approximativement par $n-1$ des racines de l'équation donnée.»

DIE PERIODENSYSTEME VON FUNCTIONEN REELLER VARIABELN.

VON

L. KRONECKER.

Monatsberichte der Königlich Preussischen Akademie der Wissenschaften zu Berlin vom Jahre 1884. S. 1071—1080.

DIE PERIODENSYSTEME VON FUNCTIONEN REELLER VARIABELN.

[Gelesen in der Akademie der Wissenschaften am 20. November 1884.]

I. Es sei a_{ik} für $i = 1, 2, \ldots p$ und $k = 1, 2, \ldots q$ irgend ein System reeller Grössen, und $F(x_1, x_2, \ldots x_p)$ sei eine eindeutige, gleichmässig stetige Function der reellen Variabeln x, für welche die Gleichung:

$$\text{(A)} \qquad F(x_1, x_2, \ldots x_p) = F(x_1 + a_{1k}, x_2 + a_{2k}, \ldots x_p + a_{pk})$$

besteht, wenn man dem Index k einen beliebigen der Werthe $1, 2, \ldots q$ beilegt. Bedeutet dann n die grösste Zahl von der Beschaffenheit, dass nicht sämmtliche aus dem System a_{ik} zu bildenden Determinanten n^{ter} Ordnung verschwinden, so kann unbeschadet der Allgemeinheit angenommen werden, dass die aus den *ersten* n^2 Elementen a_{ik} gebildete Determinante:

$$|a_{gh}| \qquad (g, h = 1, 2, \ldots n)$$

von Null verschieden ist. Unter dieser Voraussetzung existirt ein System von n^2 Elementen a'_{gh}, welches den Relationen:

$$\sum_g a'_{fg} a_{gh} = \sum_g a_{fg} a'_{gh} = \delta_{fh} \qquad (f, g, h = 1, 2, \ldots n)$$

genügt, und welches ich in meiner Mittheilung vom 27. Juli 1882[1]) als das *„reciproke“* des Systems a_{gh} bezeichnet habe. Dabei ist, wie gewöhnlich, $\delta_{fh} = 0$ oder $\delta_{fh} = 1$, je nachdem die beiden Indices von einander verschieden oder einander gleich sind.

---

[1]) Die Subdeterminanten symmetrischer Systeme; Bd. II S. 389—396 dieser Ausgabe von *L. Kronecker*'s Werken. S. S. **391**. H.

II. Führt man p neue Variabeln y ein, welche mit den Variabeln x durch die Relationen:

$$x_g = \sum_h a_{gh} y_h, \quad x_i = y_i + \sum_g a_{ig} y_g$$
$$y_g = \sum_h a'_{gh} x_h, \quad y_i = x_i - \sum_g \sum_h a_{ig} a'_{gh} x_h \qquad \left(\begin{matrix} g, h = 1, 2, \ldots n \\ i = n+1, n+2, \ldots p \end{matrix}\right)$$

verbunden sind, so geht die eindeutige Function $F(x_1, x_2, \ldots x_p)$ in eine ebenfalls eindeutige, gleichmässig stetige Function $G(y_1, y_2, \ldots y_p)$ über, für welche eine der Gleichung (A) entsprechende Gleichung:

(B) $$G(y_1, y_2, \ldots y_p) = G(y_1 + b_{1k}, y_2 + b_{2k}, \ldots . y_p + b_{pk}) \qquad (k = 1, 2, \ldots q)$$

besteht. Dabei werden die pq Grössen b_{ik} durch die Gleichungen:

(C) $$b_{fk} = \sum_h a'_{fh} a_{hk}$$
$$b_{ik} = a_{ik} - \sum_g \sum_h a_{ig} a'_{gh} a_{hk} \qquad \left(\begin{matrix} f, g, h = 1, 2, \ldots . n \\ i = n+1, n+2, \ldots . p \\ k = 1, 2, \ldots . q \end{matrix}\right)$$

definirt. Der Ausdruck auf der rechten Seite der letzteren Gleichung ist nichts Anderes als der Determinanten-Quotient:

$$\frac{|a_{rs}|}{|a_{gh}|} \qquad \left(\begin{matrix} r = 1, 2, \ldots n, i; & s = 1, 2, \ldots . n, k \\ g = 1, 2, \ldots n; & h = 1, 2, \ldots . n \end{matrix}\right),$$

dessen Zähler, als Determinante $(n+1)^{\text{ter}}$ Ordnung, gemäss der obigen Voraussetzung gleich Null, dessen Nenner aber von Null verschieden ist. Lässt man hiernach $b_{n+1,k}, b_{n+2,k}, \ldots . b_{pk}$, welche gleich Null sind, in der Gleichung (B) weg, so kommt:

$$G(y_1, y_2, \ldots . y_p) = G(y_1 + b_{1k}, \ldots . y_n + b_{nk}, y_{n+1}, \ldots . y_p),$$

und durch wiederholte Anwendung dieser Gleichung gelangt man zu der allgemeineren Gleichung:

(B') $$G(y_1, y_2, \ldots . y_p) = G(y_1 + \sum b_{1k} w_k, \ldots . y_n + \sum b_{nk} w_k, y_{n+1}, \ldots . y_p),$$

in welcher sich die Summationen auf $k = 1, 2, \ldots q$ beziehen und $w_1, w_2, \ldots w_q$ beliebige ganze Zahlen bedeuten.

Vermöge der ersteren von den Gleichungen (C) wird $b_{fk} = \delta_{fk}$, wenn beide Indices f, k nicht grösser als n sind. Die Gleichung (B') geht daher, wenn man alle Zahlen $w_{n+1}, w_{n+2}, \ldots w_{q-1}$ gleich Null nimmt, in folgende über:

$$(\overline{\mathrm{B}}) \qquad G(y_1, y_2, \ldots y_p) = G(y_1 + w_1 + b_{1q} w_q, \ldots y_n + w_n + b_{nq} w_q, y_{n+1}, \ldots y_p),$$

welche ausdrückt, dass G eine periodische Function in Beziehung auf die ersten n Variabeln ist, die erstens ihren Werth nicht ändert, wenn man jede der n Variabeln um eine beliebige ganze Zahl vermehrt oder vermindert, und zweitens auch dann nicht, wenn man jeder der n Variabeln y_h ein und dasselbe ganze Vielfache von b_{hq} hinzufügt.

III. Wenn die Grössen $b_{1q}, b_{2q}, \ldots b_{nq}$ nicht sämmtlich rational sind, so können doch lineare (homogene oder nicht homogene) Beziehungen mit rationalen Coefficienten zwischen ihnen bestehen. Es wird hierüber offenbar die allgemeinste Annahme gemacht, wenn vorausgesetzt wird, dass die *ersten* m Grössen $b_{1q}, b_{2q}, \ldots b_{mq}$ sich als lineare Functionen der $n-m$ Grössen $b_{m+1,q}, b_{m+2,q}, \ldots b_{nq}$ mit rationalen Coefficienten ausdrücken lassen, dass aber zwischen diesen letzteren Grössen weder eine homogene noch eine nicht homogene lineare Relation mit rationalen Coefficienten besteht. Die Zahl m kann hierbei die Werthe $0, 1, 2, \ldots n$ haben, und für den Fall $m = n$ sind alle n Grössen $b_{1q}, b_{2q}, \ldots b_{nq}$ rationale Zahlen.

Setzt man gemäss der gemachten Voraussetzung, für den Fall $m < n$:

$$b_{hq} = r_{h0} + \sum_k r_{hk} b_{kq} \qquad \begin{pmatrix} h = 1, 2, \ldots m \\ k = m+1, m+2, \ldots n \end{pmatrix},$$

wo $r_{h0}, r_{h,m+1}, \ldots r_{hn}$ rationale Zahlen bedeuten, und führt man an Stelle der ersten m Variabeln y neue Variabeln z mittels der Substitution:

$$y_h = z_h + \sum_k r_{hk} y_k \qquad \begin{pmatrix} h = 1, 2, \ldots m \\ k = m+1, m+2, \ldots n \end{pmatrix}$$

ein, so geht $G(y_1, y_2, \ldots y_p)$ in eine eindeutige, gleichmässig stetige Function:

$$H(z_1, z_2, \ldots z_m;\ y_{m+1}, y_{m+2}, \ldots y_p)$$

über, und an die Stelle von $(\overline{\mathrm{B}})$ tritt eine Gleichung:

$$(\mathrm{D})\qquad H(z_1, z_2, \ldots z_m;\ y_{m+1}, y_{m+2}, \ldots y_p) = H(z_1^0, z_2^0, \ldots z_m^0;\ y_{m+1}^0, y_{m+2}^0, \ldots y_p^0),$$

in welcher:

$$\begin{aligned} z_h^0 &= z_h + w_h - \sum_k r_{hk} w_k + r_{ho} w_q \\ y_k^0 &= y_k + w_k + b_{kq} w_q \end{aligned} \qquad \left(\begin{matrix} h=1, 2, \ldots m \\ k=m+1, m+2, \ldots n \end{matrix}\right)$$

und $y_{n+1}^0 = y_{n+1}, y_{n+2}^0 = y_{n+2}, \ldots y_p^0 = y_p$ zu setzen ist.

IV. Man kann bekanntlich die Werthe irgend welcher n Grössen $b_{1q}, b_{2q}, \ldots b_{nq}$ durch rationale Brüche desselben Nenners mit solcher Annäherung darstellen, dass die n Werthunterschiede, noch mit dem Nenner multiplicirt, beliebig klein werden. Dies wird z. B. gleich im Eingange von Hrn. *Hermite*'s Abhandlung «*Sur la fonction exponentielle*» erwähnt. Es erhellt unmittelbar, wenn man erwägt, dass unter den absolut kleinsten Resten von $1 + t^n$ auf einander folgenden ganzen Vielfachen von b_{kq}:

$$\mathrm{R}(s b_{kq}),\ \mathrm{R}((s+1) b_{kq}),\ \mathrm{R}((s+2) b_{kq}),\ \ldots\ldots\ \mathrm{R}((s+t^n) b_{kq})$$

nothwendig mindestens *zwei* für alle n Werthe von k in einem und demselben Intervalle von der Grösse t^{-1} liegen,*) dass also die Differenz von zwei solchen Resten, welche in der Form:

$$\alpha_k + \beta b_{kq},$$

*) Der Rest, welcher verbleibt, wenn man von einer reellen Grösse a die ihr zunächst benachbarte ganze Zahl subtrahirt, ist hier, wie in meiner Mittheilung vom 7. Februar d. J.[1]) mit $\mathrm{R}(a)$ bezeichnet. Unter t ist eine beliebige positive ganze Zahl zu verstehen.

[1]) Beweis des Reciprocitätsgesetzes für die quadratischen Reste; Bd. II S. 497—520. S. S. 500. H.

mit ganzzahligen Coefficienten α_k, β, dargestellt werden kann, ihrem absoluten Werthe nach kleiner als t^{-1} ist, während $|\beta| \leqq t^n$ wird.

Nimmt man nun für $w_1, w_2, \ldots w_n, w_q$ ganze Zahlen $w'_1, w'_2, \ldots w'_n, w'_q$, für welche die n absoluten Werthe:

$$|w'_k + b_{kq} w'_q| \qquad (k=1, 2, \ldots n)$$

sämmtlich kleiner als eine willkürlich angenommene Grösse τ sind, so wird auch der absolute Werth des Aggregates von Ausdrücken $w'_k + b_{kq} w'_q$:

$$w'_h + b_{hq} w'_q - \sum_k r_{hk}(w'_k + b_{kq} w'_q) \qquad \binom{h=1, 2, \ldots m}{k=m+1, \ldots n}$$

oder des damit übereinstimmenden Ausdrucks:

$$w'_h - \sum_k r_{hk} w'_k + r_{ho} w'_q \qquad \binom{h=1, 2, \ldots m}{k=m+1, \ldots n}$$

beliebig klein, wenn τ hinreichend klein angenommen wird. Dieser Ausdruck stellt aber eine rationale Zahl mit festem, d. h. von der Wahl der Zahlen w' nicht abhängigen Nenner dar; der Ausdruck muss also bei geeigneter Wahl der Zahlen w' sich auf Null reduciren. Setzt man alsdann der Einfachheit halber:

$$\text{(E)} \qquad w'_k + b_{kq} w'_q = b'_{kq} \qquad (k=1, 2, \ldots m, m+1, \ldots n,$$

so wird in der Gleichung (D) von Art. III:

$$z^0_h = z_h, \quad y^0_k = y_k + b'_{kq} \qquad \binom{h=1, 2, \ldots m}{k=m+1, m+2, \ldots n},$$

und es besteht daher für solche Zahlen w' die einfachere Relation:

$$\text{(D')} \quad H(z_1, \ldots z_m;\, y_{m+1}, \ldots y_n;\, y_{n+1}, \ldots y_p) = H(z_1, \ldots z_m;\, y_{m+1} + b'_{m+1,\,q}, \ldots y_n + b'_{nq};\, y_{n+1}, \ldots y_p),$$

welche ausdrückt, dass die Function H ihren Werth nicht ändert, wenn den

$n-m$ Variabeln $y_{m+1}, \dots y_n$ beziehungsweise die Grössen $b'_{m+1,q}, \dots b'_{nq}$ hinzugefügt werden, die übrigen Variabeln aber ungeändert bleiben.

V. Es kann unbeschadet der Allgemeinheit angenommen werden, dass der absolute Werth $|b'_{nq}|$ der grösste der Werthe:

$$|b'_{m+1,q}|, \quad |b'_{m+2,q}|, \dots |b'_{nq}|$$

ist. Setzt man nun:

$$\text{(F)} \qquad y'_k = y_k - \frac{b'_{kq}}{b'_{nq}} y_n \qquad (k=m+1, m+2, \dots n-1),$$

so geht die Function H in eine Function:

$$H'(z_1, z_2, \dots z_m; \ y'_{m+1}, y'_{m+2}, \dots y'_{n-1}; \ y_n, y_{n+1}, \dots y_p)$$

über, welche ihren Werth nicht ändert, wenn man y_n um b'_{nq} vermehrt, alle übrigen Variabeln aber ungeändert lässt. Hieraus folgt, dass die Function H' von y_n unabhängig sein muss.

Es muss nämlich, nach der über die ursprüngliche Function $F(x_1, x_2, \dots x_p)$ gemachten Voraussetzung gleichmässiger Stetigkeit, für jede beliebig gegebene positive Grösse σ eine Grösse τ von der Beschaffenheit gefunden werden können, dass die Functionswerthe von:

$$H(z_1, \dots z_m; \ y_{m+1}, \dots y_n; \ y_{n+1}, \dots y_p)$$

sich um weniger als σ von einander unterscheiden, wenn jedes der Argumente nur irgend ein Intervall von der Grösse τ durchläuft. In Bezug auf das Argument y_n bleibt diese Eigenschaft bei der Transformation der Variabeln y in die Variabeln y', unabhängig von jeder Veränderung der Grössen b'_{kq}, erhalten; denn es ist hierfür bei der bezüglichen Substitution (F) durch die über die Wahl von b'_{nq} getroffene Bestimmung vorgesorgt, vermöge deren die Coefficienten der Substitution:

$$\frac{b'_{kq}}{b'_{nq}}$$

ihrem absoluten Werthe nach nicht grösser als Eins werden können. Da nun nach Art. IV die Grössen $|b'_{kq}|$ so zu wählen sind, dass auch die grösste derselben $|b'_{nq}|$ noch kleiner als τ ist, und da die Function H' ihren Werth beibehält, wenn man y_n um ganze Vielfache von b'_{nq} ändert, die übrigen Variabeln aber ungeändert lässt, so folgt, dass der Unterschied *aller* Functionswerthe von H', welche dieselbe bei beliebiger Veränderung von y_n allein annimmt, stets kleiner bleiben muss als jene beliebig gegebene Grösse σ.

VI. Aendert man y_n um eine Einheit, so ändern sich die Variabeln y'_k gemäss der Gleichung (F) des Art. V um die Grössen:

$$-\frac{b'_{kq}}{b'_{nq}} \qquad (k=m+1,\ m+2,\ \ldots\ n-1)$$

und die Variabeln z_h gemäss der Gleichung (D) des Art. III um $-r_{hn}$. Nimmt man nun in der vorstehenden Entwickelung an Stelle der n Grössen b_{kq} die $n-1$ Quotienten $\frac{b'_{kq}}{b'_{nq}}$ der durch Gleichung (E) definirten n Grössen b', so kann man daraus $(n-1)$ beliebig kleine Grössen b''_{kq} bilden, die durch Gleichungen:

$$\text{(E')} \qquad w''_k + \frac{b'_{kq}}{b'_{nq}}\, w''_n = b''_{kq} \qquad (k=1,\ 2,\ \ldots\ n-1)$$

mit ganzzahligen Coefficienten w'' bestimmt sind. Dann bleibt die Function H' ungeändert, wenn gleichzeitig — analog wie in der Gleichung (D) am Schlusse von Art. III — die Variabeln:

$$\begin{matrix} z_h & \text{um} & w''_h - \sum_k r_{hk} w''_k, \\ y'_k & \text{um} & b''_{kq} \end{matrix} \qquad \begin{pmatrix} h=1,\ 2,\ \ldots\ m \\ k=m+1,\ m+2,\ \ldots\ n-1 \end{pmatrix}$$

geändert werden. Zugleich sind die Quotienten der Grössen b', wie die Grössen b, durch die linearen Gleichungen*):

$$\frac{b'_{hq}}{b'_{nq}} = \sum_k r_{hk} \frac{b'_{kq}}{b'_{nq}} \qquad \binom{h=1,\,2,\,\ldots\,m}{k=m+1,\,m+2,\,\ldots\,n-1}$$

mit einander verbunden; die Aenderung von z_h lässt sich hiernach durch:

$$b''_{hq} - \sum_k r_{hk} b''_{kq} \qquad \binom{h=1,\,2,\,\ldots\,m}{k=m+1,\,m+2,\,\ldots\,n-1},$$

also durch ein Aggregat beliebig kleiner Grössen darstellen, welches andererseits, wie der ursprüngliche Ausdruck $w''_h - \sum r_{hk} w''_k$ zeigt, durch Multiplication mit dem gemeinsamen Nenner der rationalen Zahlen r_{hk} gleich einer ganzen Zahl werden muss. Es folgt also, genau wie oben im Art. IV, dass bei geeigneter Wahl der Zahlen w'' die Aenderung von z_h sich auf Null reduciren muss. Bestimmt man aus solchen Zahlen w'' gemäss der Gleichung (E′) die Grössen b''_{kq} und setzt dann analog der Substitution (F):

$$\text{(F}'\text{)} \qquad y''_k = y'_k - \frac{b''_{kq}}{b''_{n-1,\,q}} y'_{n-1} \qquad (k=m+1,\,m+2,\,\ldots\,n-2),$$

so geht H' in eine Function H'' über, von der man wie oben erschliesst, dass sie von y'_{n-1} unabhängig ist. Die nothwendige Bedingung für die Zulässigkeit dieser Deduction, dass wenigstens *eine* der Grössen b''_{kq} nicht gleich Null werden könne, ist durch die Voraussetzung erfüllt, welche zu Anfang des Art. III gemacht worden ist. Denn, wenn zwischen den $n-m$ Grössen $b_{m+1,\,q}$, $b_{m+2,\,q}$, ... b_{nq} keine lineare Relation mit rationalen Coefficienten besteht, kann das Verhältniss von b'_{kq} zu b'_{nq} offenbar keinen rationalen Werth erhalten.

VII. Durch weitere Fortsetzung der hier entwickelten Schlussweise ergiebt sich, dass die Function:

---

*) Vgl. Art. III und IV.

$$H(z_1, z_2, \ldots z_m; \; y_{m+1}, \ldots y_n; \; y_{n+1}, \ldots y_p)$$

von den sämmtlichen $n-m$ Variabeln der zweiten Gruppe, nämlich von $y_{m+1}, y_{m+2}, \ldots y_n$ unabhängig sein muss, während sie in Beziehung auf die m Variabeln der ersten Gruppe periodisch ist. Die Perioden sind, wie im Art. III gezeigt worden ist, sämmtlich rationale Zahlen, und eine beliebige Anzahl solcher Periodensysteme lässt sich stets auf m Periodensysteme reduciren. Diese Reduction kann am Einfachsten mittelst der Methode bewirkt werden, welche ich im § 24 meiner Festschrift zu Hrn. *Kummer's* Doctorjubiläum[1]) bei der Reduction der linearen Fundamentalformen auf solche mit möglichst wenig Gliedern angewandt habe. Dieselbe Methode dient auch zur Reduction eines aus linearen homogenen Functionen beliebig vieler Variabeln gebildeten Divisorensystems auf ein solches, welches die kleinste, d. h. eine mit der Stufenzahl übereinstimmende Anzahl von Elementen enthält; ich will sie aber hier ohne alle Bezugnahme auf die erwähnten Theorieen darlegen.*)

VIII. Bezeichnet man die $m+r$ Periodensysteme der Variabeln z_h mit:

$$c_{hk} \qquad \begin{pmatrix} h=1, 2, \ldots m \\ k=1, 2, \ldots m+r \end{pmatrix},$$

und setzt man die Determinante der *ersten* m^2 Grössen c_{hi} als von Null verschieden voraus, so lassen sich die Elemente des $(m+1)^{\text{ten}}$ Periodensystems als lineare homogene Functionen der Elemente der ersten m Periodensysteme mit m rationalen Coefficienten darstellen. Reducirt man diese m Coefficienten sämmtlich, durch Weglassung der grössten Ganzen, auf echte Brüche, so kann man offenbar auch die so entstehenden linearen Functionen an Stelle der Elemente $c_{1,m+1}, c_{2,m+1}, \ldots c_{m,m+1}$ des $(m+1)^{\text{ten}}$ Periodensystems nehmen und aber dieses Periodensystem weglassen, wenn bei der angegebenen Reduction die sämmtlichen m Coefficienten der linearen Function gleich Null werden. Wenn dieses Verfahren auf alle r letzten Periodensysteme angewendet ist, muss wenigstens eine der Determinanten m^{ter} Ordnung, welche sich aus den

*) Ich habe die erwähnte Methode bereits im Wintersemester 1865/66 und seitdem fast regelmässig in meinen Universitäts-Vorlesungen auseinandergesetzt. H.

[1]) Band II. S. 359—370 dieser Ausgabe.

neuen $m+r$ Periodensystemen bilden lassen*), kleiner als die Determinante der *ersten* m^2 Grössen c_{hi} sein, und da schon diese als die kleinste von allen des ursprünglichen Systems vorausgesetzt werden konnte, und aber die Determinanten, weil sie rationale Zahlen mit bestimmten Nennern sind, nicht beliebig verkleinert werden können, so muss man bei jenem Verfahren einmal zu m Periodensystemen gelangen, durch welche sich alle folgenden und demnach auch die $m+r$ ursprünglichen Periodensysteme c_{hk} als lineare Functionen mit *ganzzahligen* Coefficienten ausdrücken lassen. Ein solches System von m Periodensystemen kann noch durch lineare Transformation der Variabeln z mit rationalen Coefficienten in das „Einheitssystem" δ_{ik} umgewandelt werden, und es ergiebt sich daher, dass die Function G des Art. I sich durch *lineare Transformation der Variabeln* $y_1, y_2, \ldots y_n$ *mit rationalen Coefficienten* in eine solche umwandeln lässt, welche von $n-m$ Variabeln unabhängig und in Beziehung auf die übrigen m in der Weise periodisch ist, dass jede der Variabeln für sich um eine beliebige ganze Zahl vermehrt oder vermindert werden kann.

IX. Bei der bisherigen Deduction ist nur von der Grössenreihe:

$$b_{kq} \qquad (k=1,2,\ldots n)$$

Gebrauch gemacht worden. Werden nun die übrigen Grössenreihen:

$$b_{k,\,n+1},\ b_{k,\,n+2},\ \ldots\ b_{k,\,q-1} \qquad (k=1,2,\ldots n)$$

in derselben Weise benutzt, so ergiebt sich als *schliessliche* und *erschöpfende* Folgerung aus der durch die Gleichung (A) ausgedrückten Eigenschaft der Function $F(x_1, x_2, \ldots x_p)$, dass

$$F\left(\sum a_{1h}y_h, \ldots \sum a_{nh}y_h;\ \ y_{n+1}+\sum a_{n+1,\,h}y_h, \ldots y_p+\sum a_{ph}y_h\right) \qquad (h=1,2,\ldots n)$$

---

*) Ist z. B. in einer der linearen Functionen der Coefficient von c_{h1} von Null verschieden und also ein echter Bruch, so wird die Determinante der ersten m Periodensysteme verkleinert, wenn man das erste Periodensystem durch das System jener linearen Functionen ersetzt.

durch *lineare Transformation der Variabeln y mit rationalen Coefficienten* in eine Function von weniger Variabeln verwandelt werden kann, welche ihren Werth beibehält, wenn man gewisse von den neuen Variabeln, und zwar jede für sich allein, um eine Einheit ändert.

X. Die Entwickelung vereinfacht sich, wenn man — statt alle Consequenzen aus der Voraussetzung einer bestimmten, durch die Gleichung (A) ausgedrückten Periodicitäts-Eigenschaft einer Function $F(x_1, x_2, \ldots x_p)$ zu ziehen — sich auf den Beweis des folgenden allgemeinen Satzes über die mögliche Anzahl von Periodensystemen beschränkt:

> Eine eindeutige Function von mehreren (reellen oder complexen) Variabeln kann stets durch lineare Transformation in eine solche verwandelt werden, für welche die Anzahl der Periodensysteme, aus denen sich *alle* der Function zugehörigen Periodensysteme linear mit ganzzahligen Coefficienten zusammensetzen lassen, genau gleich der Stufenzahl des aus allen Perioden gebildeten Grössensystems ist.

Unter der „*Stufenzahl*" (oder dem „*Range*") eines Systems reeller oder complexer Grössen:*)

$$a_{ik} \qquad \begin{pmatrix} i=1, 2, \ldots p \\ k=1, 2, \ldots q \end{pmatrix}$$

soll hier die im Art. I mit n bezeichnete Zahl verstanden werden, d. h. also die grösste Zahl von der Beschaffenheit, dass nicht sämmtliche aus dem System zu bildenden Determinanten n^{ter} Ordnung verschwinden. Die Stufenzahl bleibt offenbar ungeändert, wenn man dem System beliebig viele Zeilen oder Colonnen von linearen Functionen der früheren Zeilen oder Colonnen

*) Der Begriff der Stufenzahl verdankt weit höheren Gesichtspunkten seine Entstehung. Nach den Definitionen, welche ich in meiner oben citirten Festschrift aufgestellt habe, ist die Stufenzahl n des Systems a_{ik} nichts Anderes als die Stufenzahl des aus den q Functionen von p Variabeln: $\Sigma a_{ik} x_i$ gebildeten Divisorensystems. Hr. *J. Molk* hat den Ausdruck „Stufe" in seiner *Thèse: „Sur une notion qui comprend celle de la divisibilité et sur la théorie générale de l'élimination"* mit „*rang*" übersetzt. Vgl. auch die Bedeutung des Wortes „Rang" in den Arbeiten des Hrn. *Frobenius*.

hinzufügt, und es kann daher auch ein System von unendlich vielen Zeilen oder Colonnen, wie z. B. das aus *allen* Perioden einer Function bestehende System, einen bestimmten endlichen Rang haben.

Das System a_{ik} wird so beschaffen vorausgesetzt, dass jeder Zeile, in welcher nicht alle Elemente reell sind, eine andere mit den conjugirten Elementen entspricht.

Ist nun wie in Art. I die Determinante der *ersten* n^2 Elemente a_{ik} von Null verschieden, so ist gemäss der Definition der Stufenzahl n die Form:

$$\sum_k a_{ik} u_k \qquad (k=1,\ 2,\ \ldots\ \varrho),$$

für unbestimmte u, auch wenn $i > n$ ist, eine lineare Function derjenigen n Formen, bei denen $i = 1,\ 2,\ \ldots\ n$ ist. Das System der p Gleichungen:

$$\sum_k a_{ik} w_k = 0 \qquad \begin{pmatrix} i=1,\ 2,\ \ldots\ p \\ k=1,\ 2,\ \ldots\ n,\ \varrho \end{pmatrix}$$

lässt sich daher in ein System von folgender Gestalt:

$$w_k + b_{k\varrho} w_\varrho = 0 \qquad (k=1,\ 2,\ \ldots\ n)$$

bringen und also nach Art. IV entweder absolut oder mit beliebig grosser Annäherung in *ganzen Zahlen* w lösen.*) Im ersteren Falle lässt sich nach

*) Dass jedes System linearer homogener Gleichungen sich in ganzen Zahlen mit beliebiger Annäherung lösen lässt, wenn die Anzahl der zu bestimmenden ganzen Zahlen grösser als die Stufenzahl des Coefficienten-Systems ist, kann auch direct, d. h. ohne das System umzuformen, bewiesen werden. Ich habe dies in meinen beiden, in den Comptes rendus der Pariser Akademie veröffentlichten Aufsätzen vom Januar 1883 und November 1884[1]) gezeigt und darin überhaupt die näherungsweise Auflösung linearer Gleichungen eingehend behandelt. Aber der Nachweis der Möglichkeit einer solchen Auflösung ist schon von Hrn. *Hermite* im 40. Bande[2]), so wie implicite von *Riemann* im

[1]) Band III S. 1—30 dieser Ausgabe. H.

[2]) *Ch. Hermite* Extraits de lettres à *M. Jacobi* sur différents objets de la théorie des nombres. H.

Art. VIII ein System von nur n Colonnen:

$$a^0_{ik} \qquad \begin{pmatrix} i=1, 2, \dots p \\ k=1, 2, \dots n \end{pmatrix}$$

finden, durch welche die $n+1$ Colonnen:

$$a_{ik} \qquad \begin{pmatrix} i=1, 2, \dots p \\ k=1, 2, \dots n, q \end{pmatrix}$$

linear mit ganzzahligen Coefficienten dargestellt werden können. Im letzteren Falle aber bilden die durch die Gleichungen:

$$\sum_k a_{ik} w_k = a_{i,\,q+1} \qquad \begin{pmatrix} i=1, 2, \dots p \\ k=1, 2, \dots n, q \end{pmatrix}$$

bestimmten Grössen $a_{i,\,q+1}$ eine neue, $(q+1)^{te}$, Colonne, welche dem System hinzugefügt werden kann, und welche aus lauter Elementen besteht, deren absoluter Betrag beliebig klein ist. Setzt man nun, analog wie oben im Art. V:

$$x'_i = x_i - \frac{a_{i,\,q+1}}{a_{p,\,q+1}}\, x_p,$$

71. Bande des Journals für Mathematik[1]) und von Hrn. *Weierstrass*[2]) im Monatsbericht der Akademie vom November 1876, bei Behandlung der Frage der Anzahl der Periodensysteme, geführt worden. Diese Frage selbst wird in dem citirten *Weierstrass*'schen Aufsatze für analytische Functionen in der Weise erledigt, dass eine Grenze für die Anzahl der zur Bildung *aller* Periodensysteme ausreichenden bestimmt wird, und zwar eben diejenige, welche sich oben als der Rang des gesammten Periodensystems erwiesen hat. In der *Riemann*'schen Entwickelung aber ist nur die Anzahl der Variabeln als Grenze für die Zahl der Periodensysteme nachgewiesen, und zwar eben nur in dem Falle, wo die Anzahl der Variabeln gleich dem Range des Periodensystems wird. Die anderen Fälle sind als „Ausnahmen" bei Seite gelassen, und am Schlusse des vierten Absatzes seines an Hrn. *Weierstrass* gerichteten Schreibens hat sich *Riemann* mit der blossen *Angabe* „dass es folglich eine Function von weniger als n linearen Ausdrücken der Grössen x ist" begnügt, ohne die nähere Begründung der Conclusion hinzuzufügen.

[1]) Beweis des Satzes, dass eine einwerthige mehr als $2n$-fach periodische Function von n Veränderlichen unmöglich ist. *B. Riemann* gesammelte Werke. S. 276—280. H.

[2]) Neuer Beweis eines Hauptsatzes der Theorie der periodischen Functionen von mehreren Veränderlichen. *K. Weierstrass* gesammelte Werke. Bd. II S. 55—70. Vgl. besonders d. Anm. a. S. 70. H.

wenn der absolute Betrag von $a_{p,\,q+1}$ von keinem der anderen Grössen derselben Colonne übertroffen wird, so schliesst man wie a. a. O., dass die Function $F(x_1, x_2, \ldots x_p)$ durch die angegebene Substitution von x_p unabhängig werden muss.

So lange noch mehr Colonnen, als die Stufenzahl angiebt, vorhanden sind, kann hiernach entweder die Anzahl der Colonnen oder die Anzahl der Variabeln, im letzteren Falle zugleich die Stufenzahl selbst, vermindert werden. Man muss also schliesslich zu einer Function gelangen, für welche in der That die Anzahl der Colonnen von Perioden, d. h. der Periodensysteme, mit der Stufenzahl des gesammten Periodensystems vollkommen übereinstimmt.

NÄHERUNGSWEISE GANZZAHLIGE AUFLÖSUNG LINEARER GLEICHUNGEN.

VON

L. KRONECKER.

Monatsberichte der Königlich Preussischen Akademie der Wissenschaften zu Berlin vom Jahre 1884. S. 1179—1193, 1271—1299.

NÄHERUNGSWEISE GANZZAHLIGE AUFLÖSUNG LINEARER GLEICHUNGEN.

[Gelesen in der Akademie der Wissenschaften am 11. December 1884.]

Die Methode, welche ich bei Behandlung der Frage der Periodensysteme in meiner vorigen Mittheilung*) entwickelt habe, lässt sich auch auf das interessante Problem der näherungsweisen ganzzahligen Auflösung linearer Gleichungen anwenden und führt dabei zu der wahren Quelle, aus welcher die Lösung jener Frage unmittelbar zu entnehmen ist. Ich werde dies hier zuvörderst in den schon von *Jacobi* vor einem halben Jahrhundert behandelten einfachsten Fällen**) und erst dann ganz allgemein darlegen. Denn es erscheint nicht nur um der Deutlichkeit willen angemessen, die eingehende Behandlung jener speciellen Fälle voranzuschicken, sondern auch deshalb, weil bei der nachherigen allgemeinen Entwickelung von dem Inductionsschluss Gebrauch gemacht und dabei die Erledigung jener speciellen Fälle vorausgesetzt wird.

---

*) Sitzungsbericht vom 20. November, XLVI. S. 1071 ff.[1])

**) De functionibus duarum variabilium quadrupliciter periodicis, quibus theoria transcendentium Abelianarum innititur. Journal für Mathem. Bd. XIII S. 55[2]). Die Abhandlung ist vom 14. Februar 1834 datirt. *Jacobi* schliesst im § 4 seine Entwickelungen über die mögliche Anzahl der Perioden von Functionen einer complexen Variabeln mit den Worten: „Unde omnibus casibus evictum est, *si functio proposita tribus periodis gaudeat, aut eas e duabus componi, aut eam habere indicem omni data quantitate minorem.* Quod cum

[1]) Die Periodensysteme von Functionen reeller Variabeln. Bd. III. S. 31—46 dieser Ausgabe von *L. Kronecker's* Werken. H.

[2]) *C. G. J. Jacobi* Gesammelte Werke. Bd. II. S. 23—50. H.

§ 1.

Es seien a, a', ξ gegebene reelle Grössen, und w, w' seien ganze Zahlen, welche so bestimmt werden sollen, dass $aw + a'w'$ dem Werthe ξ möglichst nahe kommt. Ist das Verhältniss $a:a'$ rational, also durch das Verhältniss zweier ganzen Zahlen $n:n'$ ausdrückbar, so stellt $aw + a'w'$ nur ganze Vielfache von $\frac{a}{n}$ oder, was dasselbe ist, von $\frac{a'}{n'}$ dar, diese aber auch sämmtlich; denn da n und n' ohne gemeinsamen Theiler vorauszusetzen sind, so lassen sich für jede ganze Zahl w_0 Zahlen w, w' so bestimmen, dass $nw + n'w' = w_0$ und also:

$$(\mathfrak{A}) \qquad aw + a'w' = \frac{a}{n} \cdot w_0$$

wird. Man kann also in diesem Falle einer gegebenen Grösse ξ mit linearen ganzzahligen Functionen von a, a' nicht näher kommen, als dies eben mit ganzen Vielfachen von $\frac{a}{n}$ möglich ist; der Abstand kann demnach die Hälfte dieser Grösse erreichen.

Ist nun aber das Verhältniss $a:a'$ irrational, und wird es durch das Verhältniss ganzer Zahlen $n:n'$ in folgender Weise angenähert dargestellt:

$$\frac{a'}{a} = \frac{n'}{n} + \frac{\delta}{n^2} \qquad (-1 < \delta < 1),$$

so kann $w = -kn'$, $w' = kn$ gesetzt und für k die der Grösse $\frac{n\xi}{a\delta}$ zunächst benachbarte ganze Zahl genommen werden, um den Werth von $aw + a'w'$ dem Werthe von ξ beliebig nahe zu bringen. Denn es ist dann:

$$k = \frac{n}{a\delta}(\xi - \varphi),$$

wo φ den Werth:

$$\frac{a\delta}{n} \mathrm{R}\left(\frac{n\xi}{a\delta}\right)$$

---

absurdum sit, *functio tripliciter periodica non datur.*" *Jacobi* bleibt hierbei stehen, und unterlässt es, die behauptete Absurdität durch die aus der Voraussetzung dreifacher Periodicität zu ziehenden *erschöpfenden* Folgerungen näher zu begründen.

bedeutet,*) und es wird:

$$(\mathfrak{A}') \qquad aw + a'w' = \xi - \varphi.$$

Die Annäherung an ξ ist demnach mindestens $\frac{a\delta}{2n}$ und kann also mit wachsendem n beliebig verstärkt werden. Dabei wächst die Grösse der Zahlen w, w' mit n, aber — bei der angegebenen Bestimmung derselben — überdies auch mit dem Werthe von $\frac{1}{\delta}$. Doch kann man auch in einfacher Weise Zahlen w_0, w'_0 bestimmen, für welche:

$$|aw_0 + a'w'_0 - \xi| < \left|\frac{a}{n}\right| \quad \text{und zugleich} \quad |w'_0| \leqq \tfrac{1}{2}|n|$$

ist. Bringt man nämlich die der Grösse $\frac{n\xi}{a}$ nächst benachbarte ganze Zahl auf die Form $nw_0 + n'w'_0$, und zwar so, dass $|w'_0| \leqq \frac{1}{2}|n|$ wird, so resultirt die Gleichung:

$$aw_0 + a'w'_0 - \xi = \frac{a}{n}\left(\frac{\delta}{n}w'_0 - \mathrm{R}\left(\frac{n\xi}{a}\right)\right),$$

welche zeigt, dass in der That $|aw_0 + a'w'_0 - \xi| < \left|\frac{a}{n}\right|$ ist. — Setzt man ferner:

$$w = w_0 - kn', \quad w' = w'_0 + kn$$

und nimmt hierin für k die der Grösse $\frac{1}{\delta}\mathrm{R}\left(\frac{n\xi}{a}\right) - \frac{w'_0}{n}$ nächst benachbarte ganze Zahl, so wird:

$$aw + a'w' - \xi = \frac{a\delta\delta'}{2n} = \frac{a\delta'\delta''}{2w'},$$

wo

*) Mit $\mathrm{R}(a)$ ist hier wie in meinen früheren Mittheilungen der Rest bezeichnet, welcher verbleibt, wenn man von der reellen Grösse a die ihr zunächst benachbarte ganze Zahl subtrahirt.

$$\tfrac{1}{2}\delta' = k - \tfrac{1}{\delta}\,\mathrm{R}\left(\tfrac{n\xi}{a}\right) + \tfrac{w_0'}{n}, \quad \delta'' = \tfrac{1}{2}\delta\delta' + \mathrm{R}\left(\tfrac{n\xi}{a}\right)$$

ist, so dass auch δ', δ'', ebenso wie δ, zwischen -1 und $+1$ liegen.

Ich bemerke noch, dass alle Zahlensysteme w, w', wofür der Werth von $aw + a'w'$ sich um weniger als $\frac{a}{2n}$ von ξ unterscheidet, durch Verbindung irgend eines derselben mit einem solchen, wofür $|aw + a'w'| < \left|\frac{a}{n}\right|$ ist, erlangt werden können, und dass gewisse näherungsweise Lösungen der Gleichung $aw + a'w' = \xi$ schon von Hrn. *Tchebychef* und nachher von Hrn. *Hermite* gegeben worden sind.*)

Ist $F(x)$ eine eindeutige, gleichmässig stetige Function der reellen Variabeln x, für welche die Gleichung:

$$(\mathfrak{A}) \qquad F(x) = F(x + a) = F(x + a')$$

und also auch die Gleichung:

$$F(x) = F(x + aw + a'w')$$

besteht, in welcher w, w' irgend welche ganze Zahlen bedeuten, so besagt diese letztere Gleichung im Falle $a : a' = n : n'$ gemäss der Relation $(\mathfrak{A})$ nichts Anderes als die Gleichung:

$$F(x) = F\left(x + \frac{a}{n}w_0\right) \qquad (w_0 = \pm 1, \pm 2, \pm 3, \ldots),$$

während sie für den Fall, dass das Verhältniss $a : a'$ irrational ist, gemäss $(\mathfrak{A}')$ die Gleichung:

$$F(x) = F(x' - \varphi)$$

ergiebt, wenn $x' = x + \xi$ gesetzt wird. Da die Grösse φ beliebig verkleinert

*) Journal für Mathematik Bd. 88 S. 10.

werden kann, und die Function $F(x)$ als stetig vorausgesetzt ist, so folgt, dass für jeden beliebigen Werth x':

$$F(x) = F(x'),$$

d. h. also, dass $F(x)$ eine von x unabhängige Constante sein muss.

Aus der Gleichung $(\mathfrak{A})$ ist also zu erschliessen, dass die Function $F(x)$ die Periode $\frac{a}{n}$ hat, wenn das Verhältniss $a:a'$ sich durch das Verhältniss ganzer Zahlen $n:n'$ darstellen lässt, dass sie aber, wenn dies nicht der Fall ist, sich auf eine Constante reduciren muss.

§ 2.

Nunmehr seien $a, a', a'', b, b', b'', \xi, \eta$ gegebene reelle Grössen, und es seien drei ganze Zahlen w, w', w'' so zu bestimmen, dass die beiden linearen Ausdrücke:

$$aw + a'w' + a''w'', \quad bw + b'w' + b''w''$$

beziehungsweise den Werthen ξ und η beliebig nahe kommen, d. h. also, dass die Ungleichheiten:

$$|aw + a'w' + a''w'' - \xi| < \tau, \quad |bw + b'w' + b''w'' - \eta| < \tau$$

für eine gegebene, beliebig kleine Grösse τ erfüllt sind, oder, was dasselbe ist, die Gleichungen:

$$(\mathfrak{B}) \qquad aw + a'w' + a''w'' = \xi - \varphi, \quad bw + b'w' + b''w'' = \eta - \psi,$$

nebst den Ungleichheitsbedingungen $|\varphi| < \tau$, $|\psi| < \tau$.

Für die Frage der Auflösung des Systems der Gleichungen $(\mathfrak{B})$ sind offenbar zwei Coefficienten-Systeme:

$$\begin{pmatrix} a, & a', & a'' \\ b, & b', & b'' \end{pmatrix}, \quad \begin{pmatrix} a_0, & a_0', & a_0'' \\ b_0, & b_0', & b_0'' \end{pmatrix}$$

einander aequivalent, wenn jedes aus dem andern durch lineare Transformation der *Zeilen* mit *beliebigen* Coefficienten und durch lineare Transformation der *Colonnen* mit *ganzzahligen* Coefficienten hervorgeht.

I. Ist nun *erstens* $ab' - a'b = ab'' - a''b = a'b'' - a''b' = 0$ oder also $a : a' : a'' = b : b' : b''$ so findet die Aequivalenz:

$$\begin{pmatrix} a, & a', & a'' \\ b, & b', & b'' \end{pmatrix} \sim \begin{pmatrix} a, & a', & a'' \\ 0, & 0, & 0 \end{pmatrix} \sim \begin{pmatrix} b, & b', & b'' \\ 0, & 0, & 0 \end{pmatrix}$$

statt, und das System der beiden Gleichungen ($\mathfrak{B}$) ist für *beliebige* Werthe von ξ und η nicht lösbar. Der „Rang" des Coefficientensystems*) ist in diesem Falle kleiner als *Zwei.*

II. Wenn aber *zweitens* der Rang des Coefficientensystems der Gleichungen ($\mathfrak{B}$) nicht kleiner als *Zwei* ist, so wähle ich zuvörderst drei ganze Zahlen m, m', m'', für welche die absoluten Werthe der beiden Ausdrücke:

$$am + a'm' + a''m'', \quad bm + b'm' + b''m''$$

kleiner als τ werden. Dies ist stets möglich. Denn wenn man jedes der beiden Intervalle:

$$(|a| + |a'| + |a''|)\, t^2, \quad (|b| + |b'| + |b''|)\, t^2,$$

welches die je $(t^2 + 1)^3$ Werthe von

$$aw + a'w' + a''w'' \quad \text{und} \quad bw + b'w' + b''w'' \qquad (w, w', w'' = 0, 1, 2, \ldots t^2)$$

---

*) Vergl. die Definition in § 5.

umfasst, in t^3 gleiche Theile theilt, so giebt es mindestens zwei Systeme von Zahlen:

$$(w_1, w_1', w_1''), \quad (w_2, w_2', w_2''),$$

für welche $aw_1 + a'w_1' + a''w_1''$ und $aw_2 + a'w_2' + a''w_2''$ in einem und demselben der t^3 Theilintervalle der Grössen $aw + a'w' + a''w''$ und ebenso $bw_1 + b'w_1' + b''w_1''$ und $bw_2 + b'w_2' + b''w_2''$ in einem und demselben der t^3 Theilintervalle der Grössen $bw + b'w' + b''w''$ liegen. Setzt man nun:

$$w_1 - w_2 = m, \quad w_1' - w_2' = m', \quad w_1'' - w_2'' = m'',$$

so ist:

$$|am + a'm' + a''m''| < \frac{|a| + |a'| + |a''|}{t}, \quad |bm + b'm' + b''m''| < \frac{|b| + |b'| + |b''|}{t},$$

und man kann also in der That durch angemessene Wahl der Zahl t bewirken, dass die beiden absoluten Werthe:

$$|am + a'm' + a''m''|, \quad |bm + b'm' + b''m''|$$

kleiner als die gegebene Grösse τ werden, dass also, wenn man:

$$am + a'm' + a''m'' = a''', \quad bm + b'm' + b''m'' = b'''$$

setzt,

$$\tau > |a'''| \geqq |b'''|$$

wird. Hierbei können aber beide Grössen a''' und b''' gleich Null werden. In diesem Falle ist:

$$-a''m'' = am + a'm', \quad -b''m'' = bm + b'm',$$

und das aus drei Colonnen von ganzen Zahlen bestehende System:

$$\begin{pmatrix} m'', & 0, & m \\ 0, & m'', & m' \end{pmatrix}$$

lässt sich nach dem im Art. VIII meiner vorigen Mittheilung[1]) angegebenen Verfahren auf ein System von nur zwei Colonnen:

$$\begin{pmatrix} r, & r' \\ s, & s' \end{pmatrix},$$

und zwar mittels ganzzahliger linearer Transformation der Colonnen *allein*, reduciren. Man kann nämlich zuvörderst die Coefficienten m, m' in der dritten Colonne jenes Systems durch ihre absolut kleinsten Reste *modulo* m'' ersetzen. Resultirt dann das System:

$$\begin{pmatrix} m'', & 0, & m_0 \\ 0, & m'', & m_0' \end{pmatrix},$$

so ist hieraus, wenn $|m_0| \leqq |m_0'|$ ist, ein neues System:

$$\begin{pmatrix} m'' + hm_0, & 0, & m_0 \\ hm_0', & m'', & m_0' \end{pmatrix}$$

zu bilden, in welchem $|m'' + hm_0| < |m_0|$ ist. Die kleinste der drei Determinanten des vorigen Systems ist $|m'' m_0|$, die des neuen Systems ist $|m''(m'' + hm_0)|$ und also kleiner als die kleinste des vorigen. Man muss daher bei Fortsetzung des angegebenen Verfahrens zu einem System:

$$\begin{pmatrix} r, & r', & r'' \\ s, & s', & s'' \end{pmatrix}$$

gelangen, dessen kleinste Determinante $|rs' - r's|$ nicht mehr verkleinert werden kann. Alsdann müssen aber die Coefficienten α, β, für welche

$$\alpha r + \beta r' = r'', \quad \alpha s + \beta s' = s''$$

wird, *ganze Zahlen* sein; denn sonst würden bei Weglassung der grössten Ganzen von α und β Coefficienten r''', s''' an die Stelle von r'', s'' treten, für welche wenigstens eine der Determinanten $rs''' - r'''s$ oder $r's''' - r'''s'$ ihrem absoluten Werthe nach kleiner als $|rs' - r's|$ wäre.

---

[1]) Band III. S. 41 dieser Ausgabe. H.

Das reducirte System $\begin{pmatrix} r, & r' \\ s, & s' \end{pmatrix}$ ist dem System $\begin{pmatrix} m'', & 0, & m \\ 0, & m'', & m' \end{pmatrix}$ aequivalent, sogar in dem engeren Sinne, dass das eine System aus dem andern durch lineare ganzzahlige Transformation der *Colonnen* allein hervorgeht. Es ist daher einerseits:

$$r = hm'' - h''m, \quad r' = km'' - k''m,$$
$$s = h'm'' - h''m', \quad s' = k'm'' - k''m',$$

und andrerseits:

$$m'' = \alpha_0 r + \alpha_0' r', \quad 0 = \beta_0 r + \beta_0' r', \quad -m = \gamma_0 r + \gamma_0' r',$$
$$0 = \alpha_0 s + \alpha_0' s', \quad m'' = \beta_0 s + \beta_0' s', \quad -m' = \gamma_0 s + \gamma_0' s',$$

wo $h, h', h'', k, k', k'', \alpha_0, \alpha_0', \beta_0, \beta_0', \gamma_0, \gamma_0'$ ganze Zahlen bedeuten, und wenn man:

$$\frac{ra + sa'}{m''} = a_0, \quad \frac{r'a + s'a'}{m''} = a_0',$$
$$\frac{rb + sb'}{m''} = b_0, \quad \frac{r'b + s'b'}{m''} = b_0'$$

setzt, erhält man für die Systeme

$$\begin{pmatrix} a, & a', & a'' \\ b, & b', & b'' \end{pmatrix}, \quad \begin{pmatrix} a_0, & a_0' \\ b_0, & b_0' \end{pmatrix}$$

die Transformations-Gleichungen:

$$a_0 = ah + a'h' + a''h'', \quad a_0' = ak + a'k' + a''k'',$$
$$b_0 = bh + b'h' + b''h'', \quad b_0' = bk + b'k' + b''k'';$$
$$a = a_0\alpha_0 + a_0'\alpha_0', \quad a' = a_0\beta_0 + a_0'\beta_0', \quad a'' = a_0\gamma_0 + a_0'\gamma_0',$$
$$b = b_0\alpha_0 + b_0'\alpha_0', \quad b' = b_0\beta_0 + b_0'\beta_0', \quad b'' = b_0\gamma_0 + b_0'\gamma_0'.$$

Das System der zwei Gleichungen mit drei zu bestimmenden ganzen Zahlen w, w', w'':

$$aw + a'w' + a''w'' = \xi - \varphi, \quad bw + b'w' + b''w'' = \eta - \psi,$$

ist also dem Gleichungssystem von zwei Gleichungen mit nur zwei zu bestimmenden ganzen Zahlen w_0, w_0':

$$a_0 w_0 + a_0' w_0' = \xi - \varphi, \quad b_0 w_0 + b_0' w_0' = \eta - \psi,$$

aequivalent, und dieses gestattet offenbar für beliebige Werthe ξ, η keine beliebige Verkleinerung der Grössen φ und ψ, auch dann nicht, wenn die Determinante $a_0 b_0' - a_0' b_0$ verschwindet.

In dem hiermit erledigten zweiten Falle, wo:

$$am + a'm + a''m'' = 0, \quad bm + b'm' + b''m'' = 0$$

ist, kann das Verhältniss der drei Determinanten:

$$a'b'' - a''b', \quad a''b - ab'', \quad ab' - a'b$$

durch das Verhältniss von drei ganzen Zahlen $m : m' : m''$ dargestellt werden. Es wird also, wenn $m = k(a'b'' - a''b')$ gesetzt wird,

$$\begin{aligned} b'k(aw + a'w' + a''w'') - a'k(bw + b'w' + b''w'') &= m''w - mw'', \\ -bk(aw + a'w' + a''w'') + ak(bw + b'w' + b''w'') &= m''w' - m'w'', \end{aligned}$$

und das Coefficientensystem:

$$\begin{pmatrix} a, & a', & a'' \\ b, & b', & b'' \end{pmatrix}$$

ist demnach einem System *ganzzahliger* Coefficienten:

$$\begin{pmatrix} m'', & 0, & -m \\ 0, & m'', & -m' \end{pmatrix}$$

aequivalent. Da umgekehrt, wenn eine Aequivalenz:

$$\begin{pmatrix} a, & a', & a'' \\ b, & b', & b'' \end{pmatrix} \sim \begin{pmatrix} a_0, & a_0', & a_0'' \\ b_0, & b_0', & b_0'' \end{pmatrix}$$

besteht, in welcher $a_0, a_0', a_0'', b_0, b_0', b_0''$ *ganze Zahlen* sind, so dass die Gleichungen:

$$a_0 m_0 + a_0' m_0' + a_0'' m_0'' = 0, \quad b_0 m_0 + b_0' m_0' + b_0'' m_0'' = 0$$

in ganzen Zahlen m_0, m_0', m_0'' lösbar sind, wegen eben jener Aequivalenz auch die Gleichungen:

$$am + a'm' + a''m'' = 0, \quad bm + b'm' + b''m'' = 0$$

befriedigt werden können, so ist die Aequivalenz des Systems $\begin{pmatrix} a, & a', & a'' \\ b, & b', & b'' \end{pmatrix}$ mit einem solchen, dessen Elemente sämmtlich ganze Zahlen sind, als eine *charakteristische* für diejenigen Coefficientensysteme nachgewiesen, für welche die Möglichkeit des Nullwerdens von a''' und b''', welche die Voraussetzung des hier behandelten Falles bildet, vorhanden ist. Diese Coefficientensysteme sollen übrigens gemäss einer späteren allgemeinen Darlegung als solche bezeichnet werden, deren *Rationalitäts-Rang* gleich Null ist.

III. Es sei nun *drittens* wenigstens einer der beiden Werthe a''', b''', von Null verschieden, also, da oben $|a'''| \geq |b'''|$ angenommen worden ist: $\tau > |a'''| > 0$.

Alsdann sind drei ganze Zahlen n, n', n'' so zu bestimmen, dass der Werth von:

$$\left(b - \frac{b'''}{a'''} a\right) n + \left(b' - \frac{b'''}{a'''} a'\right) n' + \left(b'' - \frac{b'''}{a'''} a''\right) n'',$$

der mit $b^{(4)}$ bezeichnet werden soll, absolut kleiner als τ wird. Setzt man noch:

$$an + a'n' + a''n'' = a^{(4)},$$

so ist:

$$bn + b'n' + b''n'' = b^{(4)} + \frac{b'''}{a'''} a^{(4)}.$$

Wird nun $b^{(4)} = 0$, so ist:

$$b''' (an + a'n' + a''n'') = a''' (bn + b'n' + b''n''),$$

oder also, wenn man an Stelle von a''', b''' ihre Werthe:

$$am + a'm' + a''m'', \quad bm + b'm' + b''m''$$

einsetzt:

$$(ab' - a'b)(mn' - m'n) + (a'b'' - a''b')(m'n'' - m''n') + (a''b - ab'')(m''n - mn'') = 0.$$

Es verschwindet also die Determinante:

$$\begin{vmatrix} a, & a', & a'' \\ b, & b', & b'' \\ m'n'' - m''n', & m''n - mn'', & mn' - m'n \end{vmatrix},$$

und das Coefficienten-System ist daher dem Systeme:

$$\begin{pmatrix} a, & a' & a'' \\ m'n'' - m''n', & m''n - mn'', & mn' - m'n \end{pmatrix}$$

aequivalent, dessen zweite Zeile aus lauter ganzen Zahlen besteht. Hieraus erhellt, dass auch in diesem dritten Falle die Gleichungen:

$$aw + a'w' + a''w'' = \xi - \varphi, \quad bw + b'w' + b''w'' = \eta - \psi$$

für beliebig gegebene Werthe von ξ, η nicht in *der* Weise lösbar sind, dass φ und ψ beliebig klein werden.

Der *„Rationalitäts-Rang“* des Systems $\begin{pmatrix} a, & a', & a'' \\ b, & b', & b'' \end{pmatrix}$ ist in diesem dritten Falle gleich *Eins*.

IV. Es bleibt nun *viertens* der Fall zu untersuchen, wo $b^{(4)} \gtrless 0$ ist. In diesem Falle werde zuvörderst eine ganze Zahl ν so bestimmt, dass der absolute Werth von:

$$\eta - \frac{b'''}{a'''}\xi - \nu b^{(4)}$$

kleiner als $\frac{1}{2}|b^{(4)}|$ wird, und demnächst eine ganze Zahl μ so, dass der absolute Werth von:

$$\xi - \nu a^{(4)} - \mu a'''$$

kleiner als $\frac{1}{2}|a'''|$ wird. Dann kommt, wenn:

$$\xi - \nu a^{(4)} - \mu a''' = \varphi, \quad \eta - \frac{b'''}{a'''}\xi - \nu b^{(4)} = \psi - \frac{b'''}{a'''}\varphi$$

gesetzt wird:

$$\mu(am + a'm' + a''m'') + \nu(an + a'n' + a''n'') = \xi - \varphi,$$
$$\mu(bm + b'm' + b''m'') + \nu(bn + b'n' + b''n'') = \eta - \psi.$$

Hier sind die absoluten Werthe von φ und ψ beide kleiner als τ, da

$$|\varphi| < \tfrac{1}{2}|a'''|, \quad |a'''| < \tau; \quad \left|\frac{b'''}{a'''}\right| < 1, \quad \left|\psi - \frac{b'''}{a'''}\varphi\right| < \tfrac{1}{2}|b^{(4)}|, \quad |b^{(4)}| < \tau$$

ist, und die Gleichungen:

$$aw + a'w' + a''w'' = \xi - \varphi, \quad bw + b'w' + b''w'' = \eta - \psi,$$

werden also in der That durch die ganzzahligen Werthe:

$$w = \mu m + \nu n, \quad w' = \mu m' + \nu n', \quad w'' = \mu m'' + \nu n''$$

in der durch das Problem geforderten Weise befriedigt.

In diesem vierten Falle ist der „*Rationalitäts-Rang*" des Systems $\begin{pmatrix} a, & a', & a'' \\ b, & b', & b'' \end{pmatrix}$ gleich *Zwei*.

Bei der angegebenen Bestimmungsweise werden, analog wie im Falle *einer* Gleichung im § 1, die Zahlen w um so grösser, je kleiner a''' und $b^{(4)}$ sind. Die Frage der Auffindung der *kleinsten* dem Problem genügenden Zahlen w ist hier vorläufig bei Seite gelassen.

§ 3.

Ist $F(x, y)$ eine eindeutige, gleichmässig stetige Function der reellen Variablen x, y und bestehen die Gleichungen:

$$(\mathfrak{C}) \qquad F(x, y) = F(x + a, y + b) = F(x + a', y + b') = F(x + a'', y + b''),$$

so ist auch die Gleichung:

$$(\mathfrak{T}) \qquad F(x, y) = F(x + aw + a'w' + a''w'', \quad y + bw + b'w' + b''w'')$$

für alle ganzzahligen Werthe von w, w', w'' erfüllt. Hierbei kann offenbar angenommen werden, dass nicht alle sechs Grössen a, a', a'', b, b', b'' gleich Null sind.

I. Wenn nun der (absolute) Rang des Systems $\begin{pmatrix} a, & a', & a'' \\ b, & b', & b'' \end{pmatrix}$ kleiner als *Zwei* und also

$$a : a' : a'' = b : b' : b''$$

ist, so kann angenommen werden, dass nicht alle drei Grössen a, a', a'' gleich Null sind. Wird dann

$$\lambda a = b, \quad \lambda a' = b', \quad \lambda a'' = b'', \quad y_1 = y - \lambda x$$

und

$$F(x, y_1 + \lambda x) = F_1(x, y_1)$$

gesetzt, so geht die Gleichung ($\overline{\mathfrak{C}}$) in folgende über:

$$F_1(x, y_1) = F_1(x + aw + a'w' + a''w'', y_1),$$

welche zeigt, dass die Function F_1 nur in Beziehung auf die Variable x periodisch ist. Gemäss § 1 ist aber dann $F_1(x, y_1)$, als Function von x allein betrachtet, einfach periodisch oder von x unabhängig, je nachdem das Verhältniss $a : a' : a''$ rational ist oder nicht, d. h. also je nachdem der „*Rationalitäts-Rang*“ des Systems $\begin{pmatrix} a, & a', & a'' \\ b, & b', & b'' \end{pmatrix}$ gleich Null oder gleich Eins ist. Es ergiebt sich daher folgendes Resultat:

Ist der (absolute) Rang des Systems $\begin{pmatrix} a, & a', & a'' \\ b, & b', & b'' \end{pmatrix}$ gleich *Eins*, so lässt sich die Function $F(x, y)$ durch lineare Transformation der Variabeln in eine Function *einer* Variabeln verwandeln, für welche aus der Gleichung ($\mathfrak{C}$) *keine* Periodicität folgt, wenn der *Rationalitäts*-Rang des Systems ebenfalls gleich *Eins* ist. Wenn aber dieser Rationalitäts-Rang gleich *Null* ist, so kann $F(x, y)$ durch lineare Transformation der Variabeln in eine Function von zwei Variabeln verwandelt werden, welcher auf Grund der Gleichung ($\mathfrak{C}$) nur in Beziehung auf *eine* der beiden Variabeln eine Periode zukommt.

II. Wenn der (absolute) Rang des Systems $\begin{pmatrix} a, & a', & a'' \\ b, & b', & b'' \end{pmatrix}$ gleich *Zwei* und der Rationalitäts-Rang gleich *Null* ist, so folgt aus den Entwickelungen im § 2, II, dass die Gleichung ($\overline{\mathfrak{C}}$) nichts anderes ausdrückt, als die Gleichung:

$$F(x, y) = F(x + a_0 w_0 + a_0' w_0', \quad y + b_0 w_0 + b_0' w_0'),$$

welche zeigt, dass der Function $F(x, y)$ die beiden Periodensysteme (a_0, b_0), (a'_0, b'_0) zukommen.

III. Wenn der (absolute) Rang des Systems $\begin{pmatrix} a, & a', & a'' \\ b, & b', & b'' \end{pmatrix}$ gleich *Zwei* und der Rationalitäts-Rang gleich *Eins* ist, so ist dieses System gemäss den Entwickelungen im § 2, III dem Systeme:

$$\begin{pmatrix} a & , & a' & , & a'' \\ m'n'' - m''n', & & m''n - mn'', & & mn' - m'n \end{pmatrix}$$

aequivalent; die Function $F(x, y)$ geht also durch lineare Transformation der Variabeln y in eine Function $F_1(x, y_1)$ über, welche die drei Periodensysteme:

$$(a, m'n'' - m''n'), \quad (a', m''n - mn''), \quad (a'', mn' - m'n)$$

hat. Bestimmt man nun eine ganze Zahl λ so, dass der absolute Werth von $\xi - \lambda a'''$ kleiner als τ wird, und setzt man $\xi - \lambda a''' = \varphi$, so kommt, da:

$$am + a'm' + a''m'' = a''', \quad (m'n'' - m''n')\, m + (m''n - mn'')\, m' + (mn' - m'n)\, m'' = 0$$

ist:

$$F_1(x, y_1) = F_1(x + \xi - \varphi, y_1),$$

oder, wenn $x + \xi$ mit x' bezeichnet und die Stetigkeit der Function $F_1(x, y_1)$ berücksichtigt wird:

$$F_1(x, y_1) = F_1(x', y_1),$$

für beliebige Werthe von x und x'. Die Function F_1 ist daher von dem ersteren ihrer beiden Argumente unabhängig, während sie in Bezug auf das andere *einfach* periodisch ist.

IV. Wenn der Rationalitäts-Rang des Systems $\begin{pmatrix} a, & a', & a'' \\ b, & b', & b'' \end{pmatrix}$ gleich *Zwei* ist, so zeigen die Entwickelungen im § 2, IV, dass aus der Gleichung $(\overline{\mathfrak{C}})$ die Gleichung:

$$F(x, y) = F(x + \xi - \varphi, \quad y + \eta - \psi)$$

für beliebige Werthe von ξ, η folgt. Da φ und ψ beliebig klein gemacht werden können, so muss wegen der Stetigkeit der Function $F(x, y)$ auch die Gleichung:

$$F(x, y) = F(x + \xi, y + \eta) = F(x', y')$$

für ganz beliebige Werthe der Variabeln x, y, x', y' bestehen; die Function $F(x, y)$ muss also von *beiden* Argumenten unabhängig sein.

V. Die erlangten Resultate lassen sich, wenn man den (absoluten) Rang des Systems $\begin{pmatrix} a, & a', & a'' \\ b, & b', & b'' \end{pmatrix}$ mit r und den Rationalitäts-Rang mit $\mathfrak{r}$ bezeichnet, für alle vier unterschiedenen Fälle in folgender Weise zusammenfassen:

> Die Function $F(x, y)$ kann durch lineare Transformation der Variabeln in eine andere verwandelt werden, für welche die Periodicitäts-Gleichung ($\mathfrak{C}$) in Bezug auf $2 - r$ Variabeln gar keine Perioden, in Bezug auf $r - \mathfrak{r}$ Variabeln genau $r - \mathfrak{r}$ Periodensysteme ergiebt, und welche von den übrigen $\mathfrak{r}$ Variabeln unabhängig ist.

§ 4.

Ist $F(x + yi)$ eine eindeutige stetige Function der complexen Variabeln $x + yi$, und werden für dieselbe Periodicitäts-Gleichungen:

$$F(x + yi) = F(x + yi + a + bi) = F(x + yi + a' + b'i) = F(x + yi + a'' + b''i)$$

vorausgesetzt, so ist in den oben (§ 3, I) behandelten Fällen:

$$F(x + yi) = F(x + yi + (aw + a'w' + a''w'')(1 + \lambda i))$$

für beliebige ganze Zahlen w, w', w''. Ist der Rationalitäts-Rang gleich *Null* und also das Verhältniss $a : a' : a''$ rational, so ergiebt sich aus den vorausgesetzten Gleichungen nur eine *einfache* Periodicität der Function $F(x+yi)$. Ist aber der Rationalitäts-Rang gleich *Eins*, so lassen sich ganze Zahlen w, w', w'' bestimmen, für welche $aw + a'w' + a''w''$ einer gegebenen reellen Grösse ξ beliebig nahe kommt. Es ist daher, in Folge der Voraussetzung der Stetigkeit von F, für jede reelle Grösse ξ:

$$F(x+yi) = F(x+yi+\xi(1+\lambda i)),$$

und also, wenn diese Gleichung nach ξ differentiirt und dann $\xi = 0$ gesetzt wird:

$$F'(x+yi) = 0.$$

Die Function $F(x+yi)$ muss sich daher auf eine Constante reduciren.

Für den im § 3, II behandelten Fall lassen sich die drei Perioden $a+bi$, $a'+b'i$, $a''+b''i$ auf zwei reduciren.

Für den im § 3, III behandelten Fall giebt es reelle Grössen α, β, so dass:

$$a\beta + b\alpha = m'n'' - m''n', \quad a'\beta + b'\alpha = m''n - mn'', \quad a''\beta + b''\alpha = mn' - m'n,$$

und also:

$$(a+bi)(\alpha+\beta i) = \gamma + ci, \quad (a'+b'i)(\alpha+\beta i) = \gamma' + c'i, \quad (a''+b''i)(\alpha+\beta i) = \gamma'' + c''i$$

wird, wenn man der Kürze halber die drei Determinanten:

$$m'n'' - m''n', \quad m''n - mn'', \quad mn' - m'n$$

mit c, c', c'' bezeichnet. Setzt man nun $x_1 + y_1 i = (\alpha + \beta i)(x+yi)$ und:

$$F(x+yi) = F_1(x_1 + y_1 i),$$

so ist:

$$F_1(x_1+y_1 i) = F_1(x_1 + y_1 i + (\gamma + ci)w + (\gamma' + c'i)w' + (\gamma'' + c''i)w''),$$

und wenn man hierin:

$$w = \lambda m, \quad w' = \lambda m', \quad w'' = \lambda m''$$

nimmt, wo m, m', m'' die im § 2, II definirten Zahlen bedeuten, so verschwindet der imaginäre Theil: $cw + c'w' + c''w''$, während $\gamma m + \gamma' m' + \gamma'' m''$ beliebig klein wird, und es kann demnach die Zahl λ so bestimmt werden, dass der reelle Theil $\gamma w + \gamma' w' + \gamma'' w''$ einem gegebenen Werthe ξ beliebig nahe kommt. Hieraus folgt, dass für beliebige Werthe ξ die Gleichung:

$$F_1(x_1 + y_1 i) = F_1(x_1 + y_1 i + \xi)$$

besteht, dass also die Ableitung von $F_1(x_1 + y_1 i)$ verschwinden und die Function $F_1(x_1 + y_1 i)$ selbst sich auf eine Constante reduciren muss.

Für den im § 3, IV behandelten Fall ergiebt sich direct, ohne die Ableitung der Function F zu Hülfe zu nehmen, dass $F(x + yi)$ für alle Werthe der complexen Variabeln constant sein muss.

§ 5.

Es sei (a_{ik}) für $i = 1, 2, \ldots p$ und $k = 1, 2, \ldots q$ ein System reeller Grössen, und r sei die grösste Zahl von der Beschaffenheit, dass nicht sämmtliche aus den Elementen a_{ik} zu bildenden Determinanten r^{ter} Ordnung verschwinden. Alsdann ist r die „Stufenzahl" oder der „Rang" des aus den q linearen Functionen von p Variabeln $\mathfrak{R}_1, \mathfrak{R}_2, \ldots . \mathfrak{R}_p$ gebildeten Divisorensystems:

$$(\mathfrak{D}) \qquad \left(\sum_i a_{i1}\mathfrak{R}_i, \ \sum_i a_{i2}\mathfrak{R}_i, \ \ldots\ldots \ \sum_i a_{iq}\mathfrak{R}_i\right) \qquad (i=1, 2, \ldots p),$$

und soll auch, wie im Art. X meiner vorigen Mittheilung[1]), als der Rang des Grössensystems (a_{ik}) *selbst* bezeichnet werden. Nach den allgemeinen Entwickelungen im § 21 meiner Festschrift zu Hrn. *Kummer*'s Doctorjubiläum[2]) ist

[1]) Band III S. 43 dieser Ausgabe. H.

[2]) Band II S. 334 flgde. dieser Ausgabe. H.

das Divisorensystem ($\mathfrak{D}$) dann und nur dann in einem anderen aus linearen Functionen von $\mathfrak{R}_1, \mathfrak{R}_2, \ldots \mathfrak{R}_p$ bestehenden Divisorensysteme:

$$(\mathfrak{D}') \qquad \left(\sum_i b_{i1}\mathfrak{R}_i, \; \sum_i b_{i2}\mathfrak{R}_i, \; \ldots\ldots \sum_i b_{iq'}\mathfrak{R}_i\right) \qquad (i=1, 2, \ldots p)$$

„enthalten", wenn sich jedes Element des Divisorensystems ($\mathfrak{D}'$) als ganzzahlige lineare homogene Function der Elemente des Divisorensystems ($\mathfrak{D}$) darstellen lässt, d. h. also, wenn:

$$(\mathfrak{C}) \qquad b_{ik'} = \sum_k a_{ik} g_{kk'} \qquad \begin{pmatrix} i=1, 2, \ldots p \\ k=1, 2, \ldots q \\ k'=1, 2, \ldots q' \end{pmatrix}$$

ist, und die qq' Coefficienten $g_{kk'}$ ganze Zahlen sind. Es kann nun auch dieser Begriff des Enthalten-Seins von den aus linearen Functionen bestehenden Divisorensystemen auf die Systeme der Coefficienten der linearen Functionen selbst übertragen und also

> ein System (a_{ik}) als unter dem Systeme $(b_{ik'})$ enthalten bezeichnet werden, wenn Substitutions-Gleichungen ($\mathfrak{C}$) mit ganzzahligen Coefficienten $g_{kk'}$ bestehen, oder also wenn das System $(b_{ik'})$ aus der Composition des Systems (a_{ik}) mit einem ganzzahligen Systeme $(g_{kk'})$ resultirt.

Wenn zwei Systeme einander gegenseitig enthalten, so sind sie als „aequivalent" zu bezeichnen.

Die hier aufgestellten Begriffe haben für das Problem der näherungsweisen ganzzahligen Auflösung linearer Gleichungen eine unmittelbare Bedeutung. Denn erstens

> ist überhaupt ein System linearer, nicht homogener Gleichungen dann und nur dann, wenn der Rang des Coefficientensystems mit der Anzahl der Gleichungen genau übereinstimmt, in dem *allgemeinen Sinne* lösbar, dass die gegebenen linearen homogenen Functionen der zu bestimmenden Grössen *beliebig gegebenen* Grössen gleich werden sollen;

es können also nur die Werthe von r linear unabhängigen Functionen:

$$(\mathfrak{F}) \qquad \sum_k a_{1k} w_k, \quad \sum_k a_{2k} w_k, \; \ldots\ldots \qquad (k=1,2,\ldots q)$$

durch passende Bestimmung von $w_1, w_2, \ldots w_q$ gegebenen Variabeln $\xi_1, \xi_2, \ldots$ gleich gemacht werden. Es können daher auch nicht mehr als r Gleichungen:

$$(\mathfrak{G}) \qquad \sum_k a_{1k} w_k = \xi_1 - \varphi_1, \quad \sum_k a_{2k} w_k = \xi_2 - \varphi_2, \; \ldots \qquad (k=1,2,\ldots q)$$

für *beliebig* gegebene Grössen $\xi_1, \xi_2, \ldots$ mit den Ungleichheitsbedingungen:

$$|\varphi_1| < \tau, \quad |\varphi_2| < \tau, \; \ldots$$

in *ganzen Zahlen* $w_1, w_2, \ldots w_q$ gelöst werden.

Zweitens kann an Stelle des Gleichungssystems ($\mathfrak{G}$) auch das Gleichungssystem:

$$(\mathfrak{G}^0) \qquad \sum_{k'} a^0_{1k'} w^0_{k'} = \xi_1 - \varphi_1, \quad \sum_{k'} a^0_{2k'} w^0_{k'} = \xi_2 - \varphi_2, \; \ldots \qquad (k'=1,2,\ldots q')$$

gesetzt werden, falls die Systeme (a_{ik}) und $(a^0_{ik'})$ in dem angegebenen Sinne einander aequivalent sind; denn wenn:

$$a^0_{ik'} = \sum_k a_{ik} g_{kk'}, \quad a_{ik} = \sum_{k'} a^0_{ik'} g^0_{k'k} \qquad \begin{pmatrix} i=1,2,\ldots p \\ k=1,2,\ldots q \\ k'=1,2,\ldots q' \end{pmatrix}$$

ist, so werden durch die linearen ganzzahligen Transformationen der zu bestimmenden Grössen w_k, $w^0_{k'}$:

$$w_k = \sum_{k'} g_{kk'} w^0_{k'}, \quad w^0_{k'} = \sum_k g^0_{k'k} w_k \qquad \begin{pmatrix} k=1,2,\ldots q \\ k'=1,2,\ldots q' \end{pmatrix}$$

die beiden Gleichungssysteme ($\mathfrak{G}$), ($\mathfrak{G}^0$) in einander transformirt.

§ 6.

Es seien nun die *ersten* r^2 Elemente a_{ik} so beschaffen, dass ihre Determinante:

$$|a_{gh}| \qquad (g, h = 1, 2, \ldots r)$$

von Null verschieden wird. Alsdann sind die ersten r linearen Gleichungen:

$$(\mathfrak{G}) \qquad \sum_k a_{gk} w_k = \xi_g - \varphi_g \qquad \binom{g=1, 2, \ldots r}{k=1, 2, \ldots q}$$

von einander unabhängig und — wenn von der Bedingung, dass $w_1, w_2, \ldots w_q$ ganze Zahlen sein sollen, abstrahirt wird — für beliebig gegebene Werthe von $\xi_g - \varphi_g$ lösbar.

Bedeutet, wie im Art. 1 meiner vorigen Mittheilung,[1] (a'_{gh}) das zu (a_{gh}) reciproke System, so kann an Stelle des Gleichungssystems $(\mathfrak{G})$ das System:

$$(\mathfrak{G}') \qquad \sum_{gk} a'_{hg} a_{gk} w_k = \sum_g a'_{hg} (\xi_g - \varphi_g) \qquad \binom{g, h=1, 2, \ldots r}{k=1, 2, \ldots q}$$

genommen werden, und dieses verwandelt sich, wenn:

$$(\mathfrak{H}) \qquad b_{hk} = \sum_g a'_{hg} a_{gk}, \quad \eta_h = \sum_g a'_{hg} \xi_g, \quad \psi_h = \sum_g a'_{hg} \varphi_g \qquad \binom{g, h=1, 2, \ldots r}{k=1, 2, \ldots q}$$

gesetzt wird, in folgendes:

$$(\mathfrak{K}) \qquad \sum_k b_{hk} w_k = \eta_h - \psi_h \qquad \binom{h=1, 2, \ldots r}{k=1, 2, \ldots q},$$

in welchem übrigens $b_{hk} = \delta_{hk}$ ist, wenn beide Indices nicht grösser als r sind.

---

[1]) Band III S. 33 dieser Ausgabe. H.

Die in den Gleichungen ($\mathfrak{H}$) gegebenen Bestimmungen der Coefficienten b_{hk} lassen sich auch so darstellen:

$$(\mathfrak{H}') \qquad b_{hk} = \frac{|a_{fg'}|}{|a_{fg}|} \qquad \left(\begin{matrix} f,\, g = 1,\, 2,\, \ldots\, r \\ g' = 1,\, 2,\, \ldots\, h-1,\, k,\, h+1,\, \ldots\, r \end{matrix}\right);$$

die Coefficienten b_{hk} sind demnach Quotienten von Determinanten r^{ter} Ordnung, welche sich aus r durch die Indices h, k bestimmten Colonnen der ersten r Zeilen des Systems (a_{ik}) bilden lassen.

Führt man in dem Divisorensystem ($\mathfrak{D}$) des § 5 an Stelle der p Variabeln $\mathfrak{R}$ neue r Variabeln $\mathfrak{R}^0$ ein, welche mit den ersteren durch die Gleichungen:

$$\mathfrak{R}_h^0 = \sum_i a_{ih}\,\mathfrak{R}_i \qquad \left(\begin{matrix} h = 1,\, 2,\, \ldots\, r \\ i = 1,\, 2,\, \ldots\, p \end{matrix}\right)$$

verbunden sind, so resultirt das Divisorensystem r^{ter} Stufe:

$$(\mathfrak{D}^0) \qquad \left(\mathfrak{R}_1^0,\, \mathfrak{R}_2^0,\, \ldots\, \mathfrak{R}_r^0,\, \sum_h b_{h,\,r+1}\,\mathfrak{R}_h^0,\, \ldots \sum_h b_{h,q}\,\mathfrak{R}_h^0\right) \qquad (h = 1,\, 2,\, \ldots\, r),$$

welches aus linearen Functionen von nur r Variabeln besteht.

Die beiden Divisorensysteme ($\mathfrak{D}$) und ($\mathfrak{D}^0$) stehen, ebenso wie überhaupt je zwei Divisorensysteme, welche durch lineare Transformation der Variabeln aus einander hervorgehen, in einer Aequivalenz-Beziehung, und es sollen auch deren Coefficienten-Systeme, z. B. die Coefficienten-Systeme:

$$(a_{ik}) \quad \text{und} \quad (b_{hk}) \qquad \left(\begin{matrix} h = 1,\, 2,\, \ldots\, r \\ i = 1,\, 2,\, \ldots\, p \\ k = 1,\, 2,\, \ldots\, q \end{matrix}\right),$$

als einander aequivalent bezeichnet werden.

Während die im vorigen Paragraphen entwickelte Aequivalenz-Beziehung zweier Systeme:

$$(a_{ik}), \quad (a_{ik'}^0) \qquad \left(\begin{matrix} i = 1,\, 2,\, \ldots\, p \\ k = 1,\, 2,\, \ldots\, q \\ k' = 1,\, 2,\, \ldots\, q' \end{matrix}\right)$$

dadurch charakterisirt wurde, dass das eine System aus dem andern durch lineare ganzzahlige Transformation der *Colonnen* hervorgeht, wird die *hier* statuirte Aequivalenz:

$$(a_{ik}) \sim (\bar{a}_{i'k}) \qquad \begin{pmatrix} i=1,2,\dots p \\ i'=1,2,\dots p' \\ k=1,2,\dots q \end{pmatrix}$$

dadurch definirt, dass das eine System durch lineare Transformation der *Zeilen*, mit irgend welchen Transformations-Coefficienten, in das andere System übergeführt werden kann.

Es sind dies also zwei verschiedene Aequivalenz-Begriffe, von denen sich der eine auf die *Colonnen*, der andere auf die *Zeilen* bezieht; sie können aber auch beide zu einem neuen „weiteren" Aequivalenz-Begriff vereinigt werden, indem zwei Systeme:

$$(a^0_{ik'}), \quad (\bar{a}_{i'k}) \qquad \begin{pmatrix} i=1,2,\dots p;\ i'=1,2,\dots p' \\ k=1,2,\dots q;\ k'=1,2,\dots q' \end{pmatrix}$$

als im „weiteren Sinne einander aequivalent" bezeichnet werden können, wenn jedes derselben einem dritten Systeme:

$$(a_{ik}) \qquad \begin{pmatrix} i=1,2,\dots p \\ k=1,2,\dots q \end{pmatrix}$$

in dem einen oder anderen *engeren* Sinne aequivalent ist, d. h. also sowohl dann, wenn die Aequivalenzen:

$$(a_{ik}) \sim (a^0_{ik'}), \quad (a_{ik}) \sim (\bar{a}_{i'k})$$

beide in demselben engeren Sinne bestehen, als auch dann, wenn die eine in dem einen, die andere in dem anderen engeren Sinne stattfindet.

§ 7.

Giebt es lineare ganzzahlige Functionen der r Grössen:

$$b_{1k},\ b_{2k},\ \dots\dots\ b_{rk} \qquad (k=r+1,\ r+2,\ \dots\dots q),$$

deren Werthe für alle Indices k ganzzahlig sind, d. h. also, giebt es (für $k = r+1, r+2, \ldots q$) eine Anzahl Gleichungen:

$$\sum_{h=1}^{h=r} \mathfrak{w}_{gh} b_{hk} = \mathfrak{b}_{gk} \qquad (g = g_1, g_2, \ldots),$$

in welchen $\mathfrak{w}_{gh}$, $\mathfrak{b}_{gk}$ ganze Zahlen bedeuten, so gelten diese Gleichungen, wenn für $k \leqq r$:

$$\mathfrak{b}_{gk} = \mathfrak{w}_{gk}$$

gesetzt wird, für *alle* Indices k. Es möge nun angenommen werden, dass die Anzahl solcher, von einander linear unabhängiger Gleichungen genau $r - \mathfrak{r}$ ist, und dass demnach $r - \mathfrak{r}$ lineare Relationen:

$$(\mathfrak{L}) \qquad \sum_{h=1}^{h=r} \mathfrak{b}_{ih} b_{hk} = \mathfrak{b}_{ik} \qquad \begin{pmatrix} i = \mathfrak{r}+1, \mathfrak{r}+2, \ldots r \\ k = 1, 2, \ldots q \end{pmatrix}$$

bestehen, aus denen sich alle anderen solchen Relationen linear zusammensetzen lassen. Dann kann die Reihenfolge der Zeilen $b_{1k}, b_{2k}, \ldots$ so vorausgesetzt werden, dass die Zeilen:

$$b_{1k}, b_{2k}, \ldots b_{\mathfrak{r}k}, \mathfrak{b}_{\mathfrak{r}+1, k}, \mathfrak{b}_{\mathfrak{r}+2, k}, \ldots \mathfrak{b}_{rk} \qquad (k = 1, 2, \ldots q)$$

von einander linear unabhängig sind, und dass daher das aus diesen r Zeilen bestehende System dem Systeme (b_{hk}) in dem zweiten engeren Sinne (der Zeilen-Transformation) aequivalent ist. Da das System (b_{hk}) in demselben engeren Sinne dem System (a_{ik}) aequivalent ist, so wird durch die obige Annahme eine Eigenschaft des Systems (a_{ik}) fixirt, welche folgendermaassen zu formuliren ist:

> „Das System (a_{ik}), vom Range r, kann durch lineare Transformation der Zeilen (mit irgend welchen Coefficienten) in ein solches verwandelt werden, welches nur r Zeilen hat, die nicht lauter Null-Elemente enthalten, und nur $\mathfrak{r}$ Zeilen, in denen nicht sämmtliche Elemente ganze Zahlen sind. Dabei sind die Zahlen r und $\mathfrak{r}$ die kleinsten, für welche dies möglich ist."

Die Zahl $\mathfrak{r}$ hat daher *in Beziehung auf den Rationalitäts-Bereich der gewöhnlichen rationalen Zahlen* eine ganz analoge Bedeutung wie die (absolute) Stufenzahl r; sie giebt einen „relativen Rang" des Systems (a_{ik}) an, nämlich einen solchen, welcher dem Systeme in Beziehung auf den Rationalitäts-Bereich *Eins* zukommt*); die Zahl $\mathfrak{r}$ soll deshalb kurzweg als

„der Rationalitäts-Rang des Systems (a_{ik})"

bezeichnet werden.

Jedes System von pq Elementen:

$$(a_{ik}) \qquad \begin{pmatrix} i=1,2,\dots p \\ k=1,2,\dots q \end{pmatrix},$$

dessen (absoluter) Rang gleich r, und dessen Rationalitäts-Rang gleich $\mathfrak{r}$ ist, hat hiernach die charakteristische Eigenschaft, dass es in dem zweiten engeren Sinne (der Zeilen-Transformation) einem Systeme aequivalent ist, welches genau $\mathfrak{r}$ *nicht ganzzahlige* und überhaupt nur r Zeilen enthält.

Ein solches dem Systeme (a_{ik}) aequivalentes System ist das obige System:

$$b_{1k},\ b_{2k},\ \dots\ b_{\mathfrak{r}k},\ \mathfrak{b}_{\mathfrak{r}+1,k},\ \mathfrak{b}_{\mathfrak{r}+2,k},\ \dots\ \mathfrak{b}_{rk} \qquad (k=1,2,\dots q),$$

dessen Elemente gemäss den Gleichungen ($\mathfrak{H}'$) und ($\mathfrak{L}$) nur Determinanten-Quotienten:

$$\frac{|a_{fg'}|}{|a_{fg}|} \qquad \begin{pmatrix} f,g=1,2,\dots r \\ g'=1,2,\dots h-1,k,h+1,\dots r \end{pmatrix}$$

und lineare ganzzahlige Functionen derselben sind. Die charakteristische Eigenschaft eines Systems (a_{ik}) vom (absoluten) Range r und vom Rationalitäts-Range $\mathfrak{r}$ kann hiernach auch dadurch ausgedrückt werden, dass

*) Vgl. § 3 meiner oben citirten Festschrift zu Hrn. *Kummer*'s Doctorjubiläum.[1])

[1]) Band II S. 253 flgde. dieser Ausgabe. H.

zwischen den Determinanten r^{ter} Ordnung genau $r - \mathfrak{r}$ lineare ganzzahlige Relationen:

$$(\mathfrak{L}') \qquad \sum_{h=1}^{h=r} \mathfrak{b}_{ih} \, | a_{fg'} | = \mathfrak{b}_{ik} \, | a_{fg} | \qquad \begin{pmatrix} f, g = 1, 2, \dots r \\ g' = 1, 2, \dots h-1, k, h+1, \dots r \\ i = \mathfrak{r}+1, \mathfrak{r}+2, \dots r \end{pmatrix}$$

bestehen. Jede dieser Relationen kann, wenn $\mathfrak{b}_{im} = a_{0m}$ gesetzt wird, einfach durch die Gleichung:

$$| a_{lm} | = 0 \qquad \begin{pmatrix} l = 0, 1, 2, \dots r \\ m = k, 1, 2, \dots r \end{pmatrix}$$

dargestellt werden, und diese Gleichung besagt nichts Anderes, als dass das System (a_{ik}) in ein (im Sinne der Zeilentransformation) aequivalentes übergeht, wenn eine der Zeilen:

$$\mathfrak{b}_{i1}, \; \mathfrak{b}_{i2}, \; \dots \; \mathfrak{b}_{iq} \qquad (i = \mathfrak{r}+1, \mathfrak{r}+2, \dots r)$$

hinzugefügt wird. Es können daher auch *alle* $r - \mathfrak{r}$ Zeilen $\mathfrak{b}_{ik}$ hinzugefügt werden. Da diese von einander linear unabhängig sind, so müssen $\mathfrak{r}$ Zeilen a_{ik} — wenn auch nicht jede — mit den $r - \mathfrak{r}$ Zeilen $\mathfrak{b}_{ik}$ ein linear unabhängiges System von r Zeilen bilden. Es ergiebt sich also,

dass für jedes System von pq Elementen:

$$(a_{ik}) \qquad \begin{pmatrix} i = 1, 2, \dots p \\ k = 1, 2, \dots q \end{pmatrix},$$

dessen (absoluter Rang) gleich r und dessen Rationalitäts-Rang gleich $\mathfrak{r}$ ist, ein aequivalentes existirt, welches aus dem ersten dadurch entsteht, dass $p - r$ Zeilen weggelassen und $r - \mathfrak{r}$ Zeilen durch ebenso viel andere mit lauter ganzzahligen Elementen ersetzt werden.

Die vorstehende Entwickelung zeigt, dass (falls $r > \mathfrak{r} + 1$ ist) nicht bloss zwischen den Determinanten r^{ter} Ordnung*), sondern auch zwischen den

*) Vgl. die obigen Gleichungen $(\mathfrak{L}')$.

Determinanten $(\mathfrak{r}+1)^{\text{ter}}$ Ordnung des Systems (a_{ik}) lineare ganzzahlige Relationen bestehen. Fügt man nämlich dem Systeme (a_{ik}) die $r-\mathfrak{r}$ Zeilen $\mathfrak{b}_{ik}$ hinzu, so entsteht ein aequivalentes System von $p+r-\mathfrak{r}$ Zeilen, für welches alle Determinanten der Ordnung $r+1$ verschwinden; und jede der Gleichungen, welche man erhält, wenn man eine derjenigen Determinanten $(r+1)^{\text{ter}}$ Ordnung gleich Null setzt, die aus $(r-\mathfrak{r})(r+1)$ ganzzahligen Elementen $\mathfrak{b}_{ik}$ und aus $(\mathfrak{r}+1)(r+1)$ Elementen a_{ik} gebildet sind, liefert offenbar eine lineare ganzzahlige Relation zwischen Subdeterminanten $(\mathfrak{r}+1)^{\text{ter}}$ Ordnung von Elementen a_{ik}.

Es ist noch zu erwähnen, dass (unter Beibehaltung der obigen Bezeichnungen) der Natur der Sache nach stets $\mathfrak{r} \leqq r \leqq q$ ist, und dass $\mathfrak{r}$, für den Fall $r=q$, den Werth *Null* hat, weil alsdann das aus den ersten r^2 Elementen bestehende System (a_{ik}), also auch das ganze System, im Sinne der Zeilen-Transformation dem „Einheitsysteme"

$$(\delta_{ik}) \qquad (i, k=1, 2, \ldots r),$$

folglich in der That einem aus lauter ganzzahligen Elementen bestehenden Systeme aequivalent ist. Der Rationalitäts-Rang eines Systems (a_{ik}) ist also höchstens gleich dem (absoluten) Range, und er ist stets gleich *Null*, wenn die Anzahl der Colonnen nicht grösser ist, als die Zahl, welche den (absoluten) Rang des Systems bezeichnet.

§ 8.

Ein System:

$$(a_{ik}) \qquad \begin{pmatrix} i=1, 2, \ldots p \\ k=1, 2, \ldots q \end{pmatrix}$$

vom (absoluten) Range r und vom Rationalitäts-Range *Null* ist einem Systeme:

$$(b_{hk}) \qquad \begin{pmatrix} h=1, 2, \ldots r \\ k=1, 2, \ldots q \end{pmatrix}$$

von *lauter ganzzahligen* Elementen aequivalent, und zwar im Sinne der Zeilen-

Transformation. Da in diesem Falle $\mathfrak{r} = 0$ ist, nimmt der Index i in den Gleichungen ($\mathfrak{L}'$) des vorigen Paragraphen die Werthe $1, 2, \dots r$ an, und diese Gleichungen:

$$\sum_h \mathfrak{b}_{ih} \,|\, a_{fg'} \,| = \mathfrak{b}_{is} \,|\, a_{fg} \,| \qquad \begin{pmatrix} f, g, h, i = 1, 2, \dots r \\ g' = 1, 2, \dots h-1, s, h+1, \dots r \end{pmatrix}$$

genügen dann, um das Verhältniss der $r+1$ Determinanten, welche aus den r Zeilen von je $r+1$ Elementen:

$$a_{f1},\ a_{f2},\ \dots .\ a_{fr},\ a_{fs} \qquad (f = 1, 2, \dots r)$$

zu bilden sind, durch die Coefficienten $\mathfrak{b}$, also in *ganzen Zahlen,* darzustellen. Dies gilt für *jeden* Werth: $s = r+1, r+2, \dots q$; also:

für den Fall $\mathfrak{r} = 0$ ist das Verhältniss je zweier Determinanten:

$$|\, a_{fg'} \,| : |\, a_{fg} \,| \qquad \begin{pmatrix} f, g, h = 1, 2, \dots r \\ g' = 1, 2, \dots h-1, s, h+1, \dots r \\ s = r+1, r+2, \dots q \end{pmatrix}$$

rational, und dies ist zugleich für diesen Fall *charakteristisch;*

denn jenes Verhältniss ist gemäss § 6 ($\mathfrak{H}'$) gleich b_{hs}, und das dem Systeme (a_{ik}) aequivalente System (b_{hk}), dessen Elemente für $k \leq r$ das Einheitssystem bilden, besteht daher für den Fall $\mathfrak{r} = 0$ aus *lauter rationalen* Elementen.

Da die Auflösung des Systems der r Gleichungen:

$$(\mathfrak{M}) \qquad \sum_k a_{ik} w_k = 0 \qquad \begin{pmatrix} i = 1, 2, \dots r \\ k = 1, 2, \dots r, s \end{pmatrix}$$

durch:

$$w_h : w_s = |\, a_{fg'} \,| : |\, a_{fg} \,| \qquad \begin{pmatrix} f, g, h = 1, 2, \dots r \\ g' = 1, 2, \dots h-1, s, h+1, \dots r \end{pmatrix}$$

gegeben ist, so erweist sich auch

die Lösbarkeit der Gleichungen ($\mathfrak{M}$) in *ganzen Zahlen* w, für *alle* Werthe $s = r + 1, r + 2, \ldots q$,

als eine charakteristische Eigenschaft derjenigen Systeme (a_{ik}), deren Rationalitäts-Rang gleich *Null* ist.

§ 9.

Ist (a_{ik}) irgend ein System von pq Elementen, dessen (absoluter) Rang gleich r, und dessen Rationalitäts-Rang gleich $\mathfrak{r}$ (von *Null* verschieden) ist, so kann man sich die Zeilen so geordnet denken, dass die *ersten* r Reihen von Elementen:

$$a_{i1}, a_{i2}, \ldots a_{iq} \qquad (i=1, 2, \ldots r)$$

überhaupt von einander linear unabhängig und zugleich die *ersten* $\mathfrak{r}$ Reihen von Elementen:

$$a_{\mathfrak{i}1}, a_{\mathfrak{i}2}, \ldots a_{\mathfrak{i}q} \qquad (\mathfrak{i}=1, 2, \ldots \mathfrak{r})$$

in Beziehung auf den Rationalitäts-Bereich Eins von einander linear unabhängig sind. Dann giebt offenbar die Rangzahl r des ganzen Systems (a_{ik}) zugleich den (absoluten) Rang des aus den ersten r Zeilen bestehenden Systems an, und die Zahl $\mathfrak{r}$, welche den Rationalitäts-Rang des ganzen Systems (a_{ik}) bezeichnet, hat eben dieselbe Bedeutung auch für das aus den ersten $\mathfrak{r}$ Zeilen gebildete System.

Unter den angegebenen Voraussetzungen kann dasjenige System von Gleichungen:

$$(\mathfrak{N}) \qquad \sum_k a_{\mathfrak{i}k} w_k = \xi_{\mathfrak{i}} - \varphi_{\mathfrak{i}} \qquad \left(\begin{smallmatrix}\mathfrak{i}=1, 2, \ldots \mathfrak{r}\\ k=1, 2, \ldots q\end{smallmatrix}\right),$$

welches nur die *ersten* $\mathfrak{r}$ von den r Gleichungen ($\mathfrak{G}$) des § 5 enthält, für beliebig gegebene Grössen $\xi_1, \xi_2, \ldots$ mit den Ungleichheitsbedingungen:

$$|\varphi_{\mathfrak{i}}| < \tau \qquad (\mathfrak{i}=1, 2, \ldots \mathfrak{r})$$

in ganzen Zahlen $w_1, w_2, \ldots w_q$ gelöst werden.

I. Um eine solche Lösung zu erhalten, wähle man (wie im § 2, II) zuvörderst Zahlen m_{ks}, für welche die absoluten Werthe der r Ausdrücke:

$$\sum_k a_{ik} m_{ks} \qquad \binom{i=1,\,2,\,\ldots\,r}{k=1,\,2,\,\ldots\,r,\,s}$$

kleiner als τ werden. Dies ist stets möglich. Denn wenn man jedes der r Intervalle:

$$t^r \sum_k |\, a_{ik} \,| \qquad \left(\begin{matrix} i=1,\,2,\,\ldots\,r;\; k=1,\,2,\,\ldots\,r,\,s; \\ |\, a_{ik} \,| \text{ bedeutet den absoluten Werth von } a_{ik} \end{matrix}\right),$$

welches die je $(t^r+1)^{r+1}$ Werthe von:

$$\sum_k a_{1k} w_k, \quad \sum_k a_{2k} w_k, \;\ldots\; \sum_k a_{rk} w_k \qquad \binom{w_k=0,\,1,\,2,\,\ldots\,t^r}{k=1,\,2,\,\ldots\,r,\,s}$$

umfasst, in t^{r+1} gleiche Theile theilt, so giebt es mindestens zwei Systeme von Zahlen:

$$(w_1',\, w_2',\, \ldots\, w_r',\, w_s'), \qquad (w_1'',\, w_2'',\, \ldots\, w_r'',\, w_s''),$$

die so beschaffen sind, dass die beiden Werthe:

$$\sum_k a_{ik} w_k', \qquad \sum_k a_{ik} w_k'' \qquad \binom{i=1,\,2,\,\ldots\,r}{k=1,\,2,\,\ldots\,r,\,s},$$

für keinen der Indices i, in zwei verschiedenen der t^{r+1} Theilintervalle liegen. Setzt man nun:

$$w_k' - w_k'' = m_{ks} \qquad (k=1,\,2,\,\ldots\,r,\,s),$$

so ist:

$$|\sum_k a_{ik} m_{ks}\,| < t^{-1} \sum_k |\, a_{ik} \,| \qquad \binom{i=1,\,2,\,\ldots\,r}{k=1,\,2,\,\ldots\,r,\,s},$$

und man kann also in der That durch angemessene Wahl der Zahl t bewirken, dass die absoluten Werthe:

$$|\sum_k a_{ik} m_{ks}\,| \qquad \binom{i=1,\,2,\,\ldots\,r}{k=1,\,2,\,\ldots\,r,\,s}$$

kleiner als die gegebene Grösse τ werden.

Hierbei können freilich für einzelne Werthe von i und für einzelne Werthe von s die Ausdrücke $\sum_k a_{ik} m_{ks}$ gleich Null werden. Aber für *alle* Werthe von i und s kann dies nicht der Fall sein, da nach dem, was am Schlusse des vorigen Paragraphen ausgeführt worden, die Existenz von Zahlen m_{ks}, wofür *alle* Gleichungen:

$$\sum_k a_{ik} m_{ks} = 0 \qquad \begin{pmatrix} i=1, 2, \dots r; \ k=1, 2, \dots r, s; \\ s=r+1, r+2, \dots q \end{pmatrix}$$

erfüllt sind, eine charakteristische Eigenschaft der Systeme (a_{ik}) vom Rationalitäts-Range *Null* ist. Es muss daher mindestens *einen* Index s geben, für den nicht *alle* r Werthe:

$$\sum_k a_{ik} m_{ks} \qquad \begin{pmatrix} i=1, 2, \dots r \\ k=1, 2, \dots r, s \end{pmatrix}$$

gleich Null werden. Setzt man nun:

$$\sum_k a_{ik} m_{ks} = a_{i,\, q+1} \qquad \begin{pmatrix} i=1, 2, \dots r \\ k=1, 2, \dots r, s \end{pmatrix},$$

so sind die r Grössen $a_{i,\, q+1}$ ihrem absoluten Werthe nach kleiner als τ, und nicht sämmtlich gleich *Null*.

II. Diejenigen Zeilen $a_{1k}, a_{2k}, \dots a_{rk}$, wofür der Werth von $a_{i,\, q+1}$ beliebig klein und doch von Null verschieden ist, können offenbar nicht lauter rationale Elemente enthalten. Jede solche Zeile, die nicht lauter rationale Elemente enthält, kann aber — unbeschadet der im Anfange dieses Paragraphen gemachten Voraussetzung — als *erste* Zeile genommen werden. Man kann also namentlich diejenige Zeile als die *erste* wählen, wofür der absolute Werth von $a_{i,\, q+1}$ am grössten ist. Alsdann wird:

$$\tau > |a_{1,\, q+1}| \geqq |a_{i,\, q+1}| \qquad (i=1, 2, \dots r),$$

und nun kann aus jeder näherungsweisen ganzzahligen Lösung der Gleichungen:

$$(\mathfrak{N}^\circ) \qquad \sum_k \left(a_{ik} - \frac{a_{i,\,q+1}}{a_{1,\,q+1}}\,a_{1k}\right) w_k = \xi_i - \frac{a_{i,\,q+1}}{a_{1,\,q+1}}\,\xi_1 \qquad \binom{i=2,\,3,\,\ldots\,r}{k=1,\,2,\,\ldots\,q},$$

eine ganzzahlige Lösung der Gleichungen:

$$(\mathfrak{N}_1) \qquad \sum_k a_{ik}\,w_k = \xi_i - \varphi_i \qquad \binom{i=1,\,2,\,\ldots\,r}{k=1,\,2,\,\ldots\,q},$$

hergeleitet werden. Da nämlich:

$$\sum_k \left(a_{ik} - \frac{a_{i,\,q+1}}{a_{1,\,q+1}}\,a_{1k}\right) m_{ks} = 0 \qquad \binom{i=2,\,3,\,\ldots\,r}{k=1,\,2,\,\ldots\,q},$$

ist, so genügen, wenn durch:

$$w_1 = n_1, \quad w_2 = n_2, \;\ldots\ldots\; w_q = n_q$$

irgend eine Lösung der Gleichungen $(\mathfrak{N}^\circ)$ gegeben wird, denselben Gleichungen $(\mathfrak{N}^\circ)$ auch die Werthe:

$$w_1 = n_1 + \mu m_{1s}, \quad w_2 = n_2 + \mu m_{2s}, \;\ldots\ldots\; w_q = n_q + \mu m_{qs},$$

und die hierbei noch beliebige ganze Zahl μ kann nun so bestimmt werden, dass für dieselben Werthe von $w_1, w_2, \ldots\, w_q$:

$$\left|\, \xi_1 - \sum_k a_{1k}\,w_k \,\right| < \tfrac{1}{2}\tau \qquad (k=1,\,2,\,\ldots\,q)$$

oder, was dasselbe ist:

$$\sum_k a_{1k}\,w_k = \xi_1 - \varphi_1, \qquad |\,\varphi_1\,| < \tfrac{1}{2}\tau \qquad (k=1,\,2,\,\ldots\,q)$$

wird. Denn hierzu braucht man, da:

$$\xi_1 - \sum_k a_{1k}(\mu m_{ks} + n_k) = \xi_1 - \mu\,a_{1,\,q+1} - \sum_k a_{1k}\,n_k \qquad (k=1,\,2,\,\ldots\,q)$$

und $|\,a_{1,\,q+1}\,| < \tau$ ist, nur die dem Werthe von:

$$\frac{\xi_1 - \sum_k a_{1k} n_k}{a_{1,\,q+1}} \qquad (k=1,\,2,\,\ldots\,q)$$

nächste ganze Zahl für μ zu nehmen. Wird nun die angenäherte Lösung derselben Gleichungen ($\mathfrak{N}^0$) mittels der Zahlen n_k oder $n_k + \mu m_{ks}$ so vorausgesetzt, dass sich die Werthe auf den beiden Seiten der Gleichung um weniger als $\frac{1}{2}\tau$ von einander unterscheiden, so ist:

$$\sum_k \left(a_{ik} - \frac{a_{i,\,q+1}}{a_{1,\,q+1}}\, a_{1k}\right)(n_k + \mu m_{ks}) = \xi_i - \frac{a_{i,\,q+1}}{a_{1,\,q+1}}\, \xi_1 - \theta_i, \qquad |\theta_i| < \tfrac{1}{2}\tau$$

$$(i=2,\,3,\,\ldots\,r;\ k=1,\,2,\,\ldots\,q),$$

und wenn man hiermit die Gleichung:

$$\sum_k a_{1k}(n_k + \mu m_{ks}) = \xi_1 - \varphi_1 \qquad (k=1,\,2,\,\ldots\,q)$$

verbindet, welche aus der obigen Gleichung: $\sum_k a_{1k} w_k = \xi_1 - \varphi_1$, durch Einsetzen der Werthe $w_k = n_k + \mu m_{ks}$ entsteht, so resultirt die Gleichung:

$$\sum_k a_{ik}(n_k + \mu m_{ks}) = \xi_i - \theta_i - \frac{a_{i,\,q+1}}{a_{1,\,q+1}}\, \varphi_1 \qquad \begin{pmatrix} i=2,\,3,\,\ldots\,r \\ k=1,\,2,\,\ldots\,q \end{pmatrix},$$

welche auch noch für $i = 1$ gilt, falls man $\theta_1 = 0$ nimmt. Setzt man endlich noch:

$$\theta_i + \frac{a_{i,\,q+1}}{a_{1,\,q+1}}\, \varphi_1 = \varphi_i \qquad (i=2,\,3,\,\ldots\,r),$$

so wird $|\varphi_i| < \tau$, da

$$|a_{i,\,q+1}| < |a_{1,\,q+1}|, \quad |\theta_i| < \tfrac{1}{2}\tau, \quad |\varphi_1| < \tfrac{1}{2}\tau \qquad (i=2,\,3,\,\ldots\,r)$$

vorausgesetzt worden, und die Gleichungen:

$$(\mathfrak{N}_1) \qquad \sum_k a_{ik} w_k = \xi_i - \varphi_i \qquad \begin{pmatrix} i=1,\,2,\,\ldots\,r \\ k=1,\,2,\,\ldots\,q \end{pmatrix},$$

mit den Ungleichheitsbedingungen:

$$|\varphi_i| < \tau \qquad (i=1,2,\ldots r),$$

werden also in der That durch die Werthe:

$$w_k = n_k + \mu m_{ks} \qquad (k=1,2,\ldots q)$$

befriedigt, wenn die Zahlen $n_1, n_2, \ldots\ldots n_q$ den Gleichungen:

$$(\mathfrak{N}_2) \qquad \sum_k \left(a_{ik} - \frac{a_{i,q+1}}{a_{1,q+1}} a_{1k}\right) n_k = \xi_i - \frac{a_{i,q+1}}{a_{1,q+1}} \xi_1 - \theta_i \qquad \binom{i=2,3,\ldots r}{k=1,2,\ldots q},$$

mit den Ungleichheitsbedingungen:

$$|\theta_i| < \tfrac{1}{2}\tau \qquad (i=2,3,\ldots r)$$

genügen, und wenn die ganze Zahl μ durch die Bedingung:

$$\left|\mu a_{1,q+1} - \xi_1 + \sum_k a_{1k} n_k\right| < \tfrac{1}{2}\left|a_{1,q+1}\right| \qquad (k=1,2,\ldots q)$$

bestimmt ist.

III. In der hier unter I und II gegebenen Entwickelung kann überall der Index i auf die Werthe, die nicht grösser als $\mathfrak{r}$ sind, beschränkt werden. Dann sind die r Gleichungen $(\mathfrak{N}_1)$ mit den im Anfange dieses Paragraphen aufgestellten $\mathfrak{r}$ Gleichungen:

$$(\mathfrak{N}) \qquad \sum_k a_{\mathfrak{i}k} w_k = \xi_{\mathfrak{i}} - \varphi_{\mathfrak{i}} \qquad \binom{\mathfrak{i}=1,2,\ldots \mathfrak{r}}{k=1,2,\ldots q}$$

identisch, deren Lösbarkeit in ganzen Zahlen w, mit den Ungleichheitsbedingungen:

$$|\varphi_{\mathfrak{i}}| < \tau \qquad (\mathfrak{i}=1,2,\ldots \mathfrak{r})$$

nachgewiesen werden sollte.

Bei der Beschränkung auf die Werthe $i \leq \mathfrak{r}$ bilden aber die Gleichungen $(\mathfrak{N}_2)$ ein System von $(\mathfrak{r}-1)$ Gleichungen vom Rationalitäts-Range $(\mathfrak{r}-1)$.

Denn wenn der Rationalitäts-Rang kleiner sein sollte, müsste mindestens *eine* Gleichung:

$$\sum_{\mathfrak{i}} c_{\mathfrak{i}} \left(a_{\mathfrak{i}k} - \frac{a_{\mathfrak{i},\,q+1}}{a_{1,\,q+1}}\, a_{1k} \right) = \mathfrak{a}_k \qquad \left(\begin{smallmatrix} \mathfrak{i}=2,\,3,\,\ldots\,\mathfrak{r} \\ k=1,\,2,\,\ldots\,q \end{smallmatrix}\right),$$

in welcher die $\mathfrak{a}_k$ ganze Zahlen bedeuten, existiren. Dies ist aber nicht möglich, weil eine solche Gleichung, wenn:

$$\sum_{\mathfrak{i}} c_{\mathfrak{i}}\, a_{\mathfrak{i},\,q+1} = -\, c_1\, a_{1,\,q+1} \qquad (\mathfrak{i}=2,\,3,\,\ldots\,\mathfrak{r})$$

gesetzt wird, in die Gleichung:

$$\sum_{\mathfrak{i}} c_{\mathfrak{i}}\, a_{\mathfrak{i}k} = \mathfrak{a}_k \qquad \left(\begin{smallmatrix} \mathfrak{i}=1,\,2,\,\ldots\,\mathfrak{r} \\ k=1,\,2,\,\ldots\,q \end{smallmatrix}\right)$$

übergeht, deren Bestehen mit der Voraussetzung, dass die Zahl $\mathfrak{r}$ den Rationalitäts-Rang des Systems $(a_{\mathfrak{i}k})$ angiebt, unverträglich ist.

Da nun die Lösbarkeit eines Systems von $(\mathfrak{r}-1)$ Gleichungen vom Rationalitäts-Range $(\mathfrak{r}-1)$ vorausgesetzt werden kann,*) so ist der zu führende Nachweis der Lösbarkeit der Gleichungen $(\mathfrak{N})$ in der obigen Entwickelung vollständig enthalten. Doch soll eben diese Entwickelung noch benutzt werden, um den weiteren Nachweis zu führen, dass auch das System der r Gleichungen $(\mathfrak{N}_1)$ lösbar ist, wenn zwischen den gegebenen Grössen ξ gewisse Relationen bestehen.

§ 10.

Da das System (a_{ik}) den Rationalitäts-Rang $\mathfrak{r}$ hat, müssen $r-\mathfrak{r}$ linear unabhängige Relationen:

---

*) Die Lösbarkeit einer Gleichung vom Rationalitäts-Range *Eins*, sowie eines Systems von zwei Gleichungen vom Rationalitäts-Range *Zwei* ist in den §§ 1 und 2 ausführlich dargelegt worden.

$$(\mathfrak{P})\qquad \sum_i c_{hi} a_{ik} = \mathfrak{a}_{hk} \qquad \begin{pmatrix} h=\mathfrak{r}+1,\ldots r \\ i=1,2,\ldots r \\ k=1,2,\ldots q \end{pmatrix}$$

mit *ganzzahligen* Werthen $\mathfrak{a}_{hk}$ bestehen. Es war aber:

$$\sum_k a_{ik} m_{ks} = a_{i,\,q+1} \qquad \begin{pmatrix} i=1,2,\ldots r \\ k=1,2,\ldots q \end{pmatrix},$$

also

$$\sum_i c_{hi} a_{i,\,q+1} = \sum_k \mathfrak{a}_{hk} m_{ks} \qquad \begin{pmatrix} h=\mathfrak{r}+1,\ldots r \\ i=1,2,\ldots r \\ k=1,2,\ldots q \end{pmatrix}.$$

Da nun die Werthe $|a_{i,\,q+1}|$ sämmtlich kleiner als eine beliebig klein gewählte Grösse τ sind, die Summe rechts aber einen ganzzahligen Werth hat, so muss sie gleich Null sein. Zwischen den Grössen $a_{i,\,q+1}$ bestehen hiernach die $r - \mathfrak{r}$ Gleichungen:

$$(\mathfrak{Q})\qquad \sum_i c_{hi} a_{i,\,q+1} = 0 \qquad \begin{pmatrix} h=\mathfrak{r}+1,\ldots r \\ i=1,2,\ldots r \end{pmatrix}.$$

Dies vorausgeschickt, soll nun gezeigt werden, dass

die r Gleichungen $(\mathfrak{N}_1)$ des vorigen Paragraphen:

$$(\mathfrak{N}_1)\qquad \sum_k a_{ik} w_k = \xi_i - \varphi_i \qquad \begin{pmatrix} i=1,2,\ldots r \\ k=1,2,\ldots q \end{pmatrix}$$

in ganzen Zahlen w lösbar sind, sobald zwischen den gegebenen Grössen ξ die Relationen:

$$(\mathfrak{R})\qquad \sum_i c_{hi}\, \xi_i = 0 \qquad \begin{pmatrix} h=\mathfrak{r}+1,\ldots r \\ i=1,2,\ldots r \end{pmatrix}$$

bestehen.

Dabei kann angenommen werden, dass die Determinante:

$$|\,c_{hi}\,| \qquad (h,\ i=\mathfrak{r}+1,\ \mathfrak{r}+2,\ldots r)$$

von Null verschieden ist; anderenfalls würde nämlich aus den Gleichungen ($\mathfrak{P}$) eine Relation:

$$\sum_{\mathfrak{i}=1}^{\mathfrak{i}=\mathfrak{r}} \gamma_{\mathfrak{i}} a_{\mathfrak{i}k} = \sum_{h=\mathfrak{r}+1}^{h=r} \alpha_h \mathfrak{a}_{hk} \qquad (k=1, 2, \dots q)$$

hervorgehen, es würde also eine lineare Function der $\mathfrak{r}$ ersten Zeilen:

$$a_{\mathfrak{i}1}, \; a_{\mathfrak{i}2}, \dots a_{\mathfrak{i}q} \qquad (\mathfrak{i}=1, 2, \dots \mathfrak{r})$$

als lineare Function der $r - \mathfrak{r}$ ganzzahligen Reihen:

$$\mathfrak{a}_{h1}, \; \mathfrak{a}_{h2}, \dots \mathfrak{a}_{hq} \qquad (h=\mathfrak{r}+1, \dots r)$$

darstellbar sein, d. h. es würden — entgegen der im Anfang des § 9 gemachten Voraussetzung — die ersten $\mathfrak{r}$ Reihen von Elementen „in Beziehung auf den Rationalitäts-Bereich *Eins*“ von einander linear abhängig sein.

Unter der hiermit gerechtfertigten Voraussetzung, dass die Determinante:

$$|c_{hi}| \qquad (h, i=\mathfrak{r}+1, \mathfrak{r}+2, \dots r)$$

von Null verschieden ist, folgen aus den Relationen ($\mathfrak{Q}$) und ($\mathfrak{R}$) auch Relationen folgender Art:

$$(\bar{\mathfrak{P}}) \qquad a_{h,\,q+1} = \sum_{\mathfrak{i}} \bar{c}_{h\mathfrak{i}}\, a_{\mathfrak{i},\,q+1}$$

$$(\bar{\mathfrak{R}}) \qquad \xi_h = \sum_{\mathfrak{i}} \bar{c}_{h\mathfrak{i}}\, \xi_{\mathfrak{i}} \qquad \begin{pmatrix}\mathfrak{i}=1, 2, \dots \mathfrak{r}\\ h=\mathfrak{r}+1, \dots r\end{pmatrix}.$$

Für den Fall $\mathfrak{r} = 1$ ist demnach:

$$a_{h,\,q+1} = \bar{c}_{h1} a_{1,\,q+1}, \quad \xi_h = \bar{c}_{h1}\, \xi_1, \quad \text{also} \quad \xi_h = \frac{a_{h,\,q+1}}{a_{1,\,q+1}}\, \xi_1 \qquad (h=2, 3, \dots r),$$

und wenn man für diesen Fall gemäss § 9 die Zahl μ als die dem Quotienten $\frac{\xi_1}{a_{1,\,q+1}}$ nächste ganze Zahl bestimmt, und

$$\varphi_h = \frac{a_{h,\,q+1}}{a_{1,\,q+1}}\,\varphi_1$$

setzt, so erhält man die Lösung der Gleichungen $(\mathfrak{N}_1)$

$$w_k = \mu m_{ks} \qquad (k=1,2,\ldots q),$$

da alsdann:

$$\sum_k a_{ik} w_k = \mu \sum_k a_{ik} m_{ks} = \mu a_{i,\,q+1} = \frac{a_{i,\,q+1}}{a_{1,\,q+1}}(\xi_1 - \varphi_1) = \xi_i - \varphi_i$$

wird.

Nimmt man nun für Gleichungen $(\mathfrak{N}_1)$ vom Rationalitäts-Range $(\mathfrak{r}-1)$ an, dass sie unter Bedingungen $(\mathfrak{R})$ in ganzen Zahlen w lösbar seien, so kann man die Existenz von Zahlen w voraussetzen, durch welche die Gleichungen:

$$(\mathfrak{N}^0) \qquad \sum_k \left(a_{ik} - \frac{a_{i,\,q+1}}{a_{1,\,q+1}}\,a_{1k}\right) w_k = \xi_i - \frac{a_{i,\,q+1}}{a_{1,\,q+1}}\,\xi_1 \qquad \begin{pmatrix} i=2,3,\ldots r \\ k=1,2,\ldots q \end{pmatrix}$$

erfüllt werden, falls die Grössen ξ den Bedingungsgleichungen:

$$(\mathfrak{R}^0) \qquad \sum_i c_{hi}\left(\xi_i - \frac{a_{i,\,q+1}}{a_{1,\,q+1}}\,\xi_1\right) = 0 \qquad \begin{pmatrix} h=\mathfrak{r}+1,\ldots r \\ i=2,3,\ldots r \end{pmatrix}$$

genügen. Denn die Coefficienten c_{hi} sind die Coefficienten der $(r-\mathfrak{r})$ linearen Relationen:

$$\sum_i c_{hi}\left(a_{ik} - \frac{a_{i,\,q+1}}{a_{1,\,q+1}}\,a_{1k}\right) = \mathfrak{a}_{hk} \qquad \begin{pmatrix} h=\mathfrak{r}+1,\ldots r \\ i=2,3,\ldots r \\ k=1,2,\ldots q \end{pmatrix},$$

welche zwischen den $(r-1)$ Zeilen der Coefficienten des Gleichungssystems $(\mathfrak{N}^0)$ — vermöge der Gleichungen $(\mathfrak{P})$ und $(\mathfrak{Q})$ — bestehen, und der Rationalitäts-Rang des Systems der $(r-1)$ Gleichungen $(\mathfrak{N}^0)$ ist daher in der That: $r-1-(r-\mathfrak{r})$ d. h. gleich $(\mathfrak{r}-1)$.

Aus jeder Lösung der Gleichungen ($\mathfrak{N}^0$) ist aber nach den Entwickelungen im § 9 für *dieselben* Grössen ξ, also auch mit *denselben* Bedingungen ($\mathfrak{N}^0$) eine Lösung des Systems:

$$(\mathfrak{N}_1) \qquad \sum_k a_{ik} w_k = \xi_i - \varphi_i \qquad \binom{i=1,2,\ldots r}{k=1,2,\ldots q}$$

herzuleiten. Da nun einerseits die Bedingungen ($\mathfrak{N}^0$) — vermöge der Gleichungen ($\mathfrak{Q}$) — mit den Bedingungen:

$$(\mathfrak{N}) \qquad \sum_i c_{hi} \xi_i = 0 \qquad (i=1,2,\ldots r)$$

zusammenfallen, und da andrerseits für den Fall $\mathfrak{r} = 1$ die Lösbarkeit der Gleichungen ($\mathfrak{N}_1$) unter den Bedingungen ($\mathfrak{N}$) oben dargethan worden ist, so folgt deren Lösbarkeit für jeden beliebigen Werth des Rationalitäts-Ranges $\mathfrak{r}$.

§ 11.

Das im vorhergehenden Paragraphen entwickelte Resultat,

> dass stets ganze Zahlen $w_1, w_2, \ldots w_q$ gefunden werden können, für welche die Werthe von:
>
> $$\sum_k a_{1k} w_k, \quad \sum_k a_{2k} w_k, \ldots \sum_k a_{rk} w_k \qquad (k=1,2,\ldots q)$$
>
> irgend welchen gegebenen, nur den Gleichungen ($\mathfrak{N}$) genügenden, Grössen $\xi_1, \xi_2, \ldots \xi_r$ beliebig nahe kommen,

lässt sich noch in anderer Weise mit Hülfe einer, auch an sich wichtigen, Colonnentransformation des Systems (a_{ik}) begründen.

Um eben diese Transformation auseinanderzusetzen sei zuvörderst bemerkt, dass der Rationalitäts-Rang der Definition nach für Systeme, die im Sinne der Zeilentransformation aequivalent sind, identisch ist; dass er aber offenbar auch ungeändert bleibt, wenn ein System in ein, im Sinne der Colonnentransformation, aequivalentes übergeht.

Nunmehr soll gezeigt werden,

> dass jedes System, dessen (absoluter) Rang grösser ist als der Rationalitäts-Rang, durch Colonnentransformation in ein aequivalentes verwandelt werden kann, welches die Eigenschaft hat, dass bei Weglassung einer bestimmten Colonne der (absolute) Rang um eine Einheit erniedrigt wird, während der Rationalitäts-Rang derselbe bleibt.

Wenn nämlich das System:

$$(a_{ik}) \qquad \binom{i=1,\,2,\,\ldots\,p}{k=1,\,2,\,\ldots\,q}$$

vom (absoluten) Range r und vom Rationalitäts-Range $\mathfrak{r}$ ist, und die Reihenfolge der Colonnen und Zeilen so bestimmt wird, dass die Determinante der *ersten* r^2 Elemente a_{ik} von Null verschieden ist, so giebt es unter der Voraussetzung $\mathfrak{r} < r$ (nach § 7) ganze Zahlen:

$$a_{01},\ a_{02},\ \ldots\ a_{0q},$$

für welche die Determinante $(r+1)^{\text{ter}}$ Ordnung:

$$|a_{lm}| \qquad \binom{l=0,\,1,\,2,\,\ldots\,r}{m=k,\,1,\,2,\,\ldots\,r}$$

verschwindet. Das durch Hinzufügung der Zeile ganzzahliger Elemente a_{0k} gebildete System:

$$(a_{hk}) \qquad \binom{h=0,\,1,\,\ldots\,.\,p}{k=1,\,2,\,\ldots\,.\,q}$$

ist dem ursprünglichen Systeme:

$$(a_{ik}) \qquad \binom{i=1,\,2,\,\ldots\,.\,p}{k=1,\,2,\,\ldots\,.\,q}$$

im Sinne der Zeilentransformation aequivalent; es ist also ebenfalls vom (absoluten) Range r, und es müssen demgemäss *alle* daraus zu bildenden Determinanten $(r+1)^{\text{ter}}$ Ordnung — nicht bloss die oben angeführten besonderen — gleich Null sein.

Es sei nun a_{00}^{0} der grösste gemeinsame Theiler der q Zahlen a_{0k} und:

$$a_{0k} = d_k a_{00}^{0} \qquad (k=1, 2, \dots q).$$

Ferner seien die q ganzen Zahlen g_k so gewählt, dass:

$$\sum_k a_{0k} g_k = a_{00}^{0} \qquad (k=1, 2, \dots q)$$

wird. Setzt man dann:

$$a_{i0}^{0} = \sum_k a_{ik} g_k, \quad a_{ik}^{0} = a_{ik} - d_k \sum_k a_{ik} g_k \qquad \begin{pmatrix} i=1, 2, \dots p \\ k=1, 2, \dots q \end{pmatrix},$$

so ist:

$$a_{ik} = a_{ik}^{0} + a_{i0}^{0} d_k \qquad \begin{pmatrix} i=1, 2, \dots p \\ k=1, 2, \dots q \end{pmatrix}.$$

Die beiden Systeme:

$$(a_{il}^{0}), \quad (a_{ik}) \qquad \begin{pmatrix} i=1, 2, \dots p \\ k=1, 2, \dots q \\ l=0, 1, 2, \dots q \end{pmatrix}$$

gehen also durch ganzzahlige lineare Transformation der Colonnen in einander über, d. h. sie sind im Sinne der Colonnentransformation einander aequivalent.

Diese Aequivalenz besteht auch, wenn man die Werthe des Index i auf die ersten r Zahlen beschränkt. Andererseits gelten die Transformations-Gleichungen auch für $i=0$, wenn:

$$a_{0k}^{0} = 0 \qquad (k=1, 2, \dots q)$$

genommen wird. Es sind also auch die Systeme:

$$(a_{jl}^{0}), \quad (a_{jk}) \qquad \begin{pmatrix} j=0, 1, \dots p \text{ oder } j=0, 1, \dots r \\ k=1, 2, \dots q; \qquad l=0, 1, \dots q \end{pmatrix}$$

im Sinne der Colonnentransformation einander aequivalent. Endlich ist das System:

$$(a^0_{jl}) \qquad \begin{pmatrix} j=0,\,1,\,\ldots\, p \text{ oder } j=0,\,1,\,\ldots\, r \\ l=0,\,1,\,\ldots\, q \end{pmatrix}$$

dem ursprünglichen Systeme:

$$(a_{ik}) \qquad \begin{pmatrix} i=1,\,2,\,\ldots\, p \\ k=1,\,2,\,\ldots\, q \end{pmatrix}$$

in jenem „weiteren" am Schlusse des § 6 erläuterten Sinne aequivalent; und das System (a^0_{jl}) hat daher ebenso wie das System (a_{ik}) den (absoluten) Rang r und den Rationalitäts-Rang $\mathfrak{r}$.

Bedeuten $i_1, i_2, \ldots i_r$ beliebige von den Zahlen $1, 2, \ldots p$, und $k_1, k_2, \ldots k_r$ beliebige von den Zahlen $1, 2, \ldots q$, so besteht offenbar die Determinanten-Relation:

$$\left| a^0_{i_0 k_0} \right| = a^0_{00} \left| a^0_{ik} \right| \qquad \begin{pmatrix} i_0=0,\, i_1,\, i_2,\, \ldots\, i_r;\;\; i=i_1,\, i_2,\, \ldots\, i_r \\ k_0=0,\, k_1,\, k_2,\, \ldots\, k_r;\;\; k=k_1,\, k_2,\, \ldots\, k_r \end{pmatrix}.$$

Da das System (a^0_{jl}) vom (absoluten) Range r ist, so muss die Determinante links, als eine aus diesem Systeme gebildete Determinante $(r+1)^{\text{ter}}$ Ordnung gleich Null sein; es verschwindet hiernach jede Determinante r^{ter} Ordnung, die aus dem Systeme:

$$(a^0_{ik}) \qquad \begin{pmatrix} i=1,\,2,\,\ldots\, p \\ k=1,\,2,\,\ldots\, q \end{pmatrix}$$

gebildet werden kann, und der (absolute) Rang dieses Systems ist also kleiner als r. Dieser Rang kann aber nicht kleiner als $(r-1)$ sein, weil sonst das System, welches durch Hinzufügung der Colonne:

$$a^0_{10},\; a^0_{20},\; \ldots\; a^0_{p0}$$

entsteht, von niedrigerem als dem r^{ten} Range wäre. Der Rang jenes Systems (a^0_{ik}) muss also genau gleich $(r-1)$ sein.

Da der Rationalitäts-Rang des Systems:

$$(a^0_{jl}) \qquad \begin{pmatrix} j=0,\,1,\,\ldots\, r \\ l=0,\,1,\,\ldots\, q \end{pmatrix}$$

gleich $\mathfrak{r}$ ist, so giebt es genau $r - \mathfrak{r}$ von einander linear unabhängige Relationen:

$$(\mathfrak{P}^0) \qquad \sum_j c^0_{\mathfrak{r}+1,\,j}\, a^0_{jl} = \mathfrak{a}^0_{\mathfrak{r}+1,\,l}, \;\ldots\; \sum_j c^0_{rj}\, a^0_{jl} = \mathfrak{a}^0_{rl} \qquad \left(\begin{smallmatrix} j=0,\,1,\,\ldots\, r \\ l=0,\,1,\,\ldots\, q \end{smallmatrix}\right),$$

in denen $\mathfrak{a}^0_{\mathfrak{r}+1,\,l}, \ldots \mathfrak{a}^0_{rl}$ ganze Zahlen sind. Da ferner a^0_{00} eine ganze Zahl und

$$a^0_{0k} = 0 \qquad (k=1,\,2,\,\ldots\, q)$$

ist, so kann in der ersten jener $r - \mathfrak{r}$ Relationen $(\mathfrak{P}^0)$:

$$c^0_{\mathfrak{r}+1,\,0} = 1, \quad c^0_{\mathfrak{r}+1,\,1} = c^0_{\mathfrak{r}+1,\,2} = \cdots = c^0_{\mathfrak{r}+1,\,r} = 0, \quad \mathfrak{a}^0_{\mathfrak{r}+1,\,0} = a^0_{00}$$

genommen werden. Die übrigen $r - \mathfrak{r} - 1$ Relationen können, bei Weglassung des Werthes $l = 0$, folgendermaassen dargestellt werden:

$$\sum_i c^0_{\mathfrak{r}+2,\,i}\, a^0_{ik} = \mathfrak{a}^0_{\mathfrak{r}+2,\,k}, \;\ldots\; \sum_i c^0_{ri}\, a^0_{ik} = \mathfrak{a}^0_{rk} \qquad \left(\begin{smallmatrix} i=1,\,2,\,\ldots\, r \\ k=1,\,2,\,\ldots\, q \end{smallmatrix}\right).$$

Aber es kann auch keine weitere solche Relation:

$$\sum_i c^0_{r+1,\,i}\, a^0_{ik} = \mathfrak{a}^0_{r+1,\,k} \qquad \left(\begin{smallmatrix} i=1,\,2,\,\ldots\, r \\ k=1,\,2,\,\ldots\, q \end{smallmatrix}\right)$$

bestehen; denn sonst würde eine $(r - \mathfrak{r} + 1)^{\text{te}}$ Relation:

$$\sum_j c^0_{r+1,\,j}\, a^0_{jl} = \mathfrak{a}^0_{r+1,\,l} \qquad \left(\begin{smallmatrix} j=0,\,1,\,\ldots\, r \\ l=0,\,1,\,\ldots\, q \end{smallmatrix}\right)$$

für das System (a^0_{jl}) folgen, wenn für $l = 0$ der ganzzahlige Werth von $\mathfrak{a}^0_{r+1,\,0}$ beliebig angenommen und dann der Werth von $c^0_{r+1,\,0}$ gemäss der Gleichung:

$$c^0_{r+1,\,0}\, a^0_{00} + \sum_i c^0_{r+1,\,i}\, a^0_{i0} = \mathfrak{a}^0_{r+1,\,0} \qquad (i=1,\,2,\,\ldots\, r)$$

bestimmt wird. Es bestehen hiernach für die Zeilen des Systems:

$$(a^0_{ik}) \qquad \left(\begin{smallmatrix} i=1,\,2,\,\ldots\, r \\ k=1,\,2,\,\ldots\, q \end{smallmatrix}\right)$$

nur genau $r - \mathfrak{r} - 1$ Relationen der angegebenen Art, und eben dieses System (a^0_{ik}), dessen (absoluter) Rang gleich $r-1$ ist, hat daher den Rationalitäts-Rang: $r - 1 - (r - \mathfrak{r} - 1)$, d. h. den Rationalitäts-Rang $\mathfrak{r}$.

Es hat also das dem gegebenen Systeme vom (absoluten) Range r und vom Rationalitäts-Range $\mathfrak{r}$:

$$(a_{ik}) \qquad \begin{pmatrix} i=1,2,\ldots p \\ k=1,2,\ldots q \end{pmatrix}$$

(im Sinne der Colonnentransformation) aequivalente System:

$$(a^0_{il}) \qquad \begin{pmatrix} i=1,2,\ldots p \\ l=0,1,\ldots q \end{pmatrix}$$

in der That die Eigenschaft, dass bei Weglassung der durch den Index $l=0$ bezeichneten Colonne ein System:

$$(a^0_{ik}) \qquad \begin{pmatrix} i=1,2,\ldots p \\ k=1,2,\ldots q \end{pmatrix}$$

resultirt, welches vom (absoluten) Range $r-1$ und vom Rationalitäts-Range $\mathfrak{r}$ ist.

Der oben aufgestellte Satz ist hiermit vollständig bewiesen, und es kann nun aus demselben unmittelbar der allgemeinere Satz gefolgert werden,

($\mathfrak{S}$) dass jedes System vom (absoluten) Range r und vom Rationalitäts-Range $\mathfrak{r}$ durch Colonnentransformation in ein aequivalentes verwandelt werden kann, aus welchem bei Weglassung bestimmter $(r - \mathfrak{r})$ Colonnen ein System entsteht, dessen (absoluter) Rang, mit dem Rationalitäts-Range übereinstimmend, den Werth $\mathfrak{r}$ hat.

In dem Systeme, welches diesem Satze gemäss, bei Weglassung von $(r - \mathfrak{r})$ Colonnen, für den Fall $\mathfrak{r} = 0$ resultirt, müssen, da der (absolute) Rang gleich Null ist, sämmtliche Elemente gleich Null sein; es folgt also,

($\mathfrak{S}^0$) dass jedes System vom Rationalitäts-Range *Null* durch Colonnentransformation in ein aequivalentes verwandelt werden kann, welches *nur* so viel Colonnen enthält, als der absolute Rang angiebt.

Dieser speciellere Satz, dessen eigentliche Quelle hier aufgezeigt worden, findet sich schon in meinen früheren Arbeiten*); er ist vollkommen identisch mit dem Satze, dass jedes aus linearen homogenen Functionen beliebig vieler Variabeln mit ganzzahligen Coefficienten gebildete Divisorensystem auf ein solches reducirt werden kann, in welchem die Anzahl der Elemente mit der Stufenzahl übereinstimmt. Denn wenn die Elemente a_{ik} sämmtlich ganze Zahlen sind, so ist der Rationalitäts-Rang des Systems (a_{ik}) gleich Null. Nun sind zwei Divisorensysteme:

$$(\mathfrak{D}) \qquad \left(\sum_i a_{i1}\mathfrak{R}_i,\ \sum_i a_{i2}\mathfrak{R}_i,\ \ldots\ \sum_i a_{iq}\mathfrak{R}_i\right)$$

$$(\mathfrak{D}^0) \qquad \left(\sum_i a^0_{i1}\mathfrak{R}_i,\ \sum_i a^0_{i2}\mathfrak{R}_i,\ \ldots\ \sum_i a^0_{iq'}\mathfrak{R}_i\right) \qquad (i=1,2,\ldots p)$$

einander aequivalent (vergl. § 5), wenn die Elemente des einen Systems homogene lineare ganzzahlige Functionen der Elemente des anderen sind, d. h. wenn Gleichungen:

$$\sum_k g_{kk'} \sum_i a_{ik}\mathfrak{R}_i = \sum_i a^0_{ik'}\mathfrak{R}_i$$

$$\sum_{k'} g^0_{k'k} \sum_i a^0_{ik'}\mathfrak{R}_i = \sum_i a_{ik}\mathfrak{R}_i \qquad \begin{pmatrix} i=1,2,\ldots p \\ k=1,2,\ldots q \\ k'=1,2,\ldots q' \end{pmatrix}$$

bestehen, in denen $g_{kk'}$ und $g^0_{k'k}$ ganze Zahlen bedeuten. Alsdann sind aber gemäss § 5 die beiden Coefficienten-Systeme:

$$(a_{ik}),\quad (a^0_{ik'}) \qquad \begin{pmatrix} i=1,2,\ldots p \\ k=1,2,\ldots q \\ k'=1,2,\ldots q' \end{pmatrix}$$

im Sinne der Colonnentransformation einander aequivalent, weil sie durch die ganzzahligen Transformationsgleichungen:

$$a^0_{ik'} = \sum_k a_{ik}g_{kk'},\quad a_{ik} = \sum_{k'} a^0_{ik'}g^0_{k'k} \qquad \begin{pmatrix} i=1,2,\ldots p \\ k=1,2,\ldots q \\ k'=1,2,\ldots q' \end{pmatrix}$$

---

*) Vergl. No. VII und VIII meiner vorigen Mittheilung[1]): „Die Periodensysteme von Functionen reeller Variabeln“.

[1]) Band III S. 40—42 dieser Ausgabe. H.

mit einander verbunden sind. Da nun nach jenem (specielleren) Satze ($\mathfrak{S}^0$) stets Systeme $(a^0_{ik'})$ existiren, für welche die hier mit q' bezeichnete Anzahl der Colonnen mit der Rangzahl r übereinstimmt, so folgt, dass in der That für jedes Divisorensystem ($\mathfrak{D}$) aequivalente Divisorensysteme ($\mathfrak{D}^0$) existiren, die nur aus so viel Elementen bestehen, als die Stufenzahl des Systems angiebt.

Es verdient noch hervorgehoben zu werden, dass der oben bewiesene allgemeinere Satz ($\mathfrak{S}$) auch aus dem specielleren ($\mathfrak{S}^0$) *gefolgert* werden kann.

Wenn nämlich das System (a_{ik}) den (absoluten) Rang r und den Rationalitäts-Rang $\mathfrak{r}$ hat, so bestehen — gemäss der Bedeutung der Zahlen r und $\mathfrak{r}$ — genau $p - \mathfrak{r}$ linear unabhängige Relationen:

$$(\mathfrak{P}') \qquad \sum_i c'_{hi} a_{ik} = \mathfrak{a}_{hk} \qquad \begin{pmatrix} h = \mathfrak{r}+1, \dots p \\ i = 1, 2, \dots p \\ k = 1, 2, \dots q \end{pmatrix},$$

in welchen

$$\mathfrak{a}_{\mathfrak{r}+1,k}, \quad \mathfrak{a}_{\mathfrak{r}+2,k}, \quad \dots\dots \mathfrak{a}_{rk} \qquad (k = 1, 2, \dots q)$$

ganze Zahlen, und

$$\mathfrak{a}_{r+1,k}, \quad \mathfrak{a}_{r+2,k}, \quad \dots\dots \mathfrak{a}_{pk} \qquad (k = 1, 2, \dots q)$$

sämmtlich gleich Null sind. Diese $p - \mathfrak{r}$ linearen Relationen ($\mathfrak{P}'$) sind aber auch dafür *charakteristisch*, dass das System (a_{ik}) den (absoluten) Rang r und den Rationalitäts-Rang $\mathfrak{r}$ hat.

Das System der $(r - \mathfrak{r})q$ ganzen Zahlen:

$$(\mathfrak{a}_{hk}) \qquad \begin{pmatrix} h = \mathfrak{r}+1, \dots r \\ k = 1, 2, \dots q \end{pmatrix},$$

hat, weil es aus lauter ganzzahligen Elementen besteht, den Rationalitäts-Rang Null. Aber der (absolute) Rang ist gleich der Anzahl der Zeilen, also gleich $r - \mathfrak{r}$; denn zwischen den $r - \mathfrak{r}$ Zeilen des Systems kann keine lineare Relation:

$$\sum_h \gamma_h \mathfrak{a}_{hk} = 0 \qquad \begin{pmatrix} h=\mathfrak{r}+1, \ldots r \\ k=1, 2, \ldots q \end{pmatrix}$$

bestehen; sonst würde nämlich, wenn

$$\sum_h \gamma_h c'_{hi} = c''_i \qquad \begin{pmatrix} h=\mathfrak{r}+1, \ldots r \\ i=1, 2, \ldots p \end{pmatrix}$$

gesetzt wird, aus den Gleichungen ($\mathfrak{P}'$) die lineare Relation:

$$\sum_i c''_i a_{ik} = 0 \qquad \begin{pmatrix} i=1, 2, \ldots p \\ k=1, 2, \ldots q \end{pmatrix}$$

folgen, und diese würde als eine $(p-r+1)^{\text{te}}$ zu jenen $(p-r)$ Relationen hinzukommen, die in ($\mathfrak{P}'$) für $h = r+1, r+2, \ldots p$ enthalten sind; der (absolute) Rang des Systems (a_{ik}) würde also kleiner als r sein.

Jenem specielleren Satze ($\mathfrak{S}^0$) gemäss giebt es nun ein nur $r-\mathfrak{r}$ Colonnen enthaltendes, im Sinne der Colonnentransformation dem Systeme $(\mathfrak{a}_{hk})$ aequivalentes System:

$$(\mathfrak{a}^0_{hf}) \qquad \begin{pmatrix} f=1, 2, \ldots r-\mathfrak{r} \\ h=\mathfrak{r}+1, \ldots\ldots r \end{pmatrix}.$$

Es giebt daher Transformations-Relationen:

$$\mathfrak{a}^0_{hf} = \sum_k \mathfrak{a}_{hk} \mathfrak{g}_{kf}, \quad \mathfrak{a}_{hk} = \sum_f \mathfrak{a}^0_{hf} \mathfrak{g}^0_{fk} \qquad \begin{pmatrix} f=1, 2, \ldots r-\mathfrak{r} \\ h=\mathfrak{r}+1, \ldots\ldots r \\ k=1, 2, \ldots\ldots q \end{pmatrix},$$

mit *ganzzahligen* Coefficienten $\mathfrak{g}_{kf}$, $\mathfrak{g}^0_{fk}$, und wenn diese Coefficienten $\mathfrak{g}_{kf}$, $\mathfrak{g}^0_{fk}$ zur Transformation des Systems (a_{ik}) in ein im Sinne der Colonnen-Transformation aequivalentes System (a^0_{ik}) benutzt werden, indem

$$\begin{aligned} a^0_{if} &= \sum_k a_{ik} \mathfrak{g}_{kf} \\ a^0_{ig} &= a_{ig} - \sum_f a^0_{if} \mathfrak{g}^0_{fg} \end{aligned} \qquad \begin{pmatrix} f=1, 2, \ldots r-\mathfrak{r} \\ g=r-\mathfrak{r}+1, \ldots q \\ i=1, 2, \ldots\ldots p \\ k=1, 2, \ldots\ldots q \end{pmatrix}$$

gesetzt wird, so erhält man mit Hülfe der Relationen ($\mathfrak{P}'$) die Gleichungen:

$$\sum_i c'_{hi} a^0_{if} = \mathfrak{a}^0_{hf}$$
$$\sum_i c'_{hi} a^0_{ig} = \sum_i c'_{hi} a_{ig} - \sum_{i,f} c'_{hi} a^0_{if} \mathfrak{g}^0_{fg} \qquad \begin{pmatrix} f=1, 2, \dots r-\mathfrak{r} \\ g=r-\mathfrak{r}+1, \dots q \\ h=\mathfrak{r}+1, \dots r \\ i=1, 2, \dots p \\ k=1, 2, \dots q \end{pmatrix},$$

die auch noch für $h > r$ gelten, wenn für diese Werthe von h die Grössen $\mathfrak{a}^0_{hf}$ gleich Null gesetzt werden. Nun ist ferner:

$$\sum_i c'_{hi} a_{ig} = \mathfrak{a}_{hg},$$

$$\sum_{i,f} c'_{hi} a^0_{if} \mathfrak{g}^0_{fg} = \sum_{i,k,f} c'_{hi} a_{ik} \mathfrak{g}_{kf} \mathfrak{g}^0_{fg} = \sum_{k,f} \mathfrak{a}_{hk} \mathfrak{g}_{kf} \mathfrak{g}^0_{fg} = \sum_f \mathfrak{a}^0_{hf} \mathfrak{g}^0_{fg} = \mathfrak{a}_{hg};$$
$$(f=1, 2, \dots r-\mathfrak{r};\ g=r-\mathfrak{r}+1, \dots q;\ h=\mathfrak{r}+1, \mathfrak{r}+2, \dots p;\ i=1, 2, \dots p;\ k=1, 2, \dots q)$$

es wird daher:

$$\sum_i c'_{hi} a^0_{ig} = 0 \qquad \begin{pmatrix} g=r-\mathfrak{r}+1, \dots q \\ h=\mathfrak{r}+1, \dots r \\ i=1, 2, \dots p \end{pmatrix},$$

und die für das System (a^0_{ik}) geltenden linearen Relationen lassen sich also in folgender Weise darstellen:

$$(\mathfrak{P}'_0) \qquad \sum_i c'_{hi} a^0_{ik} = \mathfrak{a}^0_{hk} \qquad \begin{pmatrix} h=\mathfrak{r}+1, \dots p \\ i=1, 2, \dots p \\ k=1, 2, \dots q \end{pmatrix},$$

wenn:

$$\mathfrak{a}^0_{hf} = \sum_k \mathfrak{a}_{hk} \mathfrak{g}_{kf}$$
$$\mathfrak{a}^0_{hg} = 0 \qquad \begin{pmatrix} f=1, 2, \dots r-\mathfrak{r} \\ g=r-\mathfrak{r}+1, \dots q \\ h=\mathfrak{r}+1, \dots r \\ i=r+1, \dots p \\ k=1, 2, \dots q \end{pmatrix}$$
$$\mathfrak{a}^0_{ik} = 0$$

genommen wird. Das System (a^0_{ik}) hat demnach die in dem allgemeineren Satze ($\mathfrak{S}$) angegebene Eigenschaft, dass bei Weglassung der ersten, den Werthen $k = 1, 2, \dots r - \mathfrak{r}$ entsprechenden, Colonnen ein System:

$$(a^0_{ig}) \qquad \begin{pmatrix} i=1, 2, \dots p \\ g=r-\mathfrak{r}+1, \dots q \end{pmatrix}$$

resultirt, für welches keine anderen linearen Relationen als die folgenden $p - \mathfrak{r}$ bestehen:

$$\sum_{i=1}^{i=p} c'_{hi} a^0_{ig} = 0 \qquad \begin{pmatrix} h=\mathfrak{r}+1,\ \mathfrak{r}+2,\ \dots p \\ g=r-\mathfrak{r}+1,\ \dots\dots q \end{pmatrix},$$

und welches daher vom (absoluten) Range $\mathfrak{r}$ und dabei zugleich vom Rationalitäts-Range $\mathfrak{r}$ ist.

§ 12.

Nimmt man, wie im § 5, an Stelle des Gleichungssystems:

$$(\mathfrak{G}) \qquad \sum_k a_{ik} w_k = \xi_i - \varphi_i \qquad \begin{pmatrix} i=1,\ 2,\ \dots p \\ k=1,\ 2,\ \dots q \end{pmatrix}$$

ein Gleichungssystem:

$$(\mathfrak{G}^0) \qquad \sum_k a^0_{ik} w^0_k = \xi_i - \varphi_i \qquad \begin{pmatrix} i=1,\ 2,\ \dots p \\ k=1,\ 2,\ \dots q \end{pmatrix},$$

in welchem das Coefficienten-System (a^0_{ik}) die im vorigen Paragraphen angegebene Beschaffenheit hat, so wird vermöge der mit $(\mathfrak{P}'_0)$ bezeichneten linearen Relationen:

$$\sum_{i,k} c'_{hi} a^0_{ik} w^0_k = \sum_k \mathfrak{a}^0_{hk} w^0_k = \sum_i c'_{hi} (\xi_i - \varphi_i) \qquad \begin{pmatrix} h=\mathfrak{r}+1,\ \dots p \\ i=1,\ 2,\ \dots p \\ k=1,\ 2,\ \dots q \end{pmatrix}.$$

Da $\mathfrak{a}^0_{hk}$

für jeden Werth von h, wenn $k > r - \mathfrak{r}$ ist, und
für jeden Werth von k, wenn $h > r$ ist,

den Werth *Null* hat, so reduciren sich die Gleichungen auf folgende:

$$\begin{aligned} \sum_i c'_{hi} (\xi_i - \varphi_i) &= \sum_f \mathfrak{a}^0_{hf} w^0_f \\ \sum_i c'_{ji} (\xi_i - \varphi_i) &= 0 \end{aligned} \qquad \begin{pmatrix} f=1,\ 2,\ \dots r-\mathfrak{r} \\ h=\mathfrak{r}+1,\ \dots\dots r \\ i=1,\ 2,\ \dots\dots p \\ j=r+1,\ \dots\dots p \end{pmatrix};$$

es müssen daher, da ja die Grössen φ beliebig klein werden sollen, die gegebenen Grössen ξ nothwendig den Bedingungen:

$$(\mathfrak{T})\qquad \sum_i c'_{hi}\,\xi_i = \sum_f \mathfrak{a}^0_{hf} w^0_f$$

$$(\mathfrak{T}^0)\qquad \sum_i c'_{ji}\,\xi_i = 0 \qquad \begin{pmatrix} f=1,2,\dots r-\mathfrak{r} \\ h=\mathfrak{r}+1,\dots\dots r \\ i=1,2,\dots\dots p \\ j=r+1,\dots\dots p \end{pmatrix}$$

genügen, wenn das Gleichungssystem ($\mathfrak{G}$) in ganzen Zahlen w lösbar sein soll.

I. Nimmt man nun zuvörderst:

$$w^0_f = 0 \qquad (f=1,2,\dots r-\mathfrak{r}),$$

so gehen die p Gleichungen ($\mathfrak{G}^0$) in folgende über:

$$\sum_g a^0_{ig} w^0_g = \xi_i - \varphi_i \qquad \begin{pmatrix} i=1,2,\dots\dots p \\ g=r-\mathfrak{r}+1,\dots q \end{pmatrix},$$

mit den $(p-\mathfrak{r})$ Bedingungen:

$$\sum_i c'_{hi}\,\xi_i = 0 \qquad \begin{pmatrix} h=\mathfrak{r}+1,\mathfrak{r}+2,\dots p \\ i=1,2,\dots\dots\dots p \end{pmatrix}.$$

Man braucht aber nur den $\mathfrak{r}$ Gleichungen:

$$\sum_g a^0_{1g} w^0_g = \xi_1 - \varphi_1, \quad \sum_g a^0_{2g} w^0_g = \xi_2 - \varphi_2, \quad \dots \quad \sum_g a^0_{\mathfrak{r}g} w^0_g = \xi_\mathfrak{r} - \varphi_\mathfrak{r} \qquad (g=r-\mathfrak{r}+1,\dots q)$$

durch passende Werthe der $q-r+\mathfrak{r}$ Zahlen w^0_g Genüge zu thun. Denn, setzt man dann:

$$\xi_i - \sum_g a^0_{ig} w^0_g = \varphi_i \qquad \begin{pmatrix} i=\mathfrak{r}+1,\dots\dots p \\ g=r-\mathfrak{r}+1,\dots q \end{pmatrix},$$

so wird:

$$\sum_i c'_{hi}\varphi_i = \sum_i c'_{hi}\,\xi_i - \sum_{i,g} c'_{hi} a^0_{ig} w^0_g \qquad \begin{pmatrix} h=\mathfrak{r}+1,\dots\dots p \\ i=1,2,\dots\dots p \\ g=r-\mathfrak{r}+1,\dots q \end{pmatrix};$$

da nun erstens die Grössen ξ durch die Bedingungen:

$$\sum_i c'_{hi}\,\xi_i = 0 \qquad \begin{pmatrix} h=\mathfrak{r}+1,\dots p \\ i=1,2,\dots p \end{pmatrix}$$

mit einander verbunden sind, und da zweitens zwischen den Coefficienten a^0_{ik} gemäss $(\mathfrak{P}'_0)$ § 11 die Relationen:

$$\sum_i c'_{hi}\, a^0_{ig} = \mathfrak{a}^0_{hg} = 0 \qquad \begin{pmatrix} h = \mathfrak{r}+1, \mathfrak{r}+2, \ldots p \\ i = 1, 2, \ldots\ldots p \\ g = r - \mathfrak{r}+1, \ldots\ldots q \end{pmatrix}$$

bestehen, so resultiren die $(p - \mathfrak{r})$ Gleichungen:

$$\sum_i c'_{hi}\, \varphi_i = 0 \qquad \begin{pmatrix} h = \mathfrak{r}+1, \ldots p \\ i = 1, 2, \ldots p \end{pmatrix},$$

aus denen hervorgeht, dass

$$\varphi_{\mathfrak{r}+1}, \quad \varphi_{\mathfrak{r}+2}, \ldots \varphi_p$$

beliebig klein und also auch die $p - \mathfrak{r}$ Gleichungen:

$$\sum_g a^0_{ig}\, w^0_g = \xi_i \qquad \begin{pmatrix} i = \mathfrak{r}+1, \ldots\ldots p \\ g = r - \mathfrak{r}+1, \ldots q \end{pmatrix}$$

näherungsweise erfüllt werden, wenn $\varphi_1, \varphi_2, \ldots\ldots \varphi_{\mathfrak{r}}$ beliebig klein, d. h. wenn die $\mathfrak{r}$ Gleichungen:

$$\sum_g a^0_{ig}\, w^0_g = \xi_i \qquad \begin{pmatrix} i = 1, 2, \ldots\ldots \mathfrak{r} \\ g = r - \mathfrak{r}+1, \ldots q \end{pmatrix}$$

näherungsweise erfüllt sind.

Die näherungsweise Auflösung von $\mathfrak{r}$ Gleichungen, vom Rationalitäts-Range $\mathfrak{r}$, ist aber schon im § 9 gegeben worden, und gemäss den im § 11 enthaltenen Entwickelungen ist für das System:

$$(a^0_{ig}) \qquad \begin{pmatrix} i = 1, 2, \ldots\ldots \mathfrak{r} \\ g = r - \mathfrak{r}+1, \ldots q \end{pmatrix}$$

in der That sowohl der (absolute) Rang als auch der Rationalitäts-Rang gleich $\mathfrak{r}$.

II. Werden nun ferner für $w^0_1, w^0_2, \ldots\ldots w^0_{r-\mathfrak{r}}$ *beliebige* ganze Zahlen genommen, so braucht man nur nach der im § 9 angegebenen Weise dem Systeme von $\mathfrak{r}$ Gleichungen:

$$\sum_g a^0_{ig} w^0_g = -\sum_f a^0_{if} w^0_f + \xi_i - \varphi_i \qquad \begin{pmatrix} i=1,2,\ldots\ \mathfrak{r} \\ f=1,2,\ldots r-\mathfrak{r} \\ g=r-\mathfrak{r}+1,\ldots q \end{pmatrix},$$

dessen Rationalitäts-Rang gleich $\mathfrak{r}$ ist, durch geeignete Werthe der $q-r+\mathfrak{r}$ Zahlen w^0_g Genüge zu thun. Denn, setzt man dann:

$$\xi_i - \sum_k a^0_{ik} w^0_k = \varphi_i \qquad \begin{pmatrix} i=\mathfrak{r}+1,\ldots p \\ k=1,2,\ldots q \end{pmatrix},$$

so wird:

$$\sum_i c'_{hi}\varphi_i = \sum_i c'_{hi}\xi_i - \sum_{i,k} c'_{hi} a^0_{ik} w^0_k \qquad \begin{pmatrix} h=\mathfrak{r}+1,\ldots p \\ i=1,2,\ldots p \\ k=1,2,\ldots q \end{pmatrix};$$

es ist also wegen der Gleichungen $(\mathfrak{P}'_0)$ im § 11 für $h \leqq r$:

$$\sum_i c'_{hi}\varphi_i = \sum_i c'_{hi}\xi_i - \sum_f \mathfrak{a}^0_{hf} w^0_f \qquad \begin{pmatrix} f=1,2,\ldots r-\mathfrak{r} \\ h=\mathfrak{r}+1,\ldots\ r \\ i=1,2,\ldots\ p \end{pmatrix}$$

und für $j > r$:

$$\sum_i c'_{ji}\varphi_i = \sum_i c'_{ji}\xi_i \qquad \begin{pmatrix} j=r+1,\ldots p \\ i=1,2,\ldots p \end{pmatrix}.$$

Vermöge der oben mit $(\mathfrak{T})$ und $(\mathfrak{T}^0)$ bezeichneten Bedingungen, welche zwischen den gegebenen Grössen ξ bestehen müssen, erfüllen daher $\varphi_{\mathfrak{r}+1}, \varphi_{\mathfrak{r}+2}, \ldots \varphi_p$ die $p-\mathfrak{r}$ Bedingungen:

$$\sum_i c'_{hi}\varphi_i = 0 \qquad \begin{pmatrix} h=\mathfrak{r}+1,\ldots p \\ i=1,2,\ldots p \end{pmatrix},$$

aus denen, wie oben, zu erschliessen ist, dass *näherungsweise* nicht bloss die $\mathfrak{r}$ Gleichungen:

$$\sum_k a^0_{1k} w^0_k = \xi_1, \quad \sum_k a^0_{2k} w^0_k = \xi_2, \ \ldots\ldots \sum_k a^0_{\mathfrak{r}k} w^0_k = \xi_{\mathfrak{r}} \qquad (k=1,2,\ldots q),$$

sondern alle p Gleichungen:

$$\sum_k a^0_{ik} w^0_k = \xi_i \qquad \begin{pmatrix} i=1,2,\ldots p \\ k=1,2,\ldots q \end{pmatrix}$$

erfüllt werden.

Hiermit sind die nothwendigen und hinreichenden Bedingungen der näherungsweisen Lösbarkeit eines Gleichungssystems:

$$(\mathfrak{G}) \qquad \sum_k a_{ik} w_k = \xi_i \qquad \begin{pmatrix} i=1,2,\ldots p \\ k=1,2,\ldots q \end{pmatrix}$$

oder eines damit aequivalenten Gleichungssystems:

$$(\mathfrak{G}^0) \qquad \sum_k a^0_{ik} w^0_k = \xi_i \qquad \begin{pmatrix} i=1,2,\ldots p \\ k=1,2,\ldots q \end{pmatrix}$$

vollständig dargelegt, und es ist auch gezeigt worden, wie man im Falle der Lösbarkeit ganze Zahlen w_k finden kann, für welche die sämmtlichen p Differenzen:

$$\sum_k a_{ik} w_k - \xi_i \qquad \begin{pmatrix} i=1,2,\ldots p \\ k=1,2,\ldots q \end{pmatrix}$$

beliebig klein werden. Es ist nun klar, dass *alle* Systeme von Zahlen w_k aus irgend einem abgeleitet werden können, indem man dieses eine mit allen denjenigen Systemen von ganzen Zahlen $\mathfrak{w}_k$ verbindet, welche die linearen *homogenen* Gleichungen:

$$\sum_k a_{ik} \mathfrak{w}_k = 0 \qquad \begin{pmatrix} i=1,2,\ldots p \\ k=1,2,\ldots q \end{pmatrix}$$

näherungsweise erfüllen. Die näherungsweise Auflösung linearer *homogener* Gleichungen habe ich aber schon in meinen beiden in den Comptes Rendus der Pariser Akademie veröffentlichten Aufsätzen vom Januar 1883 und November 1884[1]) allgemein entwickelt.

§ 13.

Die im vorigen Paragraphen mit $(\mathfrak{T})$ und $(\mathfrak{T}^0)$ bezeichneten Relationen, denen die gegebenen Grössen ξ genügen müssen, damit die Gleichungen $(\mathfrak{G}^0)$ in ganzen Zahlen w näherungsweise lösbar seien, können auf eine andere Form gebracht werden, in welcher ihre eigentliche Bedeutung klarer hervortritt.

---

[1]) Band III S. 1—30 dieser Ausgabe. H.

Bezeichnet man nämlich mit

$$(\mathfrak{a}'_{fh}) \qquad \begin{pmatrix} f=1, 2, \ldots r-\mathfrak{r} \\ h=\mathfrak{r}+1, \ldots\ldots r \end{pmatrix}$$

das zu

$$(\mathfrak{a}^0_{fh}) \qquad \begin{pmatrix} f=1, 2, \ldots r-\mathfrak{r} \\ h=\mathfrak{r}+1, \ldots\ldots r \end{pmatrix}$$

reciproke System, so besteht die Gleichung:

$$\sum_h \mathfrak{a}'_{fh} \mathfrak{a}^0_{hk} = \delta_{fk} \qquad \begin{pmatrix} f, k=1, 2, \ldots r-\mathfrak{r} \\ h=\mathfrak{r}+1, \ldots\ldots r \end{pmatrix}$$

und diese gilt auch für $k > r - \mathfrak{r}$, weil alsdann $\mathfrak{a}^0_{hk} = 0$ wird. Gemäss den Gleichungen $(\mathfrak{P}'_0)$ und $(\mathfrak{T})$ wird hiernach:

$$\begin{gathered} \sum_{h,i} \mathfrak{a}'_{fh} c'_{hi} a^0_{ik} = \delta_{fk} \\ \sum_{h,i} \mathfrak{a}'_{fh} c'_{hi} \xi_i = \sum_{h,f'} \mathfrak{a}'_{fh} \mathfrak{a}^0_{hf'} w^0_{f'} = w^0_f \end{gathered} \qquad \begin{pmatrix} f, f'=1, 2, \ldots r-\mathfrak{r} \\ h=\mathfrak{r}+1, \ldots\ldots r \\ i=1, 2, \ldots\ldots p \\ k=1, 2, \ldots\ldots q \end{pmatrix},$$

und diese Gleichungen gehen, wenn

$$\sum_h \mathfrak{a}'_{fh} c'_{hi} = a'_{\mathfrak{r}+f, i} \qquad \begin{pmatrix} f=1, 2, \ldots r-\mathfrak{r} \\ h=\mathfrak{r}+1, \ldots\ldots r \\ i=1, 2, \ldots\ldots p \end{pmatrix}$$

gesetzt wird, in folgende über:

$$\begin{gathered} \sum_i a'_{hi} a^0_{ik} = \delta_{h-\mathfrak{r}, k} \\ \sum_i a'_{hi} \xi_i = w^0_{h-\mathfrak{r}} \end{gathered} \qquad \begin{pmatrix} h=\mathfrak{r}+1, \ldots r \\ i=1, 2, \ldots p \\ k=1, 2, \ldots q \end{pmatrix}.$$

An die Stelle der Gleichungen $(\mathfrak{P}'_0)$, $(\mathfrak{T})$, $(\mathfrak{T}^0)$ treten hiernach, wenn

$$\mathfrak{g}_h \text{ statt } w^0_{h-\mathfrak{r}}$$

und der Gleichförmigkeit wegen $\begin{pmatrix} h=\mathfrak{r}+1, \ldots r \\ j=r+1, \ldots p \\ i=1, 2, \ldots p \end{pmatrix}$

$$a'_{ji} \text{ statt } c'_{ji}$$

gesetzt wird, die Relationen:

$$(\mathfrak{U}) \qquad \sum_i a'_{hi}\, a^0_{ik} = \delta_{h-\mathfrak{r},k}$$

$$\sum_i a'_{ji}\, a^0_{ik} = 0$$

$$\sum_i a'_{hi}\, \mathfrak{x}_i = \mathfrak{g}_h \qquad \begin{pmatrix} h=\mathfrak{r}+1, \dots r \\ j=r+1, \dots p \\ i=1, 2, \dots p \\ k=1, 2, \dots q \end{pmatrix},$$

$$(\mathfrak{V}) \qquad \sum_i a'_{ji}\, \mathfrak{x}_i = 0$$

in denen $\mathfrak{g}_{\mathfrak{r}+1}, \mathfrak{g}_{\mathfrak{r}+2}, \dots \mathfrak{g}_r$ beliebige ganze Zahlen bedeuten, und das hiermit erlangte Resultat kann folgendermaassen formulirt werden:

„*Die näherungsweise Auflösung eines Systems von p Gleichungen (vergl. § 5 und § 12):*

$$(\mathfrak{G}) \qquad \sum_k a_{ik} w_k = \mathfrak{x}_i \qquad \begin{pmatrix} i=1, 2, \dots p \\ k=1, 2, \dots q \end{pmatrix}$$

in ganzen Zahlen $w_1, w_2, \dots w_q$ kann mittels ganzzahliger Transformationen (vergl. § 5):

$$a_{ik} = \sum_{k'} a^0_{ik'}\, g^0_{k'k}, \quad w_k = \sum_{k'} g_{kk'}\, w^0_{k'} \qquad \begin{pmatrix} i=1, 2, \dots p \\ k, k'=1, 2, \dots q \end{pmatrix}$$

auf die näherungsweise Auflösung eines aequivalenten Gleichungssystems:

$$(\mathfrak{G}^0) \qquad \sum_k a^0_{ik} w^0_k = \mathfrak{x}_i \qquad \begin{pmatrix} i=1, 2, \dots p \\ k=1, 2, \dots q \end{pmatrix}$$

zurückgeführt werden, dessen Coefficienten so beschaffen sind, dass $p(p-\mathfrak{r})$ Grössen:

$$a'_{hi} \qquad \begin{pmatrix} h=\mathfrak{r}+1, \dots p \\ i=1, 2, \dots p \end{pmatrix}$$

existiren, für welche:

$$(\mathfrak{U}_1) \qquad \sum_{i=1}^{i=p} a'_{\mathfrak{r}+1,\,i}\, a^0_{i1} = 1, \quad \sum_{i=1}^{i=p} a'_{\mathfrak{r}+2,\,i}\, a^0_{i2} = 1, \; \dots\dots \; \sum_{i=1}^{i=p} a'_{ri}\, a^0_{i,\,r-\mathfrak{r}} = 1$$

und aber:

$$(\mathfrak{U}_0) \qquad \sum_{i=1}^{i=p} a'_{hi}\, a^0_{ik} = 0 \qquad (h=\mathfrak{r}+1, \dots p)$$

wird, wenn h und $\mathfrak{r}+k$ verschiedene Werthe haben. Da alsdann:

$$\sum_{i,k} a'_{hi}\, a^0_{ik}\, w^0_k = \sum_i a'_{hi}\, \xi_i \qquad \binom{h=\mathfrak{r}+1,\ \ldots\ r}{i=1,\ 2,\ \ldots\ p}$$

ist, so muss $\sum_i a'_{hi}\,\xi_i$ gleich $w^0_{h-\mathfrak{r}}$ oder gleich Null werden, je nachdem $h \leqq r$ oder $h > r$ ist. Die gegebenen Grössen ξ müssen also, wenn die Gleichungen ($\mathfrak{G}$) mit beliebiger Annäherung lösbar sein sollen, nothwendig die Bedingungen erfüllen, dass die $r-\mathfrak{r}$ linearen Functionen:

$$\sum_{i=1}^{i=p} a'_{\mathfrak{r}+1,\,i}\,\xi_i,\quad \sum_{i=1}^{i=p} a'_{\mathfrak{r}+2,\,i}\,\xi_i,\quad \ldots\ldots \sum_{i=1}^{i=p} a'_{ri}\,\xi_i$$

irgend welche ganzzahlige Werthe, und dass die $p-r$ linearen Functionen:

$$\sum_{i=1}^{i=p} a'_{r+1,\,i}\,\xi_i,\quad \sum_{i=1}^{i=p} a'_{r+2,\,i}\,\xi_i,\quad \ldots\ldots \sum_{i=1}^{i=p} a'_{pi}\,\xi_i$$

den Werth Null haben. Andererseits lassen sich, wenn die gegebenen Grössen ξ diese Bedingungen erfüllen, die Gleichungen ($\mathfrak{G}$) oder ($\mathfrak{G}^0$) stets nach der in den vorhergehenden Paragraphen (§§ 9 bis 12) entwickelten Methode mit beliebiger Annäherung auflösen.

Die nothwendigen und hinreichenden Bedingungen der Lösbarkeit der Gleichungen ($\mathfrak{G}$) sind hiermit nochmals, aber in einer anderen Form als am Schlusse von § 12, aufgestellt worden, und zwar namentlich deshalb, um die daraus resultirende Beschränkung der Wahl der Grössen ξ ersichtlich zu machen. Es können nämlich, wie sich hier deutlich gezeigt hat, z. B. $\mathfrak{r}$ von den Grössen ξ ganz beliebig angenommen werden; die Wahl von ferneren $r-\mathfrak{r}$ Grössen ξ wird dann bloss durch Rationalitäts-Beziehungen beschränkt, aber die noch verbleibenden $p-r$ Grössen ξ sind auch dem Werthe nach durch die ersten r Grössen ξ vollständig bestimmt.“

In diesem Resultate tritt die wesentliche Bedeutung der in den §§ 5 und 7 entwickelten Begriffe des „absoluten“ und des „Rationalitäts-Ranges“ klar hervor. Denn durch die Bedingungen ($\mathfrak{U}_1$) und ($\mathfrak{U}_0$) wird das aufzulösende Gleichungssystem als

„vom (absoluten) Range r und vom Rationalitäts-Range $\mathfrak{r}$"

charakterisirt, und eben dieselben Zahlen r und $\mathfrak{r}$ haben eine maassgebende Bedeutung für den Grad der Verfügbarkeit über die p Grössen ξ, denen die p linearen Functionen:

$$\sum_k a_{ik} w_k \qquad \begin{pmatrix} i=1,2,\dots p \\ k=1,2,\dots q \end{pmatrix}$$

durch passende ganzzahlige Werthe von $w_1, w_2, \dots w_q$ beliebig nahe gebracht werden sollen.

Auch zeigt sich dabei die Analogie, welche zwischen den beiden Rangzahlen (r und $\mathfrak{r}$) eines Gleichungssystems, in Bezug auf ihre Bedeutung für dessen Auflösbarkeit, besteht. Denn während bei dem Problem, die linearen Gleichungen:

$$\sum_k a_{ik} z_k = \xi_i \qquad \begin{pmatrix} i=1,2,\dots p \\ k=1,2,\dots q \end{pmatrix}$$

durch *irgend welche* Werthe der Unbekannten $z_1, z_2, \dots z_q$ aufzulösen, die Anzahl der ganz beliebig zu bestimmenden Grössen ξ_i gleich dem (absoluten) Range r ist, reducirt sich diese Anzahl bei dem Problem, die Gleichungen:

$$\sum_k a_{ik} w_k = \xi_i \qquad \begin{pmatrix} i=1,2,\dots p \\ k=1,2,\dots q \end{pmatrix}$$

näherungsweise in *ganzen Zahlen* $w_1, w_2, \dots w_q$ aufzulösen, auf die Zahl $\mathfrak{r}$, welche den Rationalitäts-Rang des Gleichungssystems bezeichnet.

Es darf nicht unerwähnt bleiben, dass in diesem wie im vorhergehenden Paragraphen die Anzahl der Colonnen des transformirten Systems (a^0_{ik}) stets mit demselben Buchstaben q bezeichnet worden ist, wie die Anzahl der Colonnen des ursprünglichen Systems (a_{ik}), obgleich aus der Begründung des Satzes ($\mathfrak{S}$) im § 11 nicht hervorgeht, dass die dortige Colonnentransformation auch *so* bewirkt werden kann, dass dabei die Anzahl der Colonnen nicht vergrössert wird. Nun ist es zwar für die entwickelten Resultate ohne wesentliche Bedeutung, ob die Anzahl der Colonnen des Systems (a^0_{ik}) gleich derjenigen der Colonnen des Systems (a_{ik}) oder grösser als diese ist. Doch ist auch leicht zu zeigen, dass in der That aus jedem Systeme (a_{ik}) durch Colonnentransformation ein aequivalentes System (a^0_{ik}) gebildet werden kann, welches die in jenem Satze ($\mathfrak{S}$) angegebene Eigenschaft und dabei nicht mehr Colonnen hat als das ursprüngliche System. Man braucht nämlich zu diesem Zwecke nur q^2 ganzzahlige Coefficienten $g_{kk'}$ der am Schlusse von § 5 angegebenen Colonnentransformation so zu bestimmen, dass deren Determinante gleich *Eins* und zugleich:

$$\sum_k g_k g_{kk'} = \delta_{1k'} \qquad (k, k'=1, 2, \ldots q)$$

wird, wo $g_1, g_2, \ldots g_q$ die im § 11 angegebene Bedeutung haben; und dies ist stets möglich. Denn wenn man irgend ein System von q^2 ganzen Zahlen bestimmt, in welchem die q Zahlen $g_1, g_2, \ldots g_q$ die erste Zeile bilden, und dessen Determinante gleich *Eins* ist, so kann man für die Zahlen $g_{kk'}$ die q^2 Adjungirten eines solchen Systems nehmen.

§ 14.

In den vorhergehenden Paragraphen ist von der Umwandlung der gegebenen Gleichungen durch *Zeilen*transformation desshalb nicht Gebrauch gemacht worden, weil sie bei manchen Anwendungen, z. B. bei der Frage der Periodensysteme von Functionen complexer Variabeln, nicht in ihrer vollen Allgemeinheit zulässig ist. Aber eben diese Umwandlung gewährt einige formale Vereinfachungen bei der Deduction, und dies soll hier noch kurz dargelegt werden.

Gemäss den Ausführungen im § 6 kann aus dem Systeme:

$$(a^0_{ik}) \qquad \begin{pmatrix} i=1, 2, \ldots p \\ k=1, 2, \ldots q \end{pmatrix}$$

mittels der Zeilentransformation ein aequivalentes System:

$$(b^0_{ik}) \qquad \begin{pmatrix} i=1, 2, \ldots p \\ k=1, 2, \ldots q \end{pmatrix}$$

abgeleitet werden, welches mit dem ersteren durch die Relationen:

$$\sum_i a'_{hi} a^0_{ik} = b^0_{hk}$$
$$a^0_{gk} - \sum_h a^0_{g,h-\mathfrak{r}} b^0_{hk} = b^0_{gk} \qquad \begin{pmatrix} g=1,2,\dots \mathfrak{r} \\ h=\mathfrak{r}+1,\dots r \\ i=1,2,\dots p \\ k=1,2,\dots q \end{pmatrix}$$

verbunden ist. Alsdann ist nach § 13 ($\mathfrak{U}$):

$$b^0_{hk} = \delta_{h-\mathfrak{r},k} \qquad \begin{pmatrix} h=\mathfrak{r}+1,\dots r \\ k=1,2,\dots q \end{pmatrix}$$

und folglich $b^0_{gk} = 0$, für $h - \mathfrak{r} = k$, d. h. also für die Werthe $k = 1, 2, \dots r - \mathfrak{r}$. Da hiernach

$$b^0_{gk} = 0 \qquad \begin{pmatrix} g=1,2,\dots\dots \mathfrak{r} \\ k=1,2,\dots r-\mathfrak{r} \end{pmatrix}$$

ist, so resultirt, wenn man

$$\sum_i a'_{hi}\, \xi_i = \eta_h$$
$$\xi_g - \sum_h a^0_{g,h-\mathfrak{r}}\, \eta_h = \eta_g \qquad \begin{pmatrix} g=1,2,\dots \mathfrak{r} \\ h=\mathfrak{r}+1,\dots r \\ i=1,2,\dots p \end{pmatrix}$$

setzt, das Gleichungssystem:

$$(\mathfrak{K}^0) \qquad \sum_k b^0_{ik} w^0_k = \eta_i \qquad \begin{pmatrix} i=1,2,\dots r \\ k=1,2,\dots q \end{pmatrix},$$

und dieses Gleichungssystem, welches dem Systeme:

$$(\mathfrak{S}^0) \qquad \sum_k a^0_{ik} w^0_k = \xi_i$$

im Sinne der Zeilentransformation aequivalent ist, zerfällt vermöge der obigen Gleichung: $b^0_{hk} = \delta_{h-\mathfrak{r},k}$ in die beiden Systeme:

$$(\mathfrak{K}^0_1) \qquad \sum_k b^0_{gk} w^0_k = \eta_g \qquad \begin{pmatrix} g=1,2,\dots\dots \mathfrak{r} \\ k=r-\mathfrak{r}+1,\dots q \end{pmatrix}$$

$$(\mathfrak{K}^0_2) \qquad w^0_{h-\mathfrak{r}} = \eta_h \qquad (h=\mathfrak{r}+1,\dots\dots r)$$

mit den beiden getrennten Gruppen der Unbekannten:

$$w_{r-\mathfrak{r}+1}, \; w_{r-\mathfrak{r}+2}, \; \ldots \; w_q;$$
$$w_1, \; w_2, \; \ldots\ldots\ldots \; w_{r-\mathfrak{r}}.$$

Das zweite Gleichungssystem ($\mathfrak{K}_2^0$) drückt nur die Bedingung aus, dass die gegebenen Grössen $\eta_{\mathfrak{r}+1}, \eta_{\mathfrak{r}+2}, \ldots \eta_r$ ganzzahlige Werthe haben müssen; das erste Gleichungssystem ($\mathfrak{K}_1^0$) hat sowohl den absoluten als auch den Rationalitäts-Rang $\mathfrak{r}$ und kann, bei *beliebig* gegebenen Werthen der $\mathfrak{r}$ Grössen η_g, nach der einfachsten, schon im § 9 vollständig entwickelten Methode in ganzen Zahlen:

$$w_{r-\mathfrak{r}+1}, \; w_{r-\mathfrak{r}+2}, \; \ldots \; w_q$$

mit beliebiger Annäherung aufgelöst werden.

Es ist schliesslich zu bemerken, dass offenbar das erstere System noch dahin vereinfacht werden kann, dass die ersten $\mathfrak{r}^2$ Coefficienten b_{gk}^0 ein Einheitssystem bilden.

DIE ABSOLUT KLEINSTEN RESTE REELLER GRÖSSEN.

VON

L. KRONECKER.

Monatsberichte der Königlich Preussischen Akademie der Wissenschaften zu Berlin vom Jahre 1885. S. 383—396, 1045—1049.

DIE ABSOLUT KLEINSTEN RESTE REELLER GRÖSSEN.

[Gelesen in der Akademie der Wissenschaften am 30. April und am 26. November 1895.]

I.

Sollen je zwei reelle Grössen, die sich nur um ganze Zahlen von einander unterscheiden, als einander aequivalent betrachtet werden, so genügt es, die Aequivalenz:

$$a \sim a + 1$$

als für jede reelle Grösse a bestehend anzunehmen. Bei einer solchen Definition des Aequivalenz-Begriffs wird die Aequivalenz:

$$a \sim a'$$

durch jede der beiden Gleichungen:

$$\operatorname{tg} a\pi = \operatorname{tg} a'\pi, \qquad \mathrm{R}(a) = \mathrm{R}(a')$$

vollkommen ersetzt, und es charakterisirt sich also $\operatorname{tg} a\pi$ als eine „analytische“ und $\mathrm{R}(a)$ als eine „arithmetische“ Invariante aller unter einander aequivalenten Grössen a.

Mit $\mathrm{R}(a)$ ist hier, wie in meinen früheren Aufsätzen*), der Rest bezeichnet, welcher verbleibt, wenn man von der Grösse a die ihr zunächst benachbarte ganze Zahl subtrahirt; es ist daher $\mathrm{R}(a)$ die ihrem absoluten

*) Sitzungsberichte 1884. XXIII. S. 520[1]).

[1]) Beweis des Reciprocitätsgesetzes für die quadratischen Reste. Bd. II S. 497—522 dieser Ausgabe von *L. Kronecker*'s Werken. S. S. 500. H.

Werthe nach kleinste von allen mit a aequivalenten Grössen, und sie soll durch die Ungleichheitsbedingung:

$$-\tfrac{1}{2} \leqq \mathrm{R}(a) < \tfrac{1}{2}$$

bestimmt werden, damit sie auch für den Fall, wo die Grösse a genau in der Mitte zwischen zwei benachbarten ganzen Zahlen liegt, unzweideutig definirt sei.

Die Aequivalenz $a \backsim a'$ kann in üblicher Weise an die Betrachtung einer „Form", nämlich an die der nicht homogenen, linearen Form $x + a$ angeknüpft werden, indem man nur diejenigen durch die Transformation $x = x' + h$ daraus entstehenden Formen als aequivalent bezeichnet, bei denen der Substitutionscoefficient h eine ganze Zahl ist. Die Form $x + \mathrm{R}(a)$ ist alsdann offenbar die „Reducirte" unter den der Form $x + a$ aequivalenten Formen.

Nimmt man für a einen rationalen Bruch $\frac{k}{n}$, so ist $\operatorname{tg} \frac{k\pi}{n}$ eine analytische, und $\mathrm{R}\left(\frac{k}{n}\right)$ eine arithmetische Invariante aller unter einander *modulo n* congruenten Zahlen k, und die Congruenz $k \equiv k' \pmod{n}$ ist durch eine oder die andere der beiden Gleichungen:

$$\operatorname{tg} \frac{k\pi}{n} = \operatorname{tg} \frac{k'\pi}{n}, \qquad \mathrm{R}\left(\frac{k}{n}\right) = \mathrm{R}\left(\frac{k'}{n}\right)$$

vollkommen zu ersetzen.*) Hierauf gründen sich die Anwendungen, welche man in der Theorie der Congruenzen von der analytischen Function $\operatorname{tg} a\pi$ und von der arithmetischen Function $\mathrm{R}(a)$ machen kann.

Da $\pi\mathrm{R}(a)$ als der absolut kleinste zu $\operatorname{tg} a\pi$ gehörige Bogen definirt werden kann, so wird hierdurch in gewisser Hinsicht eine analytische

*) Sie ist auch durch die Aequivalenz der beiden Formen $nx + k$, $nx' + k'$ zu ersetzen, und man erlangt so einen naturgemässen Uebergang von dem in der ersten Section der Disqq. Arithm. aufgestellten Congruenzbegriff zu dem in der fünften Section benutzten Aequivalenzbegriff.

Bestimmung für die arithmetische Function $\mathrm{R}(a)$ gegeben; aber das arithmetische Element eben dieser Bestimmung ist darin zu finden, dass jener Bogen als der absolut kleinste unter allen charakterisirt wird, oder dass, wenn der Bogenwerth aus der Integration hervorgehen soll, der Integrationsweg als der directe vorgeschrieben wird. Dass überdies $\mathrm{R}(a)$ — den Fall $\mathrm{R}(a) = -\frac{1}{2}$ ausgenommen — sich durch die unendliche Reihe:

$$(\mathfrak{A}) \qquad -\sum_{m=1}^{m=\infty}(-1)^m \frac{\sin 2ma\pi}{m\pi} \quad \text{oder} \quad i\sum_n(-1)^n \frac{e^{2na\pi i}}{2n\pi} \qquad (n=\pm 1, \pm 2, \pm 3, \ldots \pm \infty)$$

ausdrücken lässt, hat keinerlei Bedeutung für die Natur der Function $\mathrm{R}(a)$, da bekanntlich durch *Grenzwerthe* zahlentheoretische Functionen in mancherlei Weise dargestellt werden können.

II.

Bedeutet $[a]$, wie bei *Gauss*, die der Grösse a zunächst liegende nicht grössere ganze Zahl, so ist $[a+\frac{1}{2}]$ die der Grösse a *überhaupt* zunächst liegende, kleinere oder grössere, ganze Zahl, und es kann also die Gleichung:

$$(\mathfrak{B}) \qquad \mathrm{R}(a) = a - [a+\tfrac{1}{2}]$$

zur Definition von $\mathrm{R}(a)$ benutzt werden, wie es an der oben angeführten Stelle in der That geschehen ist.

Da $\mathrm{R}(a)$ positiv oder negativ ist, je nachdem a in der ersten oder in der zweiten Hälfte des von zwei benachbarten ganzen Zahlen begrenzten Intervalls liegt, so ist für *positive* Grössen a:

$$(\mathfrak{C}) \qquad \operatorname{sgn.} \mathrm{R}(a) = \operatorname{sgn.} \prod_g (\tfrac{1}{2}g - a) \qquad (g=1, 2, 3, \ldots),$$

wenn die Multiplication rechts wenigstens bis zu der Zahl $g = [2a]$ erstreckt wird. Dabei bedeutet $\operatorname{sgn.} \alpha$ das Vorzeichen der Grösse α, und die Formel $(\mathfrak{C})$ gilt auch noch für den Fall $\mathrm{R}(a) = 0$, wenn $\operatorname{sgn.} 0 = 0$ genommen wird. Aber der Fall $\mathrm{R}(a) = -\frac{1}{2}$ ist auszuschliessen, da alsdann das Product auf der rechten Seite gleich Null werden würde.

Aus der Definition der Function $\mathrm{R}(a)$ folgen unmittelbar ihre durch die Gleichungen:

$$(\mathfrak{D}) \qquad \mathrm{R}(a) = \mathrm{R}(a+1), \qquad \mathrm{R}(a) + \mathrm{R}(-a) = 0$$

ausgedrückten Grundeigenschaften; doch ist auch hier in der zweiten Gleichung der Fall $\mathrm{R}(a) = -\frac{1}{2}$ auszuschliessen. Es folgt ferner aus der Definition der Function R, dass für irgend welche Grössen a, b, c, die der Aequivalenz:

$$a + b + c \sim 0$$

genügen, die Gleichung:

$$(\mathfrak{E}) \qquad \mathrm{R}(a) + \mathrm{R}(b) + \mathrm{R}(c) = -1,\ 0,\ +1$$

besteht, und zwar so, dass der Werth -1 eintritt, wenn die drei Reste links negativ, der Werth $+1$, wenn sie positiv sind, und der Werth 0, wenn nicht alle drei Reste gleiches Vorzeichen haben. Die Gleichung $(\mathfrak{E})$ kann daher auch in folgender Form dargestellt werden:

$$(\overline{\mathfrak{E}}) \qquad \mathrm{R}(a) + \mathrm{R}(b) + \mathrm{R}(c) = [\tfrac{1}{2} + \tfrac{1}{3}\,\mathrm{sgn.}\,\mathrm{R}(a) + \tfrac{1}{3}\,\mathrm{sgn.}\,\mathrm{R}(b) + \tfrac{1}{3}\,\mathrm{sgn.}\,\mathrm{R}(c)],$$

und da vermöge der Bedingung $a + b + c \sim 0$ der Rest von c gleich dem negativen Werthe des Restes von $a + b$ wird, so kann auch die Summe der drei Reste auf der linken Seite von $(\mathfrak{E})$ und $(\overline{\mathfrak{E}})$ durch den Ausdruck:

$$\mathrm{R}(a) + \mathrm{R}(b) - \mathrm{R}(a+b)$$

ersetzt werden. Die Gleichung $(\mathfrak{E})$ ergiebt hiernach eine Bestimmung für den Rest einer Summe zweier Grössen durch die Summe der beiden Reste.

Nimmt man in $(\mathfrak{E})$ $b = \frac{1}{2} - a$, $c = \frac{1}{2}$, so kommt:

$$\mathrm{R}(a) + \mathrm{R}(\tfrac{1}{2} - a) + \mathrm{R}(\tfrac{1}{2}) = 0,\ -1,$$

je nachdem $\mathrm{R}(a)$ positiv oder negativ ist. Denn $\mathrm{R}(\frac{1}{2})$ ist negativ, und die beiden Reste $\mathrm{R}(a)$, $\mathrm{R}(\frac{1}{2} - a)$ haben stets gleiches Zeichen. Es resultirt also die Gleichung:

$$(\mathfrak{E}^\circ) \qquad \mathrm{R}(a) + \mathrm{R}(\tfrac{1}{2} - a) = \tfrac{1}{2}\,\mathrm{sgn.}\,\mathrm{R}(a) = \tfrac{1}{2}\,\mathrm{sgn.}\,\mathrm{R}(\tfrac{1}{2} - a)$$

als ein Corollar der Gleichung $(\mathfrak{E})$.

Sind v, w irgend zwei positive reelle, zu einander reciproke Grössen, so lassen sich unendlich viele Paare ganzer Zahlen h, k so bestimmen, dass für dieselben die Reciprocitäts-Beziehung:

$$(\mathfrak{F}^\circ) \qquad h = [kv + \tfrac{1}{2}], \qquad k = [hw + \tfrac{1}{2}]$$

besteht, d. h. dass zugleich h die der Grösse kv nächste ganze Zahl und k die der Grösse hw nächste ganze Zahl wird. Nimmt man nämlich, wenn $v \geqq 1$ ist, für k eine beliebige und alsdann für h die der Grösse kv zunächst liegende ganze Zahl, so ist:

$$kv = h + \mathrm{R}(kv)$$

und folglich, wenn auf beiden Seiten mit w multiplicirt und von der Gleichung $vw = 1$ Gebrauch gemacht wird:

$$k = hw + w\,\mathrm{R}(kv).$$

Da nun $v \geqq 1$ also $w \leqq 1$ vorausgesetzt worden ist, so muss der absolute Werth von $w\,\mathrm{R}(kv)$ kleiner als $\frac{1}{2}$ und also k die der Grösse hw zunächst liegende ganze Zahl sein. Es wird hiernach:

$$\mathrm{R}(hw) = -\,w\,\mathrm{R}(kv),$$

und es findet also für jedes Paar positiver reeller Grössen v, w, für welche $vw = 1$ ist, und für ein zugehöriges Paar ganzer Zahlen h, k die Relation:

$$(\mathfrak{F}) \qquad \frac{\mathrm{R}(hw)}{|\sqrt{w}|} + \frac{\mathrm{R}(kv)}{|\sqrt{v}|} = 0$$

statt. Diese Relation definirt selbst eine gewisse Reciprocitäts-Beziehung zwischen zwei Zahlen h, k, von denen die eine willkürlich angenommen werden kann; sie kann also als eine *„Reciprocitäts-Gleichung zwischen den Resten von zwei ganzen Vielfachen zweier reciproken Grössen“* charakterisirt werden.

Setzt man $hw = a$, $kv = b$, so stehen a, b, h, k mit einander in der durch die Gleichungen:

$$a - \mathrm{R}(a) = k, \quad b - \mathrm{R}(b) = h, \quad (a - \mathrm{R}(a))(b - \mathrm{R}(b)) = ab$$

bezeichneten Verbindung, und die letzte dieser drei Gleichungen kann auch in der Form:

$$(\mathfrak{G}) \qquad \frac{a}{\mathrm{R}(a)} + \frac{b}{\mathrm{R}(b)} = 1$$

dargestellt werden. Geht man also von irgend zwei durch diese Gleichung ($\mathfrak{G}$) mit einander verbundenen Grössen a, b aus und bezeichnet mit h, k die beziehungsweise den beiden Grössen b, a zunächst benachbarten ganzen Zahlen, so ergiebt sich die Gleichung ($\mathfrak{F}$) als mit der Gleichung ($\mathfrak{G}$) aequivalent, wenn in ($\mathfrak{F}$) die beiden Grössen v, w beziehungsweise durch $\frac{b}{k}$, $\frac{a}{h}$ ersetzt werden.

III.

Ersetzt man jeden der Reste von a, b, c auf der linken Seite der Gleichung ($\mathfrak{E}$) oder ($\bar{\mathfrak{E}}$) des Art. II durch die Sinus-Reihe ($\mathfrak{A}$) des Art. I, so ergiebt sich, dass die Reihe:

$$(\mathfrak{H}) \qquad \sum_{m=1}^{m=\infty} \frac{(-1)^{m(a+b+c+1)}}{m\pi} \sin ma\pi \sin mb\pi \sin mc\pi,$$

wenn $a + b + c$ gleich einer ganzen Zahl ist, stets einen der drei Werthe $-\frac{1}{4}$, 0, $\frac{1}{4}$ hat, welcher durch:

$$\tfrac{1}{4}\left[\tfrac{1}{2} + \tfrac{1}{3}\,\mathrm{sgn.\,tg}\, a\pi + \tfrac{1}{3}\,\mathrm{sgn.\,tg}\, b\pi + \tfrac{1}{3}\,\mathrm{sgn.\,tg}\, c\pi\right]$$

dargestellt werden kann. Nimmt man $b = \frac{1}{2} - a$, $c = \frac{1}{2}$, so resultirt die bekannte Gleichung:

$$(\mathfrak{H}^0) \qquad \sum_{\nu} \frac{\sin 2\nu a\pi}{\nu\pi} = \tfrac{1}{4}\,\mathrm{sgn.\,R}(a) = \tfrac{1}{4}\,\mathrm{sgn.\,tg}\, a\pi \qquad (\nu = 1, 3, 5, \ldots \infty).$$

Wenn man in der Relation ($\mathfrak{F}$) die Sinus-Reihe ($\mathfrak{A}$) einsetzt, so kommt:

$$\sum_{m=1}^{m=\infty} \frac{(-1)^m}{m} \left(|\sqrt{v}| \sin 2mhw\pi + |\sqrt{w}| \sin 2mkv\pi \right) = 0,$$

wo $vw = 1$ und $h = [kv + \frac{1}{2}]$, $k = [hw + \frac{1}{2}]$ ist.

Bedeuten m, n zwei ungrade Zahlen ohne gemeinsamen Theiler, so folgt aus der Gleichung ($\mathfrak{H}^\circ$), dass

$$\sum_h \operatorname{sgn.} \mathrm{R}\left(\frac{hn}{m}\right) \qquad (h=1, 2, \ldots \tfrac{1}{2}(m-1))$$

durch die Reihe

$$\sum_\nu \frac{1}{\nu\pi} \cot \frac{\nu n \pi}{2m} \qquad (\nu = \pm 1, \pm 3, \pm 5, \ldots \pm \infty)$$

dargestellt werden kann. Zerlegt man diese Reihe in $\frac{1}{2}(m-1)$ Partialreihen, indem man

$$\nu = m(2r+1) \pm 2h$$

setzt und alsdann r alle ganzzahligen Werthe von $-\infty$ bis $+\infty$, aber h nur die Werthe von 1 bis $\frac{1}{2}(m-1)$ durchlaufen lässt, so erhält man nach Ausführung der Summation in Beziehung auf r die bemerkenswerthe Gleichung:

$$(\mathfrak{H}') \qquad \sum_h \operatorname{sgn.} \mathrm{R}\left(\frac{hn}{m}\right) = \frac{1}{m} \sum_h \operatorname{tg} \frac{h\pi}{m} \operatorname{tg} \frac{hn\pi}{m} \qquad (h=1, 2, \ldots \tfrac{1}{2}(m-1)),$$

welche sich durch die angegebene Herleitung als ein Corollar der Gleichung ($\mathfrak{H}^\circ$) erweist.

IV.

Für zwei beliebige ungrade Zahlen m, n ohne gemeinsamen Theiler besteht eine Reciprocitäts-Beziehung, welche ebensowohl durch die Formel:

$$(\mathfrak{K})\qquad \text{sgn.}\prod_h \text{R}\left(\frac{hn}{m}\right)\prod_k \text{R}\left(\frac{km}{n}\right) = (-1)^{\frac{1}{4}(m-1)(n-1)} \qquad \left(\begin{matrix} h=1,\,2,\,\ldots\,\frac{1}{2}(m-1) \\ k=1,\,2,\,\ldots\,\frac{1}{2}(n-1)\end{matrix}\right)$$

als durch die Formel:

$$(\mathfrak{K}')\quad \tfrac{1}{2}\sum_h\left(1-\text{sgn. R}\left(\frac{hn}{m}\right)\right)+\tfrac{1}{2}\sum_k\left(1-\text{sgn. R}\left(\frac{km}{n}\right)\right)\equiv\tfrac{1}{4}(m-1)(n-1)\pmod{2}$$

$$\left(h=1,\,2,\,\ldots\,\tfrac{1}{2}(m-1);\ k=1,\,2,\,\ldots\,\tfrac{1}{2}(n-1)\right)$$

dargestellt und auch so ausgedrückt werden kann, dass die Anzahl der *negativen* Werthe von:

$$\text{sgn. R}\left(\frac{hn}{m}\right),\qquad \text{sgn. R}\left(\frac{km}{n}\right)\qquad \left(h=1,\,2,\,\ldots\,\tfrac{1}{2}(m-1);\ k=1,\,2,\,\ldots\,\tfrac{1}{2}(n-1)\right)$$

nur im Falle $m\equiv n\equiv -1$ (mod. 4) ungrade, sonst aber stets grade ist. Diese Reciprocitäts-Beziehung soll hier auf drei verschiedene Weisen aus den im Art. II angegebenen Eigenschaften der Reste reeller Grössen hergeleitet werden.

Erstens folgt aus der Gleichung ($\mathfrak{C}$) des Art. II, wenn darin $a=\frac{hn}{m}$ gesetzt und die Multiplication bis $g=n-1$ erstreckt wird:

$$\text{sgn. R}\left(\frac{hn}{m}\right)=\text{sgn.}\prod_g\left(\tfrac{1}{2}g-\frac{hn}{m}\right)\qquad (g=1,\,2,\,\ldots\,n-1)\,.$$

Werden nun rechts die graden und die ungraden Werthe von g gesondert und die einen mit $2k$, die anderen mit $n-2k$ bezeichnet, so kommt:

$$\text{sgn. R}\left(\frac{hn}{m}\right)=\text{sgn.}\prod_k\left(\frac{h}{m}-\frac{k}{n}\right)\left(\frac{h}{m}+\frac{k}{n}-\frac{1}{2}\right)\qquad \left(k=1,\,2,\,\ldots\,\tfrac{1}{2}(n-1)\right).$$

Ebenso wird:

$$\text{sgn. R}\left(\frac{km}{n}\right) = \text{sgn.} \prod_h \left(\frac{k}{n} - \frac{h}{m}\right) \left(\frac{k}{n} + \frac{h}{m} - \frac{1}{2}\right) \qquad (h=1, 2, \ldots \tfrac{1}{2}(m-1)),$$

und mit Hülfe dieser Ausdrücke für sgn. R $\left(\frac{hn}{m}\right)$ und sgn. R $\left(\frac{km}{n}\right)$ lässt sich die Formel ($\mathfrak{K}$) unmittelbar erschliessen.

Zweitens folgt aus den Gleichungen ($\mathfrak{D}$) des Art. II, dass:

$$\sum_g \text{sgn. R}\left(\frac{g}{m}\right) \text{R}\left(\frac{g}{n}\right) = 0 \qquad (g=1, 2, \ldots \tfrac{1}{2}(mn-1))$$

ist. Denn wenn man die Summation auf alle mn Werthe von $g = -\frac{1}{2}(mn-1)$ bis $g = \frac{1}{2}(mn-1)$ erstreckt, so verdoppelt sich der Werth der Summe; da aber dann g die sämmtlichen Werthe eines Restensystems *modulo* mn durchläuft, so kann

$$g = hn + km \qquad (h=\pm 1, \pm 2, \ldots \pm \tfrac{1}{2}(m-1);\ k=\pm 1, \pm 2, \ldots \pm \tfrac{1}{2}(n-1))$$

genommen werden, und jene Summe wird dann gleich dem Product von zwei Summen:

$$\sum_h \text{sgn. R}\left(\frac{hn}{m}\right) \sum_k \text{sgn. R}\left(\frac{km}{n}\right)$$

$$(h=\pm 1, \pm 2, \ldots \pm \tfrac{1}{2}(m-1);\ k=\pm 1, \pm 2, \ldots \pm \tfrac{1}{2}(n-1)),$$

deren jede offenbar gleich Null ist.

Ebenso folgt ferner aus den Gleichungen ($\mathfrak{D}$) des Art. II, dass:

$$\sum_g \text{sgn. R}\left(\frac{g}{m}\right) = \tfrac{1}{2}(m-1) \qquad (g=1, 2, \ldots \tfrac{1}{2}(mn-1))$$

ist. Denn für die *ersten* $\frac{1}{2}(m-1)$ Werthe von g ist $\text{R}\left(\frac{g}{m}\right)$ offenbar positiv, während für je zwei von den folgenden, $\frac{1}{2}(m+1)+r$ und $\frac{1}{2}(mn-1)-r$,

$$\text{R}\left(\frac{m+1+2r}{2m}\right) + \text{R}\left(\frac{mn-1-2r}{2m}\right) = \text{R}\left(\tfrac{1}{2} + \frac{1+2r}{2m}\right) + \text{R}\left(-\tfrac{1}{2} - \frac{1+2r}{2m}\right) = 0$$

wird. Ebenso ist natürlich:

$$\sum_g \operatorname{sgn.R}\left(\frac{g}{n}\right) = \tfrac{1}{2}(n-1) \qquad (g=1,2,\ldots \tfrac{1}{2}(mn-1)),$$

und also:

$$\sum_g \left(1-\operatorname{sgn.R}\left(\frac{g}{m}\right)\right)\left(1-\operatorname{sgn.R}\left(\frac{g}{n}\right)\right) = \tfrac{1}{2}(mn-1)-\tfrac{1}{2}(m-1)-\tfrac{1}{2}(n-1) = \tfrac{1}{2}(m-1)(n-1)$$

$$(g=1,2,\ldots \tfrac{1}{2}(mn-1)).$$

Jedes derjenigen Glieder der Summe auf der linken Seite, für welches g nicht durch m oder n theilbar ist, hat entweder den Werth *Vier* oder den Werth *Null*. Lässt man alle diese Glieder weg, so bleiben nur diejenigen übrig, für welche:

$$g = hn \quad \text{oder} \quad g = km \qquad (h=1,2,\ldots \tfrac{1}{2}(m-1);\; k=1,2,\ldots \tfrac{1}{2}(n-1))$$

ist, und es resultirt daher die mit der Formel ($\mathfrak{K}'$) gleichbedeutende Congruenz:

$$\sum_h \left(1-\operatorname{sgn.R}\left(\frac{hn}{m}\right)\right) + \sum_k \left(1-\operatorname{sgn.R}\left(\frac{km}{n}\right)\right) \equiv \tfrac{1}{2}(m-1)(n-1) \pmod{4}.$$

Drittens lässt sich mit Hülfe der Gleichungen ($\mathfrak{E}$) und ($\mathfrak{F}$) des Art. II darthun, dass die Anzahl der *negativen* Werthe von:

$$\operatorname{sgn.R}\left(\frac{hn}{m}\right), \qquad \operatorname{sgn.R}\left(\frac{km}{n}\right) \qquad (h=1,2,\ldots \tfrac{1}{2}(m-1);\; k=1,2,\ldots \tfrac{1}{2}(n-1))$$

nur für $m \equiv n \equiv -1 \pmod{4}$ ungrade, sonst aber stets grade ist.

Wird nämlich, unter der von nun an zu machenden Voraussetzung: $m < n$, in der Gleichung ($\mathfrak{E}$):

$$a = \frac{km}{n}, \quad b = \frac{k'm}{n}, \quad c = \tfrac{1}{2} - \frac{\varepsilon m}{2n} \qquad (\varepsilon = \pm 1)$$

gesetzt, und wird hierbei für k irgend eine der Zahlen $1, 2, \ldots \tfrac{1}{2}(n-1)$, wofür:

$$\mathrm{R}\left(\frac{km}{n}\right) < \frac{(\varepsilon+1)m}{4n}$$

ist, und alsdann für k' die durch die Gleichung:

$$k + k' = \tfrac{1}{2}(n+\varepsilon)$$

mit k verbundene Zahl genommen, so kommt:

$$(\mathfrak{E}') \qquad \mathrm{R}\left(\frac{km}{n}\right) + \mathrm{R}\left(\frac{k'm}{n}\right) - \frac{m}{2n} + \tfrac{1}{2} = 0.$$

Wird ferner in der allgemeinen Reciprocitäts-Gleichung $(\mathfrak{F})$ $v = \frac{m}{n}$, $w = \frac{n}{m}$ gesetzt, so resultirt die speciellere:

$$(\mathfrak{F}') \qquad m\mathrm{R}\left(\frac{hn}{m}\right) + n\mathrm{R}\left(\frac{km}{n}\right) = 0,$$

durch welche mit jeder Zahl $h = 1, 2, \ldots \frac{1}{2}(m-1)$ je eine bestimmte von den Zahlen $k = 1, 2, \ldots \frac{1}{2}(n-1)$ verbunden wird. Aus dieser Reciprocitäts-Gleichung erhellt, dass für je zwei mit einander verbundene Zahlen h, k die Reste: $\mathrm{R}\left(\frac{hn}{m}\right)$, $\mathrm{R}\left(\frac{km}{n}\right)$ entgegengesetztes Vorzeichen haben, und dass die Reste $\mathrm{R}\left(\frac{km}{n}\right)$, welche Resten $\mathrm{R}\left(\frac{hn}{m}\right)$ entsprechen, alle diejenigen unter den Resten von $\frac{m}{n}, \frac{2m}{n}, \frac{3m}{n}, \ldots \frac{(n-1)m}{2n}$ sind, deren absoluter Werth kleiner als $\frac{m}{2n}$ ist. Jedem solchen *positiven* Reste $\mathrm{R}\left(\frac{km}{n}\right)$ entspricht aber, wie die Gleichung $(\mathfrak{E}')$ für $\varepsilon = +1$ zeigt, je einer der negativen Reste $\mathrm{R}\left(\frac{k'm}{n}\right)$, die kleiner als $-\frac{1}{2} + \frac{m}{2n}$ sind, während alle anderen negativen Reste, die also zwischen 0 und $-\frac{1}{2} + \frac{m}{2n}$ liegen, gemäss eben derselben Gleichung $(\mathfrak{E}')$ für $\varepsilon = +1$ einander paarweise durch die Relation: $k + k' = \frac{1}{2}(n+1)$ zugeordnet werden können. Dabei werden nur in dem Falle, wo k den Werth $\frac{1}{4}(n+1)$ haben kann, zwei einander entsprechende Zahlen k, k' mit einander identisch; und dies tritt nur ein, wenn $\frac{1}{4}(n+1)$ *ganz* und dabei $\mathrm{R}\left(\frac{m(n+1)}{4n}\right)$ negativ, also auch $m \equiv -1 \pmod{4}$ ist. Es zeigt sich also mit Hülfe der Reciprocitäts-

Gleichung $(\mathfrak{F}')$ und der Gleichung $(\mathfrak{E}')$ für $\varepsilon = +1$, dass sich je zwei von allen negativen Resten:

$$\mathrm{R}\left(\frac{hn}{m}\right), \quad \mathrm{R}\left(\frac{km}{n}\right) \qquad (h=1, 2, \ldots \tfrac{1}{2}(m-1), \; k=1, 2, \ldots \tfrac{1}{2}(n-1))$$

einander zuordnen lassen, dass dabei nur in dem Falle $m \equiv n \equiv -1 \pmod{4}$ der eine negative Rest $\mathrm{R}\left(\frac{m(n+1)}{4n}\right)$ übrig bleibt, und dass also in der That nur in diesem Falle die Anzahl jener negativen Reste ungrade ist.

Eben dasselbe Resultat lässt sich aber auch aus der Reciprocitäts-Gleichung $(\mathfrak{F}')$ in Verbindung mit der Gleichung $(\mathfrak{E}')$ für $\varepsilon = -1$ erschliessen. Denn gemäss der Reciprocitäts-Gleichung $(\mathfrak{F}')$ beträgt die Anzahl *aller* negativen Reste $\mathrm{R}\left(\frac{hn}{m}\right)$ und derjenigen negativen Reste $\mathrm{R}\left(\frac{km}{n}\right)$, deren absoluter Werth kleiner als $\frac{m}{2n}$ ist, zusammen genau $\frac{1}{2}(m-1)$, während je zwei der übrigen negativen Reste $\mathrm{R}\left(\frac{km}{n}\right)$ gemäss der Gleichung $(\mathfrak{E}')$ für $\varepsilon = -1$ einander paarweise mittels der Relation: $k + k' = \frac{1}{2}(n-1)$ zugeordnet werden können. Dabei werden nur in dem Falle, wo k den Werth $\frac{1}{4}(n-1)$ haben kann, zwei einander entsprechende Zahlen k, k' mit einander identisch; und dies tritt nur ein, wenn $\frac{1}{4}(n-1)$ *ganz* und dabei $\mathrm{R}\left(\frac{m(n-1)}{4n}\right)$ negativ, also $m \equiv -1 \pmod{4}$ ist. Die Gesammtanzahl der negativen Reste:

$$\mathrm{R}\left(\frac{hn}{m}\right), \quad \mathrm{R}\left(\frac{km}{n}\right) \qquad (h=1, 2, \ldots \tfrac{1}{2}(m-1); \; k=1, 2, \ldots \tfrac{1}{2}(n-1))$$

übersteigt also die Zahl $\frac{1}{2}(m-1)$ nur in dem Falle: $m \equiv -n \equiv -1 \pmod{4}$ um eine *ungrade* Zahl, und sie selbst ist daher nur dann ungrade, wenn $m \equiv n \equiv -1 \pmod{4}$ ist.

V.

Sind m und n Primzahlen, so ist gemäss dem *Gauss*'schen Lemma:

$$\mathrm{sgn.} \prod_h \mathrm{R}\left(\frac{hn}{m}\right) = \left(\frac{n}{m}\right), \qquad \mathrm{sgn.} \prod_k \mathrm{R}\left(\frac{km}{n}\right) = \left(\frac{m}{n}\right) \qquad \begin{pmatrix} h=1, 2, \ldots \frac{1}{2}(m-1) \\ k=1, 2, \ldots \frac{1}{2}(n-1) \end{pmatrix},$$

wo $\left(\frac{n}{m}\right)$, $\left(\frac{m}{n}\right)$ die *Legendre*'schen Zeichen sind. Die drei Herleitungsweisen der zwischen den Zeichen:

$$\text{sgn.}\prod_h \mathrm{R}\left(\frac{hn}{m}\right), \qquad \text{sgn.}\prod_k \mathrm{R}\left(\frac{km}{n}\right) \qquad \left(\begin{smallmatrix} h=1,\,2,\,\ldots\,\frac{1}{2}(m-1) \\ k=1,\,2,\,\ldots\,\frac{1}{2}(n-1) \end{smallmatrix}\right)$$

bestehenden Reciprocitäts-Beziehung, welche im Art. IV auseinandergesetzt worden sind, können darnach als drei verschiedene Beweismethoden des Reciprocitätsgesetzes für quadratische Reste angesehen werden. Doch gehören diese drei Beweismethoden einer und derselben, durch die Anwendung des *Gauss*'schen Lemma charakterisirten Kategorie von Reciprocitätsgesetz-Beweisen an. Ihre Unterschiede treten in den Entwickelungen des Art. IV deutlich darin hervor, dass in jeder der drei Methoden von anderen Fundamental-Eigenschaften der Reste reeller Grössen Gebrauch gemacht wird.

Die erste, in *formaler* Hinsicht einfachste, stützt sich nur auf die Gleichung ($\mathfrak{C}$) des Art. II; sie findet sich, wenn auch etwas modificirt, schon in meiner Mittheilung vom 7. Februar v. J.*) und sie ist als eine Vereinfachung des *dritten* *Gauss*'schen Beweises zu betrachten.**)

Der zweite ist die *sachlich* einfachste Beweismethode, weil dabei nur die nächstliegenden, unmittelbar evidenten Eigenschaften der Reste reeller Grössen, nämlich:

$$(\mathfrak{D}) \qquad \mathrm{R}(a) = \mathrm{R}(a+1), \quad \mathrm{R}(a) = -\mathrm{R}(-a)$$

benutzt werden; sie ist nichts Anderes als der *fünfte* *Gauss*'sche Beweis in einer mit Hülfe des Zeichens R vereinfachten Darstellung.

Die dritte der im Art. IV gegebenen Beweismethoden unterscheidet sich principiell von den beiden ersten dadurch, dass dabei eine zwischen zwei Resten $\mathrm{R}\left(\frac{hn}{m}\right)$, $\mathrm{R}\left(\frac{km}{n}\right)$ *selbst* bestehende Reciprocitäts-Gleichung, die Gleichung

*) Sitzungsberichte 1884. XXIII. S. 522[1]).

**) Vgl. Sitzungsberichte 1884. XXIX. S. 645[2]).

[1]) Bd. II S. 503 dieser Ausgabe. H.

[2]) Bd. II S. 521 dieser Ausgabe. H.

($\mathfrak{F}$) des Art. II zu Grunde gelegt wird. Es kommt zwar ausserdem noch die Gleichung ($\mathfrak{E}$) zur Anwendung; aber diese ist von analoger Beschaffenheit wie die bei der zweiten Beweismethode benutzten Gleichungen ($\mathfrak{D}$).

Diese dritte Beweismethode ist nun nichts Anderes als jene *Zeller*'sche, welche ich im December 1872 der Akademie mitgetheilt und im betreffenden Monatsbericht veröffentlicht habe[1]); aber sie ist hier im Art. IV unter Anwendung des Zeichens R entwickelt, und es zeigt sich dabei ihr eigentliches Fundament eben darin, dass, wenn $m < n$ angenommen wird, zuvörderst von allen Resten $R\left(\frac{km}{n}\right)$ diejenigen herausgehoben werden, welche mit den verschiedenen Resten $R\left(\frac{hn}{m}\right)$ durch die Reciprocitäts-Gleichung:

$$(\mathfrak{F}') \qquad mR\left(\frac{hn}{m}\right) + nR\left(\frac{km}{n}\right) = 0$$

verbunden sind. Erst dann werden die übrigen Reste $R\left(\frac{km}{n}\right)$ unter einander paarweise verbunden, und es wird deren Grösse und Vorzeichen mit Hülfe der Gleichung ($\mathfrak{E}'$) bestimmt.

Auf eben demselben Fundament wie der *Zeller*'sche ruht auch der 1879 von Hrn. *Petersen* im zweiten Bande des American Journal of Mathematics S. 285 veröffentlichte Beweis des Reciprocitätsgesetzes, und die wesentliche Uebereinstimmung beider Beweise tritt unmittelbar hervor, wenn man in den a. a. O. mit (1), (2) bezeichneten *Petersen*'schen Gleichungen die Zahlen a, b beziehungsweise durch p, q und ferner:

	$m,$	$n,$	$r,$
in (1) durch:	$-h + \frac{1}{2}(p + \text{sgn.}\, r),$	$-k + \frac{1}{2}(q - 1),$	$2r - q\,\text{sgn.}\, r$
in (2) durch:	$h,$	$k - \frac{1}{2} + \frac{1}{2}\,\text{sgn.}\, r,$	$-2r + p\,\text{sgn.}\, r$

ersetzt. Alsdann werden nämlich die beiden *Petersen*'schen Gleichungen mit der Gleichung: $hq - kp = r$, von welcher die *Zeller*'sche Entwickelung ausgeht, identisch und die einzige Modification der von Hrn. *Petersen* daran

[1]) Monatsberichte der Akademie der Wissenschaften zu Berlin v. J. 1872, S. 846—847. H.

geknüpften weiteren Deduction*) lässt sich dadurch bezeichnen, dass diese zu der oben in der dritten Beweismethode für $\varepsilon = +1$ dargelegten Restgruppirung, die *Zeller*'sche aber zu derjenigen Gruppirung führt, die dem Werthe $\varepsilon = -1$ entspricht.

Die Zurückführung auf die verschiedenen Fundamental-Eigenschaften der Reste reeller Grössen gewährt also eine neue und vollständige Einsicht in die gegenseitigen Beziehungen der verschiedenen, auf dem *Gauss*'schen Lemma fussenden Reciprocitätsgesetz-Beweise; und eine solche Aufklärung zu erlangen, war der eigentliche Zweck meiner hier mitgetheilten Untersuchungen.

VI.

Eine Function $\theta(m, n)$ zweier positiver oder negativer ungrader Zahlen m, n, die keinen gemeinsamen Theiler haben, wird durch die Bedingungen:

$$(\mathfrak{L})\qquad \begin{aligned} &\theta(m, n) = \theta(m + 2n, n), \\ &\theta(m, n) = \theta(-n, m)\,(-1)^{\frac{1}{4}(m-1)(n+1) - \frac{1}{4}(\mathrm{sgn.}\,m-1)(\mathrm{sgn.}\,n+1)}, \end{aligned}$$

abgesehen von einem constanten Factor, vollständig bestimmt. Denn, wenn man, wie im Art. VI meines oben citirten, im Sitzungsbericht vom 1. Mai 1884 abgedruckten Aufsatzes[2]), von zwei (positiven oder negativen) ungraden Zahlen n_0, n_1 ausgehend, eine Reihe von Zahlen $n_0, n_1, n_2, \ldots\ldots n_t$ derart bildet, dass zwischen ihnen die Gleichungen:

$$n_0 - 2r_1n_1 + n_2 = 0,\quad n_1 - 2r_2n_2 + n_3 = 0, \ldots\ldots\quad n_{t-2} - 2r_{t-1}n_{t-1} + n_t = 0$$

bestehen, in denen $r_1, r_2, \ldots r_{t-1}$ positive oder negative ganze Zahlen sind, so ist:

---

*) Diese weitere Deduction kann übrigens durch die wesentlich einfachere, welche ich in den letzten Zeilen von S. 336 des Monatsberichts von 1876 gegeben habe[1]), ersetzt werden, da die Erklärung des *Legendre*'schen Zeichens, von welcher Hr. *Petersen* ausgeht, genau mit der a. a. O. von mir benutzten übereinstimmt.

[1]) Bd. II S. 18 dieser Ausgabe. H.

[2]) Band II. S. 513 flgde dieser Ausgabe. H.

$$\theta(-n_{k+1}, n_k) = \theta(n_{k-1}, n_k) = (-1)^{\frac{1}{4}\sigma_k}\, \theta(-n_k, n_{k-1}),$$

wenn σ_k die Zahl:

$$(n_{k-1} - 1)(n_k + 1) - (\text{sgn.}\, n_{k-1} - 1)(\text{sgn.}\, n_k + 1)$$

bedeutet, und es wird daher $\theta(-n_1, n_0)$ gleich $\theta(-n_t, n_{t-1})$, multiplicirt mit einer durch die Zahlen n genau bestimmten Potenz von -1. Da ferner, wenn n_0, n_1 als relative Primzahlen vorausgesetzt werden, $n_t = \pm 1$ angenommen werden kann, so folgt aus den Gleichungen ($\mathfrak{L}$), dass:

$$\theta(-n_t, n_{t-1}) = \pm\, \theta(1, 1)$$

wird. Der Quotient:

$$\frac{\theta(m, n)}{\theta(1, 1)}$$

ist daher durch die Gleichungen ($\mathfrak{L}$) vollständig bestimmt.

Das Reciprocitätsgesetz für quadratische Reste kann also — und es erscheint mir dies von besonderem Interesse — in *der* Weise bewiesen werden, dass die Uebereinstimmung jenes Quotienten mit dem *Jacobi-Legendre*'schen Zeichen $\left(\frac{m}{n}\right)$ dargethan wird. Hierzu bedarf es einzig und allein des Nachweises, dass für die durch die Gleichungen ($\mathfrak{L}$) definirte Function $\theta(m, n)$ der Multiplicationssatz:

$$(\mathfrak{M}) \qquad \theta(l, n)\, \theta(m, n) = \theta(lm, n)\, \theta(1, 1)$$

besteht; denn wie mit Benutzung dieses Satzes und der Gleichungen ($\mathfrak{L}$) gefolgert werden kann, dass in der That:

$$\theta(m, n) = \left(\frac{m}{n}\right) \theta(1, 1)$$

sein muss, habe ich bereits im § 3 meines im Monatsbericht vom Juni 1876 abgedruckten Aufsatzes[1]) ausführlich entwickelt. Es ist mir aber bis jetzt

[1]) Band II S. 19—23 dieser Ausgabe. H.

noch nicht gelungen, den Multiplicationssatz ($\mathfrak{M}$) unmittelbar aus den Definitions-Gleichungen ($\mathfrak{L}$) abzuleiten. Mittelbar ergiebt sich derselbe durch den im Art. IV auf drei verschiedene Arten geführten Nachweis, dass die durch die Gleichung:

$$\theta(m,\ n) = \theta(1,\ 1) \cdot \operatorname{sgn.} \prod_k \mathrm{R}\left(\frac{km}{n}\right) \qquad (k=1,\ 2,\ \ldots \tfrac{1}{2}(n-1))$$

bestimmte Function θ der zweiten der Definitions-Gleichungen ($\mathfrak{L}$) genügt. Es ist nämlich an sich klar, dass sie auch der ersten genügt, und der Multiplicationssatz folgt dann aus der Relation:

$$\mathrm{R}\left(\frac{lk}{n}\right) \cdot \operatorname{sgn.} \mathrm{R}\left(\frac{mk'}{n}\right) = \mathrm{R}\left(\frac{lmk'}{n}\right) \qquad (k,\ k'=1,\ 2,\ \ldots \tfrac{1}{2}(n-1)),$$

welche offenbar besteht, wenn die Zahlen k, k' mit einander durch die Congruenz:

$$mk' \equiv \pm k \pmod{n}$$

verbunden sind.

An Stelle der Gleichungen ($\mathfrak{L}$) kann man auch diejenigen zu Grunde legen, welche $\log \theta(m,\ n)$ definiren. Man wird alsdann auf die Bestimmung:

$$\log \theta(m,\ n) = \log \theta(1,\ 1) + \tfrac{1}{2}\pi i \sum_k \left(1 - \operatorname{sgn.} \mathrm{R}\left(\frac{km}{n}\right)\right)$$
$$(k=1,\ 2,\ \ldots \tfrac{1}{2}(n-1))$$

geführt, da offenbar einer der Werthe von:

$$\log \operatorname{sgn.} \prod_k \mathrm{R}\left(\frac{km}{n}\right) \qquad \text{oder} \qquad \log\left(\frac{m}{n}\right) \qquad (k=1,\ 2,\ \ldots \tfrac{1}{2}(n-1))$$

durch:

$$\tfrac{1}{2}\pi i \sum_k \left(1 - \operatorname{sgn.} \mathrm{R}\left(\frac{km}{n}\right)\right) \qquad (k=1,\ 2,\ \ldots \tfrac{1}{2}(n-1))$$

dargestellt wird, und es mag dabei schliesslich noch die bemerkenswerthe Relation:

$$\frac{2n}{\pi i} \log \left(\frac{m}{n}\right) = \tfrac{1}{2} n (n-1) - \sum_k \operatorname{tg} \frac{k\pi}{n} \operatorname{tg} \frac{km\pi}{n}$$

$$(k = 1, 2, \ldots \tfrac{1}{2}(n-1))$$

für den Logarithmus des *Legendre*'schen Zeichens hervorgehoben werden, welche sich aus der Gleichung ($\mathfrak{H}'$) des Art. III ergiebt.

VII.

Am Schlusse des art. VI habe ich die Logarithmen der Vorzeichenwerthe von:

$$\mathrm{R}\left(\frac{km}{n}\right) \qquad (k = 1, 2, \ldots \tfrac{1}{2}(n-1))$$

für die Darstellung des Logarithmus des *Legendre*'schen Zeichens verwendet. Diese Benutzung der Logarithmen beruht auf der Congruenz:

$$(\mathfrak{N}) \qquad \frac{1}{\pi i} (\log a - \log |a|) \equiv \frac{1}{\pi i} \log \operatorname{sgn.} a \equiv \tfrac{1}{2} (1 - \operatorname{sgn.} a) \pmod 2,$$

welche offenbar für jede reelle Grösse a und für jeden der verschiedenen Werthe der Logarithmen Geltung hat, sowie auf der allgemeineren Congruenz:

$$(\mathfrak{N}') \qquad \frac{1}{\pi i} \log \operatorname{sgn.} \prod_r a_r \equiv \tfrac{1}{2} \sum_r (1 - \operatorname{sgn.} a_r) \pmod 2 \qquad (r = 1, 2, 3, \ldots),$$

welche aus jener unmittelbar folgt.

Die *zweite* der beiden Formeln, durch welche sich im art. IV die zwischen zwei Zahlen m, n bestehende Reciprocitäts-Beziehung ausgedrückt findet, nämlich die Formel:

$$(\mathfrak{K}')\qquad \tfrac{1}{2}\sum_h\left(1-\text{sgn. R}\left(\frac{hn}{m}\right)\right)+\tfrac{1}{2}\sum_k\left(1-\text{sgn. R}\left(\frac{km}{n}\right)\right)\equiv\tfrac{1}{4}(m-1)(n-1)\pmod 2$$

$$\left(h=1,\,2,\ldots\tfrac{1}{2}(m-1);\;k=1,\,2,\ldots\tfrac{1}{2}(n-1)\right),$$

deren Herleitung — wie im art. V erwähnt worden — den wesentlichen Inhalt des *fünften Gauss'*schen Beweises bildet, erweist sich hiernach als völlig übereinstimmend mit der Congruenz:

$$(\overline{\mathfrak{K}})\qquad \frac{1}{\pi i}\log\text{sgn.}\prod_h \text{R}\left(\frac{hn}{m}\right)\prod_k \text{R}\left(\frac{km}{n}\right)\equiv\tfrac{1}{4}(m-1)(n-1)\pmod 2$$

$$\left(h=1,\,2,\ldots\tfrac{1}{2}(m-1);\;k=1,\,2,\ldots\tfrac{1}{2}(n-1)\right),$$

welche nur eine logarithmische Umgestaltung der *ersten* jener beiden Formeln des art. IV, nämlich der dort mit ($\mathfrak{K}$) bezeichneten Gleichung, ist. Da nun in der Herleitung eben dieser Gleichung ($\mathfrak{K}$) — wie im art. V erwähnt worden — das Charakteristische des *dritten Gauss'*schen Beweises besteht, so enthüllt sich hiermit in überraschender Weise die eigentliche innere Beziehung jener beiden, von demselben Lemma ausgehenden *Gauss'*schen Beweismethoden und auch der wahre Grund dafür, dass die letztere der beiden Methoden sich bei der obigen Analyse (vergl. art. V) als die *sachlich* einfachste erwiesen hat. Indem nämlich beim Uebergang zu den Logarithmen die Productformel ($\mathfrak{K}$) sich auf eine Additionsformel ($\mathfrak{K}'$) reducirt, können sich auch die zur Verification dienenden Mittel entsprechend vereinfachen.

Will man, auf eine solche Vereinfachung verzichtend, sich genau derselben Mittel für die Verification der Formel ($\mathfrak{K}'$) bedienen, welche zum Beweise der Formel ($\mathfrak{K}$) angewendet werden, so hat man nur in jeder einzelnen Gleichung, die im art. IV bei der Herleitung der Productformel ($\mathfrak{K}$) vorkommt, den Uebergang zu den Logarithmen zu machen. Auf diese Weise resultirt aus der Gleichung ($\mathfrak{C}$) des art. II, mit Hülfe der Congruenz ($\mathfrak{N}'$), die Formel:

$$(\mathfrak{D})\qquad \frac{1}{\pi i}\log\text{sgn. R}(a)\equiv\tfrac{1}{2}\sum_g\left(1-\text{sgn.}\left(\tfrac{1}{2}g-a\right)\right)\pmod 2\qquad (g=1,\,2,\,3,\ldots),$$

in welcher die Summation rechts *wenigstens* bis zu der Zahl $g=[2a]$ zu erstrecken ist. Gemäss dieser Formel, welche sich auch leicht direct verificiren lässt, ist:

$$\frac{1}{\pi i} \log \operatorname{sgn.} R\left(\frac{hn}{m}\right) \equiv \tfrac{1}{2} \sum_g \left(1 - \operatorname{sgn.}\left(\frac{g}{2n} - \frac{h}{m}\right)\right) \pmod{2} \qquad (g=1, 2, \ldots n-1).$$

Werden nun, wie im art. IV, die graden und die ungraden Werthe von g gesondert, die einen mit $2k$, die anderen mit $n-2k$ bezeichnet, und die Glieder mit graden Werthen von g negativ genommen, so kommt:

$$(\mathfrak{P}) \qquad \frac{1}{\pi i} \log \operatorname{sgn.} R\left(\frac{hn}{m}\right) \equiv \tfrac{1}{2} \sum_k \operatorname{sgn.}\left(\frac{h}{m} + \frac{k}{n} - \frac{1}{2}\right) - \frac{1}{2} \sum_k \operatorname{sgn.}\left(\frac{h}{m} - \frac{k}{n}\right) \pmod{2}$$

$$(k=1, 2, \ldots \tfrac{1}{2}(n-1)).$$

Ebenso wird:

$$(\mathfrak{Q}) \qquad \frac{1}{\pi i} \log \operatorname{sgn.} R\left(\frac{km}{n}\right) \equiv \tfrac{1}{2} \sum_h \operatorname{sgn.}\left(\frac{h}{m} + \frac{k}{n} - \frac{1}{2}\right) - \frac{1}{2} \sum_k \operatorname{sgn.}\left(\frac{k}{n} - \frac{h}{m}\right) \pmod{2}$$

$$(h=1, 2, \ldots \tfrac{1}{2}(m-1)).$$

und durch Addition der Formeln ($\mathfrak{P}$) und ($\mathfrak{Q}$) entsteht die Congruenz:

$$\frac{1}{\pi i} \log \operatorname{sgn.} \prod_h R\left(\frac{hn}{m}\right) \prod_k R\left(\frac{km}{n}\right) \equiv \sum_{h,k} \operatorname{sgn.}\left(\frac{h}{m} + \frac{k}{n} - \frac{1}{2}\right) \equiv \tfrac{1}{4}(m-1)(n-1) \pmod{2}$$

$$(h=1, 2, \ldots \tfrac{1}{2}(m-1);\ k=1, 2, \ldots \tfrac{1}{2}(n-1)),$$

durch welche offenbar das Reciprocitätsgesetz für die quadratischen Reste ausgedrückt wird. Dieses ergiebt sich also hier durch eine *„logarithmische Umgestaltung“* des dritten *Gauss*'schen Beweises. Denn ebenso wie es bei diesem dritten Beweise unmittelbar aus der Formel:

$$\operatorname{sgn.} R\left(\frac{hn}{m}\right) = \operatorname{sgn.} \prod_k \left(\frac{h}{m} - \frac{k}{n}\right)\left(\frac{h}{m} + \frac{k}{n} - \frac{1}{2}\right) \qquad (k=1, 2, \ldots \tfrac{1}{2}(n-1))$$

resultirt (vergl. art. IV), so folgt es hier aus der Congruenz:

$$\frac{1}{\pi i} \log \operatorname{sgn.} R\left(\frac{hn}{m}\right) \equiv \frac{1}{2}\sum_k \operatorname{sgn.}\left(\frac{h}{m}+\frac{k}{n}-\frac{1}{2}\right) - \frac{1}{2}\sum_k \operatorname{sgn.}\left(\frac{h}{m}-\frac{k}{n}\right) \pmod 2$$

$$(k=1,\,2,\ldots \tfrac{1}{2}(n-1)),$$

welche oben mit ($\mathfrak{P}$) bezeichnet ist.

Der Ausdruck auf der rechten Seite dieser Congruenz stellt den Ueberschuss der Anzahl der positiven Werthe von:

$$\frac{h}{m}+\frac{k}{n}-\frac{1}{2} \qquad (k=1,\,2,\ldots \tfrac{1}{2}(n-1))$$

über die Anzahl der positiven Werthe von:

$$\frac{h}{m}-\frac{k}{n} \qquad (k=1,\,2,\ldots \tfrac{1}{2}(n-1))$$

dar. Die erstere Anzahl wird offenbar durch die dem Bruche $\frac{hn}{m}$ *zunächst* liegende ganze Zahl, die letztere aber durch die Zahl $\left[\frac{hn}{m}\right]$ gegeben; jener Ueberschuss ist also gleich:

$$\frac{1}{2}\left(1-\operatorname{sgn.} R\left(\frac{hn}{m}\right)\right)$$

und also, gemäss der Relation ($\mathfrak{R}$), in der That dem Werthe von:

$$\frac{1}{\pi i} \log \operatorname{sgn.} R\left(\frac{hn}{m}\right)$$

nach dem Modul 2 congruent. Die Congruenz ($\mathfrak{P}$) ist hiermit direct arithmetisch erwiesen.

VIII.

Ein Beweis des Reciprocitätsgesetzes, welcher von Hrn. *A. Genocchi* schon im November 1852 der Brüsseler Akademie überreicht, bald darauf in deren Abhandlungen publicirt und neulich wieder in Erinnerung gebracht worden ist*), geht davon aus, dass der Ueberschuss der Anzahl der positiven Werthe von:

$$\frac{h}{m} + \frac{k}{n} - \frac{1}{2} + \frac{1}{2mn} \qquad (k=1, 2, \ldots \tfrac{1}{2}(n-1))$$

über die Anzahl der positiven Werthe von:

$$\frac{h}{m} - \frac{k}{n} \qquad (k=1, 2, \ldots \tfrac{1}{2}(n-1))$$

gleich $\frac{1}{2}\left(1 - \text{sgn. R}\left(\frac{hn}{m}\right)\right)$ ist. Es wird dies a. a. O. nachgewiesen und die obige Congruenz ($\mathfrak{K}'$) daraus erschlossen.

Um diesen *Genocchi*'schen Beweis zu analysiren, bemerke ich zuvörderst, dass für positive Werthe von $\frac{h}{m} + \frac{k}{n} - \frac{1}{2} + \frac{1}{2mn}$ offenbar auch $\frac{h}{m} + \frac{k}{n} - \frac{1}{2}$ positiv ist. Jene Grundlage des *Genocchi*'schen Beweises kann also durch die Formel:

$$(\mathfrak{N}) \qquad \frac{1}{2}\left(1 - \text{sgn. R}\left(\frac{hn}{m}\right)\right) = \frac{1}{2}\sum_k \text{sgn.}\left(\frac{h}{m} + \frac{k}{n} - \frac{1}{2}\right) - \frac{1}{2}\sum_k \text{sgn.}\left(\frac{h}{m} - \frac{k}{n}\right)$$
$$(k=1, 2, \ldots \tfrac{1}{2}(n-1)),$$

ausgedrückt werden, welche am Schlusse des art. VII auf kürzestem Wege hergeleitet worden ist, und aus welcher sich die oben mit ($\mathfrak{K}'$) bezeichnete Congruenz:

$$\frac{1}{2}\sum_h \left(1 - \text{sgn. R}\left(\frac{hn}{m}\right)\right) + \frac{1}{2}\sum_k \left(1 - \text{sgn. R}\left(\frac{km}{n}\right)\right) \equiv \tfrac{1}{4}(m-1)(n-1) \pmod 2$$
$$(h=1, 2, \ldots \tfrac{1}{2}(m-1);\ k=1, 2, \ldots \tfrac{1}{2}(n-1))$$

unmittelbar ergiebt. Für den Modul 2 sind aber die Werthe von:

$$\frac{1}{2}\left(1 - \text{sgn. R}\left(\frac{hn}{m}\right)\right), \quad \frac{1}{\pi i}\log \text{sgn. R}\left(\frac{hn}{m}\right)$$

*) Comptes Rendus des Séances de l'Académie des Sciences, Tome 90, p. 300, Séance du 16 février 1880; Tome 101, p. 425, Séance du 10 août 1885.

einander congruent; die *Genocchi*'sche Beweismethode kommt daher mit jener, welche im art. VII entwickelt worden ist, völlig überein, und sie ist daher selbst als eine „logarithmische Umgestaltung“ des dritten *Gauss*'schen Beweises zu charakterisiren.

Da für den Beweis des Reciprocitätsgesetzes nur der nach dem Modul 2 genommene Congruenzwerth von $\frac{1}{2}\left(1 - \text{sgn. R}\left(\frac{hn}{m}\right)\right)$ in Betracht kommt, so kann die Grundlage des *Genocchi*'schen Beweises — ebenso wie durch die Gleichung ($\mathfrak{R}$) — auch durch die Congruenz:

$$(\mathfrak{P}) \qquad \frac{1}{\pi i} \log \text{sgn. R}\left(\frac{hn}{m}\right) \equiv \frac{1}{2} \sum_k \text{sgn.}\left(\frac{h}{m} + \frac{k}{n} - \frac{1}{2}\right) - \frac{1}{2} \sum_k \text{sgn.}\left(\frac{h}{m} - \frac{k}{n}\right) \pmod 2$$

$$(k = 1, 2, \ldots \tfrac{1}{2}(n-1))$$

dargestellt werden. Diese Congruenz resultirt aber unmittelbar aus den *Eisenstein*'schen Entwickelungen, wenn man in der daraus hervorgehenden Gleichung*):

$$\text{sgn. R}\left(\frac{hn}{m}\right) = \text{sgn. sin}\,\frac{2hn\pi}{m} = \text{sgn.} \prod_k \left(\sin\frac{2k\pi}{n} - \sin\frac{2h\pi}{m}\right)$$

$$(k = 1, 2, \ldots \tfrac{1}{2}(n-1))$$

jeden Factor:

$$\sin\frac{2k\pi}{n} - \sin\frac{2h\pi}{m}$$

durch das Product:

$$\sin\left(\frac{h\pi}{m} - \frac{k\pi}{n}\right) \sin\left(\frac{h\pi}{m} + \frac{k\pi}{n} - \frac{\pi}{2}\right)$$

ersetzt und alsdann zu den Logarithmen übergeht. Doch hat, wie ich hinzufügen muss, Hr. *Genocchi* die Grundlage seines Beweises keineswegs den *Eisenstein*'schen Entwickelungen entnommen, sondern unabhängig von diesen —

*) Journal für Mathematik Bd. 29, S. 178 und 179.

die ihm zur Zeit der Redaction seiner Abhandlung noch unbekannt waren*) — auf rein arithmetischem Wege selbständig gefunden.

Ich bemerke noch, dass mich *H. Stern* auf eine Formel aufmerksam gemacht hat, welche er im 59. Bande des Journals für Mathematik (S. 154, letzte Zeile) hergeleitet hat, und welche in dem speciellen Falle, wo n Primzahl ist, mit der am Schlusse des art. VI hervorgehobenen Formel genau übereinstimmt.

---

*) Vergl. den Schluss der *Genocchi*'schen Mittheilung in den Comptes Rendus vom 10. August 1885.

BEWEIS DES RECIPROCITÄTSGESETZES FÜR DIE QUADRATISCHEN RESTE.

(Aus einem Aufsatze in No. XLVIII der Sitzungsberichte der Berliner Akademie von 1885.)
[Band III S. 111—136 dieser Ausgabe.]

VON

L. KRONECKER.

Crelle, Journal für die reine und angewandte Mathematik. Band 104. S. 348—351.

BEWEIS DES RECIPROCITÄTSGESETZES FÜR DIE QUADRATISCHEN RESTE.

Bei „logarithmischer Umgestaltung" der Deduction, welche ich im 96sten Bande dieses Journals (S. 348[1]) gegeben habe, gelangt man in fast ebenso einfacher Weise zu der Reciprocitätsgleichung:

$$(A.)\qquad \left(\frac{m}{n}\right)\left(\frac{n}{m}\right) = (-1)^{\frac{1}{4}(m-1)(n-1)}.$$

Hierin bedeuten m und n ungrade Zahlen, und die Zeichen $\left(\frac{m}{n}\right)$, $\left(\frac{n}{m}\right)$ werden, wenn, wie in meinen früheren Aufsätzen, mit sgn. a die mit dem Vorzeichen von a genommene Einheit und mit $R(a)$ der kleinste Rest von a bezeichnet wird, durch die Gleichungen definirt:

$$(B.)\qquad \left(\frac{m}{n}\right) = \text{sgn.} \prod_k R\left(\frac{km}{n}\right), \quad \left(\frac{n}{m}\right) = \text{sgn.} \prod_h R\left(\frac{hn}{m}\right) \qquad \left(\begin{matrix} h=1,\ 2, \dots \frac{1}{2}(m-1) \\ k=1,\ 2, \dots \frac{1}{2}(n-1) \end{matrix}\right).$$

Für jede der Zahlen $h = 1,\ 2, \dots \frac{1}{2}(m-1)$ ist:

$$(C.)\qquad \tfrac{1}{2}\sum_k\left(1 + \text{sgn.}\left(\frac{h}{m} + \frac{k}{n} - \frac{1}{2}\right)\right) = \left[\frac{hn}{m} + \frac{1}{2}\right], \quad \tfrac{1}{2}\sum_k\left(1 + \text{sgn.}\left(\frac{h}{m} - \frac{k}{n}\right)\right) = \left[\frac{hn}{m}\right].$$
$$(k=1,\ 2, \dots \tfrac{1}{2}(n-1))$$

Denn in der ersten Gleichung giebt der Ausdruck auf jeder der beiden Seiten die Anzahl der Zahlen $\frac{1}{2}(n+1) - k$ an, welche kleiner als $\frac{hn}{m} + \frac{1}{2}$ sind,

[1]) Beweis des Reciprocitätsgesetzes für die quadratischen Reste. Bd. II S. 523—527 dieser Ausgabe von *L. Kronecker's* Werken. H.

während durch die Ausdrücke auf beiden Seiten der zweiten Gleichung die Anzahl derjenigen Zahlen k dargestellt wird, die kleiner als $\frac{hn}{m}$ sind. Ferner ist offenbar:

$$\left[\frac{hn}{m}+\tfrac{1}{2}\right]-\left[\frac{hn}{m}\right]=\tfrac{1}{2}\left(1-\operatorname{sgn.} R\left(\frac{hn}{m}\right)\right)\equiv\frac{1}{\pi i}\log\operatorname{sgn.} R\left(\frac{hn}{m}\right)\quad(\text{mod. } 2);$$

die Gleichungen ($C.$) führen daher zu der Congruenz:

$$(D.)\quad \tfrac{1}{2}\sum_k\operatorname{sgn.}\left(\frac{h}{m}+\frac{k}{n}-\tfrac{1}{2}\right)-\tfrac{1}{2}\sum_k\operatorname{sgn.}\left(\frac{h}{m}-\frac{k}{n}\right)\equiv\frac{1}{\pi i}\log\operatorname{sgn.} R\left(\frac{hn}{m}\right)\quad(\text{mod. } 2)$$

$$(k=1,\,2,\ldots\tfrac{1}{2}(n-1)),$$

und aus dieser resultirt mit Hülfe der Gleichungen ($B.$) die folgende:

$$(E.)\quad \tfrac{1}{2}\sum_{h,k}\operatorname{sgn.}\left(\frac{h}{m}+\frac{k}{n}-\tfrac{1}{2}\right)-\tfrac{1}{2}\sum_{h,k}\operatorname{sgn.}\left(\frac{h}{m}-\frac{k}{n}\right)\equiv\frac{1}{\pi i}\log\left(\frac{n}{m}\right)\quad(\text{mod. } 2)$$

$$(h=1,\,2,\ldots\tfrac{1}{2}(m-1);\ k=1,\,2,\ldots\tfrac{1}{2}(n-1)),$$

deren unmittelbare Folge die Congruenz:

$$(F.)\quad \frac{1}{\pi i}\log\left(\frac{m}{n}\right)\pm\frac{1}{\pi i}\log\left(\frac{n}{m}\right)\equiv(m-1)(n-1)\quad(\text{mod. } 2),$$

und also auch die Reciprocitätsgleichung:

$$\left(\frac{m}{n}\right)\left(\frac{n}{m}\right)=(-1)^{\frac{1}{4}(m-1)(n-1)}$$

ist. Denn wenn man in der Congruenz ($E.$) m mit n und h mit k vertauscht, so kommt:

$$(E'.)\quad \tfrac{1}{2}\sum_{h,k}\operatorname{sgn.}\left(\frac{h}{m}+\frac{k}{n}-\tfrac{1}{2}\right)-\tfrac{1}{2}\sum_{h,k}\operatorname{sgn.}\left(\frac{k}{n}-\frac{h}{m}\right)\equiv\frac{1}{\pi i}\log\left(\frac{m}{n}\right)\quad(\text{mod. } 2),$$

und die Verbindung der Congruenzen ($E.$) und ($E'.$) ergiebt, dass:

$$\frac{1}{\pi i}\log\left(\frac{m}{n}\right)+\frac{1}{\pi i}\log\left(\frac{n}{m}\right)\equiv\sum_{h,k}\operatorname{sgn.}\left(\frac{h}{m}+\frac{k}{n}-\tfrac{1}{2}\right)\pmod{2},$$

$$\frac{1}{\pi i}\log\left(\frac{m}{n}\right)-\frac{1}{\pi i}\log\left(\frac{n}{m}\right)\equiv\sum_{h,k}\operatorname{sgn.}\left(\frac{h}{m}-\frac{k}{n}\right)\pmod{2}$$

$$(h=1,2,\dots\tfrac{1}{2}(m-1);\ k=1,2,\dots\tfrac{1}{2}(n-1))$$

ist. Es bedarf daher nur noch der Bemerkung, dass jedes einzelne von den $\frac{1}{4}(m-1)(n-1)$ Gliedern der Summen auf der rechten Seite *modulo* 2 congruent 1 ist, um die Richtigkeit der Congruenz ($F.$) zu begründen.

In einem auf S. 109—111 des 12. Bandes der *Acta Mathematica* abgedruckten Aufsatze des Herrn *Jacob Hacks*[1]) ist die oben in den Gleichungen ($C.$) dargelegte, schon von *Genocchi* erkannte Bedeutung der Zahlen*):

$$\left[\frac{hn}{m}+\tfrac{1}{2}\right]\quad\text{und}\quad\left[\frac{hn}{m}\right]$$

nicht bemerkt. Diese Bedeutung setzt aber die Relationen, deren Nachweis jener Aufsatz gewidmet ist, und welche in den hier gebrauchten Zeichen folgendermassen lauten:

$$\sum_h\left[\frac{hn}{m}+\tfrac{1}{2}\right]=\sum_k\left[\frac{km}{n}+\tfrac{1}{2}\right],\qquad\sum_h\left[\frac{hn}{m}\right]+\sum_k\left[\frac{km}{n}\right]=\tfrac{1}{4}(m-1)(n-1)$$

$$(h=1,2,\dots\tfrac{1}{2}(m-1);\ k=1,2,\dots\tfrac{1}{2}(n-1))$$

unmittelbar in Evidenz und macht daher die ganze dortige Beweisführung entbehrlich.

In dem oben formulirten Reciprocitätsgesetzbeweise hat man — wie im art. VII meiner im Titel angeführten Arbeit: „Die absolut kleinsten Reste

*) Vergl. auch den Schluss von art. VII meiner Mittheilung im Stück XLVIII der Sitzungsberichte der Berliner Akademie von 1885[2]).

[1]) *J. Hacks*, Scherings Beweis des Reciprocitätsgesetzes für die quadratischen Reste dargestellt mit Hülfe des Zeichens $[x]$. H.

[2]) Bd. III S. 133 dieser Ausgabe. H.

reeller Grössen" näher ausgeführt ist — nur eine logarithmische Umgestaltung des dritten *Gauss*'schen Beweises zu sehen. Dasselbe gilt von dem fünften *Gauss*'schen, von dem *Genocchi*'schen*) und dem damit übereinkommenden *Schering*'schen Beweise, an welchen der oben erwähnte Aufsatz des Herrn *Hacks* anknüpft.

Der Ausgangspunkt der *Genocchi*'schen Entwickelung lässt sich mittels der hier gebrauchten Bezeichnungen durch die Gleichung:

$$(G.)\qquad \tfrac{1}{2}\left(1-\text{sgn.}\,R\left(\tfrac{nh}{m}\right)\right)=\tfrac{1}{2}\sum_{k}\left(1+\text{sgn.}\left(\tfrac{h}{m}+\tfrac{k}{n}-\tfrac{1}{2}\right)\right)-\tfrac{1}{2}\sum_{k}\left(1+\text{sgn.}\left(\tfrac{h}{m}-\tfrac{k}{n}\right)\right)$$

$$\left(h=1,2,\ldots\tfrac{1}{2}(m-1);\ k=1,2,\ldots\tfrac{1}{2}(n-1)\right)$$

darstellen, während die Ausführungen des Herrn *Schering* darauf basiren, dass für $x \geqq 0$:

$$(H.)\qquad \tfrac{1}{2}(1-\text{sgn.}\,R(x))=\tfrac{1}{2}\sum_{k'}(1+\text{sgn.}(x+\tfrac{1}{2}-k'))-\tfrac{1}{2}\sum_{k}(1+\text{sgn.}(x-k))$$

$$(k,\ k'=1,2,3,\ldots \text{ in inf.})$$

ist. Diese letztere Gleichung ist freilich allgemeiner als die erstere (*G.*), sie findet aber in der *Schering*'schen Deduction**) nur für $x=\frac{nh}{m}$ Anwendung, und hierfür stimmt sie mit der *Genocchi*'schen Gleichung genau überein. Um dies zu erkennen, braucht man nur die Summationen in der Gleichung (*H.*) auf die positiven Zahlen k, k', die kleiner als $\frac{1}{2}n$ sind, zu beschränken und den Summationsbuchstaben k' durch $\frac{1}{2}(n+1)-k$ zu ersetzen.

Ich bin auf den Beweis, welchen *Genocchi* im art. XIII seiner im Jahre 1852 der Akademie zu Brüssel eingesandten und bald darauf dort preisgekrönten und publicirten Arbeit gegeben hat, erst im Anfange des Jahres

*) Vgl. art. VIII meiner Mittheilung im Stück XLVIII der Sitzungsberichte von 1885[1]).

**) Vgl. die mit [1] bezeichnete Gleichung auf S. 220 der Nachrichten der Königlichen Gesellschaft der Wissenschaften zu Göttingen von 1879.

[1]) Band III S. 133 flgde. dieser Ausgabe. H.

1881 durch eine von ihm selbst erhaltene briefliche Mittheilung aufmerksam geworden*). Indessen hatte *Genocchi* schon in den Comptes Rendus der Pariser Akademie vom 16. Februar 1880 eine Notiz darüber veröffentlicht. Bis dahin scheint aber sein Beweis einem grossen Theile des mathematischen Publikums unbekannt geblieben zu sein; wenigstens haben wir beide, Herr *Schering* und ich, ihn in den verbreitetsten Werken und Zeitschriften nirgends erwähnt gefunden. Um ihn nunmehr in der ursprünglichen Darstellung allgemeiner zugänglich zu machen, habe ich auf den vorhergehenden Seiten den ersten Theil des art. XIII der erwähnten *Genocchi*'schen Preisschrift abdrucken lassen[1]).

---

*) In demselben Briefe lenkte *Genocchi* meine Aufmerksamkeit auf einen von *Schaar* in den Schriften der Brüsseler Akademie veröffentlichten Beweis, der mir ebenfalls entgangen ist, mit folgenden Worten:

„Mais entre toutes les démonstrations de la loi de réciprocité, celle que vous avez publiée en 1876 (Monatsberichte p. 331[2]) est surtout remarquable parce qu'elle se renferme dans le champ des résidus quadratiques, comme la première de *Gauss* et n'emprunte rien à la théorie des résidus des puissances supérieures. Toutefois les produits que vous considérez sont à-peu-près les mêmes que M. *Schaar* avait introduits dès 1847 dans la démonstration de la loi de réciprocité (Bulletin de l'Académie de Belgique, I Série, Tome XIV, Partie I, p. 79—83) sans pouvoir la rendre indépendante de l'art. 106 des *Disquisitiones*."

[1]) Première partie du chapitre XIII de la Note sur la théorie des résidus quadratiques par *Angelo Genocchi*; Crelles Journal Bd. 104 S. 345—347. H.

[2]) Ueber das Reciprocitätsgesetz; Band II S. 11—25 dieser Ausgabe von *L. Kronecker*'s Werken. H.

ÜBER EINIGE ANWENDUNGEN DER MODULSYSTEME AUF ELEMENTARE ALGEBRAISCHE FRAGEN.

VON

L. KRONECKER.

Crelle, Journal für die reine und angewandte Mathematik. Band 99. S. 329—371.

ÜBER EINIGE ANWENDUNGEN DER MODULSYSTEME AUF ELEMENTARE ALGEBRAISCHE FRAGEN.

I.

Einleitende Bemerkungen über Congruenzen nach Modulsystemen.

Durch den *Congruenzbegriff*, welchen *Gauss* im art. I der „*Disquisitiones arithmeticae*" eingeführt hat, wird von dem speciellen Werthe des ganzzahligen Coefficienten von m in der Zahlform*):

$$a + km$$

abstrahirt; es wird das „Gemeinsame" aller durch diese Zahlform darstellbaren ganzen Zahlen:

$$\ldots, a - 3m, \quad a - 2m, \quad a - m, \quad a, \quad a + m, \quad a + 2m, \quad a + 3m, \ldots$$

hervorgehoben, indem sie als einander „nach dem Modul m congruent" bezeichnet werden.

Die Reihe der Zahlen $a + km$ ist durch zwei Grössen, nämlich durch den festen Modul m und irgend ein Glied der Reihe, völlig bestimmt; und

*) Vgl. art. II der „*Disquisitiones arithmeticae*".

es ist demgemäss jede Reihe unter einander (nach irgend einem Modul) congruenter Zahlen:

$$a', \; a'', \; a''', \ldots,$$

durch zwei Invarianten zu charakterisiren. Solche zwei Invarianten kann man z. B. (rein arithmetisch) bestimmen, indem man die eine als die ihrem absoluten Werthe nach kleinste der Zahlen a selbst, die andere aber als die absolut kleinste der *Differenzen* der verschiedenen Zahlen a definirt.*) Die letztere Invariante giebt dann den absoluten Werth des Moduls m, nach welchem die verschiedenen Zahlen der Reihe $a', a'', a''', \ldots$ einander congruent sind, während die erstere den Werth:

$$mR\left(\frac{a}{m}\right)$$

hat. Hier ist, wie in meinen früheren Aufsätzen, unter $R(\alpha)$ der Rest zu verstehen, welcher verbleibt, wenn man von der Grösse α die ihr zunächst benachbarte Zahl subtrahirt, während für den Fall, wo α genau in der Mitte zwischen zwei benachbarten ganzen Zahlen liegt, $R(\alpha) = -\frac{1}{2}$ zu nehmen ist.

Der ebenso einfache als weittragende Gedanke, welcher der *Gauss*'schen Einführung des Congruenzbegriffes in der ersten Section des *Disqq. arithm.* zu Grunde liegt, lässt sich auch im Anschluss an jene allgemeinen Principien erörtern, mittels deren *Gauss* in der fünften Section seines Werkes die Theorie der quadratischen Formen begründet**). Definirt man nämlich, gemäss den a. a. O. entwickelten Principien, zwei lineare Formen je einer Unbestimmten:

---

*) Um auch in dem Falle, wo der absolut kleinste Werth der positiven Zahlen a gleich dem der negativen ist, eine Bestimmung zu treffen, kann hinzugefügt werden, dass alsdann die *negative* Zahl als Invariante genommen werden soll.

**) Vgl. meine Auseinandersetzungen über das gedanklich Neue der *Gauss*'schen Theorie am Schlusse des § 22 meiner Festschrift zu Herrn *Kummer*'s Doctorjubiläum S. 94 und 95[1]).

[1]) Bd. II S. 355—356 dieser Ausgabe von *L. Kronecker*'s Werken. H.

$$a + bx, \quad a' + b'x'$$

als einander äquivalent, wenn jede in die andere durch eine ganzzahlige Substitution:

$$x = \alpha x' + \beta, \quad x' = \alpha' x + \beta'$$

übergeführt werden kann, so sind die nothwendigen und hinreichenden Aequivalenzbedingungen die folgenden:

$$b = \pm b', \quad a \equiv a' \quad (\text{mod. } b),$$

und der Begriff der Congruenz der Zahlen:

$$a \equiv a' \quad (\text{mod. } m)$$

deckt sich also vollständig mit dem der Aequivalenz der Linearformen:

$$a + mx \sim a' + mx',$$

wie ich neulich schon bei einer anderen Gelegenheit auseinander gesetzt habe*).

Nimmt man nun an Stelle der Linearformen mit *einer* Unbestimmten solche mit beliebig vielen Unbestimmten:

$$a + m_1 x_1 + m_2 x_2 + \cdots + m_\mu x_\mu$$

und definirt zwei Formen:

$$a + \sum_{h=1}^{h=\mu} m_h x_h, \quad a' + \sum_{k=1}^{k=\nu} m'_k x'_k$$

als einander äquivalent, wenn sie durch ganzzahlige Substitutionen:

---

*) Vgl. art. I meines Aufsatzes „Die absolut kleinsten Reste reeller Grössen" im Sitzungsberichte der hiesigen Akademie der Wissenschaften vom 30. April 1885[1]).

[1]) Bd. III S. 114 dieser Ausgabe. H.

$$x_h = c_{h0} + \sum_k c_{hk} x'_k, \quad x'_k = c'_{k0} + \sum_h c'_{kh} x_h \qquad \begin{pmatrix} h=1,2,\dots\mu \\ k=1,2,\dots\nu \end{pmatrix}$$

in einander transformirt werden, so bildet dies einen unmittelbaren und ganz naturgemässen Uebergang von dem *Gauss*'schen Begriffe der „Congruenz nach einem Modul" zu dem allgemeineren Begriffe der „Congruenz nach einem Systeme von Moduln". Denn die nothwendigen und hinreichenden Bedingungen für die Aequivalenz der Formen:

$$a + \sum_{h=1}^{h=\mu} m_h x_h, \quad a' + \sum_{k=1}^{k=\nu} m'_k x_k$$

werden zuvörderst durch die Gleichungen:

$$(A.) \qquad a = a' + \sum_k c'_{k0} m'_k, \qquad a' = a + \sum_h c_{h0} m_h,$$

$$(B.) \qquad m_h = \sum_k c'_{kh} m'_k, \qquad m'_k = \sum_h c_{hk} m_h \qquad \begin{pmatrix} h=1,2,\dots\mu \\ k=1,2,\dots\nu \end{pmatrix}$$

ausgedrückt. Man kann aber ferner, nach *Gauss'* Vorgang, von den speciellen Werthen der ganzzahligen Coefficienten c, c' in den Gleichungen (*A.*) und (*B.*) abstrahiren und das „*Gemeinsame*" der durch die Zahlform:

$$a + \sum_{h=1}^{h=\mu} c_{h0} m_h$$

darstellbaren Zahlen hervorheben, indem man dieselben als einander

„nach dem Modulsystem $(m_1, m_2, \dots m_\mu)$ congruent"

bezeichnet. Dann ergiebt sich auch der Begriff der „Aequivalenz der Modulsysteme"

$$(m_1, m_2, \dots m_\mu), \qquad (m'_1, m'_2, \dots m'_\nu)$$

von selbst, da vermöge der Gleichungen (*B.*) die Gesammtheit der durch jede der beiden Zahlformen:

$$a + \sum_{h=1}^{h=\mu} c_{h0} m_h, \qquad a' + \sum_{k=1}^{k=\nu} c'_{k0} m'_k$$

dargestellten Zahlen genau dieselbe ist, und die Gleichungen ($B.$) erweisen sich demgemäss als *charakteristisch* für die Aequivalenz:

$$(m_1, m_2, \ldots m_\mu) \sim (m'_1, m'_2, \ldots m'_\nu).$$

Hiernach lassen sich — im unmittelbaren Anschluss an die *Gauss*'schen Entwickelungen — die nothwendigen und hinreichenden Bedingungen für die Aequivalenz der Linearformen:

$$a + \sum_{h=1}^{h=\mu} m_h x_h, \qquad a' + \sum_{k=1}^{k=\nu} m'_k x'_k$$

durch die Congruenz:

$$a \equiv a' \qquad (\text{modd. } m_1, m_2, \ldots m_\mu)$$

in Verbindung mit der Aequivalenz:

$$(m_1, m_2, \ldots m_\mu) \sim (m'_1, m'_2, \ldots m'_\nu)$$

ausdrücken.

Hat das Modulsystem $(m_1, m_2, \ldots m_\mu)$, wie hier angenommen worden, lauter ganzzahlige Elemente, so ist es offenbar einem solchen äquivalent, welches nur ein einziges Element, nämlich den grössten gemeinsamen Theiler der μ Zahlen m, enthält. In diesem Falle ist also die Einführung von Modulsystemen unnöthig*). Aber bei dem Fortschritt von der gewöhnlichen Zahlentheorie zur arithmetischen Behandlung ganzzahliger Functionen von unbestimmten Variabeln ist die Einführung von Modulsystemen *nothwendig*.

---

*) Dass trotzdem die Anwendung von Modulsystemen in der gewöhnlichen Zahlentheorie von mancherlei Nutzen ist, davon habe ich mich in den Universitätsvorlesungen, welche ich in diesem Winter halte, bei mehreren Gelegenheiten überzeugt.

Bedeuten $A, M_1, M_2, \dots M_\mu, A', M_1', M_2', \dots M_\nu'$ ganze ganzzahlige Functionen der unbestimmten Variabeln $\mathfrak{R}', \mathfrak{R}'', \dots \mathfrak{R}^{(n-1)}$ oder also „ganze Grössen" des Rationalitätsbereiches $(\mathfrak{R}', \mathfrak{R}'', \dots \mathfrak{R}^{(n-1)})$, so ist gemäss den oben aus dem *Gauss*'schen Congruenzbegriff hergeleiteten Begriffsbestimmungen die Aequivalenz zweier „Modulsysteme"

$$(M_1, M_2, \dots M_\mu), \qquad (M_1', M_2', \dots M_\nu')$$

und die „Congruenz zweier Grössen A, A' nach einem dieser Modulsysteme" durch ein System von Gleichungen:

$$\begin{aligned} &(\bar{A}.) \qquad A = A' + \sum_k C_{k0}' M_k', \qquad A' = A + \sum_h C_{h0} M_h, \\ &(\bar{B}.) \qquad M_h = \sum_k C_{kh}' M_k', \qquad M_k' = \sum_h C_{hk} M_h, \end{aligned} \qquad \begin{pmatrix} h=1, 2, \dots \mu \\ k=1, 2, \dots \nu \end{pmatrix}$$

zu definiren, in welchen die Coefficienten C, C' ebenfalls ganze Grössen des Rationalitätsbereichs $(\mathfrak{R}', \mathfrak{R}'', \dots \mathfrak{R}^{(n-1)})$ bedeuten. Durch eben dasselbe System von Gleichungen ist aber auch die Aequivalenz der Linearformen:

$$A + \sum_{h=1}^{h=\mu} M_h X_h, \qquad A' + \sum_{k=1}^{k=\nu} M_k' X_k'$$

zu definiren, da diese vermöge der Gleichungen $(\bar{A}.)$ und $(\bar{B}.)$ in einander durch Substitutionen mit *ganzen*, dem Rationalitätsbereich $(\mathfrak{R}', \mathfrak{R}'', \dots \mathfrak{R}^{(n-1)})$ angehörigen Coefficienten übergehen. Die Aequivalenz dieser beiden Linearformen wird also wiederum durch die „Congruenz":

$$A \equiv A' \quad (\text{modd. } M_1, M_2, \dots M_\mu)$$

in Verbindung mit der „Aequivalenz":

$$(M_1, M_2, \dots M_\mu) \sim (M_1', M_2', \dots M_\nu')$$

charakterisirt.

Wenn die Linearform $M_1 X_1 + M_2 X_2 + \cdots + M_\mu X_\mu$ durch lineare Substitution mit ganzen, dem Rationalitätsbereich $(\mathfrak{R}', \mathfrak{R}'', \ldots \mathfrak{R}^{(\mathfrak{n}-1)})$ angehörigen Coefficienten in die Linearform $M_1' X_1' + M_2' X_2' + \cdots + M_\nu' X_\nu'$ übergeht, so ist nach Analogie der von *Gauss* in die Theorie der quadratischen Formen eingeführten Begriffsbestimmungen die erstere Linearform als „die letztere enthaltend“ zu bezeichnen. Wird diese Ausdrucksweise auf die *Coefficienten* der Formen übertragen, so ist

„das Modulsystem $(M_1, M_2, \ldots M_\mu)$ ein das Modulsystem $(M_1', M_2', \ldots M_\nu')$ enthaltendes“,

wenn die μ Congruenzen:

$$M_h \equiv 0 \qquad (\text{modd. } M_1', M_2', \ldots M_\nu') \qquad\qquad (h=1, 2, \ldots \mu)$$

bestehen. Das *gegenseitige* Enthalten zweier Modulsysteme begründet hiernach deren Aequivalenz.

Die Gesammtheit der Grössen:

$$A + \sum_{h=1}^{h=\mu} K_h M_h ,$$

d. h. derjenigen Grössen, welche man erhält, indem man für $K_1, K_2, \ldots K_\mu$ irgend welche ganze ganzzahlige Functionen von $\mathfrak{R}', \mathfrak{R}'', \ldots \mathfrak{R}^{(\mathfrak{n}-1)}$ setzt, ist — ähnlich wie oben die specielle Reihe der Zahlen $a + km$ — durch ein System von Invarianten (in endlicher Anzahl) zu charakterisiren, z. B. durch das System eben der Grössen $A, M_1, M_2, \ldots M_\mu$, welche hier zur Definition der Gesammtheit von Grössen $A + K_1 M_1 + K_2 M_2 + \cdots + K_\mu M_\mu$ dienen. Ein solches charakteristisches System von Invarianten kann jedoch in mannigfaltiger Weise aufgestellt werden. Die *Anzahl* der zur Charakterisirung sämmtlicher Grössen $A + K_1 M_1 + K_2 M_2 + \cdots + K_\mu M_\mu$ ausreichenden Invarianten bestimmt sich durch die Anzahl der Elemente des Rationalitätsbereichs, also durch die oben mit $\mathfrak{n} - 1$ bezeichnete Zahl. Es kann nämlich erstens als eine der Invarianten irgend eine der Grössen $A + K_1 M_1 + K_2 M_2 + \cdots + K_\mu M_\mu$ selbst gewählt werden. Wird dann zweitens eben diese Grösse von jeder der anderen subtrahirt, so erhält man die Gesammtheit aller derjenigen Grössen des Rationalitätsbereichs $(\mathfrak{R}', \mathfrak{R}'', \mathfrak{R}''', \ldots \mathfrak{R}^{(n-1)})$, welche das Modulsystem $(M_1, M_2, \ldots M_\mu)$ enthalten, und wenn man alle diese Grössen, unter denen ja auch $M_1, M_2, \ldots M_\mu$ selbst vorkommen, wieder als Elemente eines Modulsystems auffasst, so ist dasselbe dem Modulsysteme $(M_1, M_2, \ldots M_\mu)$ äquivalent. Um also dieses aus jenem zu ermitteln, bedarf es nur eines Verfahrens, mittels dessen die Anzahl der Elemente eines Modulsystems auf eine von vorn herein zu bestimmende Zahl reducirt werden kann, und ein solches Verfahren ergiebt sich, wie ich im § 21 (S. 78[1]) meiner Festschrift zu Herrn *Kummer*'s Doctorjubiläum gezeigt habe, aus der allgemeinen Theorie der Elimination. Durch *diese* sind daher *die Invarianten der Gesammtheit aller unter einander nach irgend einem Modulsystem congruenten ganzen Grössen* des Bereichs $(\mathfrak{R}', \mathfrak{R}'', \ldots \mathfrak{R}^{(n-1)})$ zu ermitteln, indem sie es ermöglicht, ein Modulsystem von beliebig vielen Elementen auf eines zu reduciren, in welchem die Anzahl der Elemente von vorn herein durch die Anzahl der Elemente des Rationalitätsbereichs bestimmt ist.

Die Gesammtheit der (unendlich vielen) Grössen

$$K_1 M_1 + K_2 M_2 + \cdots + K_\mu M_\mu$$

bildet eine besondere Gruppe von Grössen des Rationalitätsbereichs $(\mathfrak{R}', \mathfrak{R}'', \ldots \mathfrak{R}^{(n-1)})$, welche der Kürze halber mit G bezeichnet werden mögen. Ist diese Gruppe auf irgend eine Weise definirt, so kann daraus nach vorstehender Auseinandersetzung das System $(M_1, M_2, \ldots M_\mu)$ oder ein äquivalentes ermittelt werden, d. h. es kann ein System von Grössen, die zur Definition der Gruppe ausreichen, durch arithmetisch-algebraische Methoden aus den definirten Grössen selbst hergeleitet werden. Doch bedarf dies, ebenso wie die dabei benutzte Bildung von Modulsystemen mit unendlich (oder unbestimmt) vielen Elementen einer näheren Präcisirung.

Wird nämlich ein bestimmtes arithmetisch-algebraisches Verfahren vorausgesetzt, mittels dessen alle diejenigen Grössen G_N der zu definirenden Gruppe ganzer ganzzahliger Functionen von $\mathfrak{R}', \mathfrak{R}'', \ldots \mathfrak{R}^{(n-1)}$ aufgestellt werden können, für welche sowohl die Coefficienten als auch die Exponenten

[1]) Bd. II S. 336 flgde. dieser Ausgabe. H.

der verschiedenen Potenzen der Variabeln $\mathfrak{R}$ ihrem absoluten Werthe nach kleiner sind als eine beliebig gegebene Zahl N, und wird ferner eine Bestimmung darüber vorausgesetzt, wie gross N angenommen werden müsse, damit die gesammte Gruppe schon durch die Grössen G_N repräsentirt werde, d. h. damit alle Grössen der Gruppe das aus den Grössen G_N allein gebildete Modulsystem enthalten, so kann bei der obigen Deduction anstatt der aus unendlich (oder unbestimmt) vielen Grössen bestehenden Gesammtheit der ein Modulsystem enthaltenden Grössen von vornherein eine endliche Anzahl derselben zu Grunde gelegt und daher an Stelle jenes dort benutzten Modulsystems mit unendlich vielen Elementen dasjenige gebraucht werden, welches nur die Grössen G_N als Elemente enthält. Die dort erörterte Frage reducirt sich alsdann offenbar nur auf *die*, ein gegebenes beliebig viele Elemente (in endlicher Anzahl) enthaltendes Modulsystem in ein äquivalentes zu transformiren, bei welchem die Anzahl der Elemente eine feste, durch den Rationalitätsbereich $(\mathfrak{R}', \mathfrak{R}'', \ldots \mathfrak{R}^{(n-1)})$ allein bestimmte Zahl nicht überschreitet.

Ohne die hier näher erörterten Voraussetzungen, d. h. also ohne die Möglichkeit, von vorn herein Modulsysteme mit unendlich vielen Elementen durch solche mit einer endlichen Anzahl von Elementen ersetzen zu können, ist aber die Begriffsbildung eines „Modulsystems mit unendlich vielen Elementen“ nicht anwendbar. Will man sie dennoch, als eine rein logische, zulassen, so darf dies doch nur unter dem Vorbehalte geschehen, dass bei den speciellen arithmetischen Anwendungen des arithmetisch nicht hinreichend präcisirten Begriffs in jedem einzelnen Falle der Nachweis der Erfüllung jener Voraussetzungen erbracht, d. h. also eigentlich, dass in dem einzelnen Falle die Einführung von Modulsystemen mit unendlich vielen Elementen als unnöthig erwiesen wird.

Nimmt man zu den gewöhnlichen „rationalen“ Operationen, nämlich zur Addition, Subtraction, Multiplication und Division, noch die Differentiation hinzu, so genügen freilich Modulsysteme mit einer festen, nur durch die Anzahl der Variabeln bestimmten Anzahl von Elementen nicht mehr, sondern man braucht dann auch Modulsysteme mit einer „unbestimmten“ Anzahl von Elementen, d. h. mit einer solchen, die beliebig zu vergrössern ist, und die also in dem gewöhnlichen Sinne als „unendlich“ bezeichnet werden kann. Aber grade weil die Einführung solcher Modulsysteme erst beim Ueberschreiten der Grenzen der eigentlichen Algebra geboten erscheint, muss sie in den arithmetisch-algebraischen Theorieen vermieden werden*).

Für die Modulsysteme, deren Elemente einem natürlichen Rationalitätsbereiche $(\mathfrak{R}', \mathfrak{R}'', \ldots \mathfrak{R}^{(\mathfrak{n}-1)})$ angehören, ist der Begriff der „Stufe“ oder des „Ranges“, den ich in meiner Festschrift zu Herrn *Kummer*'s Doctorjubiläum[1]) näher entwickelt habe, von principieller Wichtigkeit. Es giebt, wie a. a. O. im § 21, VII. hervorgehoben ist**), unter den Modulsystemen eines natürlichen Rationalitätsbereichs von $\mathfrak{n}-1$ unbestimmten Variabeln „reine Modulsysteme erster, zweiter, ... $\mathfrak{n}^{\text{ter}}$ Stufe“ und dem entsprechend auch „reine Formen der $\mathfrak{n}$ verschiedenen Stufen“.

Ein reines Modulsystem $\mathfrak{m}^{\text{ter}}$ Stufe $(M_1, M_2, \ldots M_\mu)$ kann so beschaffen sein, dass mittels der μ Gleichungen:

$$M_1 = 0, \quad M_2 = 0, \ldots M_\mu = 0$$

eine genau $(\mathfrak{n}-\mathfrak{m}-1)$-fache Mannigfaltigkeit aus der $(\mathfrak{n}-1)$-fachen Mannig-

*) Die obigen Erwägungen stehen, wie mir scheint, der Einführung jener *Dedekind*'schen Begriffsbildungen wie „Modul“, „Ideal“ u. s. w. entgegen; ebenso auch der Einführung der verschiedenen Begriffsbildungen, mit Hülfe deren in neuerer Zeit vielfach (zuerst wohl von *Heine*) versucht worden ist, das „Irrationale“ ganz allgemein zu fassen und zu begründen. Selbst der *allgemeine* Begriff einer unendlichen Reihe, z. B. einer solchen, die nach bestimmten Potenzen von Variabeln fortschreitet, ist meines Erachtens nur mit dem Vorbehalte zulässig, dass in jedem speciellen Falle auf Grund des arithmetischen Bildungsgesetzes der Glieder (oder der Coefficienten), ähnlich wie oben, gewisse Voraussetzungen als erfüllt nachgewiesen werden, welche die Reihen wie endliche Ausdrücke anzuwenden gestatten, und welche also das Hinausgehen über den Begriff einer *endlichen* Reihe eigentlich unnöthig machen.

**) Vgl. auch die ausführlicheren Auseinandersetzungen in Herrn *Molk*'s Abhandlung: „Sur une notion qui comprend celle de la divisibilité et sur la théorie générale de l'élimination“ Chapitre III. Acta Mathematica Tome VI.

[1]) Band II S. 237—387 dieser Ausgabe. Vgl. S. 336. H.

faltigkeit $(\mathfrak{R}', \mathfrak{R}'', \ldots \mathfrak{R}^{(\mathfrak{n}-1)})$ ausgeschieden wird; es kann aber auch so beschaffen sein, dass ein äquivalentes System $(M_1', M_2', \ldots M_\nu')$ gebildet werden kann, in welchem eines der Elemente z. B. M_ν' eine ganze Zahl ist, während die $\nu - 1$ Gleichungen:

$$M_1' = 0, \quad M_2' = 0, \ldots M_{\nu-1}' = 0$$

eine genau $(\mathfrak{n} - \mathfrak{m})$-fache Mannigfaltigkeit repräsentiren.

Eine „reine Form $\mathfrak{m}^{\text{ter}}$ Stufe“ ist eine solche, in welcher die Coefficienten der Unbestimmten ein reines Modulsystem $\mathfrak{m}^{\text{ter}}$ Stufe bilden; eine solche Form kann aber auch gemäss § 22, IX°. und X°. meiner oben citirten Festschrift dadurch charakterisirt werden, dass sie, nach Multiplication mit einer primitiven Form des Bereichs $(\mathfrak{R}', \mathfrak{R}'', \ldots \mathfrak{R}^{(\mathfrak{n}-1)})$, sich als lineare homogene Function (mit ganzen, dem Bereich $(\mathfrak{R}', \mathfrak{R}'', \ldots \mathfrak{R}^{(\mathfrak{n}-1)})$ angehörigen Coefficienten) von genau $\mathfrak{m}$ Formen darstellen lässt, die mit der darzustellenden Form in ihren Coefficienten völlig übereinstimmen, sich aber durch die Unbestimmten von ihr sowie von einander unterscheiden.

Eine fernere wichtige Eigenschaft der Modulsysteme und der Formen ist ihre Zusammensetzbarkeit im Sinne der Aequivalenz. Die Composition der Formen:

$$M_1 X_1 + M_2 X_2 + \cdots + M_\mu X_\mu, \qquad M_1' X_1' + M_2' X_2' + \cdots + M_\nu' X_\nu'$$

erfolgt durch wirkliche Multiplication, die der Modulsysteme also durch die Bildung eines neuen, dessen Elemente die $\mu\nu$ Producte:

$$M_h M_k' \qquad \binom{h=1,\, 2, \ldots \mu}{k=1,\, 2, \ldots \nu}$$

sind. Hieran knüpft sich unmittelbar die Frage der Möglichkeit der Decomposition eines gegebenen Modulsystems oder einer gegebenen Form. Wie es nun offenbar Modulsysteme und Formen giebt, die solchen äquivalent sind, welche durch Composition aus anderen gebildet werden können, so giebt es auch Modulsysteme und Formen, bei denen dies nicht der Fall ist, und die deshalb als „nicht zerlegbar (im Sinne der Aequivalenz)“ zu bezeichnen sind. Aber unter den nicht zerlegbaren Modulsystemen oder Formen giebt es doch noch solche, die andere Modulsysteme oder Formen derselben Stufe „enthalten", wie ich am Schlusse des § 21 meiner mehrerwähnten Festschrift hervorgehoben habe, und es empfiehlt sich desshalb, unter den nicht zerlegbaren Modulsystemen und Formen noch diejenigen in besonderer Weise zu kennzeichnen, bei denen dies nicht der Fall ist, welche also keine anderen Modulsysteme oder Formen derselben Stufe unter sich enthalten. Für diese *besonderen* nicht zerlegbaren Modulsysteme und Formen soll nunmehr die Bezeichnung als:

„Primmodulsysteme" und „Primformen"

vorbehalten werden, welche ich in den §§ 21, VI und 22, VI meiner Festschrift als völlig gleichbedeutend mit der Bezeichnung der Systeme und Formen als „nicht zerlegbare" angewandt habe.

Es werden hauptsächlich *Primmodulsysteme* eines natürlichen Rationalitätsbereichs $(\mathfrak{R}', \mathfrak{R}'', \ldots \mathfrak{R}^{(n-1)})$ von einem bestimmten $\mathfrak{m}^{\text{ten}}$ Range, in dem eben dargelegten engeren Sinne, im Folgenden zur Anwendung kommen. Für solche Modulsysteme theilen sich die sämmtlichen ganzen Grössen des Rationalitätsbereichs $(\mathfrak{R}', \mathfrak{R}'', \ldots \mathfrak{R}^{(n-1)})$ in zwei Gruppen, von denen die eine alle das Modulsystem enthaltenden Grössen, die andere alle übrigen umfasst. Die Grössen dieser anderen, durch ein Primmodulsystem $\mathfrak{m}^{\text{ter}}$ Stufe aus dessen Integritätsbereich $[\mathfrak{R}', \mathfrak{R}'', \ldots \mathfrak{R}^{(n-1)}]$ ausgesonderten Gruppe können ihrerseits so charakterisirt werden, dass sie mit dem Primmodulsystem zusammen Modulsysteme $(\mathfrak{m}+1)^{\text{ter}}$ Stufe bilden, oder dass sie (nach dem Primmodulsysteme) Formen $(\mathfrak{m}+1)^{\text{ter}}$ Stufe congruent sind, d. h. also solchen Formen, die für Modulsysteme $\mathfrak{m}^{\text{ter}}$ Stufe (uneigentlich) primitive oder Einheits-Formen sind*).

Denn, wenn $(M_1, M_2, \ldots M_\mu)$ ein Primmodulsystem $\mathfrak{m}^{\text{ter}}$ Stufe und M_0 irgend eine Grösse des Integritätsbereichs $[\mathfrak{R}', \mathfrak{R}'', \ldots \mathfrak{R}^{(n-1)}]$ bedeutet, so ist

*) Vgl. § 22, VII der mehrfach citirten Festschrift[1]).

[1]) Bd. II S. 344 dieser Ausgabe. H.

das Modulsystem $(M_0, M_1, M_2, \ldots M_\mu)$ offenbar in $(M_1, M_2, \ldots M_\mu)$ enthalten, und da dieses, als Primmodulsystem, keine *anderen* Modulsysteme $\mathfrak{m}^{\text{ter}}$ Stufe enthält, so muss das Modulsystem $(M_0, M_1, M_2, \ldots M_\mu)$ entweder mit $(M_1, M_2, \ldots M_\mu)$ äquivalent oder aber ein System $(\mathfrak{m}+1)^{\text{ter}}$ Stufe sein. Im ersteren Falle muss M_0 nach dem Modulsysteme $(M_1, M_2, \ldots M_\mu)$ congruent Null und also eine Grösse der *ersten* von jenen zwei Gruppen sein. Es muss daher, wenn M_0 der *zweiten* Gruppe angehört, $(M_0, M_1, M_2, \ldots M_\mu)$ ein Modulsystem $(\mathfrak{m}+1)^{\text{ter}}$ Stufe und $M_0 + U_1 M_1 + \cdots + U_\mu M_\mu$ eine Form $(\mathfrak{m}+1)^{\text{ter}}$ Stufe sein, welcher M_0 selbst offenbar nach dem Modulsystem $(M_1, M_2, \ldots M_\mu)$ congruent ist. Jede Grösse des Integritätsbereichs $[\mathfrak{R}', \mathfrak{R}'', \ldots \mathfrak{R}^{(n-1)}]$ ist also *modulis* $M_1, M_2, \ldots M_\mu$, wenn dies ein *Primmodulsystem* ist, entweder der Null oder einer Einheitsform congruent.

So ist z. B. für das Primmodulsystem zweiter Stufe $(\mathfrak{R}', \mathfrak{R}'')$ die Variable $\mathfrak{R}'''$ eine Grösse der zweiten Gruppe und der Form:

$$\mathfrak{R}' X + \mathfrak{R}'' Y + \mathfrak{R}'''$$

congruent, welche an sich eine Form dritter Stufe, aber für Modulsysteme zweiter Stufe als eine uneigentlich primitive oder Einheits-Form zu bezeichnen ist. Es bildet ferner die Grösse $\mathfrak{R}'''$ mit dem Modulsystem $(\mathfrak{R}', \mathfrak{R}'')$ zusammen das Modulsystem $(\mathfrak{R}', \mathfrak{R}'', \mathfrak{R}''')$, welches offenbar den Rang *drei* hat. So ist ferner für eine gewöhnliche Primzahl p die Gesammtheit der ganzen Zahlen in zwei Gruppen zu theilen, deren eine die sämmtlichen durch p theilbaren Zahlen umfasst, während jede der übrigen Zahlen *modulo* p offenbar unter der Zahl *Eins* enthalten, also eine *Einheit* ist. Denn für jede durch p nicht theilbare Zahl r existirt ja eine Zahl s, welche der Congruenz: $rs \equiv 1 \pmod{p}$ genügt. Jede ganze Zahl ist also *modulo* p entweder *Null* oder *Einheit*.

Wenn das Product von zwei ganzen Grössen des Rationalitätsbereichs $(\mathfrak{R}', \mathfrak{R}'', \ldots \mathfrak{R}^{(n-1)})$ eine Grösse der ersten von den beiden Gruppen ist, in welche sich die sämmtlichen ganzen Grössen des Bereichs für ein Primmodulsystem theilen, so muss mindestens eine der beiden Grössen selbst der ersten Gruppe angehören, d. h.

der Fundamentalsatz der gewöhnlichen Zahlentheorie, dass ein Product nur dann für einen Primzahlmodul congruent Null sein kann, wenn einer der Factoren congruent Null ist, gilt auch für allgemeine *Primmodulsysteme.*

Denn wenn $M_1, M_2, \ldots M_\mu$ die Elemente eines Primmodulsystems und M, M_0 irgend zwei Grössen des Integritätsbereichs $[\mathfrak{R}', \mathfrak{R}'', \ldots \mathfrak{R}^{(n-1)}]$ bedeuten, so folgt aus der Congruenz:

$$MM_0 \equiv 0 \quad (\text{modd. } M_1, M_2, \ldots M_\mu),$$

dass auch das Product der beiden Formen:

$$M + U_1 M_1 + U_2 M_2 + \cdots + U_\mu M_\mu, \quad M_0 + U_1 M_1 + U_2 M_2 + \cdots + U_\mu M_\mu$$

das Primmodulsystem $(M_1, M_2, \ldots M_\mu)$ enthalten muss. *Beide* Formen können also nicht für dieses Primmodulsystem eigentlich oder uneigentlich primitiv sein. Dies würde aber der Fall sein, wenn beide Grössen M, M_0 zur Gruppe derjenigen gehörten, die das Modulsystem nicht enthalten.

Auf den Gedanken, den *Gauss*'schen Begriff der Congruenz für Zahlenmoduln zu einem Begriffe der Congruenz für beliebige Modulsysteme zu erweitern, bin ich vor etwa 30 Jahren durch gleichzeitige Beschäftigung mit algebraischen und arithmetischen Untersuchungen geführt worden, und ich habe diesen Gedanken schon im Jahre 1858 vielen Mathematikern (vor Allen *Dirichlet, Kummer, Weierstrass*) in mündlicher Unterhaltung, seit dem Jahre 1862 aber auch in meinen Universitätsvorlesungen mitgetheilt und dadurch in weiteren Kreisen verbreitet. Durch den Druck habe ich die Elemente der Theorie der Modulsysteme erst in meiner Festschrift zu Herrn *Kummer*'s Doctorjubiläum veröffentlicht und dort hauptsächlich Anwendungen auf rein arithmetische Fragen beigefügt. Dass aber die Theorie der Modulsysteme auch bei ganz elementaren *algebraischen* Fragen mit Erfolg anzuwenden ist, indem sie die Methoden durchsichtiger erscheinen, die Resultate zugleich präciser und allgemeiner fassen lässt, soll hier an einigen, auch an sich interessanten Beispielen dargelegt werden.

II.

Lineare Congruenzen für Primmodulsysteme.

Bildet man aus $t \cdot t'$, in t Zeilen von je t' Elementen geordneten, unbestimmten Variabeln die Determinanten irgend einer (r^{ten}) Ordnung und bezeichnet dieselben (in beliebiger Reihenfolge) mit:

$$V_1^{(r)},\quad V_2^{(r)},\quad V_3^{(r)},\ldots,$$

so kann man die $t \cdot t'$ unbestimmten Variabeln selbst, von denen man ausgegangen ist, als Determinanten erster Ordnung, analog mit:

$$V_{ik}^{(1)} \qquad \begin{pmatrix} i=1,2,\ldots t \\ k=1,2,\ldots t' \end{pmatrix}$$

bezeichnen. Nimmt man nun noch t' unbestimmte Variable:

$$X_1,\quad X_2,\ \ldots\ X_{t'}$$

hinzu und setzt:

$$V_{i0}^{(1)} = \sum_k V_{ik}^{(1)} X_k \qquad \begin{pmatrix} i=1,2,\ldots t \\ k=1,2,\ldots t' \end{pmatrix}, \tag{1.}$$

so ist die Determinante:

$$|V_{gh}^{(1)}| \qquad \begin{pmatrix} g=1,2,\ldots r,s \\ h=0,1,\ldots r \end{pmatrix}$$

eine lineare homogene Function der t' Variabeln X, deren Coefficienten sämmtlich Determinanten $(r+1)^{\text{ter}}$ Ordnung des Systems:

$$V_{ik}^{(1)} \qquad \begin{pmatrix} i=1,2,\ldots t \\ k=1,2,\ldots t' \end{pmatrix}$$

sind. Auf Grund der Theorie der Modulsysteme wird dies vollständig durch die Congruenz:

$$|V_{gh}^{(1)}| \equiv 0 \quad (\text{modd. } V_1^{(r+1)},\ V_2^{(r+1)},\ V_3^{(r+1)},\ldots) \qquad \begin{pmatrix} g=1,2,\ldots r,s \\ h=0,1,2,\ldots r \end{pmatrix} \tag{2.}$$

ausgedrückt, in welcher als Elemente des Modulsystems die *sämmtlichen* Determinanten $(r+1)^{\text{ter}}$ Ordnung des Variablen-Systems:

$$V_{ik}^{(1)} \qquad \begin{pmatrix} i=1, 2, \dots t \\ k=1, 2, \dots t' \end{pmatrix}$$

zu nehmen sind.

Entwickelt man nun die Determinante in der Congruenz (2.) nach den Elementen $V_{g0}^{(1)}$, so resultirt die Congruenz:

$$(3.) \qquad V_{11}^{(r)} V_{s0}^{(1)} \equiv 0 \quad (\text{modd. } V_{10}^{(1)}, \; V_{20}^{(1)}, \dots V_{r0}^{(1)}; \; V_1^{(r+1)}, \; V_2^{(r+1)}, \dots),$$

in welcher $V_{11}^{(r)}$ die Determinante:

$$\left| V_{ik}^{(1)} \right| \qquad (i, k=1, 2, \dots r)$$

bedeutet, und welche offenbar nicht bloss für $s > r$, sondern auch für $s \leqq r$, also für alle t Werthe $s = 1, 2, \dots t$ besteht.

Setzt man ferner, wenn l eine der Zahlen $1, 2, \dots r$ und m eine der Zahlen $0, 1, 2, \dots t$ bedeutet:

$$V_{lm}^{(r)} = \left| V_{ik}^{(1)} \right| \qquad \begin{pmatrix} i=1, 2, \dots r \\ k=1, 2, \dots l-1, m, l+1, \dots r \end{pmatrix},$$

so wird für diejenigen Werthe von m, die nicht grösser als r sind:

$$V_{lm}^{(r)} = \delta_{lm} V_{11}^{(r)} \qquad (l, m=1, 2, \dots r),$$

wenn $\delta_{lm} = 0$ oder $\delta_{lm} = 1$ ist, je nachdem $l \gtrless m$ oder $l = m$ ist, und für $m = 0$ wird:

$$(4.) \qquad V_{l0}^{(r)} = \sum_n \left| V_{ik}^{(r)} \right| X_n \qquad \begin{pmatrix} i=1, 2, \dots r; \; 1 \leqq l \leqq r \\ k=1, 2, \dots l-1, n, l+1, \dots r \\ n=l, r+1, r+2, \dots t \end{pmatrix}.$$

Die Determinante $V_{l0}^{(r)}$ wird also eine lineare homogene Function von:

$$X_l,\ X_{r+1},\ X_{r+2},\ \dots\ X_{t'},$$

deren Coefficienten selbst Determinanten r^{ter} Ordnung sind; und zwar ist der Coefficient von X_l für jeden Werth von l eine und dieselbe Determinante r^{ter} Ordnung:

$$|V_{ik}^{(1)}| \qquad (i, k=1, 2, \dots r),$$

welche schon oben mit $V_{11}^{(r)}$ bezeichnet worden ist.

Andererseits ist aber $V_{l0}^{(r)}$ offenbar eine lineare homogene Function der r Grössen $V_{10}^{(1)},\ V_{20}^{(1)},\ \dots\ V_{r0}^{(1)}$; und es besteht daher die Congruenz:

$$V_{l0}^{(r)} \equiv 0 \quad (\text{modd. } V_{10}^{(1)},\ V_{20}^{(1)},\ \dots\ V_{r0}^{(1)}) \qquad (l=1, 2, \dots r),$$

in welcher, der Natur der Sache nach, dem Modulsysteme rechts noch beliebige Elemente hinzugefügt werden können. So ist also auch:

$$(5.) \qquad V_{i0}^{(r)} \equiv 0 \quad (\text{modd. } V_{10}^{(1)},\ V_{20}^{(1)},\ \dots\ V_{t0}^{(1)})$$

für jeden der r Indices $i=1, 2, \dots r$.

In der Entwickelung der schon oben betrachteten Determinante:

$$|V_{gh}^{(1)}| \qquad \binom{g=1, 2, \dots r, s}{h=0, 1, \dots r}$$

nach den Elementen $V_{s0}^{(1)},\ V_{s1}^{(1)},\ \dots\ V_{sr}^{(1)}$ ist das erste, nämlich $V_{s0}^{(1)}$ mit $V_{11}^{(r)}$ und aber irgend eines der folgenden Elemente $V_{sl}^{(1)}$ mit $V_{l0}^{(r)}$ multiplicirt. Es besteht daher die Congruenz:

$$|V_{gh}^{(1)}| \equiv V_{11}^{(r)} V_{s0}^{(1)} \quad (\text{modd. } V_{10}^{(r)},\ V_{20}^{(r)},\ \dots\ V_{r0}^{(r)}),$$

und wenn man s gleich einer der Zahlen $1, 2, \dots r$ setzt, so dass die Determinante links verschwindet, so geht diese Congruenz in folgende über:

$$(6.) \qquad V_{11}^{(r)} V_{i0}^{(1)} \equiv 0 \quad (\text{modd. } V_{10}^{(r)},\ V_{20}^{(r)},\ \dots\ V_{r0}^{(r)}) \qquad (i=1, 2, \dots r).$$

Wenn man nun in der obigen Congruenz (3.) den Ausdruck auf der linken Seite und auch die ersten r Elemente des Modulsystems mit $V_{11}^{(r)}$ multiplicirt, so erhält man die Congruenz:

$$V_{11}^{(r)} V_{11}^{(r)} V_{s0}^{(1)} \equiv 0 \quad \left(\text{modd. } V_{11}^{(r)} V_{10}^{(1)},\ V_{11}^{(r)} V_{20}^{(1)},\ \ldots\ V_{11}^{(r)} V_{r0}^{(1)};\ V_1^{(r+1)},\ V_2^{(r+1)},\ \ldots\right),$$

welche für alle Indices $s = 1, 2, \ldots t$ gültig bleibt, und man kann darin die r ersten Elemente des Modulsystems auf Grund der Congruenz (6.) durch die Elemente $V_{10}^{(r)}, V_{20}^{(r)}, \ldots V_{r0}^{(r)}$ ersetzen.

Man gelangt hierdurch zu der Congruenz:

$$(7.)\qquad V_{11}^{(r)} V_{11}^{(r)} V_{i0}^{(1)} \equiv 0 \quad \left(\text{modd. } V_{10}^{(r)},\ V_{20}^{(r)},\ \ldots\ V_{r0}^{(r)};\ V_1^{(r+1)},\ V_2^{(r+1)},\ \ldots\right),$$

welche in Verbindung mit der Congruenz (5.) das Ziel der vorstehenden Entwickelungen bildet. Die beiden Congruenzen (5.) und (7.) zeigen,

> dass einerseits das Modulsystem $(V_{10}^{(1)}, V_{20}^{(1)}, \ldots V_{t0}^{(1)})$ in dem Modulsysteme $(V_{10}^{(r)}, V_{20}^{(r)}, \ldots V_{r0}^{(r)})$ enthalten ist, und dass andererseits dieses letztere Modulsystem unter Hinzunahme der Elemente $V_1^{(r+1)}, V_2^{(r+1)}, \ldots$ in dem ersteren enthalten ist, wenn dessen Elemente sämmtlich mit dem Quadrate der Determinante $V_{11}^{(r)}$ multiplicirt werden.

Dieses Resultat lässt sich auch folgendermassen formuliren:

> Im Sinne einer Congruenz für das aus allen Determinanten $(r+1)^{\text{ter}}$ Ordnung $V_1^{(r+1)}, V_2^{(r+1)}, \ldots$ gebildete Modulsystem lässt sich einerseits jeder der r Ausdrücke $V_{i0}^{(r)}$ für $i = 1, 2, \ldots r$, d. i.

$$V_{11}^{(r)} X_i + \sum_{n=r+1}^{n=t'} \left| V_{hk}^{(r)} \right| X_n \qquad \binom{h=1,\ 2, \ldots r}{k=1,\ 2, \ldots i-1,\ n,\ i+1, \ldots r},$$

als ganze lineare homogene Function der t mit $V_{10}^{(1)}, V_{20}^{(1)}, \ldots V_{t0}^{(1)}$ bezeichneten Ausdrücke:

$$\sum_{k=1}^{k=t'} V_{ik}^{(1)} X_k \qquad (i=1,2,\ldots t),$$

andererseits aber auch jeder dieser letzteren t Ausdrücke, nach Multiplication mit dem Quadrate der Determinante r^{ter} Ordnung $V_{11}^{(r)}$, als ganze lineare homogene Function der ersteren r Ausdrücke $V_{i0}^{(r)}$ darstellen, und zwar so, dass die sämmtlichen Coefficienten ganze ganzzahlige Functionen der $t'(t+1)$ unbestimmten Variabeln:

$$V_{ik}^{(1)}, \quad X_k \qquad \binom{i=1,2,\ldots t}{k=1,2,\ldots t'}$$

sind.

Werden an Stelle der tt' unbestimmten Variabeln $V_{ik}^{(1)}$ irgend welche ganze Grössen eines natürlichen Rationalitätsbereichs $(\mathfrak{R}', \mathfrak{R}'', \ldots \mathfrak{R}^{(n-1)})$ genommen, für welche die sämmtlichen Determinanten $(r+1)^{\text{ter}}$ Ordnung ein bestimmtes Primmodulsystem $(M, M', M'', \ldots)$ des Rationalitätsbereichs $(\mathfrak{R}', \mathfrak{R}'', \ldots \mathfrak{R}^{(n-1)})$ enthalten, während die Determinante $V_{11}^{(r)}$ eben dieses Primmodulsystem *nicht* enthält, so lässt sich aus dem eben formulirten Resultat unmittelbar erschliessen, dass die beiden Systeme von linearen Congruenzen:

$$\text{(8.)} \qquad \sum_{k=1}^{k=t'} V_{ik}^{(1)} X_k \equiv 0 \quad (\text{modd. } M, M', M'', \ldots) \qquad (i=1,2,\ldots t),$$

$$\text{(9.)} \qquad V_{11}^{(r)} X_i + \sum_{n=r+1}^{n=t'} \left| V_{hk}^{(r)} \right| X_n \equiv 0 \quad (\text{modd. } M, M', M'', \ldots)$$

$$\binom{h,\ i=1,2,\ldots r}{k=1,2,\ldots i-1,\ n,\ i+1,\ldots r}$$

mit einander völlig äquivalent sind, d. h. also dass beide genau dieselben Bestimmungen für die zu bestimmenden t' Grössen X enthalten.

Nach den in früheren Aufsätzen eingeführten Bezeichnungen*) ist r die „*Rang-* oder *Stufenzahl*“ des Systems $V_{ik}^{(1)}$ „*in Beziehung auf das Primmodulsystem* $(M, M', M'', \ldots)$“, weil jede der Determinanten $(r+1)^{\text{ter}}$ Ordnung, nicht aber jede der Determinanten r^{ter} Ordnung (modd. $M, M', M'', \ldots$) congruent Null ist. Betrachtet man die Grössen $V_{ik}^{(1)}$ als die gegebenen, die Grössen X_k aber als die gesuchten, gemäss den Congruenzen (8.) zu bestimmenden, so sind es die Congruenzen (9.), welche die vollständige Auflösung der ersteren enthalten. Da nun in den Congruenzen (9.) offenbar die $t'-r$ Grössen $X_{r+1}, X_{r+2}, \ldots X_{t'}$ unbestimmt gelassen werden können und nur die r Grössen $X_1, X_2, \ldots X_r$ sich als lineare homogene Functionen jener $t'-r$ übrigen bestimmen, so zeigt sich, dass

durch ein System von Congruenzen:

$$\sum_{k=1}^{k=t'} V_{ik}^{(1)} X_k \equiv 0 \quad (\text{modd. } M,\ M',\ M'',\ \ldots) \qquad (i=1, 2, \ldots t),$$

in welchem $V_{ik}^{(1)}, M, M', M'', \ldots$ beliebige Grössen eines natürlichen Rationalitätsbereichs bedeuten und die letzteren ein *Primmodulsystem* bilden, die t'-fache Mannigfaltigkeit der Grössen X auf eine genau $(t'-r)$-fache Mannigfaltigkeit eingeschränkt wird, wenn die Zahl r den Rang des Systems $V_{ik}^{(1)}$ in Beziehung auf das Modulsystem $(M, M', M'', \ldots)$ bezeichnet.

Es verdient hervorgehoben zu werden, dass dieses ganz allgemeine Resultat auf die zugleich einfachste und vollständigste Weise durch die beiden obigen Congruenzen (5.) und (7.) dargestellt wird, und zwar wird es dort, da die Congruenzen für Modulsysteme, ihrer Definition nach, das Bestehen gewisser Gleichungen ausdrücken,

---

*) Vgl. Art. X meines Aufsatzes: „Die Periodensysteme von Functionen reeller Variabeln“ im Sitzungsbericht der hiesigen Akademie vom 20. Nov. 1884, Stück XLVI S. 1078[1]).

[1]) Band III S. 43 dieser Ausgabe von *L. Kronecker's* Werken. H.

in der Form identischer Gleichungen präciser, übersichtlicher und allgemeiner gefasst,

als es jemals bisher geschehen ist. Das Streben, den mathematischen Resultaten eine solche, meines Erachtens nicht nur wünschenswerthe, sondern eigentlich allein in Beziehung auf Klarheit und Sicherheit befriedigende Fassung zu geben, hat mich bei der Einführung der Divisoren-Systeme so wie bei den vorliegenden Anwendungen derselben geleitet. Dass bei complicirteren Fragen die Bemühungen, sie in der hier charakterisirten vollendeten Weise zu lösen, vorläufig noch schwierig oder gar aussichtslos erscheinen, darf von der Fortsetzung solcher Bemühungen nicht abhalten.

Für den speciellen Fall des absoluten Rationalitätsbereichs $\mathfrak{R} = 1$ sind die Elemente $V_{ik}^{(1)}$ gewöhnliche ganze Zahlen und an Stelle des Primmodulsystems $(M, M', M'', \ldots)$ tritt ein gewöhnlicher Primzahl-Modul p. Die t' Congruenzen:

$$(\bar{8}) \qquad \sum_{k=1}^{k=t'} V_{ik}^{(1)} X_k \equiv 0 \quad (\text{mod. } p) \qquad (i=1, 2, \ldots t)$$

werden also durch eine genau $(t'-r)$-fache Mannigfaltigkeit von Werthen X befriedigt, wenn das System der tt' Zahlen $V_{ik}^{(1)}$ in Beziehung auf den Modul p vom Range r ist*).

Man kann die Rangzahl r hier, indem man die t' Grössen X als unbestimmte Variable betrachtet, auch dadurch charakterisiren, dass $r+1$ die Stufenzahl des Divisorensystems:

$$\left(p, \; \sum_k V_{1k}^{(1)} X_k, \; \sum_k V_{2k}^{(1)} X_k, \; \ldots \; \sum_k V_{tk}^{(1)} X_k\right) \qquad (k=1, 2, \ldots t')$$

angiebt, dessen $t+1$ Elemente dem Rationalitätsbereich $(X_1, X_2, \ldots X_{t'})$ angehören.

---

*) Hierin liegt eine ausdrückliche Rechtfertigung jenes Ausspruches von Hrn. *Rados* auf S. 259 dieses Bandes[1]), womit der erste Absatz schliesst: „Ganz ebenso aber u. s. w.“

[1]) *Gustav Rados*, Zur Theorie der Congruenzen höheren Grades, Crelle's Journal für Mathematik. Bd. 99 S. 258—260. H.

Werden die tt' Grössen $V_{ik}^{(1)}$, wie im Anfange dieses Artikels, als unbestimmte Variable aufgefasst, so ist das aus allen Subdeterminanten $(r+1)^{\text{ter}}$ Ordnung gebildete Divisorensystem:

$$(V_1^{(r+1)}, \quad V_2^{(r+1)}, \ldots)$$

ein System von der Stufenzahl $(t-r)(t'-r)$, jedoch ein solches, dem Systeme höherer Stufen beigemischt sind. Denn erstens enthält jede der $(t-r)(t'-r)$ Determinanten $(r+1)^{\text{ter}}$ Ordnung:

$$|V_{gh}^{(1)}| \qquad \left(\begin{matrix} g=1,2,\ldots r, i \\ h=1,2,\ldots r, k \end{matrix}\right),$$

welche den Indexwerthen:

$$i = r+1, \; r+2, \ldots t; \qquad k = r+1, \; r+2, \ldots t'$$

entsprechen, ein Element, nämlich $V_{ik}^{(1)}$, welches in den übrigen nicht vorkommt. Das aus diesen Determinanten gebildete Divisorensystem:

$$(10.) \qquad (V_1^{(r+1)}, \; V_2^{(r+1)}, \ldots V_\varrho^{(r+1)}),$$

in welchem zur Abkürzung:

$$(t-r)(t'-r) = \varrho$$

gesetzt ist, hat also die Stufenzahl ϱ.

Entwickelt man nun zweitens eine dieser ϱ Determinanten nach den Elementen der letzten Horizontalreihe, so kommt:

$$V_{ik}^{(1)} V_{kk}^{(r)} + \sum_{m=1}^{m=r} V_{im}^{(1)} V_{mk}^{(r)} = |V_{gh}^{(1)}| \qquad \left(\begin{matrix} g=1,2,\ldots r, i \\ h=1,2,\ldots r, k \end{matrix}\right),$$

und es ist hierbei $V_{kk}^{(r)} = V_{11}^{(r)}$. Da die Determinante rechts für $i > r$, $k > r$

eben eines der Elemente jenes Divisorensystems (10.), für alle anderen Werthe von i und k aber gleich Null ist, so besteht die Congruenz:

$$V_{11}^{(r)} V_{ik}^{(1)} \equiv -\sum_{m=1}^{m=r} V_{im}^{(1)} V_{mk}^{(r)} \qquad (\text{modd. } V_1^{(r+1)},\ V_2^{(r+1)}, \ldots\ V_\varrho^{(r+1)})$$

offenbar für *alle* Werthe von i und k, d. h. für $i=1,2,\ldots t$ und $k=1,2,\ldots t'$. Jedes System von $(r+1)^2$ Grössen:

$$\sum_{m=1}^{m=r} V_{im}^{(1)} V_{mk}^{(r)} \qquad \begin{pmatrix} i=i_0,\ i_1, \ldots\ i_r \\ k=k_0,\ k_1, \ldots\ k_r \end{pmatrix}$$

ist aber offenbar aus den beiden Systemen von je $r(r+1)$ Elementen:

$$V_{im}^{(1)}, \qquad V_{mk}^{(r)} \qquad \begin{pmatrix} i=i_0,\ i_1, \ldots\ i_r \\ k=k_0,\ k_1, \ldots\ k_r \\ m=1,\ 2, \ldots\ldots r \end{pmatrix}$$

zusammengesetzt; die aus je $(r+1)^2$ Grössen:

$$V_{11}^{(r)} V_{ik}^{(1)} \qquad \begin{pmatrix} i=i_0,\ i_1, \ldots\ i_r \\ k=k_0,\ k_1, \ldots\ k_r \end{pmatrix}$$

gebildete Determinante ist daher für jenes Modulsystem $(V_1^{(r+1)}, V_2^{(r+1)}, \ldots V_\varrho^{(r+1)})$ congruent Null, d. h.

> *jede* der Determinanten $(r+1)^{\text{ter}}$ Ordnung des Systems $V_{ik}^{(1)}$ enthält, nach Multiplication mit $\left(V_{11}^{(r)}\right)^{r+1}$, dasjenige Modulsystem, dessen Elemente jene besonderen ϱ Determinanten $(r+1)^{\text{ter}}$ Ordnung: $V_1^{(r+1)}, V_2^{(r+1)}, \ldots V_\varrho^{(r+1)}$ sind.

Das aus *allen* Determinanten $(r+1)^{\text{ter}}$ Ordnung zu bildende Modulsystem enthält also ausser dem Modulsystem ϱ^{ter} Stufe:

$$(V_1^{(r+1)},\ V_2^{(r+1)}, \ldots\ V_\varrho^{(r+1)})$$

noch dasjenige höherer Stufe, welches entsteht, wenn man diesen ϱ Determinanten $(r+1)^{\text{ter}}$ Ordnung die mit $V_{11}^{(r)}$ bezeichnete Determinante r^{ter} Ordnung hinzufügt.

Der Sache nach ist diese letztere Entwickelung bereits im Art. I meiner „Bemerkungen zur Determinanten-Theorie" enthalten*), aber ihre eigentliche Bedeutung konnte erst hier mit Hülfe der Theorie der Modulsysteme dargelegt werden.

III.

Darstellung des grössten gemeinsamen Theilers von zwei ganzen Functionen von x für irgend ein Primmodulsystem des Bereichs ihrer Coefficienten.

§ 1.

Bezeichnet man mit $x, \mathfrak{v}_0, \mathfrak{v}_1, \ldots \mathfrak{v}_{n-1}, v_0, v_1, \ldots v_{n-1}$ unbestimmte Variable und setzt:

$$\mathfrak{V}(x) = \mathfrak{v}_0 + \mathfrak{v}_1 x + \mathfrak{v}_2 x^2 + \cdots + \mathfrak{v}_{n-1} x^{n-1}, \qquad V(x) = v_0 + v_1 x + v_2 x^2 + \cdots + v_{n-1} x^{n-1} + x^n,$$

$$\frac{\mathfrak{V}(x)}{V(x)} = w_0 x^{-1} + w_1 x^{-2} + w_2 x^{-3} + \cdots \text{ in inf.},$$

so sind $w_0, w_1, w_2, \ldots$ ganze ganzzahlige Functionen der Variabeln $\mathfrak{v}$ und v. Bedeutet nun m irgend eine Zahl, die kleiner als n oder auch gleich n ist, und nimmt man:

$$\begin{aligned} a_{00} &= w, \quad a_{0k} = a_{k0} = -w_{k-1} \\ a_{ik} &= a_{ki} = w_{i+k-2}x - w_{i+k-1} \end{aligned} \qquad (i,\ k = 1, 2, \ldots m),$$

so werden durch die Gleichung:

$$(\mathfrak{A}.) \qquad |a_{gh}| = w\,V^{(m)}(x) - \mathfrak{V}^{(m)}(x) \qquad (g,\ h = 0, 1, 2, \ldots m)$$

*) Bd. 72 dieses Journals S. 152[1]).

[1]) Band I S. 238—239 dieser Ausgabe von *L. Kronecker*'s Werken. H.

zwei ganze Functionen von x:

$$V^{(m)}(x), \quad \mathfrak{V}^{(m)}(x)$$

definirt, von denen die erstere vom m^{ten}, die letztere vom $(m-1)^{\text{ten}}$ Grade ist. Eben diese beiden Functionen von x können aber auch in folgender Weise definirt werden:

$$(\mathfrak{A}'.) \qquad V^{(m)}(x) = |w_{i+k-2}\,x - w_{i+k-1}|, \quad \mathfrak{V}^{(m)}(x) = \sum_{i,k} w_i w_k V_{ik}^{(m)}(x) \qquad (i, k = 1, 2, \ldots m),$$

wenn $V_{ik}^{(m)}(x)$ die „*Adjuncte*“ des Elementes $w_{i+k-2}x - w_{i+k-1}$ in der Determinante $V^{(m)}(x)$ bedeutet und also durch die Gleichung:

$$V_{ik}^{(m)}(x) = \frac{\partial\,|a_{\mathfrak{i}\mathfrak{k}}|}{\partial a_{ik}} \qquad \begin{pmatrix} \mathfrak{i}, \mathfrak{k} = 1, 2, \ldots m \\ i, k = 1, 2, \ldots m \end{pmatrix}$$

erklärt wird. Bezeichnet man endlich noch die Determinante:

$$|w_{i+k}| \qquad (i, k = 0, 1, \ldots m-1),$$

welche den Coefficienten von x^m in $V^{(m)}(x)$ bildet, mit V_m, so ist:

$$\frac{\partial\,|a_{gh}|}{\partial a_{00}} = V^{(m)}(x), \qquad \frac{\partial^2\,|a_{gh}|}{\partial a_{00}\,\partial a_{mm}} = V^{(m-1)}(x),$$

$$\frac{\partial\,|a_{gh}|}{\partial a_{mm}} = w\,V^{(m-1)}(x) - \mathfrak{V}^{(m-1)}(x), \qquad \begin{pmatrix} g, h = 0, 1, \ldots m \\ i, k = 0, 1, \ldots m-1 \end{pmatrix},$$

$$\frac{\partial\,|a_{gh}|}{\partial a_{0m}} = \frac{\partial\,|a_{gh}|}{\partial a_{m0}} = |w_{i+k}| = V_m,$$

und die bekannte Determinantenformel:

$$\frac{\partial\,|a_{gh}|}{\partial a_{00}}\,\frac{\partial\,|a_{gh}|}{\partial a_{mm}} - \frac{\partial\,|a_{gh}|}{\partial a_{0m}}\,\frac{\partial\,|a_{gh}|}{\partial a_{m0}} = |a_{gh}| \cdot \frac{\partial^2\,|a_{gh}|}{\partial a_{00}\,\partial a_{mm}} \qquad (g, h = 0, 1, \ldots m)$$

liefert demnach die Relation:

$$(\mathfrak{B}.) \qquad \mathfrak{B}^{(m)}(x)\, V^{(m-1)}(x) - \mathfrak{B}^{(m-1)}(x)\, V^{(m)}(x) = V_m^2.$$

Für jedes beliebige System von $(m+1)^2$ Grössen a_{gh} besteht offenbar die Determinantengleichung:

$$(\mathfrak{C}.) \qquad \left|\sum_f a_{gf} x^{h-f}\right| = \left|a_{gh}\right| \qquad \begin{pmatrix} f=0,1,2,\ldots h \\ g,h=0,1,2,\ldots m \end{pmatrix}.$$

Da nun bei den oben angenommenen Werthen von a_{gh}:

$$\sum_{f=0}^{f=h} a_{0f} x^{h-f} = \left(w - \sum_{f=1}^{f=h} w_{f-1} x^{-f}\right) x^h$$

und aber für $g > 0$:

$$\sum_{f=0}^{f=h} a_{gf} x^{h-f} = - w_{g+h-1}$$

wird, so geht jene Determinanten-Gleichung ($\mathfrak{C}$.) mit Berücksichtigung der Gleichung ($\mathfrak{A}$.) in folgende über:

$$(\mathfrak{D}.) \qquad \left| w_h,\ w_{h+1},\ \ldots\ w_{h+m-1},\ wx^h - \sum_{f=1}^{f=h} w_{f-1} x^{h-f} \right| = w\, V^{(m)}(x) - \mathfrak{B}^{(m)}(x) \quad (h=0,1,\ldots m).$$

Setzt man hierin:

$$w = \frac{\mathfrak{B}(x)}{V(x)} = \sum_{r=1}^{r=\infty} w_{r-1} x^{-r},$$

so wird in der Determinante auf der linken Seite das letzte Element gleich der unendlichen Reihe:

$$\sum_{r=h+1}^{r=\infty} w_{r-1} x^{h-r} \qquad \text{oder} \qquad \sum_{t=0}^{t=\infty} w_{h+t} x^{-t-1},$$

und da das Aggregat der ersten m Glieder dieser Reihe, als lineare Function der ersten m Determinanten-Elemente:

$$w_h, \quad w_{h+1}, \ldots w_{h+m-1},$$

weggelassen werden kann, so resultirt die Gleichung:

$$(\mathfrak{D}'.) \qquad \mathfrak{B}(x)\, V^{(m)}(x) - \mathfrak{B}^{(m)}(x)\, V(x) = V(x) \cdot \left| w_h,\ w_{h+1}, \ldots w_{h+m-1},\ \sum_{t=m}^{t=\infty} w_{h+t}\, x^{-t-1} \right|$$

$$(h=0, 1, 2, \ldots m).$$

Der Ausdruck auf der linken Seite ist eine *ganze* Function von x; der Ausdruck auf der rechten Seite enthält offenbar keine höhere Potenz von x als x^{n-m-1}, diese aber mit dem Coefficienten:

$$|w_{h+k}| \qquad (h, k=0, 1, \ldots m)$$

multiplicirt, der Ausdruck muss daher eine ganze Function $(n-m-1)^{\text{ten}}$ Grades sein. Bezeichnet man sie mit $W^{(n-m-1)}(x)$, so ist:

$$(\mathfrak{E}_1.) \qquad \mathfrak{B}(x)\, V^{(m)}(x) - \mathfrak{B}^{(m)}(x)\, V(x) = W^{(n-m-1)}(x),$$

also auch, wenn man hierin $m-1$ an Stelle von m nimmt:

$$(\mathfrak{E}_0.) \qquad \mathfrak{B}(x)\, V^{(m-1)}(x) - \mathfrak{B}^{(m-1)}(x)\, V(x) = W^{(n-m)}(x),$$

und aus diesen beiden Gleichungen resultiren endlich mit Berücksichtigung der Gleichung $(\mathfrak{B}.)$ die Relationen:

$$(\mathfrak{E}.) \qquad \begin{cases} \mathfrak{B}^{(m)}(x)\, W^{(n-m)}(x) - \mathfrak{B}^{(m-1)}(x)\, W^{(n-m-1)}(x) = V_m^2\, \mathfrak{B}(x), \\ V^{(m)}(x)\, W^{(n-m)}(x) - V^{(m-1)}(x)\, W^{(n-m-1)}(x) = V_m^2\, V(x). \end{cases}$$

Die hier gegebene Entwickelung findet sich, ihrem wesentlichen Inhalte nach, schon in meinem Aufsatze „Zur Theorie der Elimination einer

Variabeln aus zwei algebraischen Gleichungen", welcher im Monatsberichte der Berliner Akademie der Wissenschaften vom Juni 1881 abgedruckt ist[1]). Doch waren hier einige formale Modificationen nöthig, um die folgenden Ausführungen daran knüpfen zu können.

§ 2.

Aus den beiden mit ($\mathfrak{E}$.) bezeichneten Relationen erhellt unmittelbar die Aequivalenz der beiden Divisoren- oder Modulsysteme:

$$\left(V_m^2\,\mathfrak{V}(x),\quad V_m^2\,V(x),\quad W^{(n-m-1)}(x)\right),$$

$$\left(\mathfrak{V}^{(m)}(x)\,W^{(n-m)}(x),\quad V^{(m)}(x)\,W^{(n-m)}(x),\quad W^{(n-m-1)}(x)\right),$$

deren Elemente ganze Grössen des natürlichen Rationalitätsbereichs:

$$\left(\mathfrak{v}_0,\ \mathfrak{v}_1,\ \ldots\ \mathfrak{v}_{n-1},\quad v_0,\ v_1,\ \ldots\ v_{n-1},\ x\right)$$

sind. In dem letzteren der beiden Systeme kann aber noch das Element $V_m^2\,W^{(n-m)}(x)$ hinzugefügt werden, da es sich gemäss der Relation ($\mathfrak{V}$.) als ganze homogene lineare Function der beiden ersten Elemente desselben Systems darstellen lässt. Es resultirt daher die fundamentale Aequivalenz:

$$(\mathfrak{F}.)\qquad \begin{cases} \left(V_m^2\,\mathfrak{V}(x),\quad V_m^2\,V(x),\quad W^{(n-m-1)}(x)\right) \\ \sim \left(V_m^2\,W^{(n-m)}(x),\quad \mathfrak{V}^{(m)}(x)\,W^{(n-m)}(x),\quad V^{(m)}(x)\,W^{(n-m)}(x),\quad W^{(n-m-1)}(x)\right), \end{cases}$$

und die Elemente dieser beiden einander äquivalenten Divisorensysteme sind folgendermaassen definirt:

---

[1]) Band II S. 113—192 dieser Ausgabe. H.

$$\mathfrak{V}(x) = \sum_{h=0}^{h=n-1} \mathfrak{v}_h x^h, \quad V(x) = x^n + \sum_{h=0}^{h=n-1} v_h x^h,$$

$$V_m = | w_{i+k} |, \quad V^{(m)}(x) = | w_{i+k}\, x - w_{i+k+1} | \qquad (i, k = 0, 1, \ldots m-1),$$

$$-\mathfrak{V}^{(m)}(x) = \begin{vmatrix} 0, & w_0, & w_1, & \cdots & w_{m-1} \\ w_0, & w_0 x - w_1, & w_1 x - w_2, & \cdots & w_{m-1} x - w_m \\ w_1, & w_1 x - w_2, & w_2 x - w_3, & \cdots & w_m x - w_{m+1} \\ \cdot & \cdot & \cdot & & \cdot \\ \cdot & \cdot & \cdot & & \cdot \\ \cdot & \cdot & \cdot & & \cdot \\ w_{m-1}, & w_{m-1} x - w_m, & w_m x - w_{m+1}, & \cdots & w_{2m-2} x - w_{2m-1} \end{vmatrix},$$

$$W^{(n-m-1)}(x) = \begin{vmatrix} \mathfrak{V}(x), & w_0, & w_1, & \cdots & w_{m-1} \\ w_0 V(x), & w_0 x - w_1, & w_1 x - w_2, & \cdots & w_{m-1} x - w_m \\ w_1 V(x), & w_1 x - w_2, & w_2 x - w_3, & \cdots & w_m x - w_{m+1} \\ \cdot & \cdot & \cdot & & \cdot \\ \cdot & \cdot & \cdot & & \cdot \\ \cdot & \cdot & \cdot & & \cdot \\ w_{m-1} V(x), & w_{m-1} x - w_m, & w_m x - w_{m+1}, & \cdots & w_{2m-2} x - w_{2m-1} \end{vmatrix}$$

Die Function $W^{(n-m-1)}(x)$ ist ferner gemäss den Gleichungen ($\mathfrak{D}'$.) und ($\mathfrak{E}_1$.) auch durch die Gleichung:

$$W^{(n-m-1)}(x) = V(x) \sum_{t=m}^{t=\infty} | w_h, \; w_{h+1}, \; \ldots \; w_{h+m-1}, \; w_{h+t} | \, x^{-t-1} \qquad (h = 0, 1, \ldots m)$$

bestimmt, so dass also, wenn man zur Abkürzung die Determinante:

$$| w_{h+k} | \qquad \begin{pmatrix} h = 0, 1, \ldots m-1, m \\ k = 0, 1, \ldots m-1, t \end{pmatrix}$$

durch $V_{m,t}$ bezeichnet:

$$W^{(n-m-1)}(x) = \sum_{g=1}^{g=n-m} x^{g-1} \sum_{t=m}^{t=n-g} v_{g+t} V_{m,t}$$

wird. In diesem Ausdrucke von $W^{(n-m-1)}(x)$, in welchem übrigens $v_n = 1$ zu setzen ist, wird es evident, dass die Congruenz:

$$W^{(n-m-1)}(x) \equiv 0 \quad (\text{modd. } V_{m,m},\ V_{m,m+1},\ \ldots\ V_{m,n-1})$$

besteht. Man kann daher in der Aequivalenz ($\mathfrak{F}$.) auf beiden Seiten das Element $W^{(n-m-1)}(x)$ durch die $n-m$ Elemente $V_{m,m},\ V_{m,m+1},\ \ldots\ V_{m,n-1}$ ersetzen, da überhaupt aus einer Aequivalenz zweier Modulsysteme:

$$(M_0,\ M_1,\ M_2,\ \ldots) \sim (M_0',\ M_1',\ M_2',\ \ldots),$$

verbunden mit den Congruenzen:

$$M_0 \equiv 0,\quad M_0' \equiv 0 \quad (\text{modd. } \mathfrak{M}_1,\ \mathfrak{M}_2,\ \ldots)$$

die Congruenzen:

$$\begin{aligned} M_k &\equiv 0 \quad (\text{modd. } \mathfrak{M}_1,\ \mathfrak{M}_2,\ \ldots\ M_1',\ M_2,\ \ldots) \\ M_k' &\equiv 0 \quad (\text{modd. } \mathfrak{M}_1,\ \mathfrak{M}_2,\ \ldots\ M_1,\ M_2,\ \ldots) \end{aligned} \qquad (k=1,2,\ldots)$$

folgen, und hiernach auch die Aequivalenz:

$$(\mathfrak{M}_1,\ \mathfrak{M}_2,\ \ldots\ M_1,\ M_2,\ \ldots) \sim (\mathfrak{M}_1,\ \mathfrak{M}_2,\ \ldots\ M_1',\ M_2',\ \ldots)$$

besteht. Es resultirt daher eine zweite fundamentale Aequivalenz:

$$(\mathfrak{G}.)\ \begin{cases} \left(V_m^2\,\mathfrak{V}(x),\ V_m^2\,V(x),\ V_{m,m},\ V_{m,m+1},\ \ldots\ V_{m,n-1}\right) \sim \\ \left(V_m^2\,W^{(n-m)}(x),\ \mathfrak{V}^{(m)}(x)\,W^{(n-m)}(x),\ V^{(m)}(x)\,W^{(n-m)}(x),\ V_{m,m},\ V_{m,m+1},\ \ldots\ V_{m,n-1}\right), \end{cases}$$

und die Folgerungen, welche sich daraus ziehen lassen, bilden den Hauptzweck der vorstehenden Entwickelungen. Doch sollen zuvörderst einige Bemerkungen über das Modulsystem:

$$(V_{m,m},\ V_{m,m+1},\ \ldots\ V_{m,n-1})$$

daran geknüpft werden.

§ 3.

Da die mit $V_{m,t}$ bezeichneten ganzen Functionen der Variabeln $\mathfrak{v}$ und v durch die Gleichung:

$$V_{m,t} = |\, w_{h+k} \,| \qquad \begin{pmatrix} h=0,1,\ldots m-1,m \\ k=0,1,\ldots m-1,t \end{pmatrix}$$

oder:

$$V_{m,t} = |\, w_h,\ w_{h+1},\ \ldots\ w_{h+m-1},\ w_{h+t} \,| \qquad (h=0,1,\ldots m-1,m)$$

bestimmt sind, und für die Grössen w gemäss ihrer Definition als Entwickelungscoefficienten die Relationen:

$$-w_{h+t} = v_{n-1}w_{h+t-1} + v_{n-2}w_{h+t-2} + \cdots + v_0 w_{h+t-n} \qquad (t \geqq n)$$

bestehen, so sind die Functionen $V_{m,t}$ durch die Recursionsformel:

$$-V_{m,t} = v_{n-1}V_{m,t-1} + v_{n-2}V_{m,t-2} + \cdots + v_0 V_{m,t-n} \qquad (t \geqq n)$$

mit einander verbunden. Es ist daher für $t \geqq n$:

$$(\mathfrak{H}^0.) \qquad V_{m,t} \equiv 0 \quad (\text{modd. } V_{m,m},\ V_{m,m+1},\ \ldots\ V_{m,n-1});$$

diese Congruenz besteht aber auch für $t = m, m+1, \ldots n-1$ und auch für $t = 0, 1, \ldots m-1$, da für diese letzteren m Werthe $V_{m,t} = 0$ wird. Das Modulsystem:

$$(V_{m,m},\ V_{m,m+1},\ \ldots\ V_{m,n-1})$$

ist also dem Modulsysteme:

$$(V_{m,0},\ V_{m,1},\ V_{m,2},\ \ldots\ V_{m,r})$$

aequivalent, wenn darin für r irgend eine Zahl, die grösser als $n-1$ ist, genommen wird, und es kann deshalb auch die Aequivalenz:

$$(\mathfrak{H}.)\quad (V_{m,m},\ V_{m,m+1},\ \ldots\ V_{m,n-1}) \sim (V_{m,0},\ V_{m,1},\ V_{m,2},\ \ldots\ V_{m,m},\ V_{m,m+1},\ \ldots \text{ in inf.})$$

aufgestellt werden.

Da nun oben $W^{(n-m-1)}(x)$ durch die Gleichung:

$$W^{(n-m-1)}(x) = V(x) \sum_{t=m}^{t=\infty} \left| w_h,\ w_{h+1},\ \ldots\ w_{h+m-1},\ w_{h+t} \right| x^{-t-1} \qquad (h=0,\,1,\,\ldots\,m)$$

bestimmt worden ist, so ist, wenn unter u eine Unbestimmte (*indeterminata*) verstanden wird:

$$\frac{W^{(n-m-1)}(u^{-1})}{V(u^{-1})} = \sum_{t=m}^{t=\infty} V_{m,t}\, u^{t+1};$$

der Quotient:

$$\frac{W^{(n-m-1)}(u^{-1})}{V(u^{-1})}$$

stellt daher — im Sinne des § 22 meiner Festschrift zu Herrn *Kummer*'s Doctorjubiläum[1]) — eine „Form" dar, welche dem Modulsysteme:

$$(V_{m,m},\ V_{m,m+1},\ \ldots\ V_{m,n-1})$$

entspricht und auch an dessen Stelle eintreten kann. So kann z. B. das, was die obige Congruenz:

---

[1]) Band II S. 342 flgde. dieser Ausgabe. H.

$$W^{(n-m-1)}(x) \equiv 0 \quad (\text{modd. } V_{m,m}, \; V_{m,m+1}, \; \ldots \; V_{m,n-1})$$

besagt, auch dadurch ausgedrückt werden, dass die Form:

$$W^{(n-m-1)}(x) \quad \text{als die Form} \quad \frac{W^{(n-m-1)}(u^{-1})}{V(u^{-1})} \quad \text{„}\textit{enthaltend}\text{“}$$

bezeichnet wird, und in dieser Fassung tritt das Resultat gewissermaassen in Evidenz.

Dass das Divisorensystem $(V_{m,m}, V_{m,m+1}, \ldots V_{m,n-1})$ ein System $(n-m)^{\text{ter}}$ Stufe ist, lässt sich leicht erkennen, wenn man die Grössen $w_0, w_1, \ldots w_{2n-1}$ an Stelle der Grössen $\mathfrak{v}_0, \mathfrak{v}_1, \ldots \mathfrak{v}_{n-1}, v_0, v_1, \ldots v_{n-1}$ als unabhängige Variable auffasst. Denn das letzte Element der mit $V_{m,t}$ bezeichneten Determinante ist w_{m+t}, und es ist daher:

$V_{m,m}$ eine lineare Function von w_{2m}, deren Coefficienten nur $w_0, w_1, \ldots w_{2m-1}$ enthalten,

$V_{m,m+1}$ eine lineare Function von w_{2m+1}, deren Coefficienten nur $w_0, w_1, \ldots w_{2m}$ enthalten,

u. s. f. Die Resultante der Elimination von $w_{2m}, w_{2m+1}, \ldots w_{m+n-1}$ aus den Gleichungen:

$$V_{m,m} = 0, \quad V_{m,m+1} = 0, \ldots V_{m,n-1} = 0$$

ist also nicht identisch gleich Null.

Man kann nun in der That die $2n$ Grössen $w_0, w_1, \ldots w_{2n-1}$ an Stelle der $2n$ Grössen:

$$\mathfrak{v}_0, \mathfrak{v}_1, \ldots \mathfrak{v}_{n-1}; \quad v_0, v_1, \ldots v_{n-1}$$

als unabhängige Variable auffassen, da sich die letzteren durch die ersteren rational ausdrücken lassen. Gemäss der Definition der Grössen w ist nämlich für $h=0, 1, 2, \ldots n-1$:

$$w_h + v_{n-1}w_{h-1} + v_{n-2}w_{h-2} + \cdots + v_{n-h}w_0 = \mathfrak{v}_{n-h-1},$$

und es können hiernach die ersten n Grössen w an Stelle der n Grössen $\mathfrak{v}$ eingeführt werden. Die n Grössen $v_0, v_1, \ldots v_{n-1}$ bestimmen sich alsdann aus den $2n$ Grössen $w_0, w_1, \ldots w_{2n-1}$ mittels der n Gleichungen:

$$w_{n+h} + v_{n-1}w_{n+h-1} + v_{n-2}w_{n+h-2} + \cdots + v_0 w_h = 0 \qquad (h=0, 1, 2, \ldots n-1).$$

Eben dieselbe Bestimmung der Grössen w aus den Grössen $\mathfrak{v}$ und v ergiebt sich direct aus den obigen Formeln ($\mathfrak{D}'$.) und ($\mathfrak{E}$.), wenn man darin $m=n$ nimmt. Alsdann muss nämlich der Ausdruck auf der rechten Seite gleich Null werden, und es kommt:

$$\mathfrak{B}(x)\,V^{(n)}(x) = \mathfrak{B}^{(n)}(x)\,V(x),$$

also:

$$V(x) = \frac{V^{(n)}(x)}{V_n}, \quad \mathfrak{B}(x) = \frac{\mathfrak{B}^{(n)}(x)}{V_n},$$

und diese beiden Gleichungen liefern unmittelbar $v_0, v_1, \ldots v_{n-1}, \mathfrak{v}_0, \mathfrak{v}_1, \ldots \mathfrak{v}_{n-1}$ als rationale Functionen der Grössen $w_0, w_1, \ldots w_{2n-1}$.

Bedeutet r eine der Zahlen $0, 1, 2, \ldots n-m$, so lässt sich die Determinante $(m+r+1)^{\text{ter}}$ Ordnung:

$$|w_{p+q}| \qquad (p, q=0, 1, 2, \ldots m+r)$$

als ganze Function von $w_0, w_1, \ldots w_{2m+r-1}$ und $V_{m,m}, V_{m,m+1}, \ldots V_{m,m+2r}$ darstellen. Ist nämlich:

$$|w_h, w_{h+1}, \ldots w_{h+m-1}, z^{(m-h)}| = \sum_h z^{(h)} V_m^{(h)} \qquad (h=0, 1, 2, \ldots m),$$

wo $z^0, z', z'', \ldots z^{(m)}$ unbestimmte Variable bedeuten, so sind $V_m^{(0)}, V_m', V_m'', \ldots V_m^{(m)}$ Determinanten m^{ter} Ordnung, und zwar ist $V_m^{(0)}$ genau diejenige, welche oben mit V_m bezeichnet worden ist. Hiernach wird:

$$(\mathfrak{H}.)\qquad V_{m,t} = \sum_h w_{m-h+t}\, V_m^{(h)} \qquad (h=0,1,2,\ldots m),$$

und wenn man nun jede der $r+1$ letzten Horizontalreihen in der Determinante:

$$|w_{p+q}| \qquad (p, q=0,1,2,\ldots m+r)$$

mit $V_m^{(0)}$ multiplicirt und alsdann derselben die nächstvorhergehende, mit V_m' multiplicirt, die zweitvorhergehende, mit V_m'' multiplicirt, u. s. f. hinzufügt, so treten an Stelle der $r+1$ letzten Horizontalreihen:

$$w_p,\ w_{p+1},\ w_{p+2},\ \ldots\ w_{p+m+r} \qquad (p=m, m+1, \ldots m+r)$$

die folgenden:

$$V_{m,p-m},\ V_{m,p-m+1},\ V_{m,p-m+2},\ \ldots\ V_{m,p+r} \qquad (p=m, m+1, \ldots m+r).$$

Dabei ist zu bemerken, dass $V_{m,t}=0$ ist, wenn $t<m$ ist, und dass in dem von den Horizontalreihen der Grössen $V_{m,t}$ gebildeten Rechteck nur die Ecke rechts Grössen $V_{m,t}$ enthält, in denen $t \geqq m+r$ ist. Alle diese Grössen füllen ein rechtwinkliges Dreieck aus, dessen Hypotenuse $r+1$ Grössen $V_{m,m+r}$ enthält. Betrachtet man also die aus den m Horizontalreihen:

$$w_h,\ w_{h+1},\ \ldots\ w_{h+m+r} \qquad (h=0, 1, \ldots m-1)$$

und aus den $r+1$ Horizontalreihen:

$$V_{m,k},\ V_{m,k+1},\ \ldots\ V_{m,k+m+r} \qquad (k=0, 1, \ldots r)$$

gebildete Determinante nur:

modulis: $V_{m,m}, \; V_{m,m+1}, \; \ldots \; V_{m,m+r-1},$

so reducirt sie sich auf:

$$|w_{h+k}| \cdot V_{m,m+r}^{r+1} \qquad (h, k=0, 1, \ldots m-1).$$

Es besteht daher die Congruenz:

$$|w_{p+q}| \cdot V_m^{r+1} \equiv |w_{h+k}| \cdot V_{m,m+r}^{r+1} \qquad (\text{modd. } V_{m,m}, \; V_{m,m+1}, \; \ldots \; V_{m,m+r-1})$$

$$(p, q=0, 1, 2, \ldots m+r; \; h, k=0, 1, 2, \ldots m-1),$$

oder wenn zur Abkürzung:

$$|w_{p+q}| = W_{m+r} \qquad (p, q=0, 1, 2, \ldots m+r)$$

und wie oben:

$$|w_{h+k}| = V_m \qquad (h, k=0, 1, 2, \ldots m-1)$$

gesetzt wird:

$$(\mathfrak{K}.) \qquad V_m^{r+1} W_{m+r} \equiv V_m V_{m,m+r}^{r+1} \qquad (\text{modd. } V_{m,m}, \; V_{m,m+1}, \; \ldots \; V_{m,m+r-1}).$$

Für $r=0$ wird die Determinante W_{m+r}, ihrer Definition nach, mit $V_{m,m}$ identisch, d. h. es ist $W_m = V_{m,m}$, und die Congruenz ($\mathfrak{K}$.) zeigt also, dass das Modulsystem:

$$(V_{m,m}, \; V_{m,m+1}, \; \ldots \; V_{m,n-1})$$

in dem Modulsysteme:

$$(V_m W_m, \; V_m^2 W_{m+1}, \; V_m^3 W_{m+2}, \; \ldots \; V_m^{n-m} W_{n-1})$$

enthalten ist.

Es lässt sich aber auch andererseits aus der Congruenz ($\mathfrak{K}$.) erschliessen, dass das Modulsystem $(W_m, W_{m+1}, W_{m+2}, \ldots W_{n-1})$ in einem Modulsysteme enthalten ist, dessen Elemente Potenzen von V_m, multiplicirt mit Potenzen von $V_{m,m}, V_{m,m+1}, \ldots V_{m,n-1}$, sind. Erstens ist nämlich:

$$V_{m,m} = W_m;$$

ferner ergiebt die Congruenz ($\mathfrak{K}$.) für $r = 1$, dass:

$$V_m V_{m,m+1}^2 \equiv 0 \quad (\text{modd. } W_m, \; W_{m+1})$$

ist, und alsdann für $r = 2$, dass:

$$V_m V_{m,m+2}^3 = V_m^3 W_{m+2} + G V_{m,m+1} + G_1 W_m$$

wird, wo G und G_1 ganze ganzzahlige Functionen der Grössen w bedeuten. Erhebt man die Ausdrücke auf beiden Seiten der Gleichung zum Quadrat, so erhält man die Congruenz:

$$V_m^3 V_{m,m+2}^6 \equiv 0 \quad (\text{modd. } W_m, \; W_{m+1}, \; W_{m+2}).$$

Nimmt man nun an, dass in der angegebenen Weise eine Congruenz:

$$(\mathfrak{K}'.) \qquad V_m^{p_r+q_r} V_{m,m+r-1}^{rq_r} \equiv 0 \quad (\text{modd. } W_m, \; W_{m+1}, \ldots W_{m+r-1})$$

erlangt sei, so folgt aus der Congruenz ($\mathfrak{K}$.) die Gleichung:

$$V_m^{p_{r+1}}(V_m V_{m,m+r}^{r+1})^{q_{r+1}} = V_m^{p_{r+1}}(V_m^{r+1} W_{m+r} + G_1 V_{m,m+r-1} + G_2 V_{m,m+r-2} + \cdots + G_r V_{m,m})^{q_{r+1}}$$

für beliebige ganze Zahlen p_{r+1}, q_{r+1}. Nimmt man diese durch die Recursionsformeln:

$$q_{r+1} = rq_r + (r-1)q_{r-1} + \cdots + 3q_3 + 2q_2 - r + 2,$$
$$p_{r+1} = q_r + q_{r-1} + \cdots + q_3 + q_2$$

bestimmt an, so ist jedes der bei der Entwicklung der $(q_{r+1})^{\text{ten}}$ Potenz rechts vorkommenden Glieder:

$$V_m^{p_{r+1}} V_{m,\,m+r-1}^{h_r} V_{m,\,m+r-2}^{h_{r-1}} \dots V_{m,\,m+1}^{h_2}$$

durch ein Product:

$$V_m^{p_k+q_k} V_{m,\,m+k-1}^{kq_k} \qquad (2 \leqq k \leqq r)$$

theilbar. Denn erstens ist für jeden der $r-1$ Werthe von k:

$$p_k + q_k \leqq p_{r+1},$$

und da zweitens $h_2 + h_3 + \dots + h_r = q_{r+1}$, also:

$$\sum_{k=2}^{k=r} (h_k - kq_k) = -r + 2$$

ist, so muss wenigstens für *einen* der $r-1$ Werthe von k:

$$kq_k \leqq h_k$$

sein. Die Congruenz ($\mathfrak{R}'$.) gilt hiernach auch, wenn man darin $r+1$ statt r nimmt, und sie gilt also für *alle* Werthe $r = 1, 2, \dots n-m$. Es ist daher in der That das Modulsystem:

$$(W_m, \; W_{m+1}, \; W_{m+2}, \dots W_{n-1})$$

in dem Modulsysteme:

$$(\dots V_m^{t_r} V_{m,\,m+r-1}^{rq_r}, \dots) \qquad (r = 1, 2, \dots n-m)$$

enthalten, wenn die Zahlen q_r, t_r durch die Gleichungen:

$$q_1 = 1, \quad q_{r+1} - 1 = \sum_{k=1}^{k=r}(kq_k - 1), \quad t_r + 1 = \sum_{k=1}^{k=r} q_k \qquad (r=1, 2, \dots n-m)$$

bestimmt werden.

Die hier entwickelten Beziehungen zwischen den Determinanten $V_{m,s}$ und W_{m+r} können in folgende Congruenzen zusammengefasst werden:

$$(\mathfrak{K}_1.) \qquad V_m^r W_{m+r-1} \equiv 0 \quad (\text{modd. } V_{m,m}, \ V_{m,m+1}, \dots V_{m,n-1})$$

$$(\mathfrak{K}_2.) \qquad V_m^{t_r} V_{m,m+r-1}^{rq_r} \equiv 0 \quad (\text{modd. } W_m, \ W_{m+1}, \dots W_{n-1}) \qquad (r=1, 2, \dots n-m).$$

Es geht aus ihnen hervor, dass

einerseits das Modulsystem $(V_{m,m}, V_{m,m+1}, \dots V_{m,n-1})$ in dem mit V_m^{n-m} multiplicirten Modulsysteme $(W_m, W_{m+1}, \dots W_{n-1})$, andererseits dieses letztere in einer *Potenz* des mit V_m multiplicirten ersteren enthalten ist, wenn der Exponent genügend gross, z. B. gleich

$$m - n + 1 + q_1 + 2q_2 + 3q_3 + \cdots + (n-m)q_{n-m}$$

angenommen wird.

Jene merkwürdige Aequivalenz der beiden Systeme von Bedingungen:

$$V_m \gtrless 0, \quad V_{m,m} = 0, \quad V_{m,m+1} = 0, \dots V_{m,n-1} = 0,$$

$$V_m \gtrless 0, \quad W_m = 0, \quad W_{m+1} = 0, \dots W_{n-1} = 0,$$

welche ich schon im art. VII meines oben citirten Aufsatzes*) nachgewiesen

*) Monatsbericht der hiesigen Akademie vom Juni 1881[1]).

[1]) Band II S. 146 flgde. dieser Ausgabe. H.

habe, tritt hier in Evidenz. Aber die Congruenzen ($\mathfrak{K}_1$.), ($\mathfrak{K}_2$.) sind nicht nur die wahre Quelle für die angegebene Aequivalenz, sondern sie ergeben auch allgemeinere Resultate, welche im Folgenden entwickelt werden sollen.

§ 4.

Die im vorigen Paragraphen entwickelte Gleichung ($\overline{\mathfrak{H}}$.):

$$V_{m,t} = \sum_h w_{m-h+t} V_m^{(h)} \qquad (h=0, 1, 2, \ldots m)$$

lässt sich, da $V_m^{(0)} \doteq V_m$ ist, in folgender Weise darstellen:

$$w_s V_m + w_{s-1} V_m^{(1)} + w_{s-2} V_m^{(2)} + \cdots + w_{s-m} V_m^{(m)} = V_{m,s-m} \qquad (s \geqq m).$$

Da nun, gemäss der Congruenz ($\mathfrak{H}^0$.) im § 3, jede Determinante $V_{m,s-m}$ das Modulsystem $(V_{m,m}, V_{m,m+1}, \ldots V_{m,n-1})$ enthält, so besteht — im Sinne der Congruenz für dieses Modulsystem — zwischen den Grössen w eine „lineare Recursionsformel m^{ter} Ordnung", nämlich*):

$$w_s V_m + w_{s-1} V_m^{(1)} + w_{s-2} V_m^{(2)} + \cdots + w_{s-m} V_m^{(m)} \equiv 0 \quad (\text{modd. } V_{m,m}, V_{m,m+1}, \ldots V_{m,n-1}).$$

In dem Systeme der Grössen:

$$w_{p+q} V_m^{q-m+1} \qquad (p, q=0, 1, 2, \ldots),$$

oder genauer in dem Systeme:

---

*) Vgl. die Definitionen im art. VII meines mehrfach citirten, im Monatsberichte der hiesigen Akademie vom Juni 1881 abgedruckten Aufsatzes[1]).

[1]) Band II S. 146 f. dieser Ausgabe. H.

$$
\begin{array}{lllllll}
w_0, & w_1, & w_2, & \ldots\, w_{m-1}, & w_m V_m, & w_{m+1} V_m^2, & w_{m+2} V_m^3, \ldots \\
w_1, & w_2, & w_3, & \ldots\, w_m, & w_{m+1} V_m, & w_{m+2} V_m^2, & w_{m+3} V_m^3, \ldots \\
w_2, & w_3, & w_4, & \ldots\, w_{m+1}, & w_{m+2} V_m, & w_{m+3} V_m^2, & w_{m+4} V_m^3, \ldots \\
\cdot & \cdot & \cdot & \cdot & \cdot & \cdot & \cdot \\
\cdot & \cdot & \cdot & \cdot & \cdot & \cdot & \cdot \\
\cdot & \cdot & \cdot & \cdot & \cdot & \cdot & \cdot
\end{array}
$$

mit beliebig weit fortgesetzten Horizontal- und Vertical-Reihen ist daher *modulis* $V_{m,m}, V_{m,m+1}, \ldots V_{m,n-1}$ jede Verticalreihe eine lineare homogene Function der m unmittelbar vorhergehenden;

jede Determinante $(m+1)^{ter}$ *Ordnung dieses Systems ist also modulis* $V_{m,m}, V_{m,m+1}, \ldots V_{m,n-1}$ *congruent Null, d. h. der Rang des Grössensystems:*

$$w_{p+q} V_m^{q-m+1} \qquad (p, q = 0, 1, 2, \ldots)$$

ist in Beziehung auf das aus den $n-m$ *Determinanten:*

$$|w_{h+k}| \qquad \begin{pmatrix} h=0, 1, \ldots m-1, m \\ k=0, 1, \ldots m-1, t \\ t=m, m+1, \ldots n-1 \end{pmatrix}$$

zu bildende Modulsystem genau gleich m.

Ferner folgt hieraus mit Hülfe der am Schlusse des vorigen Paragraphen gegebenen Entwickelungen:

dass eine Potenz jeder aus dem Grössensysteme:

$$w_{p+q} \qquad (p, q = 0, 1, 2, \ldots)$$

zu bildenden Determinante $(m+1)^{ter}$ *Ordnung, nach Multiplication mit*

24*

einer genügend hohen Potenz von V_m, modulis $W_m, W_{m+1}, \ldots W_{n-1}$ congruent Null wird, also das aus den $n-m$ Hauptdeterminanten:

$$|w_{p+q}| \qquad \begin{pmatrix} p, q = 0, 1, 2, \ldots m+r \\ r = 0, 1, 2, \ldots n-m-1 \end{pmatrix}$$

zu bildende Modulsystem enthält.

Nimmt man für $\mathfrak{v}_0, \mathfrak{v}_1, \ldots \mathfrak{v}_{n-1}, v_0, v_1, \ldots v_{n-1}$ irgend welche ganze Grössen eines natürlichen Rationalitätsbereichs $(\mathfrak{R}', \mathfrak{R}'', \ldots \mathfrak{R}^{(n-1)})$, so sind auch $w_0, w_1, w_2, \ldots$ ganze Grössen desselben Bereichs; denn die ersten $2n$ Grössen w sind nach §§ 1 und 3 mit den Grössen $\mathfrak{v}$ und v durch die Relationen:

$$w_h + v_{n-1}w_{h-1} + v_{n-2}w_{h-2} + \cdots + v_{n-h}w_0 = \mathfrak{v}_{n-h-1} \qquad (h=0, 1, \ldots n-1),$$

$$w_k + v_{n-1}w_{k-1} + v_{n-2}w_{k-2} + \cdots + v_0 w_{k-n} = 0 \qquad (k=n, n+1, \ldots 2n-1)$$

verbunden, während sich die Grössen $w_{2n}, w_{2n+1}, \ldots$ alsdann durch die letztere Gleichung für $k \geqq 2n$ bestimmen.

Die Determinanten $(n+1)^{\text{ter}}$ Ordnung, welche aus dem System:

$$w_{p+q} \qquad (p, q = 0, 1, 2, \ldots)$$

gebildet werden können, sind sämmtlich gleich Null. Der (absolute) Rang dieses Systems ist also gleich n, wenn die Determinante n^{ter} Ordnung:

$$|w_{p+q}| \qquad (p, q = 0, 1, \ldots n-1)$$

von Null verschieden ist; aber der „Rang in Beziehung auf ein Primmodulsystem“ $(M', M'', M''', \ldots)$ des Rationalitätsbereichs $(\mathfrak{R}', \mathfrak{R}'', \ldots \mathfrak{R}^{(n-1)})$ ist gleich m, wenn m die grösste Ordnungszahl aller das Modulsystem $(M', M'', M''', \ldots)$ nicht enthaltenden Determinanten ist. Da aber oben gezeigt worden ist, dass *jede* aus dem Systeme w_{p+q} zu bildende Determinante $(m+1)^{\text{ter}}$ Ordnung, nach Multiplication mit einer Potenz der Determinante V_m, das aus den

$n-m$ speciellen Determinanten $(m+1)^{\text{ter}}$ Ordnung $V_{m,m}$, $V_{m,m+1}$, ... $V_{m,n-1}$ bestehende Modulsystem enthält, so genügen für die Charakterisirung der Rangzahl m die Bedingungen:

$$(\mathfrak{L}.)\quad V_m \text{ nicht} \equiv 0,\ V_{m,m}\equiv 0,\ V_{m,m+1}\equiv 0, \ldots V_{m,n-1}\equiv 0 \ (\text{modd. } M', M'', M''', \ldots)$$

oder:

$$(\mathfrak{L}'.)\qquad |w_{g+h}| \text{ nicht} \equiv 0, \qquad |w_{i+k}|\equiv 0 \quad (\text{modd. } M', M'', M''', \ldots)$$
$$(g, h=0, 1, \ldots m-1), \qquad (i=0, 1, \ldots m-1, m;\ k=0, 1, \ldots m-1, t;\ t=m, m+1, \ldots n-1),$$

welche, vermöge der Congruenzen $(\mathfrak{K}_1.)$ und $(\mathfrak{K}_2.)$ im § 3, und weil $(M', M'', M''', \ldots)$ als ein *Prim*modulsystem vorausgesetzt worden, mit den Bedingungen:

$$(\mathfrak{M}.)\qquad V_m \text{ oder } W_{m-1} \text{ nicht} \equiv 0, \quad W_m\equiv 0, \quad W_{m+1}\equiv 0, \ldots W_{n-1}\equiv 0$$
$$(\text{modd. } M', M'', M''', \ldots)$$

oder:

$$(\mathfrak{M}'.)\qquad |w_{g+h}| \text{ nicht} \equiv 0, \quad |w_{p+q}|\equiv 0 \quad (\text{modd. } M', M'', M''', \ldots)$$
$$(g, h=0, 1, \ldots m-1) \qquad (p, q=0, 1, 2, \ldots m+r;\ r=0, 1, 2, \ldots n-m-1)$$

völlig äquivalent sind. Aus diesen letzteren Bedingungen geht hervor, dass es genügt,

> die Rangzahl m als die grösste Ordnungszahl aller das Modulsystem nicht enthaltenden *Haupt*determinanten:
>
> $$(\mathfrak{N}.)\qquad w_0, \quad \begin{vmatrix} w_0, & w_1 \\ w_1, & w_2 \end{vmatrix}, \quad \begin{vmatrix} w_0, & w_1, & w_2 \\ w_1, & w_2, & w_3 \\ w_2, & w_3, & w_4 \end{vmatrix}, \ldots$$
>
> zu definiren;

und dies ist wohl die einfachste Weise, den Rang eines Systems w_{p+q} in Beziehung auf irgend ein Primmodulsystem zu charakterisiren.

§ 5.

Gemäss der Aequivalenz ($\mathfrak{G}$.), am Schlusse des § 2, müssen Congruenzen:

$$(\mathfrak{P}.)\qquad \begin{cases} V_m^2\,\mathfrak{V}(x) \equiv \mathfrak{Q}(x)\,W^{(n-m)}(x), \quad V_m^2\,V(x) \equiv Q(x)\,W^{(n-m)}(x), \\ V_m^2\,W^{(n-m)}(x) \equiv V_m^2\,\mathfrak{P}(x)\mathfrak{V}(x) + V_m^2\,P(x)\,V(x) \end{cases}$$

für das Modulsystem:

$$(V_{m,m},\ V_{m,m+1},\ \ldots\ V_{m,n-1})$$

bestehen, in welchen:

$$\mathfrak{P}(x),\quad \mathfrak{Q}(x),\quad P(x),\quad Q(x)$$

ganze Functionen von x bedeuten, deren Coefficienten ganze ganzzahlige Functionen der Variabeln $\mathfrak{v}$ und v sind.

Nach § 1, ($\mathfrak{E}_0$.) und ($\mathfrak{E}$.) kann z. B.

$$\mathfrak{P}(x) = V^{(m-1)}(x), \quad P(x) = -\mathfrak{V}^{(m-1)}(x), \quad \mathfrak{Q}(x) = \mathfrak{V}^{(m)}(x), \quad Q(x) = V^{(m)}(x)$$

genommen werden.

So wie nun überhaupt durch drei Gleichungen:

$$(\mathfrak{Q}.)\qquad \varphi(x) = f(x)g(x), \quad \psi(x) = f(x)h(x), \quad f(x) = \varphi(x)\varphi_1(x) + \psi(x)\psi_1(x),$$

in denen $f(x)$, $g(x)$, $h(x)$, $\varphi(x)$, $\varphi_1(x)$, $\psi(x)$, $\psi_1(x)$ ganze Functionen von x bedeuten,

$f(x)$ als grösster gemeinsamer Theiler von $\varphi(x)$ und $\psi(x)$

vollständig charakterisirt wird, so lässt sich auch der Inhalt jener fundamentalen Aequivalenz ($\mathfrak{G}$.) dahin formuliren, dass

die Function $W^{(n-m)}(x)$ *den grössten gemeinsamen Theiler der beiden Functionen* $V_m^2 \mathfrak{V}(x)$ *und* $V_m^2 V(x)$ *modulis* $V_{m,m}, V_{m,m+1}, \ldots V_{m,n-1}$ *darstellt.*

Es muss sich daher bei dem Verfahren zur Aufsuchung des grössten gemeinsamen Theilers von $V(x)$ und $\mathfrak{V}(x)$ die mit $W^{(n-m)}(x)$ bezeichnete Function als solcher ergeben, wenn man bei diesem Verfahren jede ganze Function der Coefficienten $\mathfrak{v}$ und v gleich Null setzt, die sich als ganze lineare homogene Function von:

$$V_{m,m}, \; V_{m,m+1}, \ldots V_{m,n-1}$$

darstellen lässt, deren Coefficienten selbst ganze Functionen der Grössen $\mathfrak{v}$ und v sind.

Es seien nun, wie im vorigen Paragraphen, die Coefficienten von $\mathfrak{V}(x)$ und $V(x)$ ganze Grössen des natürlichen Rationalitätsbereichs ($\mathfrak{R}', \mathfrak{R}'', \ldots \mathfrak{R}^{(n-1)}$), ferner bedeute ($M', M'', M''', \ldots$), ebenso wie dort, ein Primmodulsystem desselben Bereichs, und der Rang des aus den Entwickelungscoefficienten $w_0, w_1, w_2, \ldots$ von:

$$\frac{\mathfrak{V}(x)}{V(x)} = w_0 x^{-1} + w_1 x^{-2} + w_2 x^{-3} + \ldots$$

zu bildenden Systems:

$$\begin{array}{ccc} w_0, & w_1, & w_2, \ldots \\ w_1, & w_2, & w_3, \ldots \\ w_2, & w_3, & w_4, \ldots \\ . & . & . \\ . & . & . \\ . & . & . \end{array}$$

sei in Beziehung auf das Modulsystem $(M', M'', M''', \ldots)$ gleich m. Alsdann ist dieses Modulsystem in dem Modulsysteme $(V_{m,m}, V_{m,m+1}, \ldots V_{m,n-1})$ enthalten, und die obigen Congruenzen ($\mathfrak{P}$.) gelten daher auch *modulis* $M', M'', M''', \ldots$. Da ferner, gemäss der Charakterisirung der Rangzahl m, die Determinante V_m das Primmodulsystem $(M', M'', M''', \ldots)$ *nicht* enthält, so kann der Factor V_m^2 in der letzten der drei Gleichungen ($\mathfrak{P}$.) weggelassen, in den beiden ersten aber durch eine in Beziehung auf das Modulsystem $(M', M'', M''', \ldots)$ primitive oder Einheits-Form E ersetzt werden.

Hiernach bestehen für das Modulsystem $(M', M'', M''', \ldots)$ Congruenzen:

$$(\overline{\mathfrak{P}}.) \qquad \begin{cases} E \cdot \mathfrak{V}(x) \equiv \mathfrak{Q}(x)\, W^{(n-m)}(x), \quad E \cdot V(x) \equiv Q(x)\, W^{(n-m)}(x), \\ \qquad W^{(n-m)}(x) \equiv \mathfrak{P}(x)\mathfrak{V}(x) + P(x)\, V(x), \end{cases}$$

welche die Function $W^{(n-m)}(x)$ als grössten gemeinsamen Theiler von $\mathfrak{V}(x)$ und $V(x)$ *modulis* $M', M'', M''', \ldots$ charakterisiren. Ebenso wie aber jenes System von drei Gleichungen ($\mathfrak{Q}$.) einfach durch die Aequivalenz

$$(\varphi(x),\ \psi(x)) \sim f(x)$$

ersetzt werden kann, welche zeigt, dass das Divisorensystem $(\varphi(x), \psi(x))$ sich auf den einfachen Divisor $f(x)$ reduciren lässt, so kann auch der wesentliche Inhalt des Systems der drei Congruenzen ($\overline{\mathfrak{P}}$), mit Weglassung der nebensächlichen Functionen $\mathfrak{Q}(x)$, $Q(x)$, $\mathfrak{P}(x)$, $P(x)$, durch die Aequivalenz:

$$(\overline{\mathfrak{R}}.) \qquad (\mathfrak{V}(x),\ V(x)) \sim W^{(n-m)}(x) \qquad (\text{modd. } M', M'', M''', \ldots)$$

einfach und deutlich dargestellt werden.

In dieser Aequivalenz ist der Zielpunkt der vorstehenden Auseinandersetzungen enthalten, nämlich die *Bestimmung des grössten gemeinsamen Theilers zweier ganzen Functionen* $\mathfrak{V}(x)$ *und* $V(x)$ *für irgend ein Primmodulsystem* $(M', M'', M''', \ldots)$. Denn mit Hülfe der Entwickelungscoefficienten $w_0, w_1, w_2, \ldots$ von:

$$\frac{\mathfrak{V}(x)}{V(x)} = w_0 x^{-1} + w_1 x^{-2} + w_2 x^{-3} + \cdots$$

lässt sich der grösste gemeinsame Theiler von $\mathfrak{V}(x)$ und $V(x)$, welcher oben mit $W^{(n-m)}(x)$ bezeichnet worden ist, als ganze Function $(n-m)^{\text{ten}}$ Grades von x, nach § 2 durch:

$$\sum_{h=0}^{h=n-m} x^h \sum_{r=h+m}^{r=n} v_r \,|\, w_{i+k} \,| \qquad \begin{pmatrix} i=0,\, 1,\, \ldots\, m-2,\, m-1 \\ k=0,\, 1,\, \ldots\, m-2,\, r-h-1 \end{pmatrix}$$

oder durch die Determinante:

$$\begin{vmatrix} \mathfrak{V}(x), & w_0, & w_1, & \ldots & w_{m-2} \\ w_0 V(x), & w_0 x - w_1, & w_1 x - w_2, & \ldots & w_{m-2} x - w_{m-1} \\ w_1 V(x), & w_1 x - w_2, & w_2 x - w_3, & \ldots & w_{m-1} x - w_m \\ \cdot & \cdot & \cdot & & \cdot \\ \cdot & \cdot & \cdot & & \cdot \\ \cdot & \cdot & \cdot & & \cdot \\ w_{m-2} V(x), & w_{m-2} x - w_{m-1}, & w_{m-1} x - w_m, & \ldots & w_{2m-4} x - w_{2m-3} \end{vmatrix}$$

darstellen, und die Zahl m ist hierbei durch den *Rang* bestimmt, welcher dem Grössensystem:

$$\begin{matrix} w_0, & w_1, & w_2, & \ldots \\ w_1, & w_2, & w_3, & \ldots \\ w_2, & w_3, & w_4, & \ldots \\ \cdot & \cdot & \cdot & \\ \cdot & \cdot & \cdot & \\ \cdot & \cdot & \cdot & \end{matrix}$$

in Beziehung auf das Modulsystem $(M', M'', M''', \ldots)$ zukommt.

Die Bestimmung des grössten gemeinsamen Theilers, den zwei Functionen $\mathfrak{V}(x)$ und $V(x)$ *an sich,* d. h. ohne Beziehung auf irgend ein bestimmtes Modulsystem haben, kann als ein specieller Fall des oben behandelten

Problems aufgefasst werden. Denn wenn man dem Rationalitätsbereich $(\mathfrak{R}', \mathfrak{R}'', \ldots \mathfrak{R}^{(n-1)})$, welchem die Coefficienten von $\mathfrak{V}(x)$ und $V(x)$ angehören, eine neue Variable $\mathfrak{R}$ hinzufügt und diese selbst an Stelle des Modulsystems $(M', M'', M''', \ldots)$ als Modul einführt, so besteht die Aequivalenz $(\overline{\mathfrak{R}}.)$ offenbar nicht nur *mod.* $\mathfrak{R}$, sondern auch *an sich,* da die Coefficienten der Functionen $\mathfrak{V}(x)$, $V(x)$ und $W^{(n-m)}(x)$ von $\mathfrak{R}$ unabhängig sind und also jede ganze Function dieser Coefficienten, welche *mod.* $\mathfrak{R}$ congruent Null ist, auch *gleich* Null sein muss.

§ 6.

Für den einfachen Fall des absoluten Rationalitätsbereichs $\mathfrak{R} = 1$ sind $\mathfrak{v}_0, \mathfrak{v}_1, \ldots v_0, v_1, \ldots w_0, w_1, \ldots$ ganze Zahlen, und an die Stelle des Primmodulsystems $(M', M'', M''', \ldots)$ tritt eine gewöhnliche Primzahl p. Ist alsdann die Determinante m^{ter} Ordnung die letzte in der Reihe der Hauptdeterminanten:

$$w_0, \quad \begin{vmatrix} w_0, & w_1 \\ w_1, & w_2 \end{vmatrix}, \quad \begin{vmatrix} w_0, & w_1, & w_2 \\ w_1, & w_2, & w_3 \\ w_2, & w_3, & w_4 \end{vmatrix}, \ldots,$$

deren Werth nicht durch p theilbar ist, so ist (nach § 4) der Rang des Systems der Zahlen w_{p+q} in Beziehung auf den Modul p genau gleich m, und die beiden ganzen ganzzahligen Functionen von x:

$$\mathfrak{v}_0 + \mathfrak{v}_1 x + \mathfrak{v}_2 x^2 + \cdots + \mathfrak{v}_{n-1} x^{n-1}, \quad v_0 + v_1 x + v_2 x^2 + \cdots + v_{n-1} x^{n-1} + x^n$$

haben, *modulo* p betrachtet, einen grössten gemeinsamen Theiler vom Grade $n - m$.

Nimmt man speciell $n = p - 1$, $v_0 = -1$, $v_1 = 0$, $v_2 = 0, \ldots v_{n-1} = 0$, so ist:

$$w_{h+nk} = \mathfrak{v}_{n-h-1}, \quad \text{also} \quad w_{h+nk} = w_h \qquad \binom{h=0,\,1,\,\ldots\,n-1}{k=0,\,1,\,\ldots\,\text{in inf.}},$$

und es wird dann durch die obigen Entwickelungen der grösste gemeinsame Theiler der beiden ganzen ganzzahligen Functionen von x:

$$w_0 x^{p-2} + w_1 x^{p-3} + w_2 x^{p-4} + \cdots + w_{p-3} x + w_{p-2} \quad \text{und} \quad x^{p-1} - 1$$

modulo p bestimmt. Da dieser aber nichts Anderes ist als das Product:

$$(x - x_1)(x - x_2) \cdots (x - x_{n-m}),$$

wenn $x_1, x_2, \ldots x_{n-m}$ die sämmtlichen, unter einander und von Null verschiedenen Wurzeln der Congruenz:

$$(\mathfrak{S}.) \qquad w_0 x^{p-2} + w_1 x^{p-3} + \cdots + w_{p-3} x + w_{p-2} \equiv 0 \pmod{p}$$

bedeuten, so ist es eben dieses Product, welches nach § 5 durch den Quotienten zweier Determinanten m^{ter} Ordnung:

$$\frac{1}{|w_{g+h}|} \cdot \left| w_g,\; w_{g+1}, \ldots w_{g+m-2},\; w_{g+m-1} x^{n-m} + w_{g+m} x^{n-m-1} + \cdots + w_{g+n-2} x + w_{g+n-1} \right| \quad (g,\, h = 0,\, 1,\, 2,\, \ldots\, m-1)$$

(mod. p) dargestellt wird, und es sind die Bedingungen für das Vorhandensein von genau $n - m$ unter einander und von Null verschiedenen Congruenzwurzeln, welche dadurch ausgedrückt werden, dass die Determinante:

$$(\mathfrak{S}'.) \qquad |w_{i+k}| \qquad (i,\, k = 0,\, 1,\, 2,\, \ldots\, r)$$

für $r = n - 1,\; n - 2, \ldots m$ durch p theilbar, aber für $r = m - 1$ *nicht* durch p theilbar sein soll.

Gemäss § 4 ($\mathfrak{L}'$.) können diese Bedingungen durch die folgenden ersetzt werden:

$$(\mathfrak{S}''.) \qquad |w_{g+h}| \text{ nicht } \equiv 0, \qquad |w_{i+k}| \equiv 0 \pmod{p}.$$
$$(g, h = 0, 1, \ldots m-1) \qquad (i = 0, 1, \ldots m-1, m;\ k = 0, 1, \ldots m-1, t;\ t = m, m+1, \ldots n-1).$$

Mit diesen sind aber, wie im § 4 gezeigt worden ist, zugleich die Bedingungen dafür erfüllt, dass sämmtliche Determinanten $(m+1)^{\text{ter}}$ Ordnung, welche aus dem Systeme

$$w_{i+k} \qquad (i, k = 0, 1, \ldots n-1)$$

gebildet werden können, aber nicht sämmtliche Determinanten m^{ter} Ordnung p als Factor enthalten.

In dieser letzteren Weise sind die Bedingungen für die Existenz von $n-m$ Congruenzwurzeln von Herrn *König* aufgestellt[1]) und von Herrn *Rados* als nothwendig und hinreichend nachgewiesen worden*). Nach der hier eingeführten Terminologie finden die *König*'schen Bedingungen ihren Ausdruck einfach darin,

dass der Rang des Systems

$$w_{i+k} \qquad (i, k = 0, 1, \ldots n-1)$$

in Beziehung auf den Modul p genau gleich m sein soll.

Aber hierfür sind auch schon die je $n-m+1$ Bedingungen $(\mathfrak{S}'.)$ oder $(\mathfrak{S}''.)$ ausreichend, und deren Anzahl ist wesentlich geringer als die Anzahl derjenigen, welche bei der *König*'schen Formulirung gebraucht werden.

Dafür, dass die Congruenz $(\mathfrak{S}.)$ überhaupt eine von Null verschiedene Wurzel habe, genügt die Bedingung:

$$|w_{g+h}| \equiv 0 \pmod{p} \qquad (g, h = 0, 1, \ldots n-1)$$

---

*) S. 258 dieses Bandes[2]).

[1]) Diese Bedingungen sind von Herrn *Julius König* im Winter 1881/2 in den Uebungen des mathematischen Seminares an der technischen Hochschule zu Budapest mitgetheilt worden. H.

[2]) Vgl. die Anmerkung (1) a. S. 167 dieses Bandes. H.

oder also*):

$$\prod_h \sum_k w_k e^{\frac{2hk\pi i}{n}} \equiv 0 \quad (\text{mod. } p) \qquad (h, k=0, 1, \ldots n-1).$$

Diese Bedingung findet sich schon — wenn auch unter etwas anderer Form — bei *Schoenemann*. Dass sie in der That genügt, erhellt aus der Congruenz:

$$\prod_h \sum_k w_k e^{\frac{2hk\pi i}{n}} \equiv \prod_h \sum_k w_k g^{hk} \quad (\text{mod. } p) \qquad (h, k=0, 1, \ldots n-1),$$

in welcher g eine primitive Congruenzwurzel von p bedeutet; diese Congruenz selbst aber ergiebt sich unmittelbar aus der Congruenz:

$$\prod_h (x - e^{\frac{2h\pi i}{n}}) \equiv \prod_h (x - g^h) \quad (\text{mod. } p) \qquad (h=0, 1, \ldots n-1),$$

wenn man das Lemma benutzt, welches ich im § 1 meiner Inauguraldissertation**) aufgestellt und bewiesen habe.

IV.

Auflösung eines speciellen Systems von Congruenzen.

§ 1.

Die im vorigen Artikel enthaltenen Entwickelungen können zur Auflösung des Systems von n Congruenzen:

$$(1.) \qquad \sum_{k=0}^{k=n-1} w_{h+k}\varphi_k \equiv w_h^0 \quad (\text{modd. } M', \; M'', \; M''', \ldots) \qquad (h=0, 1, \ldots n-1)$$

---

*) *Baltzer's* Determinantenbuch V. Aufl. § 11, 1.

**) Bd. 93 dieses Journals S. 2[1]).

[1]) Band I S. 10—11 dieser Ausgabe von *L. Kronecker's* Werken. H.

benutzt werden, d. h. sowohl zur Ermittelung der Bedingungen, welchen die als gegeben betrachteten Grössen w und w^0 genügen müssen, damit die Congruenzen Lösungen zulassen, als auch zur Bestimmung der gesuchten n Grössen φ_k selbst im Falle der Lösbarkeit.

Hierbei bedeuten die Grössen M, w, w^0 ganze Grössen eines natürlichen Rationalitätsbereichs $(\mathfrak{R}', \mathfrak{R}'', \ldots \mathfrak{R}^{(n-1)})$. Ueberdies soll — wie im zweiten Theile des § 5 (art. III) — $(M', M'', M''', \ldots)$ ein *Prim*modulsystem und $w_0 x^{-1} + w_1 x^{-2} + w_2 x^{-3} + \cdots$ die Entwickelung des Quotienten der beiden Functionen $\mathfrak{V}(x)$ und $V(x)$, d. i.

$$\mathfrak{v}_0 + \mathfrak{v}_1 x + \cdots + \mathfrak{v}_{n-1} x^{n-1} \quad \text{und} \quad v_0 + v_1 x + \cdots + v_{n-1} x^{n-1} + x^n$$

sein, deren Coefficienten $\mathfrak{v}$ und v ebenfalls als ganze Grössen des Bereichs $(\mathfrak{R}', \mathfrak{R}'', \ldots \mathfrak{R}^{(n-1)})$ vorausgesetzt werden.

Definirt man nun w_n^0, w_{n+1}^0, ... durch die Gleichungen:

$$\sum_{k=0}^{k=n-1} w_{h+k} \varphi_k = w_h^0 \qquad (h=n,\ n+1, \ldots \text{ in inf.}),$$

in welchen die Grössen φ_k eben die den Congruenzen (1.) genügenden Grössen bedeuten, so sind die Grössen w_h^0 durch eine lineare Recursionsformel mit einander verbunden, deren Ordnung höchstens gleich n ist, und die Reihe:

$$\sum_{h=0}^{h=\infty} w_h^0 x^{-h-1}$$

stellt daher eine rationale gebrochene Function von x dar, in welcher der Nenner höchstens vom Grade n ist. Bezeichnet man diese, in reducirter Form, mit $\frac{\mathfrak{V}^0(x)}{V^0(x)}$, so wird das System der Congruenzen (1.) in der Congruenz:

$$\sum_{h=0}^{h=\infty}\sum_{k=0}^{k=n-1} w_{h+k}\,\varphi_k\, x^{-h-1} \equiv \frac{\mathfrak{B}^0(x)}{V^0(x)} \qquad (\text{modd. } M', M'', \ldots)$$

zusammengefasst, und diese kann, wenn darin für die Reihe:

$$w_0 x^{-1} + w_1 x^{-2} + w_2 x^{-3} + \cdots$$

ihr Werth $\frac{\mathfrak{B}(x)}{V(x)}$ substituirt wird, noch folgendermaassen dargestellt werden:

$$(2.) \qquad \frac{\mathfrak{B}(x)}{V(x)} \sum_{k=0}^{k=n-1} \varphi_k x^k \equiv \frac{\mathfrak{B}^0(x)}{V^0(x)} + G(x) \qquad (\text{modd. } M', M'', \ldots),$$

wo $G(x)$ eine ganze Function von x, nämlich:

$$\sum_{k=0}^{k=n-1}\sum_{h=0}^{h=k-1} w_h\,\varphi_k\, x^{k-h-1}$$

bedeutet. Multiplicirt man nun diese Congruenz (2.) mit der ganzen Function $\mathfrak{P}(x)$, welche in der letzten der drei Congruenzen $(\overline{\mathfrak{P}}.)$ im art. III, § 5 vorkommt, und macht dann von den *beiden* letzten Relationen $(\overline{\mathfrak{P}}.)$ Gebrauch, so folgt, dass:

$$(3.) \qquad \frac{E.\sum_{k=0}^{k=n-1} \varphi_k x^k}{Q(x)} \equiv \frac{\mathfrak{P}(x)\,\mathfrak{B}^0(x)}{V^0(x)} + G_1(x) \qquad (\text{modd. } M', M'', \ldots)$$

sein muss, wo $G_1(x)$ eine ganze Function von x bedeutet.

Schon die Congruenz (2.) lehrt, dass der Bruch $\frac{\mathfrak{B}^0(x)}{V^0(x)}$ sich *modulis* $M', M'', \ldots$ auf einen solchen mit demselben Nenner wie der Bruch $\frac{\mathfrak{B}(x)}{V(x)}$, also nach art. III, § 5, $(\overline{\mathfrak{P}}.)$ auf einen Bruch mit dem Nenner $Q(x)$ reduciren lassen muss. *Die hierfür erforderlichen Beziehungen zwischen den Grössen w und w^0 bilden die nothwendigen und hinreichenden Bedingungen für die Lösbarkeit der Congruenzen* (1.).

Wenn die Congruenzen (1.) erfüllt sein sollen, muss sich also die Reihe $w_0^0 x^{-1} + w_1^0 x^{-2} + \cdots$ (im Sinne der Congruenz für das Modulsystem $(M', M'', \ldots)$) durch einen Bruch mit dem Nenner $V(x)$ darstellen lassen. Bei Einführung des Zählers dieses Bruches $V(x) \sum_{h=0}^{h=\infty} w_h^0 x^{-h-1}$ lassen sich aber die Bedingungen der Lösbarkeit der Congruenzen (1.) einfach durch die Congruenz:

$$(4.)\qquad V(x) \sum_{h=0}^{h=\infty} w_h^0 x^{-h-1} \equiv 0 \qquad (\text{modd. } \mathfrak{B}(x),\ V(x),\ M',\ M'', \ldots)$$

ausdrücken, welche unmittelbar aus der Congruenz (2.) hervorgeht.

Sind die Bedingungen für die Lösbarkeit der Congruenzen (1.) erfüllt, so *bestimmen sich vermöge der Relation* (3.) *die Grössen* φ_k *durch die Congruenz:*

$$(5.)\qquad E.\sum_{k=0}^{k=n-1} \varphi_k x^k \equiv R(x) + Q(x) S(x) \qquad (\text{modd. } M', M'', \ldots),$$

wenn darin $R(x)$ diejenige ganze Function $(m-1)^{\text{ten}}$ Grades bedeutet, für welche die Differenz:

$$(6.)\qquad \frac{\mathfrak{P}(x)\mathfrak{B}^0(x)}{V^0(x)} - \frac{R(x)}{Q(x)} \qquad (\text{modd. } M', M'', \ldots)$$

einer ganzen Function von x congruent ist, und wenn ferner für $S(x)$ eine beliebige ganze Function des Grades $n-m-1$ genommen wird. Der Ausdruck auf der rechten Seite der Congruenz (5.) wird alsdann, da $Q(x)$ vom m^{ten} Grade ist, in der That vom Grade $n-1$.

Die in der Congruenz (5.) enthaltene Bestimmung der Grössen φ lässt sich auch im Anschluss an die Bedingungscongruenz (4.) durch die Congruenz:

$$(7.)\qquad V(x) \sum_{h=0}^{h=\infty} w_h^0 x^{-h-1} \equiv \mathfrak{B}(x) \sum_{k=0}^{k=n-1} \varphi_k x^k \qquad (\text{modd. } V(x),\ M',\ M'', \ldots)$$

ausdrücken, welche sich unmittelbar aus der Congruenz (2.) ergiebt.

Die Function $S(x)$ enthält $n-m$ beliebige Coefficienten; es giebt daher, falls die Congruenzen (1.) überhaupt Lösungen zulassen, eine $(n-m)$-fache Mannigfaltigkeit von Grössen φ_k, welche jenen Congruenzen genügen. Dass dies der Fall ist, wenn die Grössen w_h^0 sämmtlich congruent Null sind, geht schon aus den allgemeinen Entwickelungen im art. II hervor. Die Congruenzen sind dann stets lösbar, und die gesuchten Grössen $\varphi_0, \varphi_1, \ldots \varphi_{n-1}$ bestimmen sich in ihrer $(n-m)$-fachen Mannigfaltigkeit:

> als (dem Integritätsbereich $[\mathfrak{R}', \mathfrak{R}'', \ldots \mathfrak{R}^{(n-1)}]$ angehörige) Coefficienten irgend einer das Modulsystem $(Q(x), M', M'', \ldots)$ enthaltenden ganzen Function $(n-1)^{\text{ten}}$ Grades von x,

wenn für $Q(x)$ die im art. III, § 1 mit $V^{(m)}(x)$ bezeichnete Determinante:

$$|w_{i+k-2}x - w_{i+k-1}| \qquad (i, k=1, 2, \ldots m)$$

genommen wird, und wenn m den Rang des Coefficienten-Systems der Congruenzen (1.) in Beziehung auf das Primmodulsystem $(M', M'', \ldots)$ bedeutet. Denn die im art. III, § 2 hergeleitete Congruenz $W^{(n-m-1)}(x) \equiv 0$ besteht bei den gemachten Annahmen für das Modulsystem $(M', M'', \ldots)$, und die Gleichungen ($\mathfrak{E}$.) im art. III, § 1 ergeben dann, dass der Bruch $\frac{\mathfrak{V}(x)}{V(x)}$ sich *modulis* $M', M'', \ldots$ auf den Bruch $\frac{\mathfrak{V}^{(m)}(x)}{V^{(m)}(x)}$ reducirt, dass also in der That die Function $V^{(m)}(x)$ für den oben mit $Q(x)$ bezeichneten Nenner genommen werden kann.

Das hier benutzte Resultat, dass die Rangzahl m mit der Gradzahl der Function $V^{(m)}(x)$ identisch ist, mag an dieser Stelle nochmals hervorgehoben und unabhängig von der vorstehenden Entwickelung folgendermaassen formulirt werden:

> „Sind $w_0, w_1, w_2, \ldots$ ganze Grössen eines natürlichen Rationalitätsbereichs, und wird durch die unendliche Reihe

$$w_0x^{-1} + w_1x^{-2} + w_2x^{-3} + \cdots$$

— im Sinne der Congruenz für ein Primmodulsystem desselben Bereichs — eine rationale Function von x dargestellt, so bezeichnet die Zahl, welche den Rang des Systems:

$$w_{i+k} \qquad (i, k = 0, 1, 2, \dots \text{ in inf.})$$

in Beziehung auf das Modulsystem angiebt, zugleich den niedrigsten Grad, auf welchen der Nenner der durch die Reihe dargestellten Function reducirt werden kann."

Es folgt hieraus, dass auch der *absolute* Rang eines Systems w_{i+k} mit dem Grade des Nenners des durch die Reihe $w_0 x^{-1} + w_1 x^{-2} + w_2 x^{-3} + \cdots$ wirklich dargestellten (reducirten) Bruches übereinstimmt; denn gemäss der Bemerkung am Schlusse des § 5 art. III kann dies als ein *specielleres* Resultat aufgefasst werden.

§ 2.

Für den einfachen Fall des absoluten Rationalitätsbereichs $\mathfrak{R} = 1$ sind $w_0, w_1, w_2, \dots w_0^0, w_1^0, w_2^0, \dots \varphi_0, \varphi_1, \varphi_2, \dots$ ganze Zahlen, und an die Stelle des Primmodulsystems tritt ein Primmodul p. Nimmt man nun $V(x) = x^n - 1$, so wird für jede ganze Zahl h:

$$w_{h+n} = w_h, \qquad w_{h+n}^0 = w_h^0,$$

und es ist demnach:

$$(8.) \qquad \sum_{h=0}^{h=\infty} w_h x^{-h-1} = \frac{\sum\limits_{k=0}^{k=n-1} w_k x^{n-k-1}}{x^n - 1}, \qquad \sum_{h=0}^{h=\infty} w_h^0 x^{-h-1} = \frac{\sum\limits_{k=0}^{k=n-1} w_k^0 x^{n-k-1}}{x^n - 1}.$$

Für die Lösbarkeit der Congruenzen:

$$(9.) \qquad \sum_{k=0}^{k=n-1} w_{h+k} \varphi_k \equiv w_h^0 \pmod{p} \qquad (h = 0, 1, \dots n-1)$$

ist also — gemäss der Bedingung (4.) im § 1 dieses Artikels — nothwendig und hinreichend, dass die Congruenz:

$$(10.)\qquad \sum_{k=0}^{k=n-1} w_k^0 x^{n-k-1} \equiv 0 \quad (\text{modd. } p,\ x^n - 1,\ \sum_{k=0}^{k=n-1} w_k x^{n-k-1})$$

erfüllt sei, und wenn dies der Fall ist, wird die Bestimmung der Grössen φ gemäss § 1 (7.) durch die Congruenz:

$$(11.)\qquad \sum_{k=0}^{k=n-1} w_k^0 x^{n-k-1} \equiv \sum_{k=0}^{k=n-1} \varphi_k x^k \sum_{k=0}^{k=n-1} w_k x^{n-k-1} \quad (\text{modd. } p,\ x^n - 1)$$

gegeben.

Im Falle $n = p - 1$ ist das Modulsystem der Congruenz (10.) dem Systeme $(p,\ (x - x_1)(x - x_2)\ldots)$ aequivalent, wenn $x_1,\ x_2, \ldots$ die untereinander und von Null verschiedenen Wurzeln der Congruenz:

$$\sum_{k=0}^{k=p-2} w_k x^{p-k-2} \equiv 0 \quad (\text{mod. } p)$$

bedeuten. Die Congruenzbedingung (10.) besagt demnach nichts Anderes, als dass die Congruenz:

$$\sum_{k=0}^{k=p-2} w_k^0 x^{p-k-2} \equiv 0 \quad (\text{mod. } p)$$

für alle von Null verschiedenen Wurzeln der Congruenz:

$$\sum_{k=0}^{k=p-2} w_k x^{p-k-2} \equiv 0 \quad (\text{mod. } p)$$

erfüllt sein muss, und dies ist also nothwendig und hinreichend für die Lösbarkeit der Congruenzen:

$$\sum_{k=0}^{k=p-2} w_{h+k}\varphi_k \equiv w_h^0 \pmod{p} \qquad {\scriptstyle (h=0,\,1,\,\ldots\,p-2)},$$

in denen $w_{p-1} = w_0$, $w_p = w_1$, ... $w_{2p-4} = w_{p-3}$ zu nehmen ist.

Im Falle $n = p$ wird das Modulsystem der Congruenz (10.), da $x^p - 1 \equiv (x-1)^p \pmod{p}$ ist, einem Modulsysteme $(p, (x-1)^{p-m})$ aequivalent, in welchem der Exponent von $x-1$ höchstens $p-1$ sein kann, weil das letzte Element des Modulsystems der Congruenz (10.) nur vom Grade $p-1$ ist*). Die Congruenzbedingung (10.) besagt hiernach, dass

> die Function $\sum_{k=0}^{k=p-1} w_k^0 x^{p-k-1}$ *modulo* p durch die höchste Potenz von $x-1$ theilbar sein muss, welche in der Function $\sum_{k=0}^{k=p-1} w_k x^{p-k-1}$ als Divisor *modulo* p enthalten ist,

und dies ist also nothwendig und hinreichend für die Lösbarkeit der Congruenzen:

$$\sum_{k=0}^{k=p-1} w_{h+k}\varphi_k \equiv w_h^0 \pmod{p} \qquad {\scriptstyle (h=0,\,1,\,\ldots\,p-1)},$$

in denen $w_p = w_0$, $w_{p+1} = w_1$, ... $w_{2p-2} = w_{p-2}$ ist.

Nimmt man alle p Zahlen w^0 gleich *Eins*, so wird:

$$\sum_{k=0}^{k=p-1} w_k^0 x^{p-k-1} \equiv (x-1)^{p-1} \pmod{p},$$

und die Bedingungen der Lösbarkeit der Congruenzen:

(12.) $$\sum_{k=0}^{k=p-1} w_{h+k}\varphi_k \equiv 1 \pmod{p}$$

---

*) Es wird hierbei natürlich vorausgesetzt, dass nicht alle Grössen w congruent Null sind.

sind daher für jedes beliebige System von Zahlen $w_0, w_1, \ldots w_{p-1}$ erfüllt, falls nur nicht alle durch p theilbar sind. Die allgemeinsten Werthe von $\varphi_0, \varphi_1, \ldots \varphi_{p-1}$ werden hier, gemäss den im § 1 gegebenen Vorschriften, in einfacher Weise durch die Congruenz:

$$(13.)\qquad \sum_{k=0}^{k=p-1} \varphi_k x^k \equiv r(x-1)^{m-1} \quad (\text{modd. } p,\ (x-1)^m)$$

definirt, und die Zahlen m und r sind dabei durch die Congruenzen:

$$(14.)\qquad \sum_{k=0}^{k=p-1} w_k x^{p-k-1} \equiv (x-1)^{p-m}\psi(x), \qquad r\psi(1)\equiv 1 \quad (\text{mod. } p)$$

bestimmt, welche $(x-1)^{p-m}$ als die höchste in $\sum_{k=0}^{k=p-1} w_k x^{p-k-1}$ (*modulo* p) enthaltene Potenz von $x-1$ charakterisiren.

Dass die so definirten Grössen φ in der That den Congruenzen (12.) genügen, zeigt sich unmittelbar, wenn man die beiden Congruenzen (13.) und (14.) mit einander multiplicirt. Dann kommt nämlich:

$$\sum_{k=0}^{k=p-1} w_k x^{p-k-1} \sum_{k=0}^{k=p-1} \varphi_k x^k \equiv r\psi(x)(x-1)^{p-1} \quad (\text{modd. } p,\ (x-1)^p),$$

und da:

$$r\psi(x)\equiv 1 \quad (\text{modd. } p,\ x-1), \quad (x-1)^{p-1}\equiv 1+x+x^2+\cdots+x^{p-1} \quad (\text{mod. } p),$$

$$\sum_k w_k x^{p-k-1} \sum_k \varphi_k x^k \equiv \sum_{h,k} w_{h+k}\varphi_k x^{p-h-1} \quad (\text{mod. } x^p-1) \quad {\scriptstyle (h,\,k=0,\,1,\,\ldots\, p-1)}$$

ist, so resultirt die Congruenz:

$$\sum_{h,k} w_{h+k}\varphi_k x^{p-h-1} \equiv \sum_h x^{p-h-1} \quad (\text{modd. } p,\ x^p-1) \quad {\scriptstyle (h,\,k=0,\,1,\,\ldots\, p-1)},$$

aus welcher die p Congruenzen (12.) offenbar folgen.

Die Lösbarkeit der Congruenzen (12.) brauchte ich als Lemma für Sätze aus der Theorie der algebraischen Gleichungen, welche ich in meinen öffentlichen Universitätsvorlesungen in diesem Wintersemester entwickelt habe. Ich habe dabei zwei verschiedene, jedoch etwas complicirte Beweise für das Lemma gegeben. Aber Herr *Runge*, welcher den Vorlesungen beiwohnte, hat dann einen einfacheren Beweis gefunden, und mir eine Mittheilung darüber gemacht, welche mich auf die obige Beweismethode und auch auf die Behandlung des allgemeineren Problems in § 1 dieses Artikels geführt hat.

§ 3.

Nimmt man für die Grössen w_h^0 in den Congruenzen (1.) des § 1 dieses Artikels die Grössen w_{h+n}, so wird diesen Congruenzen offenbar durch die Werthe:

$$\varphi_k \equiv -v_k \quad (\text{modd. } M', \ M'', \ldots) \qquad (k=0, 1, \ldots n-1)$$

genügt, da die Grössen v und w durch die Relationen:

$$(15.) \qquad w_{h+n} + \sum_{k=0}^{k=n-1} v_k w_{h+k} = 0 \qquad (h=0, 1, 2, \ldots)$$

mit einander verbunden sind. Es sind dies aber nur dann die *einzigen* genügenden Werthe der Grössen φ_k, wenn der Rang des Systems:

$$w_{i+k} \qquad (i, k=0, 1, 2, \ldots \text{ in inf.})$$

in Beziehung auf das Modulsystem $(M', M'', \ldots)$ genau gleich n ist. Für die hier angenommenen Werthe der Grössen w_h^0 wird nämlich:

$$\frac{\mathfrak{V}^0(x)}{V^0(x)} = \frac{\mathfrak{V}(x)}{V(x)} x^n - \sum_{k=0}^{k=n-1} w_k x^{n-k-1},$$

und wenn man hierin x^n durch $V(x) - \sum_{k=0}^{k=n-1} v_k x^k$ ersetzt, so bestimmt sich vermöge der Congruenz (5.) des § 1 die Function $\sum_{k=0}^{k=n-1} \varphi_k x^k$ als der Rest der Division von:

$$-\sum_{k=0}^{k=n-1} v_k x^k$$

durch $Q(x)$, unter Hinzufügung eines Ausdrucks $Q(x)\,S(x)$, in welchem $S(x)$ eine beliebige ganze Function des Grades $n-m-1$ bedeutet. Nur dann also, wenn die Zahl m, welche den Rang des Systems w_{i+k} bezeichnet, genau gleich n ist, werden die Grössen φ_k durch die Congruenz:

$$\sum_{k=0}^{k=n-1} \varphi_k x^k \equiv -\sum_{k=0}^{k=n-1} v_k x^k \quad (\text{modd. } M', \ M'', \ldots)$$

vollständig bestimmt.

Nach den im § 1 gemachten Voraussetzungen ist $V(x)$ eine ganze Grösse des Bereichs $(x, \mathfrak{R}', \mathfrak{R}'', \ldots \mathfrak{R}^{(n-1)})$. Ist nun diese Grösse $V(x)$ irreductibel, so kann sie keinen Factor niedrigeren Grades $Q(x)$ haben, und zwar auch nicht im Sinne der Congruenz für das Modulsystem $(M', M'', \ldots)$, wenn die Irreductibilität von $V(x)$ in demselben Sinne vorausgesetzt wird. Der Rang des Systems w_{i+k} in Beziehung auf das Modulsystem $(M', M'', \ldots)$ kann dann also niemals kleiner als n sein, welche Grössen des Bereichs $(\mathfrak{R}', \mathfrak{R}'', \ldots \mathfrak{R}^{(n-1)})$ man auch für die Grössen $\mathfrak{v}$ nehmen mag. An Stelle der Grössen $\mathfrak{v}$ kann man aber auch, wie schon im art. III, § 3 [S. 180] erwähnt worden, die ersten n Grössen w beliebig annehmen.

Die Irreductibilität einer ganzen Function von x:

$$v_0 + v_1 x + v_2 x^2 + \cdots + v_{n-1} x^{n-1} + x^n,$$

in Beziehung auf ein Modulsystem $(M', M'', \ldots)$, lässt sich hiernach dadurch charakterisiren, dass der Rang des Systems:

$$w_{i+k} \qquad (i, k=0, 1, \dots n-1)$$

stets gleich n ist, wenn für $w_0, w_1, \dots w_{n-1}$ beliebige ganze Grössen desselben Bereichs $(\mathfrak{R}', \mathfrak{R}'', \dots \mathfrak{R}^{(n-1)})$ genommen werden, dem die Coefficienten $v_0, v_1, \dots v_{n-1}$ angehören, und wenn ferner die Grössen $w_n, w_{n+1}, \dots w_{2n-2}$ mittels der Relationen (15.) aus den ersten n Grössen w und den Grössen v bestimmt werden.

EIN FUNDAMENTALSATZ DER ALLGEMEINEN ARITHMETIK.

VON

L. KRONECKER.

Crelle, Journal für die reine und angewandte Mathematik. Band 100. S. 490—510.

EIN FUNDAMENTALSATZ DER ALLGEMEINEN ARITHMETIK.

Die arithmetische Behandlung der algebraischen Grössen führt mit Nothwendigkeit dazu, den *Gauss*'schen Congruenzbegriff so zu erweitern, dass auch „Systeme von Moduln" an Stelle des einfachen Congruenzmoduls zugelassen werden. Bei der weiteren Ausbildung der Theorie der Modulsysteme zeigt sich aber, dass dadurch zugleich die Untersuchung der algebraischen Grössen auf die der rationalen Functionen von Variabeln reducirt wird*). Es lag daher die Vermuthung nahe, dass die Theorie der Modulsysteme das Mittel gewähren möchte, bei der arithmetischen Behandlung der algebraischen Grössen die Auffassung derselben als „irrationaler Grössen" überhaupt entbehrlich zu machen und in den bezüglichen Gebieten der Algebra in principieller Weise die algebraischen Grössen durch rationale zu ersetzen. Dass dies in der That der Fall ist, soll in den folgenden Entwickelungen gezeigt werden, deren Zielpunkt

> *die Bestimmung eines Primmodulsystems ist, für welches eine gegebene ganze Function einer Variabeln sich als Product von Linearfactoren darstellen lässt.*

Die vorliegende Abhandlung enthält somit eine „Anwendung der Modulsysteme auf eine elementare algebraische Frage", und sie kann demgemäss

*) Vgl. die Einleitung in meiner Festschrift zu Herrn *Kummer*'s Doctorjubiläum, Bd. 92 dieses Journals S. 2[1]).

[1]) Band II S. 246—247 dieser Ausgabe von *L. Kronecker*'s Werken. H.

als eine Fortsetzung meines im 99. Bande dieses Journals[1]) veröffentlichten Aufsatzes angesehen werden, an welchen sie sich auch in den Definitionen und Bezeichnungen aufs Genaueste anschliesst.

Da die Theorie der Modulsysteme den Begriff der algebraischen Grössen, in dem bisherigen Sinne, bei arithmetischen Untersuchungen überflüssig erscheinen lässt, so genügt es, die Arithmetik auf die Behandlung *ganzer ganzzahliger Functionen unbestimmter Variabeln* auszudehnen. Die arithmetische Theorie solcher Functionen, d. h. also:

> *die arithmetische Theorie ganzer Grössen eines beliebigen natürlichen Rationalitätsbereichs*

ist es, die ich mit dem im Titel vorkommenden Ausdruck: „*allgemeine Arithmetik*" in passender Weise zu bezeichnen glaube. Dass für das hiermit charakterisirte mathematische Gebiet die *Zerlegung der ganzen Functionen einer Variabeln in lineare Factoren im Sinne der Congruenz für ein Primmodulsystem* von fundamentaler Bedeutung ist, bedarf keiner näheren Darlegung; es genügt vielmehr der Hinweis darauf, dass auch jener Satz über die Zerlegung im gewöhnlichen Sinne in der Regel, nach dem Vorgange von *Gauss*, als ein Fundamentalsatz der Algebra aufgefasst und bezeichnet wird.

Die Wichtigkeit der Bestimmung eines *Prim*modulsystems besteht darin, dass nur Congruenzen für *Prim*modulsysteme genau wie Gleichungen behandelt werden können, weil nur für Primmodulsysteme aus der Congruenz $A \cdot B \equiv 0$ geschlossen werden kann, dass entweder A oder B congruent Null sein muss.

§ 1.

Bedeuten $c_1, c_2, \ldots c_n$ *ganze* Grössen des natürlichen Rationalitätsbereichs $(\mathfrak{R}', \mathfrak{R}'', \ldots \mathfrak{R}^{(n-1)})$, und setzt man:

$$F(x) = x^n - c_1 x^{n-1} + c_2 x^{n-2} - \cdots \pm c_n,$$

---

[1]) Ueber einige Anwendungen der Modulsysteme auf elementare algebraische Fragen. Bd. III S. 147—208 dieser Ausgabe von *L. Kronecker*'s Werken. H.

so ist $F(x)$ eine ganze Grösse des Bereichs $(x, \mathfrak{R}', \mathfrak{R}'', \ldots \mathfrak{R}^{(n-1)})$. Bezeichnet man nun ferner, wie im § 11 meiner mehrerwähnten Festschrift, mit $\mathfrak{f}_1, \mathfrak{f}_2, \ldots \mathfrak{f}_n$ die n durch die Gleichung:

$$(x - x_1)(x - x_2) \cdots (x - x_n) = x^n - \mathfrak{f}_1 x^{n-1} + \mathfrak{f}_2 x^{n-2} - \cdots \pm \mathfrak{f}_n$$

definirten elementaren symmetrischen Functionen der unbestimmten Variabeln $x_1, x_2, \ldots x_n$, so besteht die Congruenz:

$$(1.) \qquad F(x) \equiv (x - x_1)(x - x_2) \cdots (x - x_n) \quad (\text{modd. } \mathfrak{f}_1 - c_1, \ \mathfrak{f}_2 - c_2, \ \ldots \ \mathfrak{f}_n - c_n)$$

oder, wenn zur Abkürzung:

$$(x - x_1)(x - x_2) \cdots (x - x_n) = \mathfrak{F}(x)$$

gesetzt wird:

$$(1^*.) \qquad F(x) \equiv \mathfrak{F}(x) \quad (\text{modd. } \mathfrak{f}_1 - c_1, \ \mathfrak{f}_2 - c_2, \ \ldots \ \mathfrak{f}_n - c_n).$$

Das Modulsystem dieser Congruenz, welches offenbar vom Range n ist, kann aber andere Modulsysteme n^{ter} Stufe enthalten, und es handelt sich also darum, für jedes gegebene System von Coefficienten c ein *Prim*modulsystem n^{ter} Stufe zu bestimmen, für welches die Elemente jenes Modulsystems: $\mathfrak{f}_1 - c_1, \mathfrak{f}_2 - c_2, \ldots \mathfrak{f}_n - c_n$ sämmtlich congruent Null werden. Dabei kann $F(x)$ offenbar als eine solche Grösse des Bereichs $(x, \mathfrak{R}', \mathfrak{R}'', \ldots \mathfrak{R}^{(n-1)})$ vorausgesetzt werden, die als Product von lauter von einander verschiedenen irreductibeln Factoren darstellbar ist und daher mit der nach x genommenen Ableitung von $F(x)$ keinen Factor gemein hat.

§ 2.

Setzt man, ähnlich wie im § 11 meiner oben citirten Festschrift:

$$G(z, \mathfrak{f}_1, \mathfrak{f}_2, \ldots \mathfrak{f}_n) = \prod_{(i)} (z - u_1 x_{i_1} - u_2 x_{i_2} - \cdots - u_n x_{i_n}),$$

wo das Product über alle $n!$ Permutationen $(i_1, i_2, \ldots i_n)$ zu erstrecken ist, so wird G eine ganze ganzzahlige Function von $z, \mathfrak{f}_1, \mathfrak{f}_2, \ldots \mathfrak{f}_n, u_1, u_2, \ldots u_n$. Unter den Grössen u werden „*Unbestimmte*" verstanden, und gemäss der a. a. O. adoptirten Bezeichnung ist $G(z, \mathfrak{f}_1, \mathfrak{f}_2, \ldots \mathfrak{f}_n) = 0$ eine zur Gleichung $\mathfrak{F}(x) = 0$ „gehörige" oder von derselben „abgeleitete *Galois*'sche Gleichung". Es kann daher auch füglich $G(z, \mathfrak{f}_1, \mathfrak{f}_2, \ldots \mathfrak{f}_n)$ selbst eine „*von der Function* $\mathfrak{F}(x)$ *abgeleitete Galois'sche Function*" genannt werden.

Nach der im § 12 meiner Festschrift entwickelten Theorie der „Gattungen von Functionen" gehört $u_1 x_1 + u_2 x_2 + \cdots + u_n x_n$ zur *Galois*'schen Gattung von Functionen von $x_1, x_2, \ldots x_n$. Jede der Grössen x selbst gehört daher zum Gattungs*bereich* von $u_1 x_1 + u_2 x_2 + \cdots + u_n x_n$, und es besteht also für jeden Werth $k = 1, 2, \ldots n$ eine identische Gleichung:

$$(2.)\qquad \begin{cases} x_k \psi(\mathfrak{f}_1, \mathfrak{f}_2, \ldots \mathfrak{f}_n;\ u_1, u_2, \ldots u_n) \\ = \varphi_k(u_1 x_1 + u_2 x_2 + \cdots + u_n x_n;\ \mathfrak{f}_1, \mathfrak{f}_2, \ldots \mathfrak{f}_n;\ u_1, u_2, \ldots u_n), \end{cases}$$

in welcher ψ und φ_k ganze ganzzahlige Functionen der in den Parenthesen vorkommenden Grössen bedeuten. Die Function ψ ist nichts Anderes als die Discriminante der *Galois*'schen Function $G(z)$; sie ist daher nach dem, was ich am Schlusse des citirten § 12 meiner Festschrift nachgewiesen habe, *das Product einer primitiven Form der Unbestimmten u und einer Potenz der Discriminante von* $\mathfrak{F}(x)$. Da nun die Function $F(x)$ als Product von lauter *verschiedenen* irreductibeln Factoren vorausgesetzt worden, so ist ihre Discriminante von Null verschieden, und es ist demnach auch:

$$\psi(c_1, c_2, \ldots c_n; u_1, u_2, \ldots u_n) \gtrless 0.$$

Die Congruenz:

$$(2^*.)\quad \left\{\begin{array}{c} x_k \psi(c_1, c_2, \ldots c_n; u_1, u_2, \ldots u_n) \\ \equiv \varphi_k(u_1 x_1 + u_2 x_2 + \cdots + u_n x_n; c_1, c_2, \ldots c_n; u_1, u_2, \ldots u_n) \\ (\text{modd. } \mathfrak{f}_1 - c_1, \mathfrak{f}_2 - c_2, \ldots \mathfrak{f}_n - c_n), \end{array}\right.$$

welche unmittelbar aus der mit (2.) bezeichneten Gleichung folgt, wird demgemäss für irreductible Functionen $F(x)$ niemals illusorisch.

Die Gleichung (2.) kann durch die Congruenz:

$$(2^{**}.)\quad x_k \psi(\ldots \mathfrak{f}_h, \ldots) \equiv \varphi_k(z; \ldots \mathfrak{f}_h, \ldots) \quad (\text{mod. } z - u_1 x_1 - u_2 x_2 - \cdots - u_n x_n) \atop (h = 1, 2, \ldots n)$$

ersetzt werden, in welcher — der Einfachheit halber — die Unbestimmten u unter den Functionszeichen ψ und φ_k weggelassen worden sind. Substituirt man die hieraus resultirenden Congruenzwerthe von $x_1, x_2, \ldots x_n$ in dem Product $(x - x_1)(x - x_2) \ldots (x - x_n)$, so kommt:

$$\psi(\ldots \mathfrak{f}_h, \ldots)^n \mathfrak{F}(x) \equiv \prod_k (x\psi(\ldots \mathfrak{f}_h, \ldots) - \varphi_k(z; \ldots \mathfrak{f}_h, \ldots)) \qquad (h, k = 1, 2, \ldots n),$$

und diese Congruenz muss, da sie nur *symmetrische* Functionen von $x_1, x_2, \ldots x_n$ enthält, nicht bloss für den Modul $z - u_1 x_1 - u_2 x_2 - \cdots - u_n x_n$, sondern für jeden der $n!$ Moduln:

$$z - u_1 x_{i_1} - u_2 x_{i_2} - \cdots - u_n x_{i_n},$$

also auch für deren Product, d. h. für den Modul $G(z, \mathfrak{f}_1, \mathfrak{f}_2, \ldots \mathfrak{f}_n)$ gelten. Hiernach besteht die Congruenz:

$$(3.)\quad \psi(\ldots \mathfrak{f}_h, \ldots)^n \mathfrak{F}(x) \equiv \prod_k (x\psi(\ldots \mathfrak{f}_h, \ldots) - \varphi_k(z; \ldots \mathfrak{f}_h, \ldots)) \quad (\text{mod. } G(z; \ldots \mathfrak{f}_h \ldots)) \atop (h, k = 1, 2, \ldots n),$$

und wenn man darin $\mathfrak{f}_1 = c_1, \mathfrak{f}_2 = c_2, \ldots \mathfrak{f}_n = c_n$ setzt, so wird:

$$(3^*.) \qquad \psi(\ldots c_h,\ldots)^n F(x) \equiv \prod_k (x\psi(\ldots c_h,\ldots) - \varphi_k(z;\ldots c_h,\ldots)) \quad (\text{mod.}\, G(z;\ldots c_h,\ldots))$$
$$(h,\ k = 1, 2, \ldots n).$$

Diese letztere Congruenz zeigt, dass jede ganze Function von x sich im Sinne einer Congruenz als Product von Linearfactoren darstellen lässt, wenn man die zugehörige *Galois'sche* Function als Modul nimmt. Denkt man sich nun $G(z; \ldots c_h, \ldots)$ als ganze Grösse des Bereichs $(z, \mathfrak{R}', \mathfrak{R}'', \ldots \mathfrak{R}^{(n-1)})$ in irreductible Factoren zerlegt und bezeichnet irgend einen dieser irreductibeln Factoren mit $G_1(z)$, so ist:

$$(3^{**}.) \qquad \psi(\ldots c_h, \ldots)^n F(x) \equiv \prod_k (x\psi(\ldots c_h, \ldots) - \varphi_k(z; \ldots c_h, \ldots)) \quad (\text{mod.}\, G_1(z))$$
$$(h,\ k = 1, 2, \ldots n),$$

und diese Congruenz enthält die Darstellung von $F(x)$ als Product von Linearfactoren für einen *Primmodul;* eine Darstellung, durch welche man der Einführung „algebraischer Grössen“ bei vielen, nachher näher zu präcisirenden, algebraischen Untersuchungen enthoben wird.

An Stelle der Unbestimmten u, welche in den Functionen φ, ψ, G vorkommen, können auch beliebige ganze Zahlen genommen werden; nur müssen sie so gewählt werden, dass ψ von Null verschieden ist. So kann man z. B. für:

$$F(x) = x^3 - c_3$$

$u_1 = 0,\ u_2 = 1,\ u_3 = -1$ nehmen. Alsdann wird $G(z; \ldots c_h, \ldots) = z^6 + 27c_3^2$, und wenn nun c_3 nicht die dritte Potenz einer ganzen Grösse des Rationalitätsbereichs $(\mathfrak{R}', \mathfrak{R}'', \ldots)$ ist, so ist $z^6 + 27c_3^2$ irreductibel, und dieser Ausdruck selbst ist also an Stelle von $G_1(z)$ als Primmodul zu brauchen. Die Congruenz (3**.) geht in diesem Falle in folgende über:

$$(3^0.)\qquad 4\cdot(9c_3)^3(x^3-c_3)\equiv(9c_3x-z^4)(18c_3x+9c_3z+z^4)(18c_3x-9c_3z+z^4)$$
$$\left(\text{mod. } z^6+27c_3^2\right),$$

und diese wird, wenn man darin $c_3=2$ setzt, mit derjenigen übereinstimmend, welche ich im Anfange des Jahres 1885 Herrn *P. Mansion* brieflich mitgetheilt habe, und welche alsdann in der *Mathesis* vom Mai 1885 abgedruckt worden ist[1]). — Ist $c_3=a^3$ und a eine Grösse des Rationalitätsbereichs $(\mathfrak{R}', \mathfrak{R}'', \ldots)$, so ist z^2+3a^2 einer der irreductibeln Factoren von $z^6+27c_3^2$, und es kommt:

$$4(x^3-a^3)\equiv(x-a)(2x+z+a)(2x-z+a)\qquad(\text{mod. } z^2+3a^2),$$

wodurch die Einführung von $\sqrt{-3}$ bei der Factorenzerlegung von x^3-a^3 vermieden wird.

§ 3.

Für das Modulsystem, dessen n Elemente sind:

$$x_k\psi(\ldots c_h,\ldots)-\varphi_k(z;\ \ldots c_h,\ldots)\qquad(h,\ k=1,2,\ldots n)$$

ist offenbar:

$$\psi(\ldots c_h,\ldots)^n\mathfrak{F}(x)\equiv\prod_k\left(x\psi(\ldots c_h,\ldots)-\varphi_k(z;\ \ldots c_h,\ldots)\right)\qquad(h,\ k=1,2,\ldots n).$$

Verbindet man diese Congruenz mit der Congruenz (3**.) des § 2, so ergiebt sich, dass die Congruenz:

$$(4.)\qquad \psi(\ldots c_h,\ldots)^n\mathfrak{F}(x)\equiv\psi(\ldots c_h,\ldots)^nF(x)$$

für das Modulsystem:

$$(\mathfrak{M})\qquad \left(G_1(z);\ \ldots,\ x_k\psi(\ldots c_h,\ldots)-\varphi_k(z;\ \ldots c_h,\ldots),\ \ldots\right)\qquad(h,\ k=1,2,\ldots n)$$

---

[1]) *P. Mansion*, Une équivalence algébrique; Mathesis, mai 1885, t. V. p. 102. H.

bestehen muss. Die Elemente dieses Modulsystems sind ganze Grössen des natürlichen Rationalitätsbereichs:

$$(z, x_1, x_2, \ldots x_n, \mathfrak{R}', \mathfrak{R}'', \ldots \mathfrak{R}^{(n-1)}),$$

also ganze ganzzahlige Functionen dieser $n + \mathfrak{n}$ unbestimmten Variabeln. Es ist ein *Prim*modulsystem, weil $G_1(z)$ irreductibel und jedes der andern Elemente in den Grössen x linear ist; es ist ferner offenbar vom Range $n + 1$.

Da das mit $(\mathfrak{M})$ bezeichnete Modulsystem *prim* ist, so kann in der Congruenz (4.) der Factor ψ^n, welcher offenbar das Modulsystem nicht enthält, weggelassen werden, und es ist also:

$$(4^*.) \qquad \mathfrak{F}(x) \equiv F(x) \quad (\text{mod. } (\mathfrak{M})),$$

oder, wenn auf beiden Seiten der Congruenz nach Potenzen von x entwickelt wird:

$$(4^{**}.) \qquad \mathfrak{f}_h \equiv c_h \quad (\text{mod. } (\mathfrak{M})) \qquad (h=1, 2, \ldots n).$$

Bezeichnet man nun, wie im § 12 (S. 38) meiner mehrfach citirten Festschrift[1]), mit $\mathfrak{g}(x_1, x_2, \ldots x_n)$ eine ganze Function einer Gattung ϱ^{ter} Ordnung und mit $\Phi(\mathfrak{g}, \mathfrak{f}_1, \mathfrak{f}_2, \ldots \mathfrak{f}_n) = 0$ die Gleichung ϱ^{ten} Grades, welcher die Function $\mathfrak{g}$ genügt, so ist:

$$\prod_{(\varrho)} (y - \mathfrak{g}(x_{\varrho_1}, x_{\varrho_2}, \ldots x_{\varrho_n})) = \Phi(y, \mathfrak{f}_1, \mathfrak{f}_2, \ldots \mathfrak{f}_n),$$

wo sich die Multiplication auf alle diejenigen Permutationen $(\varrho_1, \varrho_2, \ldots \varrho_n)$ erstreckt, für welche die Function $\mathfrak{g}$ verschiedene (conjugirte) Werthe annimmt. Es besteht also die Congruenz:

$$\prod_{(\varrho)} (y - \mathfrak{g}(x_{\varrho_1}, x_{\varrho_2}, \ldots x_{\varrho_n})) \equiv \Phi(y, c_1, c_2, \ldots c_n)$$

---

[1]) Band II S. 289 dieser Ausgabe. H.

für das Modulsystem $(\mathfrak{f}_1 - c_1, \mathfrak{f}_2 - c_2, \ldots \mathfrak{f}_n - c_n)$ und also auch für das Modulsystem $(\mathfrak{M})$, da dieses, gemäss der Congruenz (4**.), in dem ersteren enthalten ist. Wenn nun die Gleichung $\Phi(y, c_1, c_2, \ldots c_n) = 0$ durch einen Werth $y = c$ befriedigt wird, der dem Rationalitätsbereich $(\mathfrak{R}', \mathfrak{R}'', \ldots \mathfrak{R}^{(n-1)})$ angehört und demnach auch eine *ganze* Grösse dieses Bereichs sein muss, so wird:

$$\prod_{(\varrho)} (c - \mathfrak{g}(x_{\varrho_1}, x_{\varrho_2}, \ldots x_{\varrho_n})) \equiv 0 \quad (\text{mod.}\ (\mathfrak{M})).$$

Weil aber das Modulsystem $(\mathfrak{M})$ prim ist, muss mindestens einer der Factoren dieses Products congruent Null sein, und man kann daher annehmen, dass:

$$(5.) \qquad \mathfrak{g}(x_1, x_2, \ldots x_n) \equiv c \quad (\text{mod.}\ (\mathfrak{M}))$$

ist, da man ja, falls die conjugirte Function $\mathfrak{g}(x_{\varrho_1}, x_{\varrho_2}, \ldots x_{\varrho_n})$ congruent c wäre, diese selbst als $\mathfrak{g}'(x_1, x_2, \ldots x_n)$ bezeichnen und als die erste der conjugirten Functionen nehmen könnte.

Es sei nun $\mathfrak{g}_0$ eine ganze Function einer Gattung *höchster* Ordnung, für welche die entsprechende Gleichung $\Phi_0(y) = 0$ eine rationale Wurzel und dabei eine von Null verschiedene Discriminante hat. Es seien ferner $\mathfrak{g}_0', \mathfrak{g}_0'', \mathfrak{g}_0''', \ldots$ Functionen des durch $\mathfrak{g}_0$ repräsentirten Gattungsbereichs, und zwar seien $\mathfrak{g}_0', \mathfrak{g}_0'', \mathfrak{g}_0''', \ldots$ ganze ganzzahlige Functionen von $x_1, x_2, \ldots x_n$, welche ausreichend sind, um *jede* ganze ganzzahlige Function des Gattungsbereichs $(\mathfrak{g}_0)$ als *lineare* homogene Function von $\mathfrak{g}_0', \mathfrak{g}_0'', \mathfrak{g}_0''', \ldots$ so darzustellen, dass die Coefficienten ganze ganzzahlige Functionen von $\mathfrak{f}_1, \mathfrak{f}_2, \ldots \mathfrak{f}_n$ werden. Die Functionen $\mathfrak{g}_0', \mathfrak{g}_0'', \mathfrak{g}_0''', \ldots$ bilden dann die Elemente eines Fundamentalsystems der Gattung $\mathfrak{g}_0$, und für alle diese Functionen $\mathfrak{g}_0$ bestehen Congruenzen:

$$\mathfrak{g}_0' \equiv c_0', \quad \mathfrak{g}_0'' \equiv c_0'', \quad \mathfrak{g}_0''' \equiv c_0''', \ldots \quad (\text{mod.}\ (\mathfrak{M})),$$

in welchen $c_0', c_0'', c_0''', \ldots$ ganze Grössen des Bereichs $(\mathfrak{R}', \mathfrak{R}'', \ldots \mathfrak{R}^{(n-1)})$ bedeuten. Denn gemäss den Entwickelungen über die Theorie der Gattungen im § 12 meiner Festschrift existirt für jede dieser Functionen $\mathfrak{g}_0', \mathfrak{g}_0'', \mathfrak{g}_0''', \ldots$ eine Gleichung:

$$(6.)\qquad \mathfrak{g}_0^{(h)}(x_1, x_2, \ldots x_n)\,\overline{\psi}(\mathfrak{f}_1, \mathfrak{f}_2, \ldots \mathfrak{f}_n) = \overline{\varphi}_h(\mathfrak{g}_0(x_1, x_2, \ldots x_n), \mathfrak{f}_1, \mathfrak{f}_2, \ldots \mathfrak{f}_n),$$

in welcher $\overline{\varphi}_h$ und $\overline{\psi}$ ganze ganzzahlige Functionen der in den Parenthesen enthaltenen Grössen bedeuten. Dabei ist $\overline{\psi}$ nichts Anderes als die Discriminante jener Gleichung $\Phi_0(y, \mathfrak{f}_1, \mathfrak{f}_2, \ldots \mathfrak{f}_n) = 0$, welcher $\mathfrak{g}_0(x_1, x_2, \ldots x_n)$ genügt, und es ist daher der Voraussetzung nach $\overline{\psi}(c_1, c_2, \ldots c_n) \gtrless 0$. Aus der Gleichung (6.) folgt aber die Congruenz:

$$(7.)\qquad \mathfrak{g}_0^{(h)}(x_1, x_2, \ldots x_n)\,\overline{\psi}(c_1, c_2, \ldots c_n) \equiv \overline{\varphi}_h(\mathfrak{g}_0(x_1, x_2, \ldots x_n), c_1, c_2, \ldots c_n) \quad (\text{mod. } (\mathfrak{M})),$$

da, wie oben gezeigt worden, $\mathfrak{f}_h \equiv c_h$ (mod. $(\mathfrak{M})$) für jeden Index h ist, und hieraus ergiebt sich mit Hülfe der Congruenz (5.), dass in der That:

$$(5^*.)\qquad \mathfrak{g}_0^{(h)}(x_1, x_2, \ldots x_n) \equiv c_0^{(h)} \qquad (\text{mod. } (\mathfrak{M}))$$

wird, wenn man $c_0^{(h)}$ mittels der Congruenz:

$$c_0^{(h)}\,\overline{\psi}(c_1, c_2, \ldots c_n) \equiv \overline{\varphi}_h(c_0, c_1, c_2, \ldots c_n) \qquad (\text{mod. } (\mathfrak{M}))$$

bestimmt.

§ 4.

Die im zweiten Paragraphen gebrauchte Zerlegung der *Galois*'schen Function $G(z, c_1, c_2, \ldots c_n)$ in ihre irreductibeln Factoren führt auch zur Bestimmung der am Schlusse des § 3 charakterisirten, durch $\mathfrak{g}', \mathfrak{g}'', \mathfrak{g}''', \ldots$ repräsentirten Gattung von Functionen. Bedeuten nämlich $u_1^0, u_2^0, \ldots u_n^0$ „unbestimmte“ Grössen und setzt man analog den obigen Bezeichnungen:

$$\prod_{(i)}(z^0 - u_1^0 x_{i_1} - u_2^0 x_{i_2} - \cdots - u_n^0 x_{i_n}) = G^0(z^0, \mathfrak{k}_1, \mathfrak{k}_2, \ldots \mathfrak{k}_n),$$

so wird vermöge der mit (4**.) bezeichneten Congruenzen:

$$\prod_{(i)}(z^0 - u_1^0 x_{i_1} - u_2^0 x_{i_2} - \cdots - u_n^0 x_{i_n}) \equiv G^0(z^0, c_1, c_2, \ldots c_n) \quad (\text{mod. } (\mathfrak{M})).$$

Die Multiplication ist hier über alle Permutationen $(i_1, i_2, \ldots i_n)$ zu erstrecken. Denkt man sich nun $G^0(z^0, c_1, c_2, \ldots c_n)$ in irreductible Factoren zerlegt, so muss, da $(\mathfrak{M})$ ein *Prim*modulsystem ist, für jeden bestimmten Werth $z^0 = u_1^0 x_{i_1} + u_2^0 x_{i_2} + \cdots + u_n^0 x_{i_n}$ mindestens *einer* dieser irreductibeln Factoren mod. $(\mathfrak{M})$ congruent Null werden. Da aber eine Congruenz $f(z) \equiv 0$ für ein *Prim*modulsystem nicht mehr Congruenzwurzeln haben kann, als der Grad der ganzen Function $f(z)$ beträgt, so muss *jeder* irreductible Factor von $G^0(z^0, c_1, c_2, \ldots c_n)$ für so viel Werthe $z^0 = u_1^0 x_{i_1} + u_2^0 x_{i_2} + \cdots + u_n^0 x_{i_n}$ congruent Null werden, als sein Grad in Beziehung auf z^0 beträgt. Es muss daher, wenn $G_1^0(z^0)$ derjenige irreductible Factor von $G^0(z^0, c_1, c_2, \ldots c_n)$ ist, welcher für $z^0 = u_1^0 x_1 + u_2^0 x_2 + \cdots + u_n^0 x_n$ congruent Null wird, eine Congruenz bestehen:

$$(8.) \qquad G_1^0(z^0) \equiv \prod_{(r)}(z^0 - u_1^0 x_{r_1} - u_2^0 x_{r_2} - \cdots - u_n^0 x_{r_n}) \quad (\text{mod. } (\mathfrak{M})),$$

wo sich die Multiplication auf gewisse Permutationen $(r_1, r_2, \ldots r_n)$ bezieht, zu denen die Permutation $(1, 2, \ldots n)$ gehört, und deren Anzahl gleich dem Grade von $G_1^0(z^0)$ ist.

Wenn man in der Congruenz (2*.) des § 2 die Unbestimmten u^0 für die Unbestimmten u substituirt, ferner die Grössen $x_1, x_2, \ldots x_n$ in $x_{r_1}, x_{r_2}, \ldots x_{r_n}$ permutirt und endlich das Modulsystem $(\mathfrak{k}_1 - c_1, \mathfrak{k}_2 - c_2, \ldots \mathfrak{k}_n - c_n)$ durch das gemäss den Congruenzen (4**.) darin enthaltene, mit $(\mathfrak{M})$ bezeichnete Modulsystem ersetzt, so resultirt die Congruenz:

$$(9.) \quad \begin{cases} x_{r_k} \psi(c_1, c_2, \ldots c_n;\ u_1^0, u_2^0, \ldots u_n^0) \\ \equiv \varphi_k(u_1^0 x_{r_1} + u_2^0 x_{r_2} + \cdots + u_n^0 x_{r_n};\ c_1, c_2, \ldots c_n;\ u_1^0, u_2^0, \ldots u_n^0) \quad (\text{mod. } (\mathfrak{M})), \end{cases}$$

welche zeigt, dass jede der Grössen x sich mod. $(\mathfrak{M})$ als rationale Function irgend einer der Wurzeln der Congruenz $G_1^0(z^0) \equiv 0$ (mod. $(\mathfrak{M})$) darstellen lässt. Jede dieser Congruenzwurzeln selbst ist also mod. $(\mathfrak{M})$ eine rationale Function jeder andern, und wenn man diese Congruenzwurzeln mit $z_1^0, z_2^0, \ldots z_r^0$ bezeichnet, so ist daher:

$$(10.)\qquad z_h^0 \equiv \theta_h^{(k)}(z_k^0), \quad G_1^0(z^0) \equiv \prod_k (z^0 - z_k^0) \quad (\text{mod. } (\mathfrak{M})) \qquad (h, k = 1, 2, \ldots r),$$

wo $\theta_h^{(k)}(z^0)$ eine ganze Function von z^0 bedeutet, deren Coefficienten rationale Functionen der unbestimmten Variabeln $\mathfrak{R}$ und der Unbestimmten u^0 sind. Aus den Congruenzen (10.) erhellt, dass die Functionen $\theta_h^{(k)}$, mod. $(\mathfrak{M})$ betrachtet, eine *Gruppe* bilden. Denn das Product:

$$\left(z^0 - \theta_h^{(k)}(z_1^0)\right)\left(z^0 - \theta_h^{(k)}(z_2^0)\right) \cdots \left(z^0 - \theta_h^{(k)}(z_r^0)\right),$$

welches offenbar den Factor $z^0 - z_h^0$ enthält, ist mod. $(\mathfrak{M})$ einer ganzen Function von z^0 congruent, deren Coefficienten rationale Functionen der Grössen $\mathfrak{R}$ und u^0 sind. Bezeichnet man dieselbe mit $P(z^0)$ und den grössten Theiler, welchen $P(z^0)$ mit $G_1^0(z^0)$ im Sinne der Congruenz mod. $(\mathfrak{M})$ gemein hat, mit $W(z^0)$, so kann nach art. III, § 5 meiner Abhandlung „über einige Anwendungen der Modulsysteme etc.[1]“ angenommen werden, dass die Coefficienten von $W(z^0)$ ebenfalls rationale Functionen der Grössen $\mathfrak{R}$ und u^0 sind. Da nun $W(z^0)$, mod. $(\mathfrak{M})$ betrachtet, ein Theiler der Function $G_1^0(z^0)$ und diese wiederum ein Theiler der Function $G^0(z^0)$ ist, so muss eine Congruenz:

$$G^0(z^0, c_1, c_2, \ldots c_n) \equiv W(z^0)\,V(z^0) \quad (\text{mod. } (\mathfrak{M}))$$

bestehen, in welcher G^0 — wie im Anfange dieses Paragraphen — die *Galois*'sche Function und $V(z^0)$ eine ganze Function von z^0 bedeutet, deren Coefficienten rationale Functionen der Grössen $\mathfrak{R}$ und u^0 sind. Da aber das Modulsystem $(\mathfrak{M})$ nur aus den Elementen:

$$G_1(z), \ldots, \; x_k\psi(\ldots c_h, \ldots) - \varphi_k(z; \ldots c_h, \ldots), \; \ldots \qquad (h, k = 1, 2, \ldots n)$$

---

[1]) Band III S. 190—194 dieser Ausgabe. H.

besteht, und in jener Congruenz $G^0(z^0) \equiv W(z^0)\,V(z^0)$ weder die Variable z noch die Variabeln $x_1, x_2, \ldots x_n$ vorkommen, so muss die *Gleichung:*

$$G^0(z^0, c_1, c_2, \ldots c_n) = W(z^0)\,V(z^0)$$

bestehen, welche mit der Voraussetzung, dass $G_1(z^0)$ einer der *irreductibeln* Factoren von $G^0(z^0)$ ist, in Widerspruch stehen würde, wenn $W(z^0)$ in Beziehung auf z^0 von niedrigerem Grade wäre als $G_1^0(z^0)$. Nun ist aber $W(z^0)$, mod. $(\mathfrak{M})$ betrachtet, der grösste gemeinsame Theiler der Functionen $G_1^0(z^0)$ und $P(z^0)$, welche beide in Beziehung auf z^0 von demselben Grade r sind. Es muss also $W(z^0)$, da es von eben demselben Grade r sein muss, sowohl mit $P(z^0)$ als auch mit $G_1^0(z^0)$ für das Modulsystem $(\mathfrak{M})$ congruent sein. Daher muss:

$$P(z^0) \equiv G_1^0(z^0) \quad (\text{mod. } (\mathfrak{M}))$$

oder:

$$\prod_g (z^0 - \theta_h^{(k)}(z_g^0)) \equiv \prod_g (z^0 - z_g^0) \quad (\text{mod. } (\mathfrak{M})) \qquad (g, h, k = 1, 2, \ldots r)$$

sein und demnach

> $\theta_h^{(k)}(z_g^0)$ für jeden der r Werthe $g = 1, 2, \ldots r$ mit je einer der Grössen $z_1^0, z_2^0, \ldots z_r^0$ mod. $(\mathfrak{M})$ übereinstimmen.

Da die Functionen $\theta_h^{(k)}$ also eine Gruppe bilden, so bilden auch die Permutationen $(r_1, r_2, \ldots r_n)$ eine Gruppe, und es giebt daher eine Functionen-Gattung $\mathfrak{g}(x_1, x_2, \ldots x_n)$, zu welcher diese Permutationen gehören. Setzt man in der obigen Congruenz (8.) für $z^0, u_1^0, u_2^0, \ldots u_n^0$ irgend welche unter einander verschiedene ganze Zahlen, so wird $G_1^0(z^0)$ eine Grösse des Rationalitätsbereichs $(\mathfrak{R}', \mathfrak{R}'', \ldots \mathfrak{R}^{(n-1)})$, welche mit c bezeichnet werden möge, und das Product auf der rechten Seite wird offenbar eine ganze ganzzahlige Function von $x_1, x_2, \ldots x_n$, welche mit $\mathfrak{g}(x_1, x_2, \ldots x_n)$ bezeichnet werden möge. Es resultirt daher eine Congruenz:

$$(11.) \qquad \mathfrak{g}(x_1, x_2, \ldots x_n) \equiv c \quad (\text{mod. } (\mathfrak{M})),$$

in welcher $\mathfrak{g}$ die Gattung repräsentirt, welche durch jeden der irreductibeln Factoren der *Galois*'schen Function von $F(x)$ bestimmt wird. Diese irreductibeln Factoren sind sämmtlich von gleichem Grade, und die Gradzahl selbst ist gleich der Anzahl der Permutationen der Gattung $\mathfrak{g}$.

Bedeutet $\Phi(y, \mathfrak{f}_1, \mathfrak{f}_2, \ldots \mathfrak{f}_n) = 0$, wie oben im § 3, die Gleichung, welcher $\mathfrak{g}(x_1, x_2, \ldots x_n)$ genügt, so ist:

$$\Phi(\mathfrak{g}(x_1, x_2, \ldots x_n), \mathfrak{f}_1, \mathfrak{f}_2, \ldots \mathfrak{f}_n) = 0,$$

und da:

$$\mathfrak{g}(x_1, x_2, \ldots x_n) \equiv c, \quad \mathfrak{f}_1 \equiv c_1, \quad \mathfrak{f}_2 \equiv c_2, \ldots \mathfrak{f}_n \equiv c_n \quad (\text{mod. } (\mathfrak{M}))$$

ist, so muss $\Phi(c, c_1, c_2, \ldots c_n)$ für das Modulsystem $(\mathfrak{M})$ congruent Null sein. Die $n+1$ Variabeln $z, x_1, x_2, \ldots x_n$, aus denen die $n+1$ Elemente des Modulsystems $(\mathfrak{M})$ gebildet sind, kommen aber in $\Phi(c, c_1, c_2, \ldots c_n)$ nicht vor; es ist daher ebenso wie oben zu erschliessen, dass die *Gleichung*:

$$\Phi(c, c_1, c_2, \ldots c_n) = 0$$

bestehen muss.

§ 5.

Wendet man die Entwickelungen, welche am Schlusse des § 3 an die mit (5.) bezeichnete Congruenz geknüpft worden sind, auf die Congruenz (11.) des § 4 an, in welcher $\mathfrak{g}$ die dort hervorgehobene besondere Bedeutung hat, so zeigt sich, dass für das Modulsystem $(\mathfrak{M})$ die Congruenzen:

$$(11^*.) \qquad \mathfrak{f}_1 \equiv c_1, \quad \mathfrak{f}_2 \equiv c_2, \ldots \mathfrak{f}_n \equiv c_n; \quad \mathfrak{g}' \equiv c', \quad \mathfrak{g}'' \equiv c'', \quad \mathfrak{g}''' \equiv c''', \ldots$$

erfüllt sind, und es ergiebt sich demnach als ein Hauptresultat,

dass das Modulsystem $(\mathfrak{M})$ in dem Modulsysteme:

$$(\mathfrak{M}_{\mathfrak{g}}) \qquad (\mathfrak{f}_1 - c_1, \; \mathfrak{f}_2 - c_2, \ldots \mathfrak{f}_n - c_n; \; \mathfrak{g}' - c', \; \mathfrak{g}'' - c'', \; \mathfrak{g}''' - c''', \ldots)$$

enthalten ist, wenn $\mathfrak{g}', \mathfrak{g}'', \mathfrak{g}''', \ldots$ die Elemente eines Fundamentalsystems der Gattung bedeuten, welche durch einen der irreductibeln Factoren der von $F(x)$ abgeleiteten *Galois*'schen Function bestimmt wird.

Es soll nun erstens gezeigt werden, dass dieses Resultat noch Geltung behält, wenn dem Modulsysteme $(\mathfrak{M}_{\mathfrak{g}})$ das Element:

$$z - u_1 x_1 - u_2 x_2 - \cdots - u_n x_n$$

hinzugefügt wird, und es soll dann zweitens gezeigt werden, dass auch umgekehrt das Modulsystem $(\mathfrak{M}_{\mathfrak{g}})$ bei Hinzufügung dieses neuen Elementes in dem Modulsysteme $(\mathfrak{M})$ enthalten ist.

Aus der Congruenz (2**.) im § 2 folgt unmittelbar, dass:

$$\psi(\ldots \mathfrak{f}_h, \ldots) \sum_k u_k x_k \equiv \sum_k u_k \varphi_k(z; \ldots \mathfrak{f}_h, \ldots) \quad (\text{mod. } z - u_1 x_1 - u_2 x_2 - \cdots - u_n x_n)$$
$$(h, k = 1, 2, \ldots n)$$

wird, oder also:

$$z\psi(\ldots \mathfrak{f}_h, \ldots) \equiv \sum_k u_k \varphi_k(z; \ldots \mathfrak{f}_h, \ldots) \quad (\text{mod. } z - u_1 x_1 - u_2 x_2 - \cdots - u_n x_n)$$
$$(h, k = 1, 2, \ldots n).$$

Diese Congruenz behält aber ihre Geltung auch für *jeden* Modul:

$$z - u_1 x_{i_1} - u_2 x_{i_2} - \cdots - u_n x_{i_n},$$

und es ist daher:

$$(12.) \qquad z\psi(\ldots \mathfrak{f}_h, \ldots) \equiv \sum_k u_k \varphi_k(z; \ldots \mathfrak{f}_h, \ldots) \quad (\text{mod. } G(z, \mathfrak{f}_1, \mathfrak{f}_2, \ldots \mathfrak{f}_n))$$
$$(h, k = 1, 2, \ldots n),$$

also ferner

(12*.) $$z\psi(\ldots c_h, \ldots) \equiv \sum_k u_k \varphi_k(z; \ldots c_h, \ldots) \quad (\text{mod. } G_1(z)) \qquad (h, k = 1, 2, \ldots n).$$

Nun besteht offenbar die Congruenz:

$$(z - \sum_k u_k x_k)\psi(\ldots c_h, \ldots) \equiv z\psi(\ldots c_h, \ldots) - \sum_k u_k \varphi_k(z; \ldots c_h, \ldots) \qquad (h, k = 1, 2, \ldots$$

für das aus den Elementen:

$$x_k \psi(\ldots c_h, \ldots) - \varphi_k(z; \ldots c_h, \ldots) \qquad (h, k = 1, 2, \ldots n)$$

gebildete Modulsystem. Es sind dies auch die letzten n Elemente des Modulsystems $(\mathfrak{M})$. Der Ausdruck auf der rechten Seite dieser Congruenz ist aber für den Modul $G_1(z)$, der das erste Element des Modulsystems $(\mathfrak{M})$ ist, in Gemässheit der Congruenz (12*.) congruent Null; es ist daher auch:

$$(z - \sum_k u_k x_k)\psi(\ldots c_h, \ldots) \equiv 0 \quad (\text{mod. } (\mathfrak{M})) \qquad (h, k = 1, 2, \ldots n),$$

und hieraus ergiebt sich unmittelbar die Congruenz:

$$z - u_1 x_1 - u_2 x_2 - \cdots - u_n x_n \equiv 0 \quad (\text{mod. } (\mathfrak{M})),$$

deren Richtigkeit nachgewiesen werden sollte.

In Beziehung auf den nunmehr zu führenden Nachweis, dass jedes der Elemente des Modulsystems $(\mathfrak{M})$ das aus den Elementen:

$$\mathfrak{f}_1 - c_1,\ \mathfrak{f}_2 - c_2, \ldots \mathfrak{f}_n - c_n;\ \mathfrak{g}' - c',\ \mathfrak{g}'' - c'',\ \mathfrak{g}''' - c''', \ldots;\ z - u_1 x_1 - u_2 x_2 - \cdots - u_n x_n$$

gebildete Modulsystem enthält, bemerke ich zuvörderst, dass sich dies für die letzten n Elemente des Modulsystems $(\mathfrak{M})$:

$$x_k \psi(\ldots c_h, \ldots) - \varphi_k(z; \ldots c_h, \ldots) \qquad (h, k = 1, 2, \ldots n)$$

schon aus der Congruenz (2*.) des § 2 ergiebt, gemäss welcher offenbar:

$$x_k\psi(\ldots c_h, \ldots) \equiv \varphi_k(z; \ldots c_h, \ldots) \quad (\text{modd. } z - u_1x_1 - u_2x_2 - \cdots - u_nx_n;\ \mathfrak{f}_1 - c_1, \ldots \mathfrak{f}_n - c_n)$$
$$(h, k = 1, 2, \ldots n)$$

wird. Es ist also nur noch nachzuweisen, dass $G_1(z) \equiv 0$ (mod. $(\mathfrak{M}_g)$) wird, oder also dass die Congruenz:

$$(13.) \qquad G_1(u_1x_1 + u_2x_2 + \cdots + u_nx_n) \equiv 0$$
$$(\text{modd. } \mathfrak{f}_1 - c_1,\ \mathfrak{f}_2 - c_2,\ \ldots \mathfrak{f}_n - c_n;\ \mathfrak{g}' - c',\ \mathfrak{g}'' - c'', \ldots)$$

besteht.

Die Richtigkeit dieser Congruenz erhellt nun gemäss der Ausführung am Schlusse des § 20 meiner mehrerwähnten Festschrift einfach daraus, dass, wie im § 11 derselben gezeigt ist, $G_1(u_1x_1 + u_2x_2 + \cdots + u_nx_n)$ für alle diejenigen Werthsysteme $x_1 = \xi_{r_1}$, $x_2 = \xi_{r_2}$, ... $x_n = \xi_{r_n}$ gleich Null wird, für welche die Gleichungen:

$$(14.) \qquad \mathfrak{f}_1 = c_1,\ \mathfrak{f}_2 = c_2,\ \ldots \mathfrak{f}_n = c_n;\ \mathfrak{g}' = c',\ \mathfrak{g}'' = c'',\ \mathfrak{g}''' = c''', \ldots$$

befriedigt werden, d. h. dass die Resolvente dieses Gleichungssystems durch:

$$G_1(u_1x_1 + u_2x_2 + \cdots + u_nx_n) = 0$$

dargestellt wird. Hier bedeuten $\xi_1, \xi_2, \ldots \xi_n$, wie a. a. O., die n Wurzeln der Gleichung $F(x) = 0$. Aber man wird eben, wie schon oben erwähnt ist, mittels der Congruenz (3**.) des § 2 oder auch mittels der Congruenz (4*.) des § 3 der Einführung der algebraischen Grössen enthoben und braucht an Stelle des Gleichungssystems (14.) nur das oben mit (11*.) bezeichnete System der Congruenzen, unter Hinzufügung der Congruenz:

$$z \equiv u_1x_1 + u_2x_2 + \cdots + u_nx_n,$$

d. h. also das System von Congruenzen:

$$(15.)\quad \begin{cases} \mathfrak{f}_1 \equiv c_1,\ \mathfrak{f}_2 \equiv c_2,\ \dots\ \mathfrak{f}_n \equiv c_n;\ \mathfrak{g}' \equiv c',\ \mathfrak{g}'' \equiv c'',\ \dots; \\ z \equiv u_1 x_1 + u_2 x_2 + \cdots + u_n x_n \quad (\text{mod. } (\mathfrak{M})) \end{cases}$$

zu Grunde zu legen, deren Richtigkeit oben nachgewiesen worden ist, um ohne die Vermittelung algebraischer Grössen das Bestehen der Congruenz (13.) zu erschliessen. Dies soll im folgenden Paragraphen ausgeführt werden.

§ 6.

Bildet man die $n+1$ Functionen von $x_1, x_2, \dots x_n$:

$$u_1 x_1 + u_2 x_2 + \cdots + u_n x_n - z,$$

$$v'_h(\mathfrak{f}_1 - c_1) + v''_h(\mathfrak{f}_2 - c_2) + \cdots + v^{(n)}_h(\mathfrak{f}_n - c_n) + w'_h(\mathfrak{g}' - c') + w''_h(\mathfrak{g}'' - c'') + w'''_h(\mathfrak{g}''' - c''') + \cdots$$

$$(h = 1, 2, \dots n),$$

wo $v'_h, v''_h, \dots w'_h, w''_h, \dots$ Unbestimmte bedeuten, so wird deren Resultante eine ganze ganzzahlige Function von $z, c_1, c_2, \dots c_n, c', c'', c''', \dots$ und den Unbestimmten u, v, w. Bezeichnet man nun den grössten von den Unbestimmten:

$$v'_h,\ v''_h,\ \dots\ v^{(n)}_h,\ w'_h,\ w''_h,\ w'''_h,\ \dots \qquad (h = 1, 2, \dots n)$$

unabhängigen Theiler dieser Resultante mit $\overline{G}(z)$, so erschliesst man genau so wie im § 20 S. 75 meiner erwähnten Festschrift[1]), dass $\overline{G}(z)$ das Modulsystem enthält, dessen Elemente die Functionen:

$$u_1 x_1 + u_2 x_2 + \cdots + u_n x_n - z;\ \mathfrak{f}_1 - c_1,\ \mathfrak{f}_2 - c_2,\ \dots\ \mathfrak{f}_n - c_n;\ \mathfrak{g}' - c',\ \mathfrak{g}'' - c'',\ \mathfrak{g}''' - c''',\ \dots$$

sind. Da aber jedes dieser Elemente gemäss den Congruenzen (15.) das Modulsystem $(\mathfrak{M})$ enthält, so muss die Congruenz $\overline{G}(z) \equiv 0$ (mod. $(\mathfrak{M})$) bestehen, welche sich offenbar auf eine Congruenz für das erste Element des Modulsystems $(\mathfrak{M})$:

---

[1]) Bd. II S. 332—333 dieser Ausgabe. H.

$$(16.)\qquad \overline{G}(z) \equiv 0 \quad (\text{mod. } G_1(z))$$

reducirt, da die Function $\overline{G}(z)$ von den Variabeln x, die in den übrigen Elementen vorkommen, unabhängig ist.

Gemäss den obigen Entwickelungen in den §§ 2 und 3 lassen sich stets Primmodulsysteme bestimmen, für welche diejenige Function, welche, gleich Null gesetzt, die Resolvente eines Systems von n Gleichungen mit n Unbekannten repräsentirt, einem Product von Linearfactoren congruent wird. Die n Gleichungen selbst werden also, als Congruenzen für eben dieses Primmodulsystem aufgefasst, durch so viel Werthsysteme der Unbekannten befriedigt, als die Anzahl jener Linearfactoren beträgt. Bezeichnet man mit $\Gamma(z)$ einen zur Zerlegung der Resolvente des Systems:

$$F_h(x_1, x_2, \ldots x_n) = 0 \qquad (h=1, 2, \ldots n)$$

geeigneten Primmodul und mit

$$\xi_{1k}, \xi_{2k}, \ldots \xi_{nk} \qquad (k=1, 2, \ldots r)$$

die Werthe, für welche die n Congruenzen:

$$F_h(\xi_{1k}, \xi_{2k}, \ldots \xi_{nk}) \equiv 0 \quad (\text{mod. } \Gamma(z)) \qquad \binom{h=1, 2, \ldots n}{k=1, 2, \ldots r}$$

erfüllt sind, so kann die Resultante der $n+1$ Functionen:

$$F_0(x_1, x_2, \ldots x_n), \; F_1(x_1, x_2, \ldots x_n), \ldots F_n(x_1, x_2, \ldots x_n)$$

mit Hülfe des Products:

$$\prod_k F_0(\xi_{1k}, \xi_{2k}, \ldots \xi_{nk}) \qquad (k=1, 2, \ldots r)$$

gebildet werden. Dieses Product ist eine ganze Function von z, deren Coefficienten demselben Rationalitätsbereich angehören wie die Coefficienten der Functionen F, und welche als symmetrische Function der Werthsysteme $\xi_{1k}, \xi_{2k}, \ldots \xi_{nk}$, im Sinne der Congruenz modulo $\Gamma(z)$, von z unabhängig ist. Der Rest der Division durch $\Gamma(z)$ ist daher eine rationale Function der Grössen, welche den Rationalitätsbereich der Coefficienten von $F_0, F_1, \ldots F_n$ bilden. Sind nun diese $n+1$ Functionen *vollständige* ganze Functionen (gewisser Dimensionen) von $x_1, x_2, \ldots x_n$, deren verschiedene Coefficienten selbst die Elemente des Rationalitätsbereichs repräsentiren, so ist der Zähler jenes Restes der Division durch $\Gamma(z)$ diejenige ganze ganzzahlige Function der Coefficienten von $F_0, F_1, \ldots F_n$, welche als die Resultante des Functionensystems $(F_0, F_1, \ldots F_n)$ zu bezeichnen ist.

Mit Hülfe der so definirten Resultante kann die Resolvente eines Systems von $n+1$ Congruenzen mit $n+1$ Unbekannten:

$$\Phi_h(x_0, x_1, \ldots x_n) \equiv 0 \qquad (h=0, 1, \ldots n)$$

gebildet werden, indem erst $x_0 = x - u_1 x_1 - u_2 x_2 - \cdots - u_n x_n$ und ferner:

$$\Phi_h(x - u_1 x_1 - u_2 x_2 - \cdots - u_n x_n, x_1, x_2, \ldots x_n) = F_h(x_1, x_2, \ldots x_n) \qquad (h=0, 1, \ldots n)$$

gesetzt wird. Die Resolvente wird alsdann eine ganze Function von x, mit deren Hülfe wieder in der oben angegebenen Weise die Resultante eines Systems von $n+2$ Functionen mit $n+1$ Variabeln definirt werden kann.

Nach der angegebenen Bildungsweise der Resultante muss $\overline{G}(z)$, abgesehen von einem von z unabhängigen Factor, dem Producte aller derjenigen Linearfactoren $z - u_1\xi_1 - u_2\xi_2 - \cdots - u_n\xi_n$ congruent sein, für welche die Congruenzen:

$$(17.) \qquad \mathfrak{f}_1 \equiv c_1, \ \mathfrak{f}_2 \equiv c_2, \ldots \mathfrak{f}_n \equiv c_n; \quad \mathfrak{g}' \equiv c', \ \mathfrak{g}'' \equiv c'', \ \mathfrak{g}''' \equiv c''', \ldots$$

erfüllt sind, wenn in den Functionen $\mathfrak{f}$ und $\mathfrak{g}$ die Variabeln $x_1, x_2, \ldots x_n$ beziehungsweise durch $\xi_1, \xi_2, \ldots \xi_n$ ersetzt werden. Hierbei kann man als Modulsystem dasjenige nehmen, welches entsteht, wenn man in dem mit $(\mathfrak{M})$ bezeichneten Modulsystem die Variable z durch eine andere, z. B. z^0 ersetzt, um sie nicht mit der in den Linearfactoren vorkommenden Variabeln z zu confundiren. Die Grössen ξ sind dann ganze Functionen von z^0, und da gemäss den Congruenzen $\mathfrak{f}_1 \equiv c_1, \mathfrak{f}_2 \equiv c_2, \ldots \mathfrak{f}_n \equiv c_n$:

$$\xi_1 + \xi_2 + \cdots + \xi_n \equiv c_1, \quad \xi_1\xi_2 + \xi_1\xi_3 + \cdots + \xi_{n-1}\xi_n \equiv c_2, \cdots \quad \xi_1\xi_2 \cdots \xi_n \equiv c_n,$$

also für ein unbestimmtes x:

$$(x - \xi_1)(x - \xi_2) \cdots (x - \xi_n) \equiv F(x)$$

sein muss, so besteht für je zwei verschiedene Werthsysteme $\xi_1, \xi_2, \ldots \xi_n$ und $\xi_1', \xi_2', \ldots \xi_n'$ die Relation:

$$(x - \xi_1)(x - \xi_2) \cdots (x - \xi_n) \equiv (x - \xi_1')(x - \xi_2') \cdots (x - \xi_n'),$$

aus welcher hervorgeht, dass die Grössen ξ mit den Grössen ξ' (abgesehen von der Reihenfolge) übereinstimmen. Die Werthsysteme, welche den Congruenzen (17.) genügen, sind hiernach in folgender Weise darzustellen:

$$x_{r_1} = \xi_1, \quad x_{r_2} = \xi_2, \ldots x_{r_n} = \xi_n,$$

wo $r_1, r_2, \ldots r_n$ eine Permutation der Zahlen 1, 2, ... n bedeutet, und es treten dabei offenbar alle Permutationen der durch das Functionensystem $\mathfrak{g}', \mathfrak{g}'', \mathfrak{g}''', \ldots$ repräsentirten Gattung auf, aber auch keine andern.

Hiermit ist nachgewiesen, dass der Grad der Function $\overline{G}(z)$ mit der Anzahl der Permutionen der Gattung $(\mathfrak{g}', \mathfrak{g}'', \mathfrak{g}''', \ldots)$ übereinstimmt. Da aber diese Anzahl, wie schon oben nach Herleitung der Congruenz (11.) bemerkt worden, wiederum gleich dem Grade des mit $G_1(z)$ bezeichneten irreductibeln Factors der *Galois*'schen Function von $F(x)$ ist, so müssen die beiden Functionen $\overline{G}(z)$ und $G_1(z)$ von gleichem Grade und folglich, wegen der Congruenz (16.), mit einander *identisch* sein.

Nun ist schon oben gezeigt worden, dass das Modulsystem:

$$u_1 x_1 + u_2 x_2 + \cdots + u_n x_n - z; \quad \mathfrak{f}_1 - c_1, \; \mathfrak{f}_2 - c_2, \; \ldots \; \mathfrak{f}_n - c_n;$$

$$\mathfrak{g}' - c', \; \mathfrak{g}'' - c'', \; \mathfrak{g}''' - c''', \; \ldots$$

in der Function $\overline{G}(z)$ enthalten, d. h. also, dass die Congruenz:

$$\overline{G}(u_1 x_1 + u_2 x_2 + \cdots + u_n x_n) \equiv 0$$

$$(\text{modd. } \mathfrak{f}_1 - c_1, \; \mathfrak{f}_2 - c_2, \; \ldots \; \mathfrak{f}_n - c_n; \; \mathfrak{g}' - c', \; \mathfrak{g}'' - c'', \; \mathfrak{g}''' - c''', \; \ldots)$$

erfüllt ist. Da sich nun jetzt die Function $G_1(z)$ als mit der Function $\overline{G}(z)$ identisch erwiesen hat, ist der Nachweis für die Richtigkeit der oben mit (13.) bezeichneten Congruenz erbracht.

§ 7.

In den beiden vorhergehenden Paragraphen ist die Aequivalenz der zwei Modulsysteme:

$$(\mathfrak{M}) \qquad (G_1(z); \; \ldots, \; x_k \psi(\ldots c_h, \ldots) - \varphi_k(z; \ldots c_h, \ldots), \; \ldots) \qquad {\scriptstyle (h,\, k = 1, 2, \ldots n)},$$

$$(\mathfrak{M}') \qquad \begin{cases} (\mathfrak{f}_1 - c_1, \; \mathfrak{f}_2 - c_2, \; \ldots \; \mathfrak{f}_n - c_n; \; \mathfrak{g}' - c', \; \mathfrak{g}'' - c'', \; \mathfrak{g}''' - c''', \; \ldots; \\ \qquad z - u_1 x_1 - u_2 x_2 - \cdots - u_n x_n) \end{cases}$$

dargethan worden.

Aus dieser Aequivalenz folgt, dass die Congruenz (5.) im § 3:

$$\mathfrak{g}(x_1, x_2, \ldots x_n) \equiv c \qquad (\text{mod. } (\mathfrak{M}))$$

auch *modulo* $(\mathfrak{M}')$ gelten muss, und — da die Ausdrücke auf beiden Seiten der Congruenz unabhängig von z sind — auch für das Modulsystem $(\mathfrak{M}_0)$ des § 5. Für jede ganze Function $\mathfrak{g}$, für welche die entsprechende Gleichung $\Phi(\mathfrak{g}, c_1, c_2, \ldots c_n) = 0$ eine rationale Wurzel $\mathfrak{g} = c$ hat, muss also eine

Congruenz $\mathfrak{g} \equiv c$ (mod. $(\mathfrak{M}_{\mathfrak{g}})$) bestehen, und es kann daher die Differenz $\mathfrak{g} - c$ den Elementen:

$$\mathfrak{f}_1 - c_1, \ \mathfrak{f}_2 - c_2, \ldots \mathfrak{f}_n - c_n; \ \mathfrak{g}' - c', \ \mathfrak{g}'' - c'', \ \mathfrak{g}''' - c''', \ldots$$

des Modulsystems $(\mathfrak{M}_{\mathfrak{g}})$ hinzugefügt werden, ohne dasselbe zu verändern.

Es seien nun, wie am Ende des § 3:

$$\mathfrak{g}_0'(x_1, x_2, \ldots x_n), \ \mathfrak{g}_0''(x_1, x_2, \ldots x_n), \ \mathfrak{g}_0'''(x_1, x_2, \ldots x_n), \ldots$$

die Elemente eines Fundamentalsystems einer Gattung von Functionen, für welche die identischen Gleichungen:

$$\Phi'(\mathfrak{g}_0', \mathfrak{f}_1, \mathfrak{f}_2, \ldots \mathfrak{f}_n) = 0, \quad \Phi''(\mathfrak{g}_0'', \mathfrak{f}_1, \mathfrak{f}_2, \ldots \mathfrak{f}_n) = 0, \ldots$$

bestehen, und zwar sei dies die Gattung *höchster* Ordnung, für welche die Gleichungen:

$$\Phi'(\mathfrak{g}_0', c_1, c_2, \ldots c_n) = 0, \quad \Phi''(\mathfrak{g}_0'', c_1, c_2, \ldots c_n) = 0, \ldots$$

rationale Wurzeln $\mathfrak{g}_0' = c_0'$, $\mathfrak{g}_0'' = c_0''$, ... zulassen. Alsdann bleibt nach den obigen Entwickelungen das Modulsystem $(\mathfrak{M}_{\mathfrak{g}})$ bei Hinzufügung der Elemente $\mathfrak{g}_0' - c_0'$, $\mathfrak{g}_0'' - c_0''$, $\mathfrak{g}_0''' - c_0'''$, ... ungeändert. Es ist aber im Anfange des § 5 das Modulsystem $(\mathfrak{M}_{\mathfrak{g}})$ dadurch charakterisirt worden, dass die Functionen $\mathfrak{g}'$, $\mathfrak{g}''$, $\mathfrak{g}'''$, ... bei den zu den Elementen:

$$\mathfrak{f}_1 - c_1, \ \mathfrak{f}_2 - c_2, \ \mathfrak{f}_3 - c_3, \ldots \mathfrak{f}_n - c_n$$

hinzugefügten Elementen:

$$\mathfrak{g}' - c', \ \mathfrak{g}'' - c'', \ \mathfrak{g}''' - c''', \ldots$$

ein Fundamentalsystem derjenigen Gattung bilden, welche durch die irreductibeln Factoren der *Galois*'schen Function von $F(x)$ bestimmt werden.

Diese Gattung $(\mathfrak{g}', \mathfrak{g}'', \mathfrak{g}''', \ldots)$ muss also die Gattung $(\mathfrak{g}_0', \mathfrak{g}_0'', \mathfrak{g}_0''', \ldots)$ unter sich enthalten. Denn sonst würde eine dritte Gattung (G), welche diese beiden Gattungen unter sich enthält, durch lineare Verbindungen:

$$a\mathfrak{g}^{(h)} + \mathfrak{g}_0^{(k)} \qquad (h, k = 1, 2, \ldots),$$

in welchen a eine ganze Zahl bedeutet, charakterisirt werden können, und es würden vermöge der Congruenz:

$$a\mathfrak{g}^{(h)} + \mathfrak{g}_0^{(k)} \equiv ac^{(h)} + c_0^{(k)} \quad (\text{mod. } (\mathfrak{M}_{\mathfrak{g}}))$$

an die Stelle der Elemente $\mathfrak{g}' - c'$, $\mathfrak{g}'' - c''$, $\mathfrak{g}''' - c'''$, ... in dem Modulsysteme $(\mathfrak{M}_{\mathfrak{g}})$ solche Elemente:

$$G' - C', \quad G'' - C'', \quad G''' - C''', \ldots$$

gesetzt werden können, in welchen G', G'', G''', ... einer Gattung höherer Ordnung angehören als diejenige, deren Fundamentalsystem $\mathfrak{g}'$, $\mathfrak{g}''$, $\mathfrak{g}'''$, ... ist.

Am Schlusse des § 4 ist gezeigt worden, dass die Gattung $(\mathfrak{g}', \mathfrak{g}'', \mathfrak{g}''', \ldots)$ selbst eine derjenigen Gattungen ist, für welche die Gleichungen:

$$\Phi(\mathfrak{g}, c_1, c_2, \ldots c_n) = 0$$

eine rationale Wurzel $\mathfrak{g} = c$ haben, wenn

$$\Phi(\mathfrak{g}(x_1, x_2, \ldots x_n), \mathfrak{f}_1, \mathfrak{f}_2, \ldots \mathfrak{f}_n) = 0$$

die identische Gleichung ist, welcher eine der Gattung $(\mathfrak{g}', \mathfrak{g}'', \mathfrak{g}''', \ldots)$ angehörige Function $\mathfrak{g}(x_1, x_2, \ldots x_n)$ genügt. Der Voraussetzung nach ist aber $(\mathfrak{g}_0', \mathfrak{g}_0'', \mathfrak{g}_0''', \ldots)$ die Gattung höchster Ordnung unter allen diesen Gattungen. Ihre Ordnung kann also nicht kleiner als die Ordnung der Gattung $(\mathfrak{g}', \mathfrak{g}'', \mathfrak{g}''', \ldots)$ sein, und die Gattung $(\mathfrak{g}_0', \mathfrak{g}_0'', \mathfrak{g}_0''', \ldots)$ muss daher, da sie — wie so eben gezeigt worden — unter der Gattung $(\mathfrak{g}', \mathfrak{g}'', \mathfrak{g}''', \ldots)$

enthalten und doch von nicht kleinerer Ordnung ist, mit eben dieser Gattung $(\mathfrak{g}', \mathfrak{g}'', \mathfrak{g}''', \ldots)$ identisch sein.

Die durch die irreductibeln rationalen Factoren der Galois'schen Function $G(z, c_1, c_2, \ldots c_n)$ bestimmte Gattung, welche durch die Gesammtheit der Elemente des Modulsystems $(\mathfrak{M}_\mathfrak{g})$ repräsentirt wird, ist also zugleich die Gattung höchster Ordnung, für welche die definirende Gleichung eine rationale Wurzel hat.

Hiermit ist die am Schlusse des § 3 charakterisirte Gattung in der Weise bestimmt, wie es im Anfange des § 4 angekündigt worden ist.

Aus der Aequivalenz der Modulsysteme $(\mathfrak{M})$ und $(\mathfrak{M}')$ folgt aber ferner, da das erstere sich als ein Primmodulsystem erwiesen hat, dass auch das letztere ein Primmodulsystem ist, und da dieses offenbar dieselbe Eigenschaft behält, wenn man das letzte Element $z - u_1 x_1 - u_2 x_2 - \cdots - u_n x_n$ weglässt, so ergiebt sich das Hauptresultat, dass das mit $(\mathfrak{M}_\mathfrak{g})$ bezeichnete Modulsystem:

$$(\mathfrak{f}_1 - c_1, \; \mathfrak{f}_2 - c_2, \ldots \mathfrak{f}_n - c_n; \; \mathfrak{g}' - c', \; \mathfrak{g}'' - c'', \; \mathfrak{g}''' - c''', \ldots)$$

ein in dem Modulsysteme:

$$(\mathfrak{f}_1 - c_1, \; \mathfrak{f}_2 - c_2, \ldots \mathfrak{f}_n - c_n)$$

enthaltenes *Prim*modulsystem ist, für welches gemäss § 1 die Congruenz:

$$(1^{**}.) \qquad x^n - c_1 x^{n-1} + c_2 x^{n-2} - \cdots \pm c_n \equiv (x - x_1)(x - x_2) \cdots (x - x_n)$$

besteht. Durch die Bestimmung des Primmodulsystems $(\mathfrak{M}_\mathfrak{g})$ wird die in der Einleitung gestellte Aufgabe noch in einer anderen Weise gelöst, als es oben im § 2 geschehen ist, und in vieler Beziehung ist diese letztere Lösung vorzuziehen.

§ 8.

Die in den vorhergehenden Paragraphen entwickelten Resultate können folgendermaassen formulirt werden.

Bedeutet $G(z, \mathfrak{f}_1, \mathfrak{f}_2, \ldots \mathfrak{f}_n; u_1, u_2, \ldots u_n)$ das über alle $n!$ Permutationen $(i_1, i_2, \ldots i_n)$ erstreckte Product:

$$\Pi(z - u_1 x_{i_1} - u_2 x_{i_2} - \cdots - u_n x_{i_n}),$$

dargestellt als ganze ganzzahlige Function der Variabeln $z, u_1, u_2, \ldots u_n$ und der mit $\mathfrak{f}_1, \mathfrak{f}_2, \ldots \mathfrak{f}_n$ bezeichneten elementaren symmetrischen Functionen von $x_1, x_2, \ldots x_n$, und versteht man unter:

$$G(z, c_1, c_2, \ldots c_n; u_1, u_2, \ldots u_n)$$

„die von der Function:

$$x^n - c_1 x^{n-1} + c_2 x^{n-2} - \cdots \pm c_n$$

abgeleitete Galois'sche Function“, in welcher $c_1, c_2, \ldots c_n$ ganze Grössen eines natürlichen Rationalitätsbereichs $(\mathfrak{R}', \mathfrak{R}'', \ldots \mathfrak{R}^{(n-1)})$ sind, so repräsentirt jeder der irreductibeln Factoren von:

$$G(z, c_1, c_2, \ldots c_n; u_1, u_2, \ldots u_n)$$

eine bestimmte Gattung von Functionen der Unbestimmten $u_1, u_2, \ldots u_n$. Es ist dies die *„Affect-Gattung“* der Gleichung:

$$x^n - c_1 x^{n-1} + c_2 x^{n-2} - \cdots \pm c_n = 0,$$

wenn eben diese Gleichung irreductibel ist*).

---

*) Vgl. § 12, S. 36 meiner mehrfach citirten Festschrift[1]).

[1]) Band II S. 287 dieser Ausgabe. H.

Bilden nun die ganzen ganzzahligen Functionen von $u_1, u_2, \ldots u_n$:

$$\mathfrak{g}'(u_1, u_2, \ldots u_n), \ \mathfrak{g}''(u_1, u_2, \ldots u_n), \ \mathfrak{g}'''(u_1, u_2, \ldots u_n), \ldots$$

ein Fundamentalsystem der Affect-Gattung, so ist jede ganze ganzzahlige Function von $x_1, x_2, \ldots x_n$, welche dem durch das Functionensystem:

$$(\mathfrak{g}'(x_1, x_2, \ldots x_n), \ \mathfrak{g}''(x_1, x_2, \ldots x_n), \ \mathfrak{g}'''(x_1, x_2, \ldots x_n), \ldots)$$

charakterisirten Gattungsbereich angehört, als ganze homogene lineare Function von:

$$\mathfrak{g}'(x_1, x_2, \ldots x_n), \ \mathfrak{g}''(x_1, x_2, \ldots x_n), \ \mathfrak{g}'''(x_1, x_2, \ldots x_n), \ldots$$

darstellbar, deren Coefficienten ganze ganzzahlige Functionen der elementaren symmetrischen Functionen $\mathfrak{f}_1, \mathfrak{f}_2, \ldots \mathfrak{f}_n$ sind. Bezeichnet man mit $\mathfrak{g}(x_1, x_2, \ldots x_n)$ irgend eine solche Function, so genügt dieselbe einer identischen Gleichung:

$$\Phi(\mathfrak{g}, \mathfrak{f}_1, \mathfrak{f}_2, \ldots \mathfrak{f}_n) = 0,$$

wo Φ eine ganze ganzzahlige irreductible Function von $\mathfrak{g}, \mathfrak{f}_1, \mathfrak{f}_2, \ldots \mathfrak{f}_n$ bedeutet, deren Grad in Beziehung auf $\mathfrak{g}$ gleich der Ordnung der Function $\mathfrak{g}$, also ein Divisor der Ordnung der Gattung $(\mathfrak{g}', \mathfrak{g}'', \mathfrak{g}''', \ldots)$ ist. Die Gleichung:

$$\Phi(\mathfrak{g}, c_1, c_2, \ldots c_n) = 0$$

wird durch einen „rationalen" Werth $\mathfrak{g} = c$ befriedigt, d. h. durch einen solchen, der zum Rationalitätsbereich $(\mathfrak{R}', \mathfrak{R}'', \ldots \mathfrak{R}^{(n-1)})$ gehört. Bedeuten $c', c'', c''', \ldots$ beziehungsweise die rationalen Wurzeln der zu den Functionen $\mathfrak{g}', \mathfrak{g}'', \mathfrak{g}''', \ldots$ gehörigen Gleichungen, und ist:

$$\mathfrak{g}(x_1, x_2, \ldots x_n) = \varphi'(\mathfrak{f}_1, \mathfrak{f}_2, \ldots \mathfrak{f}_n)\,\mathfrak{g}'(x_1, x_2, \ldots x_n) + \varphi''(\mathfrak{f}_1, \mathfrak{f}_2, \ldots \mathfrak{f}_n)\,\mathfrak{g}''(x_1, x_2, \ldots x_n) + \cdots,$$

wo $\varphi', \varphi'', \ldots$ ganze ganzzahlige Functionen von $\mathfrak{f}_1, \mathfrak{f}_2, \ldots \mathfrak{f}_n$ sind, so wird:

$$c = c'\varphi'(c_1, c_2, \ldots c_n) + c''\varphi''(c_1, c_2, \ldots c_n) + \cdots,$$

und es lassen sich in dieser Weise die rationalen Wurzeln aller derjenigen Gleichungen, welche zu Functionen des Gattungsbereichs $(\mathfrak{g}', \mathfrak{g}'', \mathfrak{g}''', \ldots)$ gehören, aus den Wurzeln der zu $\mathfrak{g}', \mathfrak{g}'', \mathfrak{g}''', \ldots$ selbst gehörigen Gleichungen bilden. Die Functionen $\mathfrak{g}$ des Gattungsbereichs $(\mathfrak{g}', \mathfrak{g}'', \mathfrak{g}''', \ldots)$ sind es aber auch *allein*, für welche die zugehörigen Gleichungen:

$$\Phi(\mathfrak{g}, c_1, c_2, \ldots c_n) = 0$$

eine rationale Wurzel $\mathfrak{g} = c$ haben, und die Gattung $(\mathfrak{g}', \mathfrak{g}'', \mathfrak{g}''', \ldots)$ kann daher auch eben dadurch definirt werden, dass die zugehörigen Gleichungen rationale Wurzeln haben.

Nach den hier angenommenen Bezeichnungen ist das Modulsystem:

$$(\mathfrak{M}_{\mathfrak{g}}) \qquad (\mathfrak{f}_1 - c_1, \mathfrak{f}_2 - c_2, \ldots \mathfrak{f}_n - c_n;\ \mathfrak{g}' - c', \mathfrak{g}'' - c'', \mathfrak{g}''' - c''', \ldots)$$

ein in dem Modulsysteme:

$$(\mathfrak{f}_1 - c_1, \mathfrak{f}_2 - c_2, \ldots \mathfrak{f}_n - c_n)$$

enthaltenes *Prim*modulsystem, für welches die Congruenz:

$$x^n - c_1 x^{n-1} + c_2 x^{n-2} - \cdots \pm c_n \equiv (x - x_1)(x - x_2) \cdots (x - x_n)$$

stattfindet, für welches also die Function:

$$x^n - c_1 x^{n-1} + c_2 x^{n-2} - \cdots \pm c_n$$

sich als Product von n linearen Factoren darstellen lässt.

Nach dem *Galois*'schen Princip, wie ich es im § 12 meiner Festschrift zu Herrn *Kummer*'s Doctorjubiläum ausführlich dargelegt habe, tritt an Stelle der Gleichung:

$$x^n - c_1 x^{n-1} + c_2 x^{n-2} - \cdots \pm c_n = 0,$$

wenn deren Wurzeln $\xi_1, \xi_2, \ldots \xi_n$ sind, das Gleichungssystem:

$$\mathfrak{f}_k(\xi_1, \xi_2, \ldots \xi_n) = c_k, \quad \mathfrak{g}'(\xi_1, \xi_2, \ldots \xi_n) = c', \quad \mathfrak{g}''(\xi_1, \xi_2, \ldots \xi_n) = c'', \ldots$$
$$(k = 1, 2, \ldots n),$$

und jede ganze ganzzahlige Function der n Wurzeln $\xi_1, \xi_2, \ldots \xi_n$, welche einen rationalen Werth hat, lässt sich als ganze ganzzahlige Function der Functionen $\mathfrak{f}_1, \mathfrak{f}_2, \ldots \mathfrak{f}_n, \mathfrak{g}', \mathfrak{g}'', \mathfrak{g}''', \ldots$ und zwar so darstellen, dass sie in Beziehung auf die Functionen $\mathfrak{g}$ linear und homogen wird.

Hier zeigt sich aber eine neue und tiefere Bedeutung des *Galois*'schen Princips darin, dass es in dem Functionensysteme:

$$\mathfrak{f}_k(x_1, x_2, \ldots x_n) - c_k, \quad \mathfrak{g}'(x_1, x_2, \ldots x_n) - c', \quad \mathfrak{g}''(x_1, x_2, \ldots x_n) - c'', \ldots$$
$$(k = 1, 2, \ldots n)$$

ein *Prim*modulsystem liefert, für welches die Function:

$$x^n - c_1 x^{n-1} + c_2 x^{n-2} - \cdots \pm c_n$$

dem Producte:

$$(x - x_1)(x - x_2) \cdots (x - x_n)$$

congruent wird. Da nun bei Congruenzen für Primmodulsysteme, genau ebenso wie bei Gleichungen, der Satz gilt, dass ein Product nur dann Null werden kann, wenn einer der Factoren Null ist, so ist jede Deduction, bei welcher die Darstellung einer ganzen Function von x als Product:

$$(x - \xi_1)(x - \xi_2) \cdots (x - \xi_n)$$

verwendet wird, unmittelbar, und ohne dass die Einfachheit irgendwie beeinträchtigt wird, dahin zu modificiren, dass nur die Darstellung als Product:

$$(x - x_1)(x - x_2) \cdots (x - x_n)$$

im Sinne der Congruenz für ein durch das Galois'sche Princip geliefertes Primmodulsystem benutzt wird*). Das *Galois*'sche Princip ist es also, welches die Einführung und Verwendung der algebraischen Grössen überall da entbehrlich macht, wo nicht die Isolirung der unter einander conjugirten algebraischen Grössen, d. h. also die Isolirung der verschiedenen Wurzeln einer irreductibeln Gleichung erfordert wird. Dies geschieht aber z. B. in der arithmetischen Theorie der algebraischen Zahlen, welche in Wahrheit eine Theorie der in Linearfactoren zerfällbaren Formen ist, nur dort, wo die Existenz von Einheiten nachgewiesen wird. Da jedoch die auf die Formen bezüglichen *Resultate*, welche aus der Existenz von Einheiten hergeleitet werden, ohne den Begriff des Algebraischen gefasst werden können, so wird bei einer rationellen Behandlung der arithmetischen Theorie der zerlegbaren Formen vom Begriffe des Algebraischen überhaupt zu abstrahiren und auf Methoden zurückzugehen sein, welche wie die *Gauss*'schen in der V. Section der Disquisitiones arithmeticae den absoluten Rationalitätsbereich der natürlichen Zahlen eigentlich nirgends verlassen.

---

*) So wird bei der Deduction im § 6 nur die Zerlegung einer ganzen Function von x in Linearfactoren im Sinne der Congruenz für das Primmodulsystem $(\mathfrak{M})$ benutzt.

EIN SATZ ÜBER DISCRIMINANTEN-FORMEN.

VON

L. KRONECKER.

Crelle, Journal für die reine und angewandte Mathematik. Bd. 100. S. 79—82.

EIN SATZ ÜBER DISCRIMINANTEN-FORMEN.

In einer Abhandlung, welche im 19. Bande des *Liouville*'schen Journals (1854) abgedruckt ist[1]), habe ich den Satz bewiesen, dass derjenige Factor von $x^n - 1$, welcher nur für die *primitiven* n^{ten} Wurzeln der Einheit gleich Null wird, irreductibel ist, und zwar auch dann, wenn eine Wurzel einer ganzzahligen Gleichung adjungirt wird, deren Discriminante zu n relativ prim ist. Dieser Satz ist aber in einem viel allgemeineren enthalten, dessen Erkenntniss ich jenen Principien verdanke, welche ich in den „Grundzügen einer arithmetischen Theorie der algebraischen Grössen“ im 92. Bande dieses Journals entwickelt habe[2]).

§ 1.

Es sei $F(x)$ eine ganze Function n^{ten} Grades von x; der Coefficient von x^n sei gleich Eins, und die übrigen Coefficienten seien ganze Grössen eines beliebigen Rationalitätsbereichs, dessen Elemente aus unabhängigen Variabeln und ganzen algebraischen Functionen derselben bestehen. Der Rationalitätsbereich kann hiernach auch ein *Gattungs*bereich sein. Sind nun $\xi_1, \xi_2, \ldots \xi_n$ die Wurzeln der Gleichung $F(x) = 0$, so stellt der Ausdruck:

$$u_1 \xi_{r_1} + u_2 \xi_{r_2} + \cdots + u_n \xi_{r_n}$$

die verschiedenen Wurzeln der zur Gleichung $F(x) = 0$ zugehörigen *Galois*'schen Gleichung dar, wenn die Grössen u *Unbestimmte* und $(r_1, r_2, \ldots r_n)$ die ver-

---

[1]) Mémoire sur les facteurs irréductibles de l'expression $x^n - 1$. Band I, S. 75—92 dieser Ausgabe von *L. Kronecker*'s Werken. H.

[2]) Band II. S. 237—387 dieser Ausgabe. H.

schiedenen Permutationen derjenigen Gattung bedeuten, durch welche die *Classe* der Gleichung $F(x) = 0$ charakterisirt wird*).

Dies vorausgeschickt, besteht offenbar die Congruenz:

$$(A.)\qquad \prod_{(r,r')}(\xi_{r_1} - \xi_{r_1'}) \equiv 0 \quad \left(\text{mod.} \prod_{(r,r')}\left(u_1(\xi_{r_1} - \xi_{r_1'}) + u_2(\xi_{r_2} - \xi_{r_2'}) + \cdots + u_n(\xi_{r_n} - \xi_{r_n'})\right)\right),$$

wo sich die Producte auf alle Verbindungen je zweier Permutationen $(r_1, r_2, \ldots r_n)$, $(r_1', r_2', \ldots r_n')$ beziehen. Der Modul dieser Congruenz ist aber nichts Anderes als die Discriminante der *Galois'*schen Gleichung und also nach § 9 meiner eben citirten Abhandlung durch die „Discriminantenform" der *Galois'*schen *Gattung* theilbar. Diese ist aber wiederum, gemäss dem a. a. O. bewiesenen Satze, durch die Discriminantenform *jeder* Gattung von Functionen der Wurzeln $\xi_1, \xi_2, \ldots \xi_n$ theilbar. Es ist daher jede solche Discriminantenform in dem Producte:

$$\prod_{(r,r')}(\xi_{r_1} - \xi_{r_1'})$$

enthalten, welches selbst wiederum in einer Potenz der Discriminante von $F(x)$ als Theiler enthalten ist.

Hieraus ergiebt sich der Satz, welcher entwickelt werden sollte, nämlich:

> die Discriminantenform einer jeden aus den verschiedenen Wurzeln einer Gleichung zu bildenden Gattung ist in einer Potenz der Discriminante der Gleichung selbst enthalten,

und hierbei kann, wie unmittelbar zu sehen ist, die Voraussetzung der Irreductibilität der Gleichung fallen gelassen werden.

---

*) Vgl. § 12 S. 36 meiner citirten Abhandlung im 92. Bande dieses Journals[1]).

[1]) Band II S. 286—287 dieser Ausgabe. H.

Da ferner an Stelle der Gleichung $F(x) = 0$ auch die „Fundamentalgleichung“ der durch ξ_1 bestimmten Gattung genommen werden kann, deren Discriminante Theiler einer Potenz der Discriminantenform der Gattung (ξ_1) ist*), so ergiebt sich der Satz auch in folgender Fassung:

> die Discriminantenform einer Gattung (ξ_1) kann zu einer hinreichend hohen Potenz erhoben werden, damit sie durch die Discriminantenform einer jeden aus den verschiedenen *Conjugirten* von ξ_1 zu bildenden Gattung theilbar werde.

In dieser Fassung ist der Satz übrigens auch mit Hülfe von Determinantensätzen herzuleiten, da die Discriminantenform eben nur das Quadrat einer Determinante ist, welche nach § 25 meiner mehrfach citirten Abhandlung ausser den Reihen conjugirter algebraischer Grössen noch Reihen von *Unbestimmten* enthält.

§ 2.

Bedeutet $G(y)$ eine irreductible ganze Function m^{ten} Grades und desselben Bereichs wie $F(x)$, ist ferner der Coefficient von y^m gleich Eins, und sind endlich $\eta_1, \eta_2, \ldots \eta_m$ die Wurzeln der Gleichung $G(y) = 0$, so kann die eine der beiden (im angenommenen Rationalitätsbereich) irreductibeln Gleichungen nur dann unter Adjunction einer Wurzel der anderen reductibel werden, wenn eine gewisse Gattung von rationalen Functionen der Wurzeln ξ mit einer Gattung von rationalen Functionen der Wurzeln η übereinstimmt. Nach dem obigen Satze muss also *die Discriminantenform dieser Gattung gemeinsamer Theiler der beiden Discriminanten von $F(x)$ und $G(y)$* sein.

Nimmt man $F(x) = \dfrac{x^{p^\nu} - 1}{x^{p^{\nu-1}} - 1}$, wo p eine Primzahl und ν irgend eine ganze Zahl bedeutet, so ist $F(x)$ im absoluten Rationalitätsbereich der natürlichen ganzen Zahlen irreductibel. Denn für jede ganze ganzzahlige Function $f(x)$ findet die Congruenz:

*) Vgl. § 25 der Grundzüge einer arithmetischen Theorie der algebraischen Grössen.

$$f(x)^{p^\nu} \equiv f(x^{p^\nu}) \equiv f(1) \quad (\text{modd. } p, \; x^{p^\nu} - 1)$$

statt, und es wird also, wenn $f(x)$ irgend ein Divisor von $x^{p^\nu} - 1$ ist:

$$f(1) \equiv 0 \quad (\text{modd. } p, \; f(x)),$$

während, wenn $F(x) = f(x)\varphi(x)$, also $F(1) = p = f(1)\varphi(1)$ wäre, einer der beiden Factoren, z. B. $f(1)$, gleich Eins sein müsste.

Ferner ist die Discriminante jeder aus den Wurzeln von $F(x) = 0$ gebildeten Gattung durch p theilbar; denn die Differenz von zwei Horizontalreihen der Determinante, deren Quadrat eben die Discriminante ist, enthält offenbar $1 - x$ als Theiler, und die Discriminante, welche eine ganze Zahl ist, wird daher *modulis* $(1 - x, \; F(x))$, also auch *modulis* $(1 - x, \; F(1))$, also endlich auch *modulo* p, congruent Null.

Hiernach kann $F(x)$ nur dann unter Adjunction einer Wurzel der Gleichung $G(y) = 0$ reductibel werden, wenn die Discriminante von $G(y)$ durch p theilbar ist, und hieraus folgt unmittelbar auch jener Satz, welcher oben in der Einleitung citirt worden ist.

Ich bemerke noch, dass man an Stelle der Function $F(x)$, welche für alle primitiven p^ν-ten Wurzeln der Einheit verschwindet, überhaupt eine ganze Function von der Form:

$$F(x) = (x - 1)^n + p\,\Phi(x)$$

nehmen kann, wo $\Phi(x)$ eine ganze ganzzahlige Function $(n - 1)$-ten Grades bedeutet. Es gilt auch dann noch der Satz, dass jeder Divisor $f(x)$ von $F(x)$ für $x = 1$ *modulis* p, $f(x)$ congruent Null sein muss. Denn $F(x)$ ist *modulo* p ein Divisor von $x^{p^\nu} - 1$, wenn ν so gewählt wird, dass $p^\nu \geqq n$ ist; es wird also, wie oben:

$$f(x)^{p^\nu} \equiv f(x^{p^\nu}) \equiv f(1) \quad (\text{modd. } p, \; F(x)), \quad \text{also auch} \quad (\text{modd. } p, \; f(x))$$

und daher:

$$f(1) \equiv 0 \quad (\text{modd. } p, f(x)).$$

Hieraus folgt unmittelbar, dass $F(x)$ irreductibel ist, wenn $\Phi(1)$ nicht $\equiv 0$ (mod. p) ist.

Dieses Resultat findet sich schon in dem *Schoenemann*'schen Aufsatze im 32. Bande dieses Journals (§ 61, S. 100[1]) und ist dort auch auf ganz ähnliche Weise hergeleitet. Später hat *Eisenstein* im 39. Bande dieses Journals S. 167 denselben Satz in derselben Art bewiesen[2]), und in manchen Reproductionen wird der Satz irrthümlicher Weise *Eisenstein* zugeschrieben. In einer Notiz im 40. Bande dieses Journals S. 188 hat *Schoenemann* selbst schon auf seine Priorität in der angegebenen Beziehung aufmerksam gemacht; doch findet sich darin (wohl nur in Folge von Druckfehlern) der § 6 seiner Abhandlung im 31. Bande an Stelle des § 61 seiner Abhandlung im 32. Bande citirt.

---

[1]) *Schönemann,* Grundzüge einer allgemeinen Theorie der höheren Congruenzen, deren Modul eine reelle Primzahl ist; Crelle's Journal Bd. 31, S. 269—325, Bd. 32, S. 93—105. H.

[2]) *G. Eisenstein,* Ueber die Irreductibilität und einige andere Eigenschaften der Gleichung, von welcher die Theilung der ganzen Lemniscate abhängt; Crelle's Journal Bd. 39, S. 160—179, 224—287. H.

ÜBER DEN ZAHLBEGRIFF.

VON

L. KRONECKER.

Crelle, Journal für die reine und angewandte Mathematik. Band 101, S. 337—355.

Philosophische Aufsätze, Eduard Zeller zu seinem fünfzigjährigen Doctor-Jubiläum gewidmet. Leipzig 1887. No. VIII. S. 261—274.

ÜBER DEN ZAHLBEGRIFF*).

Auf dem freien Plane philosophischer Vorarbeit, aus welchem man in die eingehegten Gebiete der verschiedenen Wissenschaften gelangt, sind auch die Begriffe der Zahl, des Raumes und der Zeit zu entwickeln, von welchen in der Mathematik Gebrauch gemacht wird. Und es erscheint zweckmässig, die Entwickelung dort so weit zu führen, dass die Begriffe schon mit ihren Grundeigenschaften ausgestattet sind, wenn die specialwissenschaftliche Behandlung beginnt.

So soll dies hier in Beziehung auf den Zahlbegriff geschehen, den einfachsten jener drei Begriffe, dessen dominirende Stellung *Jacobi* in einem seiner Briefe an *Alexander v. Humboldt* sehr schön hervorgehoben hat**).

„Ein Alter" — so beginnt einer dieser Briefe — „vergleicht die Mathematiker mit den Lotophagen. Wer einmal, sagt er, die Süssigkeit der mathematischen Ideen gekostet, kann nicht mehr davon ablassen. Schreiben Sie also meinen vorigen Brief***) der Raserei zu, in welche jene Lotosfresser versinken, wenn sie den Cultus jener Ideen vernachlässigt oder sie nur ihrer

*) Dieser Aufsatz ist durch theilweise Umarbeitung und Erweiterung desjenigen entstanden, welcher in den Herrn *Eduard Zeller* zu seinem fünfzigjährigen Doctor-Jubiläum gewidmeten philosophischen Aufsätzen unter No. VIII abgedruckt ist.

**) Die Briefe haben sich in *G. Lejeune Dirichlet*'s Nachlass vorgefunden.

***) Dieser „vorige Brief" trägt als Datum „Berlin d. 26. Dez. 1846" und füllt mit der *Jacobi*'schen kleinen und engen Schrift drei Octavseiten vollständig aus. Auf der

zufälligen Anwendungen wegen geschätzt glauben. Und sagt nicht Aehnliches schon *Schiller* in den Xenien in seinem kleinen Gedicht

Archimedes und der Jüngling.

Zu Archimedes kam ein wissbegieriger Jüngling,
Weihe mich, sprach er zu ihm, ein in die göttliche Kunst,
Die so herrliche Dienste der Sternenkunde geleistet,
Hinter dem Uranos noch einen Planeten entdeckt.
Göttlich nennst Du die Kunst, sie ist's, versetzte der Weise,
Aber sie war es, bevor noch sie den Kosmos erforscht,
Ehe sie herrliche Dienste der Sternenkunde geleistet,
Hinter dem Uranos noch einen Planeten entdeckt.
Was Du im Kosmos erblickst, ist nur der Göttlichen Abglanz,
In der Olympier Schaar thronet die ewige Zahl."

In dieser geistvollen Parodie des *Schiller*'schen Gedichts „Archimedes und der Schüler" bezeichnet *Jacobi* die Stellung des Zahlbegriffs in der gesammten Mathematik echt poetisch aber auch genau zutreffend und ganz ähnlich wie *Gauss* in den Worten: „Die Mathematik sei die Königin der Wissenschaften und die Arithmetik die Königin der Mathematik. Diese lasse sich dann öfter herab, der Astronomie und andern Naturwissenschaften einen Dienst zu erweisen, doch gebühre ihr unter allen Verhältnissen der erste Rang"*).

In der That steht die Arithmetik in ähnlicher Beziehung zu den anderen beiden mathematischen Disciplinen, der Geometrie und Mechanik, wie die gesammte Mathematik zur Astronomie und den anderen Naturwissenschaften;

ersten Seite schreibt *Jacobi*: „Also das möchten Sie wissen, welche Gedankenentwickelung vorhergehen musste, damit 1846 *Leverrier* den transuranischen Planeten ausrechnen konnte?" Und auf der dritten Seite: „Unter diesen Umständen ist es also wirklich etwas Ausserordentliches, wenn *Leverrier* bei seiner Rechenfertigkeit die mathematische Umsicht hat, die erforderlich ist, um auf geschickte Art sich an ein weitläufiges gänzlich neues Problem zu wagen. Aber die Arbeit des Menschengeistes kann man nach der dazu nöthigen homöopathischen Dosis nicht ermessen."

*) Vgl. „*Gauss* zum Gedächtniss" von *W. Sartorius v. Waltershausen*, Leipzig 1856, S. 79. In derselben Schrift wird auf S. 97: „*Ὁ θεὸς ἀριθμητίζει*" als ein Ausspruch von *Gauss* angeführt, welcher als solcher durch einen in *G. Lejeune Dirichlet*'s Nachlass vorgefundenen, von *Gauss*' Arzte, *Baum*, an *Humboldt* gerichteten Briefe beglaubigt ist.

auch die Arithmetik erweist der Geometrie und Mechanik mannigfache Dienste und empfängt dagegen von ihren Schwester-Disciplinen eine Fülle von Anregungen. Dabei ist aber das Wort „Arithmetik" nicht in dem üblichen beschränkten Sinne zu verstehen, sondern es sind alle mathematischen Disciplinen mit Ausnahme der Geometrie und Mechanik, also namentlich die Algebra und Analysis, mit darunter zu begreifen. Und ich glaube auch, dass es dereinst gelingen wird, den gesammten Inhalt aller dieser mathematischen Disciplinen zu „arithmetisiren", d. h. einzig und allein auf den im engsten Sinne genommenen Zahlbegriff zu gründen, also die Modificationen und Erweiterungen dieses Begriffs*) wieder abzustreifen, welche zumeist durch die Anwendungen auf die Geometrie und Mechanik veranlasst worden sind. Der principielle Unterschied zwischen der Geometrie und Mechanik einerseits und zwischen den übrigen hier unter der Bezeichnung „Arithmetik" zusammengefassten mathematischen Disciplinen andererseits besteht nach *Gauss* darin, dass der Gegenstand der letzteren, die Zahl, *bloss* unseres Geistes Product ist, während der Raum ebenso wie die Zeit auch *ausser* unserem Geiste eine *Realität* hat, der wir a priori ihre Gesetze nicht vollständig vorschreiben können**).

§ 1.

Definition des Zahlbegriffs.

Den naturgemässen Ausgangspunkt für die Entwickelung des Zahlbegriffs finde ich in den *Ordnungszahlen*. In diesen besitzen wir einen Vor-

*) Ich meine hier namentlich die Hinzunahme der irrationalen sowie der continuirlichen Grössen.

**) Die *Gauss*'schen Worte (in einem Briefe an *Bessel* vom 9. April 1830[1]) lauten: „Nach meiner innigsten Ueberzeugung hat die Raumlehre zu unserm Wissen a priori eine ganz andere Stellung, wie die reine Grössenlehre; es geht unserer Kenntniss von jener durchaus *diejenige* vollständige Ueberzeugung von ihrer Nothwendigkeit (also auch von ihrer absoluten Wahrheit) ab, die der *letztern* eigen ist; wir müssen in Demuth zugeben, dass, wenn die Zahl *bloss* unsers Geistes Product ist, der Raum auch *ausser* unserm Geiste eine *Realität* hat, der wir a priori ihre Gesetze nicht vollständig vorschreiben können." Vgl. Herrn *Ernst Schering*'s Festrede, vorgetragen in der öffentlichen Sitzung der Königlichen Gesellschaft der Wissenschaften zu Göttingen am 30. April 1877, S. 9.

[1]) Briefwechsel zwischen *Gauss* und *Bessel*, Leipzig 1880, S. 497 flgde. H.

rath gewisser, nach einer festen Reihenfolge geordneter Bezeichnungen, welche wir einer Schaar verschiedener und zugleich für uns unterscheidbarer Objecte beilegen können*). *Die Gesammtheit der hierbei verwendeten Bezeichnungen* fassen wir in dem Begriffe der „Anzahl der Objecte", aus denen die Schaar besteht, zusammen, und wir knüpfen den Ausdruck für diesen Begriff unzweideutig an die *letzte* der verwendeten Bezeichnungen an, da deren Aufeinanderfolge fest bestimmt ist. So kann z. B. in der Schaar der Buchstaben (a, b, c, d, e) dem Buchstaben a die Bezeichnung als „erster", dem Buchstaben b die Bezeichnung als „zweiter" u. s. f. und endlich dem Buchstaben e die Bezeichnung als „fünfter" beigelegt werden. Die Gesammtheit der dabei verwendeten Ordnungszahlen oder die „Anzahl" der Buchstaben a, b, c, d, e kann demgemäss in Anknüpfung an die letzte der verwendeten Ordnungszahlen durch die Zahl „Fünf" bezeichnet werden**).

*) Die Objecte können in gewissem Sinne einander gleich und nur räumlich, zeitlich oder gedanklich unterscheidbar sein, wie z. B. zwei gleiche Längen oder zwei gleiche Zeittheile.

**) Der Vorrath von Bezeichnungen, den wir in den Ordnungszahlen besitzen, ist deshalb immer ausreichend, weil es nicht sowohl ein wirklicher als vielmehr ein ideeller Vorrath ist. In den Gesetzen der *Bildung* unserer Wort- und Zifferbezeichnung der Zahlen besitzen wir recht eigentlich das „Vermögen", jeden Anspruch zu befriedigen. Freilich nur in *der* Weise, dass in dem Ausdrucke einer Zahl gewisse Bezeichnungen beliebig vielfach wiederholt werden. Sind aber Wiederholungen gestattet, so genügt schon ein einziges Zeichen, um jede Zahl auszudrücken, nämlich so, dass das eine Zeichen so oft wiederholt wird, als die Zahl angiebt. Indessen wäre eine solche primitive Darstellungsweise mittels eines einzigen Zeichens ganz unübersichtlich, und die andere ebenso primitive Darstellungsweise durch lauter verschiedene Zeichen wäre offenbar ganz unthunlich. Man ist deshalb bei den Wortbezeichnungen der Zahlen wohl darauf ausgegangen, mit Hülfe möglichst wenig specifisch verschiedener Stammworte möglichst viele Zahlen auszudrücken, und dies ist dadurch gelungen, dass man das Schema der Bezeichnungen wie eine Tabelle mit zweifachem Eingang einrichtete. So kann man durch Einzeichnung von Punkten in die 45 Felder einer durch fünf Colonnen und neun Zeilen gebildeten Tabelle alle Zahlen bis 99 999 genau so darstellen, wie es durch die griechische Wortbezeichnung geschieht. Werden dabei in die Colonne I die Einer, in die Colonne II die Zehner, in die Colonne III die Hunderter, in die Colonne IV die Tausender und in die Colonne V die Zehntausender eingezeichnet, so wird z. B. die Zahl 32 456 durch fünf Punkte dargestellt, welche beziehungsweise

in den Zeilen 3, 2, 4, 5, 6
und in den Colonnen V, IV, III, II, I

Man kann aus den Ordnungszahlen selbst eine Schaar von Objecten bilden. Für diejenige Schaar, welche aus einer bestimmten (n^{ten}) Ordnungszahl und aus allen vorhergehenden Ordnungszahlen besteht, wird die „Anzahl" gemäss der oben gegebenen Definition durch die der n^{ten} Ordnungszahl entsprechende „Cardinalzahl" n ausgedrückt, und es sind diese Cardinalzahlen, welche auch schlechthin als „Zahlen" bezeichnet werden. Eine Zahl m heisst „kleiner" als eine andere Zahl n, wenn die zu m gehörige Ordnungszahl der zu n gehörigen vorangeht. Die sogenannte natürliche Reihenfolge der Zahlen ist nichts Anderes als die Reihenfolge der entsprechenden Ordnungszahlen.

§ 2.

Die Unabhängigkeit der Zahl von der beim Zählen befolgten Anordnung.

Wenn man eine Schaar von Objecten „zählt", d. h. wenn man die Ordnungszahlen, ihrer Reihenfolge nach, den einzelnen Objecten als Bezeichnungen beilegt, so giebt man damit den Objecten selbst eine bestimmte Anordnung. Wenn nun diese Anordnung der Objecte beibehalten, aber eine neue Reihenfolge der als Bezeichnungen verwendeten Ordnungszahlen (durch irgend eine Permutation derselben) festgesetzt und alsdann dem ersten Objecte die in der neuen Reihenfolge erste Ordnungszahl, dem zweiten Objecte die zweite Ordnungszahl, und so der Reihe nach jedem folgenden Objecte die folgende Ordnungszahl als Bezeichnung beigelegt wird, so erhalten damit die Objecte wiederum eine durch die ihnen zugetheilten Ordnungszahlen bestimmte, von der früheren verschiedene Anordnung, und sie werden

---

stehen. Die griechische Wortbezeichnung *τρισμύριοι δισχίλιοι τετρακόσιοι πεντήκοντα ἕξ* ergiebt sich aus einer solchen Tabelle unmittelbar, indem man aus der Zeilenbezeichnung den Anfang und aus der Colonnenbezeichnung die Endung jedes einzelnen der fünf Zahlwörter entnimmt. Demnach ist für den ersten Punkt, welcher in der Zeile 3 (*τρεῖς*) und in der Colonne V (*μύριοι*) steht, das Zahlwort *τρισμύριοι* zu bilden, für den zweiten Punkt, welcher in der Zeile 2 (*δύο*) und in der Colonne IV (*χίλιοι*) steht, das Zahlwort *δισχίλιοι* u. s. f., und für den fünften Punkt, welcher in der Zeile 6 (*ἕξ*) und in der Colonne I steht, bleibt das Zahlwort *ἕξ* selbst ohne Zusatz einer Endung. Die griechische Zahlwörterbildung ermöglicht es also, mit Hülfe von nur 13 verschiedenen Bezeichnungen, nämlich neun Anfangs- und vier Endungsbezeichnungen, alle Zahlen bis 99 999 deutlich unterscheidbar auszudrücken.

also in einer anderen Anordnung „gezählt"*). Dabei bleibt aber die „Gesammtheit" der als Bezeichnungen verwendeten Ordnungszahlen, welche nach der obigen Definition den Begriff der „Anzahl der Objecte" ergiebt, ungeändert, und diese Anzahl, d. h. das *Resultat* des Zählens, ist demnach von der beim Zählen befolgten oder durch das Zählen gegebenen Anordnung unabhängig. Die „Anzahl" der Objecte einer Schaar ist also eine Eigenschaft der Schaar als solcher, d. h. der unabhängig von irgend einer bestimmten Anordnung gedachten Gesammtheit der Objecte.

Fasst man irgend welche Elemente, die mit den Buchstaben $a, b, c, d, \ldots$ bezeichnet werden mögen, gedanklich zu einem System zusammen, aber so, dass auch die Reihenfolge der Elemente dabei fixirt wird, so sind z. B. die beiden Systeme (a, b, c) und (c, a, b) von einander verschieden. Und in der That sind auch, wenn man für a, b, c irgend welche von einander verschiedene Zahlen nimmt und dann einen Punkt im Raume, dessen drei rechtwinklige Coordinaten durch die Werthe $x = a$, $y = b$, $z = c$ bestimmt sind, durch das System (a, b, c) bezeichnet, die zwei Punkte (a, b, c) und (c, a, b) von einander verschieden. Wenn nun aber irgend zwei Systeme $(a, b, c, d, \ldots)$, $(a', b', c', d', \ldots)$ „*äquivalent*" genannt werden, sobald es möglich ist, das eine in das andere dadurch zu transformiren, dass man der Reihe nach jedes Element des ersten Systems durch je eines des zweiten Systems ersetzt, so besteht die nothwendige und hinreichende Bedingung für die Aequivalenz zweier Systeme in der Gleichheit der Anzahl ihrer Elemente, und die Anzahl der Elemente eines Systems $(a, b, c, d, \ldots)$ charakterisirt sich hiernach als die einzige „*Invariante*" aller untereinander äquivalenten Systeme**).

---

*) Für die Darlegung der Möglichkeit, Objecte in verschiedenen Anordnungen zu zählen, ist hier absichtlich nicht das Permutiren der Objecte selbst, sondern nur das der Zahlbezeichnungen benutzt worden. Es bedurfte auf diese Weise keiner weiteren Voraussetzung über die Objecte, als jener im § 1, wonach sie „unterscheidbar" sind.

**) Hierdurch wird, glaube ich, der Inhalt des Satzes näher präcisirt, mit welchem Herr *Lipschitz* sein Lehrbuch der Analysis beginnt. Dieser Satz lautet: „Wenn man bei der Betrachtung getrennter Dinge von den Merkmalen absieht, durch welche sich die Dinge unterscheiden, so bleibt der Begriff der *Anzahl* der betrachteten Dinge zurück."

§ 3.

Die Addition der Zahlen.

Man kann die Zahlen selbst als Objecte des Zählens nehmen. Man kann also z. B. von der Zahl $n_1 + 1$ an um n_2 weiter zählen, d. h. genau so viele von den auf die Zahl n_1 zunächst folgenden Zahlen zu einer Schaar zusammenfassen, dass deren Anzahl n_2 beträgt. Dieses „weïter Zählen" heisst: „*zur Zahl* n_1 *die Zahl* n_2 *addiren*", und diejenige Zahl s, zu welcher man bei jenem weiter Zählen gelangt, heisst das „Resultat der Addition" oder die „Summe von n_1 und n_2" und wird durch $n_1 + n_2$ dargestellt. Zu eben demselben Resultat s gelangt man aber auch, wenn man zur Zahl n_2 die Zahl n_1 addirt, d. h. wenn man von der Zahl $n_2 + 1$ anfangend um n_1 weiter zählt, und es ist daher: $n_1 + n_2 = n_2 + n_1$. Ebenso ist allgemein: $n_1 + n_2 + n_3 + \cdots + n_r = n_\alpha + n_\beta + n_\gamma + \cdots + n_\varrho$, wenn $\alpha, \beta, \gamma, \ldots \varrho$ die Zahlen $1, 2, 3, \ldots r$ in irgend einer Anordnung bedeuten. Denn, wenn man die ganze Schaar von Systemen zweier Zahlen (h, k) bildet, welche entsteht, indem man nach einander:

$$\begin{array}{lll} h = 1 & \text{und} & k = 1, 2, \ldots n_1, \\ h = 2 & \text{und} & k = 1, 2, \ldots n_2, \\ h = 3 & \text{und} & k = 1, 2, \ldots n_3, \\ \cdot & \cdot & \cdot \\ \cdot & \cdot & \cdot \\ h = r & \text{und} & k = 1, 2, \ldots n_r \end{array}$$

setzt, so ergiebt sich die Zahl: $n_1 + n_2 + n_3 + \cdots + n_r$, als Anzahl der Systeme der Schaar, sobald man sie in der Reihenfolge zählt, in welcher sie hier gebildet worden sind. Ordnet man sie aber dergestalt, dass diejenigen nach einander folgen, in denen:

$$\begin{array}{lll} h = \alpha & \text{und} & k = 1, 2, \ldots n_\alpha, \\ h = \beta & \text{und} & k = 1, 2, \ldots n_\beta, \\ h = \gamma & \text{und} & k = 1, 2, \ldots n_\gamma, \\ \cdot & \cdot & \cdot \\ \cdot & \cdot & \cdot \\ h = \varrho & \text{und} & k = 1, 2, \ldots n_\varrho \end{array}$$

ist, so ergiebt sich die Zahl $n_\alpha + n_\beta + n_\gamma + \cdots + n_\varrho$, als Anzahl der Systeme der Schaar, und dieselbe Anzahl wird also einerseits durch die Summe: $n_1 + n_2 + n_3 + \cdots + n_r$, andererseits durch die Summe: $n_\alpha + n_\beta + n_\gamma + \cdots + n_\varrho$ dargestellt.

§ 4.

Die Multiplication der Zahlen.

Sind die einzelnen Summanden $n_1, n_2, n_3, \ldots n_r$ sämmtlich gleich einer und derselben Zahl n, so bezeichnet man die Addition als „Multiplication der Zahl n mit dem Multiplicator r“ und setzt:

$$n_1 + n_2 + n_3 + \cdots + n_r = rn.$$

Das Resultat der so definirten Multiplication bezeichnet man als das Product der Zahlen r und n. Man erhält aber genau dasselbe Resultat, wenn man die Zahl r mit dem Multiplicator n multiplicirt, und es ist überhaupt das Product beliebig vieler Zahlen $n_1 n_2 n_3 \cdots n_r$ unabhängig von der Reihenfolge, in welcher die Multiplicationen nach einander ausgeführt werden. Denn wenn man sich die sämmtlichen Systeme von r Zahlen $(h_1, h_2, h_3, \ldots h_r)$ gebildet denkt, welche entstehen, indem man

für h_1 alle Werthe $1, 2, 3, \ldots n_1$,
für h_2 alle Werthe $1, 2, 3, \ldots n_2$,
für h_3 alle Werthe $1, 2, 3, \ldots n_3$,
. . . .
. . . .
für h_r alle Werthe $1, 2, 3, \ldots n_r$,

setzt, so können diese Systeme nach der Grösse der Werthe von

$$h_r + h_{r-1}g + h_{r-2}g^2 + \cdots + h_1 g^{r-1}$$

geordnet werden, wenn g eine Zahl bedeutet, die grösser als jede der Zahlen

$n_1, n_2, n_3, \ldots n_r$ ist. Die Systeme folgen dann so auf einander, wie sie der Grösse nach auf einander folgen würden, wenn $h_1 h_2 h_3 \cdots h_r$ eine Zahl mit den *Ziffern* $h_1, h_2, h_3, \ldots h_r$ in dem Zahlensysteme mit der Grundzahl g darstellte. Das Princip einer solchen Anordnung ist übrigens kein anderes als das lexikographische für den Fall, dass an die Stelle der Zahlen 1, 2, 3, ... der Reihe nach die Buchstaben eines Alphabets treten.

Die verschiedenen Abtheilungen der Systeme $(h_1, h_2, h_3, \ldots h_r)$, welche durch die verschiedenen Werthe von h_1 charakterisirt werden, und deren Anzahl n_1 ist, folgen einander bei der angegebenen Anordnung nach der Grösse der Werthe von h_1; innerhalb jeder Abtheilung folgen die n_2 verschiedenen, durch die Werthe von h_2 charakterisirten Unterabtheilungen wiederum einander nach der Grösse *dieser* Werthe u. s. f. Bezeichnet man die Anzahl derjenigen Systeme, in denen $h_1 = 1$ ist, mit s_1, so ist s_1 auch die Anzahl der Systeme in *jeder* der n_1 Abtheilungen, welche durch die Werthe: $h_1 = 1, 2, 3, \ldots n_1$ charakterisirt werden. Die Gesammtanzahl aller Systeme wird hiernach durch das Product $n_1 s_1$ ausgedrückt. Bezeichnet man nun ferner die Anzahl derjenigen Systeme, in denen $h_1 = 1$ und $h_2 = 1$ ist, mit s_2, so ist s_2 auch die Anzahl der Systeme in jeder der n_2 Unterabtheilungen, welche bei Festhaltung des Werthes $h_1 = 1$ durch die n_2 Werthe: $h_2 = 1, 2, 3, \ldots n_2$ charakterisirt werden. Die mit s_1 bezeichnete Anzahl aller Systeme der Abtheilung, in welcher $h_1 = 1$ ist, wird also durch das Product $n_2 s_2$ ausgedrückt, und die Anzahl aller Systeme überhaupt wird gleich: $n_1 n_2 s_2$. Fährt man auf diese Weise fort, so erhält man das Product: $n_1 n_2 n_3 \cdots n_r$ als Ausdruck für die Anzahl der sämmtlichen Systeme $(h_1, h_2, h_3, \ldots h_r)$.

Bedeuten nun, wie oben, $\alpha, \beta, \gamma, \ldots \varrho$ die Zahlen $1, 2, 3, \ldots r$ in irgend einer andern Anordnung, und ordnet man die sämmtlichen Systeme $(h_1, h_2, h_3, \ldots h_r)$ so, wie sie der Grösse nach auf einander folgen würden, wenn $h_\alpha h_\beta h_\gamma \cdots h_\varrho$ eine Zahl mit den Ziffern $h_\alpha, h_\beta, h_\gamma, \ldots h_\varrho$ in dem Zahlensysteme mit der Grundzahl g darstellte, so erhält man bei dem auseinandergesetzten Verfahren das Product: $n_\alpha n_\beta n_\gamma \cdots n_\varrho$ als Ausdruck für die Anzahl der sämmtlichen Systeme $(h_1, h_2, h_3, \ldots h_r)$, und es muss also in der That:

$$n_1 n_2 n_3 \cdots n_r = n_\alpha n_\beta n_\gamma \cdots n_\varrho$$

sein. Das Product beliebig vieler Zahlen ist demnach unabhängig von der Reihenfolge der Factoren, d. h. von der Reihenfolge, in welcher die Multiplicationen nach einander ausgeführt werden.

§ 5.

Die Buchstabenrechnung.

Die Gesetze der Addition und der Multiplication der Zahlen sind hiermit aus den Definitionen vollständig entwickelt. Dieselben Gesetze mussten für die sogenannte Buchstabenrechnung als maassgebend angenommen werden, sobald man anfing, die Buchstaben zur Bezeichnung von Zahlen zu verwenden, deren Bestimmung vorbehalten bleiben kann oder soll. Aber mit der *principiellen* Einführung der „Unbestimmten“ (indeterminatae), welche von *Gauss* herrührt, hat sich die specielle Theorie der ganzen Zahlen zu der allgemeinen arithmetischen Theorie der ganzen ganzzahligen Functionen von Unbestimmten erweitert. Diese allgemeine Theorie gestattet alle der eigentlichen Arithmetik fremden Begriffe, den der negativen, der gebrochenen, der reellen und der imaginären algebraischen Zahlen, auszuscheiden.

I. Der Begriff der *negativen* Zahlen kann vermieden werden, indem in den Formeln der Factor -1 durch eine Unbestimmte x und das Gleichheitszeichen durch das *Gauss*'sche Congruenzzeichen *modulo* $(x+1)$ ersetzt wird. So wird die Gleichung:

$$7 - 9 = 3 - 5$$

in die Congruenz:

$$7 + 9x \equiv 3 + 5x \quad (\text{mod. } x+1)$$

transformirt; sie gewinnt dadurch auch an Inhalt, da die Congruenz für jede positive ganze Zahl x eine Bedeutung hat, nämlich die, dass $7+9x$ bei der Division durch $x+1$ denselben Rest lässt wie $3+5x$, und andererseits geht diese Congruenz unmittelbar in die Gleichung über, sobald man

x nicht mehr als Unbestimmte, sondern als eine durch die Gleichung $x + 1 = 0$ definirte „Grösse" auffasst und also die „negative Einheit" einführt. Dass übrigens die Bedeutung der Formel: $7 - 9 = 3 - 5$ selbst einer näheren Darlegung bedarf, und dass dabei „eigentlich ein neuer Gebrauch vom Gleichheitszeichen" gemacht wird, findet man in dem Lehrbuch des Herrn Dr. *Hermann Schubert* klar auseinandergesetzt*).

II. Der Begriff der *gebrochenen* Zahlen ist zu vermeiden, indem man in den Formeln den Factor $\frac{1}{m}$ durch eine Unbestimmte x_m und das Gleichheitszeichen durch das *Gauss*'sche Congruenzzeichen *modulo* $(mx_m - 1)$ ersetzt. Die drei Bruchrechnungsregeln, nämlich die der Addition:

$$\frac{a}{m} + \frac{b}{n} = \frac{an + bm}{mn},$$

die der Multiplication:

$$\frac{a}{m} \cdot \frac{b}{n} = \frac{ab}{mn},$$

und die der Division:

$$\frac{a}{m} : \frac{b}{n} = \frac{an}{bm},$$

werden alsdann vollständig durch die drei entsprechenden Congruenzen:

$$(1.)\quad ax_m + bx_n \equiv (an + bm)x_{mn} \quad (\text{modd.}\, mx_m - 1,\ nx_n - 1,\ mnx_{mn} - 1),$$

$$(2.)\quad ax_m \cdot bx_n \equiv abx_{mn} \quad (\text{modd.}\, mx_m - 1,\ nx_n - 1,\ mnx_{mn} - 1),$$

$$(3.)\quad ax_m \cdot x_{bx_n} \equiv anx_{bm} \quad (\text{modd.}\, mx_m - 1,\ nx_n - 1,\ bmx_{bm} - 1,\ bx_n x_{bx_n} - 1)$$

begründet. Diese drei Congruenzen selbst resultiren aber aus den drei folgenden Identitäten:

---

*) System der Arithmetik und Algebra, als Leitfaden für den Unterricht in höheren Schulen. Von Dr. *Hermann Schubert*, Oberlehrer an der Gelehrtenschule des Johanneums in Hamburg. Potsdam 1885. Verlag von Aug. Stein. S. 26. Von der im § 5 eben dieses Werkes enthaltenen Entwickelung des „Begriffs der Zahl" ist Manches bei den obigen Auseinandersetzungen benutzt worden.

$$\text{(I.)}\quad \begin{cases} ax_m + bx_n = (an+bm)x_{mn} + anx_{mn}(mx_m - 1) + bmx_{mn}(nx_n - 1) \\ \qquad - (ax_m + bx_n)(mnx_{mn} - 1), \end{cases}$$

$$\text{(II.)}\quad \begin{cases} ax_m \cdot bx_n = abx_{mn} + abnx_n x_{mn}(mx_m - 1) + abx_{mn}(nx_n - 1) \\ \qquad - abx_m x_n(mnx_{mn} - 1), \end{cases}$$

$$\text{(III.)}\quad \begin{cases} ax_m \cdot x_{bx_n} = anx_{bm} + anx_{bm}(mx_m - 1) - abmx_m x_{bm} x_{bx_n}(nx_n - 1) \\ \qquad - ax_m x_{bx_n}(bmx_{bm} - 1) + amnx_m x_{bm}(bx_n x_{bx_n} - 1). \end{cases}$$

Das „Grösser“ und „Kleiner“ der Brüche kann als durch die Additionsregel gegeben betrachtet werden, indem der durch Addition zweier Brüche entstandene Bruch für grösser als jeder der beiden Summanden erklärt wird. Auf diese Weise wird die Aufeinanderfolge der rationalen Brüche nicht bloss definirt, sondern auch begründet*).

III. Dass die Einführung und Verwendung der *algebraischen* Zahlen überall da entbehrlich ist, wo nicht die Isolirung der unter einander conjugirten erfordert wird, habe ich in einem früheren Aufsatze gezeigt**); dass

---

*) In der Vorrede zu seinem Werke: „Introduction à la théorie des fonctions d'une variable“ sagt Herr *Jules Tannery* S. VIII: „On peut constituer entièrement l'Analyse avec la notion de nombre entier et les notions relatives à l'addition des nombres entiers; il est inutile de faire appel à aucun autre postulat, à aucune autre donnée de l'expérience; . . . . une fraction, du point de vue que j'indique, ne peut pas être regardée comme la réunion de parties égales de l'unité; ces mots „parties de l'unité“ n'ont plus de sens; une fraction est un ensemble de deux nombres entiers, rangés dans un ordre déterminé; sur cette nouvelle espèce de nombres, il y a lieu de reprendre les définitions de l'égalité, de l'inégalité et des opérations arithmétiques“. Wie dies letztere in der That — wenn auch in anderer Reihenfolge — geschehen kann, ist oben dargelegt worden.

**) „Ein Fundamentalsatz der allgemeinen Arithmetik“ Bd. 100, S. 490 dieses Journals. Man vergleiche namentlich den Schluss dieses Aufsatzes a. a. O. S. 510[1]). Dem dort Gesagten ist hinzuzufügen, dass in gewissen Gebieten der Algebra die Verwendung der Moduln und Modulsysteme an Stelle der algebraischen Zahlen nicht nur zulässig, sondern sogar nothwendig ist. So kann die Frage, ob eine irreductible ganzzahlige Function $F(x)$ unter Adjunction einer Wurzel einer irreductibeln ganzzahligen Gleichung $\Phi(y) = 0$ reductibel wird, nur in *der* Form entschieden werden, ob $F(x)$ sich *modulo* $\Phi(y)$ als Product ganzer Functionen von x und y mit rationalen Coefficienten darstellen lässt.

[1]) Band III S. 209—240 dieser Ausgabe. Vgl. besonders S. 240. H.

diese Isolirung selbst aber auch ohne Einführung neuer Begriffe geschehen kann und nur dann, wenn sie so geschieht, das Wesen der Sache klar hervortreten lässt, soll hier in derselben Weise, wie ich es seit zehn Jahren in meinen Universitätsvorlesungen zu thun pflege, dargelegt und damit zugleich jene „genauere Analyse des Begriffs der reellen Wurzeln algebraischer Gleichungen" gegeben werden, welche ich am Schlusse des ersten Theiles der „Grundzüge einer arithmetischen Theorie der algebraischen Grössen" angekündigt habe*).

Ist $f(x)$ eine ganze ganzzahlige Function von x, welche mit ihrer Ableitung $f'(x)$ keinen Theiler gemein hat, so giebt es ganze ganzzahlige Functionen $\varphi(x)$, $\varphi_1(x)$, für welche die Gleichung:

$$(\mathfrak{A}.)\qquad \varphi(x)f(x) + \varphi_1(x)f'(x) = D$$

besteht. Hier bedeutet D den absoluten Werth der Discriminante von $f(x)$, also eine positive ganze Zahl. Es sei nun:

$$f(x) = a_0 + a_1 x + a_2 x^2 + \cdots + a_n x^n$$

und a_g der absolut grösste der n Coefficienten $a_0, a_1, \ldots a_{n-1}$. Bezeichnet man alsdann den rationalen Bruch $\dfrac{|a_g| + |a_n|}{|a_n|}$ mit $\mathfrak{r}$, so ist:

$$\left|\frac{f(x)}{a_n} - x^n\right| < (\mathfrak{r} - 1)\frac{|x|^n - 1}{|x| - 1},$$

also für jeden nicht zwischen $-\mathfrak{r}$ und $\mathfrak{r}$ liegenden Werth von x:

$$|f(x) - a_n x^n| < |a_n x^n| \quad \text{und folglich:} \quad \text{sgn.}\, f(x) = \text{sgn.}\, a_n x^n.$$

Demnach kann $f(x)$ nur innerhalb des Intervalles $(-\mathfrak{r}, \mathfrak{r})$ sein Vorzeichen ändern.

---

*) B. 92, S. 44 dieses Journals.[1])

[1]) Band II S. 296 dieser Ausgabe. H.

Setzt man zur Abkürzung:

$$f(x+\sigma)-f(x)=\sigma f_1(x,\sigma), \quad (f_1(x,\sigma)-f'(x))\varphi_1(x)=\sigma\psi(x,\sigma),$$

so sind $f_1(x,\sigma)$ und $\psi(x,\sigma)$ ganze ganzzahlige Functionen von x und σ, und wenn man unter $\overline{f}_1(x,\sigma)$, $\overline{\varphi}(x)$, $\overline{\varphi}_1(x)$, $\overline{\psi}(x,\sigma)$ beziehungsweise diejenigen Functionen versteht, welche aus $f_1(x,\sigma)$, $\varphi(x)$, $\varphi_1(x)$, $\psi(x,\sigma)$ dadurch hervorgehen, dass man darin die Coefficienten durch ihre absoluten Werthe ersetzt, so bestehen offenbar die Ungleichheiten:

$$|f_1(x,\sigma)|<\overline{f}_1(\mathfrak{r},1), \quad |\varphi(x)|<\overline{\varphi}(\mathfrak{r}), \quad |\varphi_1(x)|<\overline{\varphi}_1(\mathfrak{r}), \quad |\psi(x,\sigma)|<\overline{\psi}(\mathfrak{r},1),$$

sobald der Werth von x zwischen $-\mathfrak{r}$ und $\mathfrak{r}$ und σ zwischen -1 und 1 liegt. Bedeutet nun s eine ganze Zahl, welche den grössten der vier rationalen Werthe:

$$\frac{\overline{f}_1(\mathfrak{r},1)}{D}, \quad \frac{\overline{\varphi}(\mathfrak{r})}{D}, \quad \frac{\overline{\varphi}_1(\mathfrak{r})}{D}, \quad \frac{\overline{\psi}(\mathfrak{r},1)}{D}$$

mindestens um eine Einheit übersteigt, und setzt man dann:

$$\varphi(x)=(s-1)D\theta(x), \quad \varphi_1(x)=(s-1)D\theta_1(x), \quad \psi(x,\sigma)=(s-1)DH(x,\sigma),$$

so geht die Gleichung ($\mathfrak{A}$.) in folgende über:

$$(\mathfrak{B}.) \qquad \theta(x)f(x)+\theta_1(x)\cdot\frac{f(x+\sigma)-f(x)}{\sigma}=\sigma H(x,\sigma)+\frac{1}{s-1},$$

und die Werthe der Functionen $\theta(x)$, $\theta_1(x)$, $H(x,\sigma)$ sind für die Werthe von x und σ, welche durch die Ungleichheiten:

$$-\mathfrak{r}<x<\mathfrak{r}, \quad -1<\sigma<1$$

beschränkt sind, absolut kleiner als Eins. Ist σ absolut kleiner als $\frac{1}{s}$, so folgt aus der Gleichung ($\mathfrak{B}$.) die Ungleichheit:

$$|f(x)|+\left|\frac{f(x+\sigma)-f(x)}{\sigma}\right|>\frac{1}{s(s-1)},$$

und es besteht daher für je zwei in dem Intervall $(-\mathfrak{r}, \mathfrak{r})$ liegende Werthe x', x'', deren Differenz, absolut genommen, kleiner als $\frac{1}{s}$ ist, die Ungleichheit:

$$(\mathfrak{C}.) \qquad |f(x')| + \left|\frac{f(x'') - f(x')}{x'' - x'}\right| > \frac{1}{s(s-1)}.$$

Es soll nunmehr gezeigt werden, dass die Function $f(x)$, während x in einem Intervalle von der Grösse $\frac{1}{s}$ bleibt, entweder gar nicht oder nur *ein* Mal ihr Zeichen wechselt, d. h. dass, wenn:

$$x' < x'' < x''' \quad \text{und} \quad x''' - x' \leqq \frac{1}{s}$$

ist, nicht:

$$\text{sgn.}\, f(x') = -\,\text{sgn.}\, f(x'') = \text{sgn.}\, f(x''')$$

sein kann.

Hat der Werth von $f(x)$ am Anfange eines Intervalls, welches nicht grösser als $\frac{1}{s}$ ist und mit (J) bezeichnet werden möge, das entgegengesetzte Vorzeichen desjenigen am Ende des Intervalls, so muss dasselbe auch wenigstens für eines der Theilintervalle der Fall sein, in welche das Intervall (J) getheilt werden kann. Es sei nun r eine beliebige ganze Zahl, und man denke sich das Intervall (J) in rD gleiche Theile getheilt. Alsdann sei (J') ein solches dieser Theilintervalle, in welchem Anfangs- und Endwerth von $f(x)$ entgegengesetztes Zeichen hat. Endlich seien x', x'' irgend zwei in dem Intervalle (J') liegende Werthe von x, wofür:

$$x' < x'', \quad \text{sgn.}\, f(x') = -\,\text{sgn.}\, f(x'')$$

ist. Da nun:

$$f(x'') - f(x') = (x'' - x')f_1(x',\, x'' - x')$$

und also:

$$(\mathfrak{D}.)\qquad |f(x'')-f(x')|<(x''-x')\overline{f}_1(\mathfrak{r},1)\leqq(x''-x')(s-1)D$$

ist, so folgt mit Berücksichtigung der Ungleichheit: $x''-x'\leqq\frac{1}{rsD}$, dass:

$$|f(x'')-f(x')|<\frac{1}{r},$$

und also, da $f(x')$ und $f(x'')$ entgegengesetzte Vorzeichen haben, auch:

$$(\mathfrak{E}.)\qquad |f(x')|<\frac{1}{r},\qquad |f(x'')|<\frac{1}{r}$$

sein muss. *In jedem Intervalle von der Grösse* $\frac{1}{s}$, *an dessen Anfangs- und Endpunkt* $f(x)$ *entgegengesetztes Vorzeichen hat, kann also, wenn man eine ganze Zahl* r *beliebig wählt, mindestens* e i n *Intervall von der Grösse* $\frac{1}{rsD}$ *gefunden werden, an dessen Anfangs- und Endpunkt ebenfalls* $f(x)$ *entgegengesetztes Vorzeichen hat, und in welchem alle Werthe von* $f(x)$ *absolut kleiner als* $\frac{1}{r}$ *sind.*

Wenn $f(x)$ am Anfange eines Intervalles, welches nicht grösser als $\frac{1}{s}$ ist, *dasselbe* Vorzeichen hat wie an dessen Endpunkt, so behält $f(x)$ eben dieses Vorzeichen innerhalb des ganzen Intervalles.

Bezeichnet man nämlich das Intervall mit (J^0), seinen Anfangspunkt mit x_0, seinen Endpunkt mit x_4, und nimmt man an, dass für einen zwischen x_0 und x_4 liegenden Werth x_2 die Function $f(x)$ ein anderes Vorzeichen hätte als $f(x_0)$ und $f(x_4)$, so liessen sich auch zwei zu beiden Seiten von x_2 und noch innerhalb des Intervalls (J^0) liegende Werthe x_1 und x_3 durch die Gleichungen:

$$(\mathfrak{F}.)\qquad x_1=x_2-\frac{|f(x_2)|}{(s-1)D},\qquad x_3=x_2+\frac{|f(x_2)|}{(s-1)D}$$

bestimmen, für welche:

$$\text{sgn.}\,f(x_0)=-\,\text{sgn.}\,f(x_1)=\text{sgn.}\,f(x_4)=-\,\text{sgn.}\,f(x_3)$$

wäre. Denn, dass erstens die Werthe x_1 und x_3 noch innerhalb des Intervalles (J^0) liegen, d. h. dass die Ungleichheiten:

$$x_2 - x_0 > \frac{|f(x_2)|}{(s-1)D}, \qquad x_4 - x_2 > \frac{|f(x_2)|}{(s-1)D}$$

bestehen, erschliesst man aus den Ungleichheiten:

$$|f(x_2) - f(x_0)| < (x_2 - x_0)(s-1)D, \quad |f(x_4) - f(x_2)| < (x_4 - x_2)(s-1)D,$$

welche aus der obigen Ungleichheit ($\mathfrak{D}$.) hervorgehen, indem man überdies berücksichtigt, dass der Voraussetzung nach:

$$\text{sgn.} f(x_2) = -\text{sgn.} f(x_0) = -\text{sgn.} f(x_4)$$

ist. Es ist nun zweitens gemäss der obigen Ungleichheit ($\mathfrak{D}$.):

$$|f(x_2) - f(x_1)| < (x_2 - x_1)(s-1)D, \quad |f(x_3) - f(x_2)| < (x_3 - x_2)(s-1)D,$$

also in Folge der Gleichungen ($\mathfrak{F}$.):

$$|f(x_2) - f(x_1)| < |f(x_2)|, \quad |f(x_3) - f(x_2)| < |f(x_2)|,$$

und diese Ungleichheiten erfordern, dass sowohl $f(x_1)$ als auch $f(x_3)$ dasselbe Vorzeichen habe wie $f(x_2)$, also das entgegengesetzte der Functionswerthe $f(x_0)$ und $f(x_4)$. Sowohl das Intervall (x_0, x_1) als auch das Intervall (x_3, x_4) wäre hiernach ein solches, in welchem $f(x)$ am Anfang und Ende entgegengesetztes Vorzeichen hat, und es könnten also nach dem, was oben bewiesen worden, Werthe x', x'' bestimmt werden, für welche:

$$x_0 < x' < x_1, \quad x_3 < x'' < x_4, \quad |f(x')| < \frac{1}{r}, \quad |f(x'')| < \frac{1}{r}$$

wäre, wenn r beliebig angenommen wird. Nun müsste aber gemäss der Ungleichheit ($\mathfrak{C}$.):

$$|f(x')| + \left|\frac{f(x'') - f(x')}{x'' - x'}\right| > \frac{1}{s(s-1)}$$

sein, also, da:

$$|f(x')| < \frac{1}{r}, \quad |f(x'') - f(x')| < |f(x'')| + |f(x')| < \frac{2}{r}$$

ist, auch:

$$\frac{1}{r} + \frac{2}{r(x'' - x')} > \frac{1}{s(s-1)},$$

und endlich, da:

$$x'' - x' > x_3 - x_1 = \frac{2\,|f(x_2)|}{(s-1)D}$$

ist:

$$\frac{1}{r} + \frac{(s-1)D}{r\,|f(x_2)|} > \frac{1}{s(s-1)},$$

oder:

$$r < s(s-1)\left(1 + \frac{(s-1)D}{|f(x_2)|}\right).$$

Da aber die Zahl r beliebig gross gewählt werden kann, so kann diese Ungleichheit nicht bestehen, und es ist also in der That zu erschliessen, dass in einem Intervalle, welches nicht grösser als $\frac{1}{s}$ ist, die Function $f(x)$ durchweg einerlei Vorzeichen hat, sobald man nur weiss, dass dies an den beiden Endpunkten der Fall ist.

Nunmehr folgt unmittelbar, dass $f(x)$ in einem Intervalle von der Grösse $\frac{1}{s}$ nicht *mehr* als ein Mal das Zeichen wechseln kann. Denn wäre für drei in dem Intervalle liegende Werthe x_0, x_1, x_2, wofür $x_0 < x_1 < x_2$ ist:

$$\text{sgn.}\, f(x_0) = -\,\text{sgn.}\, f(x_1) = \text{sgn.}\, f(x_2),$$

so würde ja das Intervall (x_0, x_2) ein solches sein, dessen Grösse kleiner als $\frac{1}{s}$ wäre, und an dessen Anfangs- und Endpunkt $f(x)$ dasselbe Vorzeichen hätte. In einem solchen Intervalle kann aber, wie so eben bewiesen worden, $f(x)$ sein Zeichen nicht wechseln; es kann also nicht:

$$\operatorname{sgn.} f(x_0) = -\operatorname{sgn.} f(x_1)$$

sein.

Das im Vorstehenden entwickelte Resultat kann folgendermaassen formulirt werden:

Erstens sei $a_0 + a_1 x + a_2 x^2 + \cdots + a_n x^n$ eine ganzzahlige Function von x, die mit $f(x)$ bezeichnet werden möge; D sei der absolute Werth der Discriminante der Function $f(x)$ und $f'(x)$ ihre Ableitung.

Zweitens seien $\varphi(x)$, $\varphi_1(x)$ ganzzahlige Functionen von x, beziehungsweise von den Graden $n-2$ und $n-1$, für welche die Gleichung:

$$\varphi(x) f(x) + \varphi_1(x) f'(x) = D$$

besteht, und es sei:

$$\varphi(x) = \sum_{k=0}^{k=n-2} \alpha_k x^k, \quad \varphi_1(x) = \sum_{k=0}^{k=n-1} \alpha'_k x^k.$$

Drittens seien mittels der Gleichungen:

$$f(x+y) - f(x) = y f_1(x, y), \quad (f_1(x, y) - f'(x))\,\varphi(x) = y\psi(x, y)$$

die Functionen $f_1(x, y)$, $\psi(x, y)$ definirt, so dass also in den Entwickelungen:

$$f_1(x, y) = \sum_{h,k} b_{h,k} x^h y^k \qquad (h, k = 0, 1, \ldots n-1),$$

$$\psi(x, y) = \sum_{h,k} c_{h,k} x^h y^k \qquad (h, k = 0, 1, \ldots 2n-4),$$

die Coefficienten b und c ganze Zahlen bedeuten.

Viertens sei $|a_g|$ der grösste der Werthe $|a_0|$, $|a_1|$, ... $|a_{n-1}|$, und es sei s die kleinste positive ganze Zahl, welche den Ungleichheitsbedingungen:

$$(s-1)D \geqq \sum_h |\alpha_h| \cdot \left(\frac{|a_g|+|a_n|}{|a_n|}\right)^h \qquad (h=0,\,1,\ldots n-2),$$

$$(s-1)D \geqq \sum_h |\alpha'_h| \cdot \left(\frac{|a_g|+|a_n|}{|a_n|}\right)^h \qquad (h=0,\,1,\ldots n-1),$$

$$(s-1)D \geqq \sum_{h,k} |b_{h,k}| \cdot \left(\frac{|a_g|+|a_n|}{|a_n|}\right)^h \qquad (h,\,k=0,\,1,\ldots n-1),$$

$$(s-1)D \geqq \sum_{h,k} |c_{h,k}| \cdot \left(\frac{|a_g|+|a_n|}{|a_n|}\right)^h \qquad (h,\,k=0,\,1,\ldots 2n-4),$$

genügt.

Alsdann kann nicht $\operatorname{sgn.} f(x') = -\operatorname{sgn.} f(x'') = \operatorname{sgn.} f(x''')$ sein, wenn:

$$x' < x'' < x''' \quad \text{und} \quad x''' - x' \leqq \frac{1}{s}$$

ist; die Function $f(x)$ behält demnach ihr Vorzeichen in jedem Intervalle von der Grösse $\frac{1}{s}$, in welchem die Vorzeichen am Anfangs- und Endpunkt gleich sind, und sie wechselt ihr Vorzeichen nur ein einziges Mal in jedem Intervalle von der Grösse $\frac{1}{s}$, in welchem die Vorzeichen am Anfangs- und Endpunkt verschieden sind. In einem Intervalle der letzteren Art kann ferner, wenn r eine beliebige positive ganze Zahl bedeutet, ein Theilintervall von der Grösse $\frac{1}{rsD}$ so bestimmt werden, dass die Function $f(x)$ am Anfangs- und Endpunkt verschiedenes Vorzeichen hat und durchweg in dem Theilintervalle ihrem absoluten Werthe nach kleiner als $\frac{1}{r}$ bleibt. Endlich behält die Function $f(x)$ das Vorzeichen von $a_n x^n$, sobald x seinem absoluten Werthe nach grösser als $\frac{|a_g|+|a_n|}{|a_n|}$ wird.

Hiernach kann, wenn die ganze Zahl t durch die Ungleichheitsbedingung:

$$s(|a_g| + |a_n|) \leqq t|a_n| < |a_n| + s(|a_g| + |a_n|)$$

bestimmt wird, die Function $f(x)$ nur in einem Intervalle: $\left(\frac{k-1}{s}, \frac{k}{s}\right)$ ihr Zeichen wechseln, in welchem k einen der Werthe: $-t+1, -t+2, \ldots, t-1, t$ hat. Man braucht also nur die Vorzeichen der $2t$ Werthe:

$$f\left(\frac{k}{s}\right) \qquad (k=-t+1, -t+2, \ldots t-1, t)$$

zu bestimmen, um diejenigen der $2t-1$ Intervalle von der Grösse $\frac{1}{s}$ zu ermitteln, in welchen die Function $f(x)$ ihr Zeichen — und zwar nur ein Mal — wechselt. Die Anzahl dieser Intervalle ist zugleich diejenige, welche man als Anzahl der reellen Wurzeln der Gleichung $f(x) = 0$ bezeichnet, und es wird also durch das angegebene Verfahren dasjenige vollkommen ersetzt, welches der *Sturm*'sche Satz liefert. Aber auch die sogenannte Berechnung der reellen Wurzeln selbst wird durch das angegebene Verfahren ersetzt; denn wenn sich für eine bestimmte Zahl k zeigt, dass:

$$\operatorname{sgn.} f\left(\frac{k-1}{s}\right) f\left(\frac{k}{s}\right) = -1$$

ist, so braucht man nur die Anfangs- und Endwerthe von $f(x)$ in den Theilintervallen von der Grösse $\frac{1}{rsD}$, d. h. also die $rD+1$ Werthe:

$$f\left(\frac{k}{s} - \frac{h}{rsD}\right) \qquad (h=0, 1, \ldots rD)$$

zu berechnen und diejenige Zahl h zu bestimmen, wofür:

$$\operatorname{sgn.} f\left(\frac{k}{s} - \frac{h}{rsD}\right) f\left(\frac{k}{s} - \frac{h-1}{rsD}\right) = -1$$

ist, um daraus zu erschliessen, dass die Function $f(x)$ in dem Intervalle:

$$\frac{k}{s} - \frac{h}{rsD} \leqq x < \frac{k}{s} - \frac{h-1}{rsD}$$

ihr Zeichen wechselt und absolut durchweg kleiner als $\frac{1}{r}$ bleibt.

Die sogenannte Existenz der reellen irrationalen Wurzeln algebraischer Gleichungen ist einzig und allein in der Existenz von Intervallen der angegebenen Beschaffenheit begründet; die Zulässigkeit der Rechnung mit den einzelnen Wurzeln einer algebraischen Gleichung beruht ganz und gar auf der Möglichkeit sie zu isoliren, also auf der Möglichkeit eine Zahl, wie die oben mit s bezeichnete, zu bestimmen. Ist eine solche Zahl s bestimmt, welche die Eigenschaft hat, dass die Intervalle von der Grösse $\frac{1}{s}$ hinreichend klein sind, um die verschiedenen Wurzeln derselben Gleichung zu isoliren, so wird das „Grösser" und „Kleiner" der Wurzeln einfach durch die Aufeinanderfolge der bezüglichen Isolirungs-Intervalle definirt. Das „Grösser" und „Kleiner" irgend welcher irrationalen algebraischen Zahlen bestimmt sich hiernach auch, wenn man — wie es offenbar zulässig ist — die beiden ihrer Grösse nach zu vergleichenden algebraischen Zahlen sich als zwei Wurzeln einer und derselben Gleichung denkt. Das eigentliche Wesen der Sache tritt aber erst dann in der obigen Deduction vollkommen scharf hervor, wenn man darin auch die Benutzung von Brüchen vermeidet und ausschliesslich von ganzen Zahlen Gebrauch macht.

Wird zu diesem Zwecke an Stelle von $a_0 + a_1 x + a_2 x^2 + \cdots + a_n x^n$ die *homogene* ganze Function:

$$a_0 y^n + a_1 y^{n-1} z + a_2 y^{n-2} z^2 + \cdots + a_n z^n$$

eingeführt und mit $F(y, z)$ bezeichnet, so ist:

$$f\left(\frac{z}{y}\right) = \frac{1}{y^n} F(y, z).$$

Es wird also:

$$\text{sgn.}\, F(rsD,\ krD - h) \cdot F(rsD,\ krD - h + 1) = -1,$$

und wenn q eine unbestimmte ganze positive Zahl bedeutet, so wird für alle ganzzahligen Werthe von z die zwischen:

$$(krD - h)q \quad \text{und} \quad (krD - h + 1)q$$

liegen:

$$|F(qrsD,\ z)| < r^{n-1}(qsD)^n,$$

während das *Vorzeichen* von $F(qrsD,\ z)$ für $z = (krD - h)q$ entgegengesetzt demjenigen für $z = (krD - h + 1)q$ ist.

Die Zahl s bestimmt sich in der oben angegebenen Weise durch die Coefficienten der Function $F(x,\ y)$. Alsdann bestimmen sich die verschiedenen ganzzahligen Werthe von k, welche die verschiedenen reellen Wurzeln der Gleichung $f(x) = 0$ charakterisiren, durch die Bedingung:

$$\text{sgn.}\, F(s,\ k-1)\cdot F(s,\ k) = -1.$$

Wird nun noch eine Zahl r beliebig angenommen, so wird die zu einem bestimmten Werthe von k gehörige positive und rD nicht übersteigende Zahl h durch die Bedingung:

$$\text{sgn.}\, F(rsD,\ krD - h)\cdot F(rsD,\ krD - h + 1) = -1$$

definirt, und es ist alsdann:

$$|F(rsD,\ \ krD - h)| < r^{n-1}(sD)^n,$$
$$|F(rsD,\ \ krD - h + 1)| < r^{n-1}(sD)^n.$$

Jede der reellen Wurzeln der Gleichung $f(x) = 0$ wird also durch je eine bestimmte Zahl k vollkommen charakterisirt; alsdann aber gehört zu jeder beliebig angenommenen Zahl r noch je eine bestimmte Zahl h, und man kann also die Zahlen h als „Functionen der unbestimmten ganzen Zahlen r“ auffassen, welche durch die ganzzahlige Function $F(y,\ z)$ definirt werden.

In den Resultaten der „allgemeinen Arithmetik“ oder der „arithmetischen Theorie der ganzen ganzzahligen Functionen von Unbestimmten“ kann man nur eine Zusammenfassung aller derjenigen Resultate sehen, welche sich ergeben, wenn man den Unbestimmten ganzzahlige Werthe beilegt. Insofern gehören also auch die Resultate der *allgemeinen* Arithmetik eigentlich der speciellen gewöhnlichen Zahlentheorie an, und alle Ergebnisse der tiefsinnigsten mathematischen Forschung müssen schliesslich in jenen einfachen Formen der Eigenschaften ganzer Zahlen ausdrückbar sein. Aber um diese Formen einfach erscheinen zu lassen, bedurfte es vor Allem einer geeigneten übersichtlichen Ausdrucks- und Darstellungsweise für die Zahlen selbst, und hieran hat der Menschengeist gewiss seit grauer Vorzeit anhaltend und mühsam, bald mehr bald weniger erfolgreich, und je nach den verschiedenen Völkerschaften in ganz verschiedener Weise gearbeitet*). Die Frucht dieser Arbeit, unsere Wort- und Ziffer-Bezeichnung der Zahlen, war ebenso wohl die Vorbedingung für die Auffindung des Wissensschatzes, über den die heutige Arithmetik verfügt, wie für die Aufstellung jener „Gesetze, in welche wir unsere Kenntniss von der Bewegung der Himmelskörper fassen"; sie war aber auch die Vorbedingung für die ganze jetzige Gestaltung des praktischen Lebens, für die ungeheure Ausbreitung und Ausbildung von Handel und Verkehr, welche die moderne Welt so wesentlich von der alten unterscheidet.

---

*) Vgl. die Abhandlung *Alexander v. Humboldt's*: Ueber die bei verschiedenen Völkern üblichen Systeme von Zahlzeichen und über den Ursprung des Stellenwerthes in den indischen Zahlen. (Vorgelesen in einer Klassen-Sitzung der Königl. Akademie der Wissenschaften zu Berlin, den 2. März 1829; abgedruckt im 4. Bande dieses Journals S. 205 ff.)

In dieser Abhandlung wird eine Bemerkung von *Laplace* (in deutscher Uebertragung) citirt, welche im Originaltext[1]) *so* lautet: »C'est de l'Inde que nous vient l'ingénieuse méthode d'exprimer tous les nombres avec dix caractères, en leur donnant à la fois une valeur absolue et une valeur de position; idée fine et importante, qui nous paraît maintenant si simple, que nous en sentons à peine le mérite. Mais cette simplicité même, et l'extrême facilité qui en résulte pour tous les calculs, placent notre système d'arithmétique au premier rang des inventions utiles; et l'on appréciera la difficulté d'y parvenir, si l'on considère qu'il a échappé au génie d'Archimède et d'Apollonius, deux des plus grands hommes dont l'antiquité s'honore.«

[1]) *Laplace,* Exposition du système du monde, sixième édition p. 376. Oeuvres complètes de *Laplace* t. VI p. 404—405. H.

ZUR THEORIE DER GATTUNGEN RATIONALER FUNCTIONEN VON MEHREREN VARIABELN.

VON

L. KRONECKER.

Monatsberichte der Königlich Preussischen Akademie der Wissenschaften zu Berlin vom Jahre 1886. S. 251—253.

ZUR THEORIE DER GATTUNGEN RATIONALER FUNCTIONEN VON MEHREREN VARIABELN.

[Gelesen in der Akademie der Wissenschaften am 25. Februar 1886.]

Als ich vor nun fünfundzwanzig Jahren in die Akademie eintrat, hatte ich eben eine algebraische Frage zum Abschluss gebracht, deren Erledigung für die weitere Erforschung der Theorie der algebraischen Gleichungen nothwendig war. Ich habe darüber in der Gesammtsitzung vom 27. Juni 1861 eine ausführliche, im Monatsbericht (S. 609—617) abgedruckte, Mittheilung gemacht und dann in der Gesammtsitzung vom 24. October eine grössere Abhandlung über denselben Gegenstand vorgetragen, welche ich zwar nicht habe abdrucken lassen, deren hauptsächlichen Inhalt ich aber bald darauf in meinen Universitätsvorlesungen bekannt gegeben habe. An einer Veröffentlichung durch den Druck hat mich namentlich die Schwierigkeit gehindert, meine bezüglichen Entwickelungen, welche von einer rein arithmetischen Behandlung der algebraischen Grössen ausgingen, in der damals gebräuchlichen, aus analytisch-geometrischer Anschauungsweise hervorgegangenen algebraischen Terminologie auseinanderzusetzen*). Da ich aber nunmehr in

---

*) Vergl. die Stelle in der Vorrede des »Traité des substitutions et des équations algébriques« von Hrn. *C. Jordan* (Paris, 1870) S. VIII, worin es heisst: »Nous devons à *M. Kronecker* la notion du groupe des équations de la division de ces dernières fonctions. Nous aurions désiré tirer un plus grand parti que nous ne l'avons fait des travaux de cet illustre auteur sur les équations. Diverses causes nous en ont empêché: la nature tout arithmétique de ses méthodes, si différentes de la nôtre; la difficulté de reconstituer intégralement une suite de démonstrations le plus souvent à peine indiquées; enfin l'espérance de voir grouper un jour en un corps de doctrine suivi et complet ces beaux théorèmes qui font maintenant l'envie et le désespoir des géomètres.«

meiner Festschrift zu Hrn. *Kummer*'s Doctorjubiläum[1]), in welcher ein grosser Theil meiner erwähnten, am 24. October 1861 vorgetragenen Abhandlung mit aufgenommen ist, die für eine arithmetische Theorie der algebraischen Grössen geeignete Terminologie eingeführt und die Theorie der Gattungen rationaler Functionen von mehreren Variabeln sowie der Divisorensysteme in ihren Elementen entwickelt habe, bin ich im Stande, den Inhalt meiner Mittheilung vom 27. Juni 1861 in übersichtlicher Weise darzulegen und vollständig zu begründen. Eine besondere Veranlassung dazu ist mir jetzt dadurch geworden, dass ich bei den Vorbereitungen für Universitätsvorlesungen, welche ich in diesem Winter über denselben Gegenstand halte, nicht nur mancherlei Verbesserungen meiner früheren Methoden, sondern auch einige neue Resultate erlangt habe, von denen ich eines gleich hier hervorheben will.

In meiner Mittheilung vom 27. Juni 1861*) habe ich als das Wesentliche in der Theorie der Gleichungen fünften Grades bezeichnet, „dass es unter den zehnwerthigen rationalen Functionen von fünf Grössen: x_0, x_1, x_2, x_3, x_4, welche bei allen cyklischen Permutationen von je drei dieser Grössen nur fünf Werthe annehmen, solche giebt, für welche die symmetrischen Functionen dieser fünf Werthe nur von *zwei* Functionen der Grössen x abhängen“, und ich habe bemerkt, dass dies schon aus den einfachsten Betrachtungen über die dort behandelten Functionen $f(x_k, x_{k+3}, x_{k+4}, x_{k+1}, x_{k+2})$ hervorgehe. Eben dasselbe Resultat lässt sich aber auch direct und unabhängig von der Theorie der Functionen f in der folgenden eleganten Weise herleiten.

Bezeichnet man die rationale Function:

$$\frac{(x_1 - x_2)\,(x_3 - x_4)}{(x_1 - x_3)\,(x_2 - x_4)}$$

mit $\Theta(x_1, x_2, x_3, x_4)$, so ist offenbar für jeden beliebigen Werth von r:

$$\Theta(x_1, x_2, x_3, x_4) = \Theta(x_1 + r, x_2 + r, x_3 + r, x_4 + r)$$

*) Monatsbericht S. 613.

[1]) Band II S. 237—387 dieser Ausgabe. H.

und auch:

$$\Theta(x_1,\ x_2,\ x_3,\ x_4) = \Theta\left(\frac{1}{x_1},\ \frac{1}{x_2},\ \frac{1}{x_3},\ \frac{1}{x_4}\right).$$

Folglich besteht die Relation:

$$\Theta(x_1,\ x_2,\ x_3,\ x_4) = \Theta(y_1,\ y_2,\ y_3,\ y_4),$$

wenn:

$$y_k = \frac{a x_k + b}{c x_k + d} \qquad (k=1,\ 2,\ 3,\ 4)$$

ist und a, b, c, d beliebige Grössen bedeuten. Man kann also z. B. a, b, c, d so bestimmen, dass $y_2 = -1$, $y_3 = 0$, $y_4 = +1$ wird, indem man:

$$y_k = \frac{(x_k - x_3)(x_2 - x_4)}{(x_k - x_2)(x_3 - x_4) + (x_k - x_4)(x_3 - x_2)} \qquad (k=1,\ 2,\ 3,\ 4)$$

setzt.

Nimmt man nun zu den Variabeln x_1, x_2, x_3, x_4 noch eine Variable x_0 hinzu, so sind offenbar die sämmtlichen Functionen:

$$\Theta(x_\alpha,\ x_\beta,\ x_\gamma,\ x_\delta),$$

welche entstehen, indem man für α, β, γ, δ je vier unter einander verschiedene von den Zahlen 0, 1, 2, 3, 4 setzt, nur Functionen der *zwei* Grössen y_0 und y_1 oder:

$$\frac{(x_0 - x_3)(x_2 - x_4)}{(x_0 - x_2)(x_3 - x_4) + (x_0 - x_4)(x_3 - x_2)}, \qquad \frac{(x_1 - x_3)(x_2 - x_4)}{(x_1 - x_2)(x_3 - x_4) + (x_1 - x_4)(x_3 - x_2)},$$

welche selbst rationale Functionen von x_0, x_1, x_2, x_3, x_4 sind. Die Coefficienten der Gleichung, welcher alle diese conjugirten Functionen Θ genügen, hängen also nur von *zwei* rationalen Functionen der fünf Grössen x ab.

Aus den Functionen Θ kann leicht eine solche gebildet werden, die bei allen cyklischen Permutationen von drei Grössen x fünf verschiedene

Werthe annimmt, deren symmetrische Functionen nur von zwei Functionen der Grössen x abhängen. Solche fünf conjugirte Functionen von x_0, x_1, x_2, x_3, x_4 erhält man z. B., wenn man zu dem Product-Ausdrucke:

$$\left(\frac{x_1 - x_4}{x_1 - x_3} + \frac{x_2 - x_4}{x_2 - x_3}\right) \cdot \left(\frac{x_1 - x_2}{x_1 - x_4} + \frac{x_3 - x_2}{x_3 - x_4}\right) \cdot \left(\frac{x_1 - x_3}{x_1 - x_2} + \frac{x_4 - x_3}{x_4 - x_2}\right)$$

die vier übrigen conjugirten bildet. Diese fünf conjugirten Functionen sind offenbar solche, wie ich sie in dem obigen Citat aus meiner Mittheilung vom 27. Juni 1861 als existent hervorgehoben habe; sie genügen einer Gleichung fünften Grades, deren Coefficienten zweiwerthige rationale Functionen der fünf Grössen x sind und nur von *zwei* solchen Functionen abhängen, und sie entstehen — wie ich noch bemerken will — ganz einfach, indem die zweite Invariante je einer der Gleichungen vierten Grades, welche aus der Gleichung fünften Grades:

$$(x - x_0)(x - x_1)(x - x_2)(x - x_3)(x - x_4) = 0$$

bei Adjunction je einer der Grössen x_0, x_1, x_2, x_3, x_4 hervorgehen, durch die Quadratwurzel aus der Discriminante dividirt wird.

ÜBER
DIE ARITHMETISCHEN SÄTZE, WELCHE LEJEUNE DIRICHLET IN SEINER BRESLAUER HABILITATIONSSCHRIFT ENTWICKELT HAT.

VON

L. KRONECKER.

Monatsberichte der Königlich Preussischen Akademie der Wissenschaften zu Berlin vom Jahre 1888. S. 417—423.

ÜBER DIE ARITHMETISCHEN SÄTZE, WELCHE LEJEUNE DIRICHLET IN SEINER BRESLAUER HABILITATIONSSCHRIFT ENTWICKELT HAT.

[Gelesen in der Akademie der Wissenschaften am 5. April 1888.]

Auf die erste, am 11. Juli 1825 der Pariser Akademie überreichte, arithmetische Abhandlung *Lejeune Dirichlet*'s folgte 1827 eine zweite, mit welcher er sich in Breslau habilitirte[1]. Sie ist in Octavformat (ohne Angabe der Jahreszahl) gedruckt und wohl nur in wenigen Exemplaren hergestellt worden. Auf dem Titelblatte steht:

»*De formis linearibus, in quibus continentur divisores primi quarumdam formularum graduum superiorum commentatio, quam ad veniam docendi ab amplissimo philosophorum ordine in regia universitate litterarum Vratislaviensi impetrandam conscripsit Gustavus Lejeune Dirichlet, philosophiae doctor. Vratislaviae, typis Kupferianis.*«

Den Ausgangspunkt bildet die Bemerkung, dass die Primtheiler jeder Form zweiten Grades durch gewisse Linearformen charakterisirt seien, dass dies aber, wenn der Grad grösser als 2 ist, nur für besondere Formen, wie z. B. für die von *Euler* untersuchten Formen $x^n \pm 1$ der Fall sei. Bei der Beschäftigung mit diesen *Euler*'schen Untersuchungen, sagt *Dirichlet* am Schlusse der Einleitung, sei er auf eine neue Art von Formen höheren Grades gekommen, welche ähnliche Eigenschaften wie die von *Euler* behandelten besitzen.

---

[1] *G. Lejeune-Dirichlet* gesammelte Werke Bd. I S. 47—62. H.

Es sind dies die Formen U und V, welche entstehen, wenn man den Ausdruck $(x+\sqrt{b})^n$ auf die Form $U+V\sqrt{b}$ bringt. Dabei bedeutet x eine „Unbestimmte", n eine beliebige positive ganze Zahl und b eine positive oder negative ganze Zahl, welche nur kein vollständiges Quadrat sein darf.

Dirichlet untersucht und bestimmt die Primtheiler von V unter der Voraussetzung, dass n eine Primzahl ist, und die von U für den Fall, dass n eine Potenz von 2 ist. Er bemerkt dabei, dass seine Untersuchungs-Methode auch bei jedem andern ganzzahligen Werthe von n anwendbar sei, dass er sich aber, um der Abhandlung keine zu grosse Ausdehnung zu geben, auf jene beiden Fälle beschränken wolle.

Als ich nun beim Abdruck jener Habilitationsschrift in *Lejeune Dirichlet*'s Werken zu eingehender Beschäftigung mit derselben veranlasst wurde, machte ich den Versuch, das von *Dirichlet* behandelte Problem mit Hülfe von Modulsystemen auf rein arithmetischem und ganz im absoluten Rationalitätsbereich der gewöhnlichen Zahlen bleibendem Wege zu lösen. Dies gelang in überraschend einfacher Weise, und dabei ganz vollständig, d. h. für jeden beliebigen Werth der Zahlen b und n. Wenn nun auch jenes *Dirichlet*'sche arithmetische Problem selbst jetzt als ein elementares zu betrachten ist, so wird doch eine kurze Auseinandersetzung der neuen und ganz allgemeinen Lösung hauptsächlich durch das Interesse, welches sich an jeden von *Dirichlet* behandelten Gegenstand knüpft, dann aber auch als ein neuer Beleg für die Anwendbarkeit der Modulsysteme wohl gerechtfertigt erscheinen.

I. Bedeutet n eine positive ganze Zahl und z eine unbestimmte Variable, so hat z^n-1 so viel verschiedene ganze ganzzahlige Factoren als n verschiedene Divisoren hat. Einer dieser Factoren, welcher als der „primitive" bezeichnet werden soll, ist dadurch vollständig charakterisirt, dass er nicht zugleich als Factor in irgend einem Ausdrucke z^m-1 enthalten ist, in welchem der Exponent m kleiner als n ist.

Es sei nun, wie in meiner Mittheilung vom 29. Juli 1886*),

*) Zur Theorie der elliptischen Functionen, Art. XI, § 2. Sitzungsbericht von 1886, S. 707.

$$\varepsilon_1 = 1, \quad \varepsilon_m = (-1)^\nu,$$

wenn die Zahl m lauter verschiedene Primzahlen enthält und ν deren Anzahl bedeutet, aber

$$\varepsilon_m = 0,$$

wenn m irgend eine Primzahl mehrfach enthält. Ferner sei $F_m(z)$ der primitive Factor von $z^m - 1$. Alsdann ist:

$$\text{(A)} \qquad F_n(z) = \prod_d (z^{\frac{n}{d}} - 1)^{\varepsilon_d}, \quad z^n - 1 = \prod_d F_d(z),$$

wo die Multiplication über alle Divisoren d von n zu erstrecken ist. Setzt man endlich:

$$(x+y)^{\frac{n}{d}} - (x-y)^{\frac{n}{d}} = y f_d(x, y^2),$$

wo x und y unbestimmte Variable bedeuten und $f_d(x, y^2)$ eine ganze ganzzahlige Function von x und y^2 ist, so wird:

$$(x-y)^{\varphi(n)} F_n\left(\frac{x+y}{x-y}\right) = \prod_d f_d(x, y^2)^{\varepsilon_d} \qquad \text{(d alle Divisoren von n)}$$

da die über alle Divisoren d von n erstreckte Summe $\sum \varepsilon_d$ gleich Null ist, und es zeigt sich also, dass der Ausdruck auf der linken Seite der Gleichung, der offenbar eine ganze ganzzahlige Function von x und y ist, nur die graden Potenzen von y enthält. Bezeichnet man denselben zur Abkürzung durch:

$$G_n(x, y^2),$$

so ist es die ganze ganzzahlige Function:

$$G_n(x, s),$$

deren Primtheiler q für beliebig angenommene positive oder negative ganzzahlige Werthe von s zu bestimmen sind.

Die Form $G_n(x, s)$ ist offenbar, wie die Function $F_n(x)$, vom Grade $\varphi(n)$, wo $\varphi(n)$ in üblicher Weise die Anzahl derjenigen unter einander *modulo n* incongruenten Zahlen bedeutet, die zu n relativ prim sind.

II. Bilden $r_1, r_2, \ldots$ ein vollständiges System derjenigen unter einander *modulo n* incongruenten Zahlen, die zu n relativ prim sind, so findet die Congruenz:

$$\text{(B)} \qquad \prod_r (x - z^r) \equiv F_n(x) \quad (\text{mod. } F_n(z)) \qquad (r = r_1, r_2, \ldots)$$

statt. Um dies darzuthun, soll zuvörderst gezeigt werden, dass:

$$F_n(z^r) \equiv 0 \quad (\text{mod. } F_n(z))$$

ist. In der That ist gemäss den Gleichungen (A):

$$z^{rn} - 1 = \prod_r F_d(z^r) \equiv 0 \quad (\text{mod. } F_n(z)) \qquad (d \text{ alle Divisoren von } n),$$

und keiner der Factoren $F_d(z^r)$, bei welchem $d < n$ ist, hat einen gemeinsamen Theiler mit $F_n(z)$. Derselbe Theiler müsste nämlich in jeder der beiden Functionen: $z^{rd} - 1$ und $z^n - 1$, also auch in $z^{ard+bn} - 1$ enthalten sein. Da man nun die Zahlen a, b so bestimmen kann, dass $ard + bn = d$ wird, so müssten $F_n(z)$ und $z^d - 1$, also auch $F_n(z)$ und $F_t(z)$ einen gemeinsamen Theiler haben, wo t einen Divisor von d bedeutet. Zwei Functionen $F_d(z)$, welche verschiedenen Divisoren d entsprechen, können aber keinen gemeinsamen Theiler haben, da ihr Product in $z^n - 1$ als Theiler enthalten ist, und da $z^n - 1$ mit der Ableitung nz^{n-1} keinen gemeinsamen Theiler hat.

Aus der Congruenz: $F_n(z^{r_1}) \equiv 0$ (mod. $F_n(z)$) folgt:

$$F_n(x) \equiv (x - z^{r_1})\, \Phi(x, z) \quad (\text{mod. } F_n(z)),$$

wo $\Phi(x, z)$ eine ganze ganzzahlige Function von x und z ist. Da ferner:

$$F_n(z^{r_2}) \equiv 0, \quad \text{also} \quad (z^{r_2} - z^{r_1})\, \Phi(z^{r_2}, z) \equiv 0 \quad (\text{mod. } F_n(z))$$

ist, so muss:

$$\Phi(z^{r_2}, z) \equiv 0 \pmod{F_n(z)}$$

und folglich $\Phi(x, z)$ *modulo* $F_n(z)$ durch $x - z^{r_2}$ theilbar sein. Denn der Factor $z^{r_2} - z^{r_1}$ hat mit $F_n(z)$ keinen gemeinsamen Theiler, da ein solcher Theiler sonst auch in $z^d - 1$ enthalten sein müsste, wenn d den grössten in $r_1 - r_2$ enthaltenen Divisor von n bedeutet; und dass $F_n(z)$ und $z^d - 1$ keinen gemeinsamen Theiler haben, ist soeben dargethan worden.

Es erweist sich also $F_n(x)$ als *modulo* $F_n(z)$ durch das Product $(x - z^{r_1})(x - z^{r_2})$ theilbar, und indem man so fortfährt, erschliesst man offenbar die Richtigkeit der oben aufgestellten Congruenz (B).

III. Auf Grund der Congruenz (B) ergiebt sich für die zu untersuchende Function $G_n(x, s)$ ganz unmittelbar die Congruenz:

$$\text{(C)} \qquad G_n(x, s) \equiv \prod_r ((x + y) - (x - y) z^r) \quad (\text{modd. } y^2 - s, F_n(z)) \quad {\scriptstyle (r = r_1, r_2, \ldots)},$$

und die oben mit q bezeichneten Primtheiler der Form $G_n(x, s)$ werden also durch die Forderung bestimmt, dass ganzzahlige Werthe von x existiren sollen, für welche die Congruenz:

$$\prod_r (x + y - (x - y) z^r) \equiv 0 \quad (\text{modd. } q, y^2 - s, F_n(z)) \qquad {\scriptstyle (r = r_1, r_2, \ldots)}$$

erfüllt wird. Hierfür ist offenbar nothwendig und hinreichend, dass die Congruenz:

$$\text{(D)} \qquad \prod_k \prod_r (k + y - (k - y) z^r) \equiv 0 \quad (\text{modd. } q, y^2 - s, F_n(z)) \quad \begin{pmatrix} {\scriptstyle r = r_1, r_2, \ldots} \\ {\scriptstyle k = 0, 1, \ldots q - 1} \end{pmatrix}$$

bestehe. Da nun:

$$\prod_k (u - kv) \equiv u^q - uv^{q-1} \pmod{q} \qquad {\scriptstyle (k = 0, 1, \ldots q - 1)}$$

ist, so geht die Congruenz (D) in folgende über:

$$\prod_r \left(y^q (z^r + 1)^q - y (z^r + 1)(z^r - 1)^{q-1}\right) \equiv 0 \quad (\text{modd. } q,\ y^2 - s,\ F_n(z)) \qquad (r = r_1, r_2, \ldots),$$

und daraus resultirt, wenn man jeden Factor des Products auf der linken Seite mit $z^r - 1$ multiplicirt und die Congruenzen:

$$(z^r + 1)^q \equiv z^{rq} + 1 \quad (\text{mod. } q)$$

$$y^{q-1} \equiv s^{\frac{1}{2}(q-1)} \equiv \left(\frac{s}{q}\right) \quad (\text{modd. } q,\ y^2 - s)$$

benutzt, die Congruenz:

$$\prod_r \left((z^{r(q+1)} - 1)(1 - \sigma) + z^r (z^{r(q-1)} - 1)(1 + \sigma)\right) \equiv 0 \quad (\text{modd. } q,\ F_n(z))$$
$$(r = r_1, r_2, \ldots),$$

in welcher zur Abkürzung der Werth des *Legendre*'schen Zeichens $\left(\frac{s}{q}\right)$ mit σ bezeichnet ist. Je nachdem $\sigma = +1$ oder $\sigma = -1$ ist, muss daher die Congruenz:

$$\prod_r (z^{r(q-1)} - 1) \equiv 0 \quad \text{oder} \quad \prod_r (z^{r(q+1)} - 1) \equiv 0 \quad (\text{modd. } q,\ F_n(z)) \qquad (r = r_1, r_2, \ldots)$$

stattfinden, d. h. es muss:

$$\text{(E)} \qquad \prod_r (z^{r(q-\sigma)} - 1) \equiv 0 \quad (\text{modd. } q,\ F_n(z))$$

sein.

Das Divisorensystem:

$$(q,\ F_n(z),\ z^{r(q-\sigma)} - 1) \quad \text{oder} \quad (q,\ F_n(z),\ z^n - 1,\ z^{r(q-\sigma)} - 1),$$

ist offenbar aequivalent $(q,\ F_n(z),\ z^d - 1)$, wenn d den grössten in $q - \sigma$

enthaltenen Divisor von n bedeutet, und es soll nun gezeigt werden, dass dieses Divisorensystem aequivalent *Eins* ist, wenn $d < n$ ist. Alsdann besteht nämlich die Congruenz:

$$\frac{z^n - 1}{z^d - 1} \equiv 0 \quad (\text{mod. } F_n(z)),$$

da $z^n - 1$ durch $F_n(z)$ theilbar ist und $F_n(z)$, wie oben bewiesen worden, mit $z^d - 1$ keinen Factor gemein hat. In jenem Divisorensysteme kann also das Element $\frac{z^n - 1}{z^d - 1}$ hinzugefügt werden, und da:

$$\frac{z^n - 1}{z^d - 1} \equiv \frac{n}{d} \quad (\text{mod. } z^d - 1)$$

ist, auch das Element $\frac{n}{d}$. Das Divisorensystem wird hiernach:

$$\left(q, \ \frac{n}{d}, \ F_n(z), \ z^{r(q-\sigma)} - 1\right),$$

und dies ist in der That aequivalent *Eins*, wenn — wie jetzt vorausgesetzt werden soll — die Primzahl q nicht in n enthalten ist.

Da nun vermöge der Congruenz (E) das über alle Werthe von r erstreckte Product der Divisorensysteme:

$$(q, \ F_n(z), \ z^{r(q-\sigma)} - 1)$$

das Modulsystem $(q, \ F_n(z))$ enthalten soll, so können diese Divisorensysteme nicht sämmtlich aequivalent *Eins* sein, und es muss also der mit d bezeichnete, grösste in $q - \sigma$ enthaltene Divisor von n gleich n selbst sein; d. h. es muss die Congruenz

$$q \equiv \sigma \equiv \left(\frac{s}{q}\right) \quad (\text{mod. } n)$$

bestehen. Da aber auch andererseits, wenn diese Congruenz besteht, jeder einzelne Factor des Products:

$$\prod_r (z^{r(q-\sigma)} - 1) \qquad (r = r_1, r_2, \ldots)$$

durch $F_n(z)$ theilbar ist, so ergiebt sich als Endresultat,

> dass die Primtheiler q der Form $G_n(x, s)$, welche nicht in n enthalten sind, sämmtlich durch die Congruenz:
>
> $$q \equiv \left(\frac{s}{q}\right) \quad (\text{mod. } n)$$
>
> charakterisirt werden.

Da die Primzahlen q, für welche $\left(\frac{s}{q}\right)$ den einen oder den anderen Werth hat, bestimmte Linearformen in Beziehung auf $4s$ haben, so werden die nicht in n enthaltenen Primtheiler von $G_n(x, s)$ zugleich in Beziehung auf n und $4s$, also in Beziehung auf die kleinste durch n und $4s$ theilbare Zahl t, durch bestimmte Linearformen charakterisirt, d. h. durch eine Reihe von Linearformen:

$$kt + \varrho', \quad kt + \varrho', \quad kt + \varrho''', \ldots,$$

in welchen ϱ', ϱ'', ϱ''', ... gewisse Reste von t bedeuten.

IV. Im Anschluss an die *Dirichlet*'sche Abhandlung möge noch der besondere Fall erörtert werden, in welchem n durch s theilbar und s ungrade ist.

Alsdann muss

$$\text{für } q \equiv +1 \ (\text{mod. } n) \text{ zugleich } \left(\frac{s}{q}\right) = +1 \text{ und } \left(\frac{q}{s}\right) = 1,$$

$$\text{für } q \equiv -1 \ (\text{mod. } n) \text{ aber } \quad \left(\frac{s}{q}\right) = -1 \text{ und } \left(\frac{q}{s}\right) = \left(\frac{-1}{s}\right)$$

sein.

Ist nun erstens $q \equiv 1 \pmod{4}$, so ist $\left(\frac{s}{q}\right) = \left(\frac{q}{s}\right)$, und es muss also für $q \equiv -1 \pmod{n}$ auch $|s| \equiv -1 \pmod{4}$ sein, d. h. der absolute Werth von s muss von der Form $4k-1$ sein.

Ist zweitens $q \equiv -1 \pmod{4}$, so ist:

$$\left(\frac{s}{q}\right) = \left(\frac{q}{s}\right)(-1)^{\frac{1}{2}(s-1)},$$

es muss also für $q \equiv 1 \pmod{n}$ die Congruenz $s \equiv 1 \pmod{4}$ bestehen, und für $q \equiv -1 \pmod{n}$ muss s negativ sein.

Für jeden Werth von s können also Primtheiler q, die $\equiv 1 \pmod{n}$ und $\equiv 1 \pmod{4}$ sind, auftreten, aber Primtheiler q mit den Bedingungen:

$$q \equiv -1 \pmod{n}, \quad q \equiv +1 \pmod{4} \quad \text{nur für} \quad |s| \equiv -1 \pmod{4},$$

$$q \equiv +1 \pmod{n}, \quad q \equiv -1 \pmod{4} \quad \text{nur für} \quad s \equiv +1 \pmod{4},$$

$$q \equiv -1 \pmod{n}, \quad q \equiv -1 \pmod{4} \quad \text{nur für} \quad s < 0.$$

Ist zugleich s negativ und von der Form $4k-1$, so ist $|s| \equiv 1 \pmod{4}$, und es kann daher nur

entweder: $q \equiv +1 \pmod{n}, \quad q \equiv +1 \pmod{4}$

oder: $q \equiv -1 \pmod{n}, \quad q \equiv -1 \pmod{4}$

sein. Da überdies:

$$q \equiv \left(\frac{s}{q}\right) \pmod{n}$$

ist, so werden also die Primtheiler q der Form $G_n(x, s)$ für den Fall:

$$s < 0, \quad s \equiv -1 \pmod{4}, \quad n \equiv 0 \pmod{s}$$

dadurch charakterisirt, dass sowohl *modulo* n als auch *modulo* 4 und folglich, wenn n ungrade ist, *modulo* $4n$:

$$q \equiv \left(\frac{s}{q}\right)$$

sein muss. Dieses Resultat findet sich in der *Dirichlet*'schen Habilitationsschrift für den Fall, wo n Primzahl und also gleich dem absoluten Werthe von s ist.

ÜBER SYMMETRISCHE SYSTEME.

VON

L. KRONECKER.

Monatsberichte der Königlich Preussischen Akademie der Wissenschaften zu Berlin vom Jahre 1889. S. 349—362.

ÜBER SYMMETRISCHE SYSTEME.

[Gelesen in der Akademie der Wissenschaften am 25. April 1889.]

Als ich in meinen Untersuchungen über die Charakteristik von Functionensystemen, welche ich in den Monatsberichten der Akademie vom 14. und 21. Februar 1878[1]) auszugsweise mitgetheilt habe, die Veränderungen betrachtete, welche die Charakteristik bei Variation der Functionen erfährt, wurde ich auf die Frage geführt, ob es möglich sei, von jedem System zu jedem anderen, welches dieselbe Charakteristik hat, durch allmähliche Variation der Functionen so überzugehen, dass dabei die Charakteristik immer ihren Werth beibehält. Nimmt man wie a. a. O. die Functionen von ν Parametern $x_1, x_2, \ldots x_\nu$ abhängig an und definirt also jedes einzelne Functionensystem durch einen einzelnen Punkt der ν-fachen Mannigfaltigkeit (x), so erfüllen die Functionensysteme, welche dieselbe Charakteristik haben, gewisse ν-fach ausgedehnte Gebiete der ν-fachen Mannigfaltigkeit (x), und jene Frage kann alsdann dahin formulirt werden, ob jedes dieser Gebiete zusammenhängend ist.

Ich habe die bezeichnete Frage, welche meines Wissens früher noch nicht erörtert worden ist, für die Charakteristik eines Systems zweier Functionen einer Variabeln in meiner erwähnten Mittheilung im Monatsbericht von 1878 und schon vorher in meinen Universitätsvorlesungen behandelt, namentlich in dem Falle, wo die eine der Functionen die Ableitung der anderen ist und die Charakteristik also durch die Anzahl der reellen Linear-

---

[1]) Ueber *Sturm*'sche Functionen, Bd. II S. 37—70; Ueber die Charakteristik von Functionensystemen, Bd. II S. 71—82 dieser Ausgabe von *L. Kronecker*'s Werken. H.

factoren der letzteren Function bestimmt wird. Aber in den Universitätsvorlesungen, welche ich in dem vorigen Wintersemester über die Theorie der algebraischen Gleichungen gehalten habe, bin ich, bei Behandlung der Charakteristik von Systemen zweier *beliebigen* ganzen Functionen einer Variabeln mittels der *Jacobi-Bézout*'schen Eliminationsmethode darauf geführt worden, die Gebiete zu untersuchen, in welche eine durch die $\frac{1}{2}n(n+1)$ variabeln Elemente eines symmetrischen Systems:

$$(z_{ik}) \qquad (i, k=1, 2, \ldots n;\ z_{ik}=z_{ki})$$

repräsentirte $\frac{1}{2}n(n+1)$-fache Mannigfaltigkeit zerlegt wird, wenn die Determinante $|z_{ik}|$ gleich Null gesetzt und also die hierdurch dargestellte $\left(\frac{1}{2}n(n+1)-1\right)$-fache Mannigfaltigkeit gebildet wird.

Um die Ergebnisse dieser Untersuchung hier einfach auseinanderzusetzen, schicke ich einige vorbereitende Entwickelungen voraus.

I. Aus der Composition von Systemen:

$$(a_{ik})\,(z_{ik})\,(b_{ik}) \qquad (i, k=1, 2, \ldots n)$$

resultirt, wenn das eine der Systeme (a_{ik}), (b_{ik}) das transponirte des anderen, also:

$$b_{ik} = a_{ki} \qquad (i, k=1, 2 \ldots n)$$

ist, ein symmetrisches System:

$$(z'_{ik}) \qquad (i, k=1, 2, \ldots n).$$

Denn aus der wirklichen Darstellung des Resultats der Composition:

$$\sum_{h,i} a_{gh} z_{hi} b_{ik} = \sum_{h,i} a_{gh} z_{hi} a_{ki} = z'_{gk} \qquad (g, h, i, k=1, 2, \ldots n)$$

ersieht man unmittelbar, dass aus der Gleichung:

$$z_{hi} = z_{ih} \qquad (h,\, i = 1,\, 2,\, \ldots\, n)$$

die Relation:

$$z'_{gk} = z'_{kg} \qquad (g,\, k = 1,\, 2,\, \ldots\, n)$$

folgt.

II. Wählt man für das System (a_{gh}) ein solches:

$$\left(a^{(t)}_{g,\,h}\right) \qquad (g,\, h = 1,\, 2,\, \ldots\, n)\,,$$

für welches:

$$a^{(t)}_{11} = a^{(t)}_{22} = a^{(t)}_{33} = \cdots = a^{(t)}_{nn} = 1\,,$$

ferner für einen einzigen Index r:

$$a^{(t)}_{1r} = t$$

und jedes der übrigen Elemente a_{gh} gleich Null wird, so ist:

$$z'_{11} = z_{11} + 2tz_{1r} + t^2 z_{rr}$$

$$z'_{1k} = z'_{k1} = z_{1k} + tz_{rk} \qquad (k = 2,\, 3,\, \ldots\, n)$$

$$z'_{gk} = z'_{kg} = z_{gk} \qquad (g,\, k = 2,\, 3,\, \ldots\, n).$$

Das componirte System z'_{gk} enthält also nur in der ersten Horizontalreihe und in der ersten Verticalreihe Elemente, die von den bezüglichen Elementen z_{gk} verschieden sind.

III. Bedeutet (b_{gh}), wie oben, das transponirte des Systems (a_{gh}), so ist:

$$b^{(t)}_{11} = b^{(t)}_{22} = b^{(t)}_{33} = \cdots = b^{(t)}_{nn} = 1,\;\; b^{(t)}_{r1} = t,$$

und jedes der übrigen Elemente b_{gh} wird gleich Null. Bezeichnet man nun das System, welches aus der Composition:

$$\left(b_{ik}^{(t)}\right) \left(z_{ik}\right) \left(a_{ik}^{(t)}\right) \qquad (i,\ k=1,\ 2,\ \ldots n)$$

resultirt, mit:

$$\left(z''_{gk}\right) \qquad (g,\ k=1,\ 2,\ \ldots n),$$

so ist:

$$z''_{rr} = z_{rr} + 2tz_{1r} + t^2 z_{11},$$

$$z''_{rk} = z''_{kr} = z_{kr} + tz_{k1} \qquad (k=1,\ 2,\ \ldots r-1,\ r+1,\ \ldots n)$$

$$z''_{gk} = z''_{kg} = z_{gk} \qquad (g,\ k=1,\ 2,\ \ldots r-1,\ r+1,\ \ldots n).$$

Das componirte System z''_{gk} enthält also nur in der r^{ten} Horizontalreihe und in der r^{ten} Verticalreihe Elemente, die von den bezüglichen Elementen z_{gk} verschieden sind.

IV. Aus der Composition von Systemen:

$$\left(a_{ik}^{(-1)}\right) \left(b_{ik}^{(1)}\right) \left(a_{ik}^{(-1)}\right) \left(z_{ik}\right) \left(b_{ik}^{(-1)}\right) \left(a_{ik}^{(1)}\right) \left(b_{ik}^{(-1)}\right)$$

resultirt ein System $\left(z_{ik}^{(r)}\right)$, für welches:

$$z_{11}^{(r)} = z_{rr},\quad z_{rr}^{(r)} = z_{11},\quad z_{rk}^{(r)} = z_{1k},\quad z_{1k}^{(r)} = -z_{rk} \qquad (k=2,\ 3,\ \ldots r-1,\ r+1,\ \ldots n),$$

$$z_{ik}^{(r)} = z_{ik} \qquad (i,\ k=2,\ 3,\ \ldots r-1,\ r+1,\ \ldots n)$$

ist. Das componirte System $\left(z_{ik}^{(r)}\right)$ entsteht also aus dem ursprünglichen System (z_{ik}), indem darin die erste und r^{te} Horizontalreihe, sowie die erste und r^{te} Verticalreihe mit einander vertauscht, und nach jeder Vertauschung die Zeichen sämmtlicher Elemente der ersten Reihe verändert werden.

V. Ist, wie von jetzt ab vorausgesetzt werden soll, die Determinante des Systems (z_{ik}) von Null verschieden, so können nicht alle Elemente der ersten Horizontalreihe gleich Null sein. Wenn nun z_{1r} das erste von Null verschiedene Element ist, so kann t so gewählt werden, dass:

$$z_{11} + 2tz_{1r} + t^2 z_{rr} \gtrless 0$$

wird. Man kann also von einem beliebigen symmetrischen Systeme (z_{ik}) ausgehend, gemäss (II) stets zu einem componirten gelangen, in welchem das neue Element z_{11} von Null verschieden ist.

Ist nun in diesem System, unter den auf z_{11} folgenden Elementen der ersten Horizontalreihe, z_{1r} das erste von Null verschiedene, so kann man gemäss (III) ein System (z''_{ik}) erhalten, in welchem:

$$z''_{1r} = z_{1r} + tz_{11},$$

also, wenn man:

$$t = -\frac{z_{1r}}{z_{11}}$$

setzt, $z''_{1r} = 0$ wird, während die Elemente $z''_{12}, z''_{13}, \ldots z''_{1,r-1}$ ebenfalls gleich Null sind, da deren Werthe mit den gleich Null vorausgesetzten Werthen $z_{12}, z_{13}, \ldots z_{1,r-1}$ übereinstimmen.

Durch wiederholte Anwendung der hier auseinandergesetzten Methode kann offenbar ein System erlangt werden, in welchem alle Elemente der ersten Horizontal- und Vertical-Reihe mit Ausnahme von z_{11} gleich Null sind. Ein solches System geht ferner, wenn man die in Nr. IV angegebene Composition benutzt, indem man dort $r = n$ nimmt, in ein symmetrisches System über, dessen *letzte* Horizontal- und Vertical-Reihe, mit einziger Ausnahme des Elementes z_{nn}, lauter Nullen enthält.

VI. Setzt man das in Nr. V entwickelte Verfahren fort, so gelangt man schliesslich zu einem Systeme (d_{ik}), dessen sämmtliche Elemente, mit Ausnahme der in der Diagonale stehenden, gleich Null sind, in welchem also für $i \gtrless k$ stets $d_{ik} = 0$ ist. Ein solches System ergiebt sich demnach aus der Composition einer Reihe von Systemen, in welcher zu beiden Seiten des ursprünglichen Systems (z_{ik}) lauter Systeme $(a^{(t)}_{ik})$, $(b^{(t)}_{ik})$ stehen, und zwar in solcher Aufeinanderfolge, dass je eines der beiden gleich weit von dem mittleren Systeme (z_{ik}) abstehenden das transponirte des anderen ist. Dies kann durch die (symbolische) Compositions-Gleichung:

$$\left(b_{ik}^{(t')}\right) \cdots \left(a_{ik}^{(t)}\right) \cdots \left(z_{ik}\right) \cdots \left(b_{ik}^{(t)}\right) \cdots \left(a_{ik}^{(t')}\right) = \left(d_{ik}\right)$$

angedeutet werden.

VII. Je zwei Systeme $\left(a_{ik}^{(t)}\right)$, $\left(a_{ik}^{(-t)}\right)$ und auch je zwei Systeme $\left(b_{ik}^{(t)}\right)$, $\left(b_{ik}^{(-t)}\right)$ sind zu einander *reciprok*, d. h. sowohl aus der Composition:

$$\left(a_{ik}^{(t)}\right) \left(a_{ik}^{(-t)}\right)$$

als auch aus der Composition:

$$\left(b_{ik}^{(t)}\right) \left(b_{ik}^{(-t)}\right)$$

geht das „*Einheitssystem*“:

$$\left(\delta_{ik}\right)$$

hervor, in welchem $\delta_{ik} = 0$ oder $\delta_{ik} = 1$ ist, je nachdem die beiden Indices von einander verschieden oder einander gleich sind.*) Es bestehen also die (symbolischen) Compositions-Gleichungen:

$$\left(a_{ik}^{(t)}\right) \left(a_{ik}^{(-t)}\right) = \left(\delta_{ik}\right), \qquad \left(b_{ik}^{(t)}\right) \left(b_{ik}^{(-t)}\right) = \left(\delta_{ik}\right),$$

und aus der oben in Nr. VI aufgestellten Compositions-Gleichung resultirt daher die folgende:

$$\cdots \left(a_{ik}^{(t)}\right) \cdots \left(z_{ik}\right) \cdots \left(b_{ik}^{(t)}\right) \cdots = \left(b_{ik}^{(-t')}\right) \left(d_{ik}\right) \left(a_{ik}^{(-t')}\right),$$

*) Vergl. meine Notiz „die Subdeterminanten symmetrischer Systeme“ im Sitzungsbericht 1882, XXXVIII[1]), wo ich die oben angewandten Bezeichnungen „reciprok“ und „Einheitssystem“ eingeführt habe.

[1]) Band II S. 389—396 dieser Ausgabe; s. S. 391. H.

deren linke Seite sich von derjenigen der Gleichung in Nr. VI nur dadurch unterscheidet, dass hier die zwei Systeme fehlen, die dort auf der linken Seite am Anfang und am Ende stehen.

Man kann nun wiederum in derselben Weise die Reihe der Systeme auf der linken Seite dieser neuen Compositions-Gleichung von den beiden am Anfang und am Ende stehenden Systemen befreien, und indem man so fortfährt, gelangt man schliesslich zu einer Gleichung:

$$\left(z_{ik}\right) = \cdots \left(a_{ik}^{(-t)}\right) \cdots \left(b_{ik}^{(-t')}\right) \left(d_{ik}\right) \left(a_{ik}^{(-t')}\right) \cdots \left(b_{ik}^{(-t)}\right) \cdots,$$

welche zeigt:

> dass das ursprüngliche System (z_{ik}) selbst, d. h. also jedes beliebige symmetrische System sich als Resultat der Composition einer Reihe von Systemen darstellen lässt, von denen das mittlere ein System (d_{ik}) ist, während die übrigen, zu beiden Seiten des mittleren, lauter Systeme $\left(a_{ik}^{(t)}\right)$, $\left(b_{ik}^{(t)}\right)$ sind, und zwar in solcher Aufeinanderfolge, dass je eines der beiden von dem mittleren Systeme gleich weit abstehenden das transponirte des andern ist.

Hierbei kann noch angenommen werden, dass die Diagonalelemente d_{kk} des mittleren Systems ihrer Grösse nach auf einander folgen, d. h. also, dass darin für $i < k$ stets $d_{ii} \leqq d_{kk}$ ist; denn die zu solcher Anordnung etwa erforderliche Vertauschung der Diagonalelemente kann durch Composition mit Systemen $\left(a_{ik}^{(1)}\right)$, $\left(a_{ik}^{(-1)}\right)$, $\left(b_{ik}^{(1)}\right)$, $\left(b_{ik}^{(-1)}\right)$ auf die in Nr. IV angegebene Weise bewirkt werden.

VIII. Bezeichnet man zur Abkürzung die Determinante des Systems (z_{ik}) mit Z_1 und in analoger Weise die Hauptsubdeterminante:

$$\left| z_{gh} \right| \qquad (g, h = m, m+1, \ldots n)$$

mit Z_m, so ist:

$$Z_2 = \frac{\partial Z_1}{\partial z_{11}}, \quad Z_3 = \frac{\partial Z_2}{\partial z_{22}} = \frac{\partial^2 Z_1}{\partial z_{11}\,\partial z_{22}}, \ \cdots \ Z_n = z_{nn}.$$

Bildet man nun aus dem Systeme (z_{ik}) ein neues: (z'_{ik}), indem man die zweite Horizontalreihe mit Z_3 multiplicirt und zu derselben die dritte, mit $\frac{\partial Z_2}{\partial z_{32}}$ multiplicirt, die vierte mit $\frac{\partial Z_2}{\partial z_{42}}$ multiplicirt u. s. f. addirt, d. h. also, indem man:

$$z'_{1k} = z_{1k}, \quad z'_{2k} = \sum_{g=2}^{g=n} z_{gk} \frac{\partial Z_2}{\partial z_{g2}}, \quad z'_{3k} = z_{3k}, \ \cdots \ z'_{nk} = z_{nk}, \qquad (k=1, 2, \dots n)$$

setzt, so sind die sämmtlichen Elemente z'_{2k} ausser z_{21} durch Z_2 theilbar. Bildet man ferner aus dem Systeme (z'_{ik}) wiederum ein neues: (z''_{ik}), indem man die zweite Verticalreihe mit Z_3 multiplicirt und zu derselben die dritte, mit $\frac{\partial Z_2}{\partial z_{32}}$ multiplicirt, die vierte mit $\frac{\partial Z_2}{\partial z_{42}}$ multiplicirt, u. s. f. addirt, d. h. indem man:

$$z''_{i1} = z'_{i1}, \quad z''_{i2} = \sum_{h=2}^{h=n} z'_{ih} \frac{\partial Z_2}{\partial z_{2h}}, \quad z''_{i3} = z'_{i3}, \ \cdots \ z''_{in} = z'_{in} \qquad (i=1, 2, \dots n)$$

setzt, so ist das System (z''_{ik}) ein *symmetrisches*, und es sind darin alle Elemente, für welche einer der beiden Indices gleich 2 ist, ausser $z''_{12} = z''_{21}$ durch Z_2 theilbar. Ueberdies ist:

$$z''_{ef} = z_{ef} \qquad (e, f=3, 4, \dots n),$$

und also:

$$|z''_{ik}| \equiv -(z''_{12})^2 \, |z_{ef}| \quad (\text{mod. } Z_2) \qquad \binom{i,\ k=1, 2, \dots n}{e,\ f=3, 4, \dots n}.$$

Da nun andererseits offenbar:

$$|z''_{ik}| = Z_3^2 Z_1 \qquad (i, k=1, 2, \dots n)$$

ist, so resultirt die Congruenz:

$$Z_1 Z_3 \equiv -(z''_{12})^2 \quad (\text{mod. } Z_2),$$

deren Inhalt allgemeiner dahin formulirt werden kann,

> dass *modulo* irgend einer Hauptsubdeterminante eines symmetrischen Systems das Product der beiden benachbarten, für welche die Ordnung der einen um eine Einheit kleiner, die der anderen um eine Einheit grösser ist, stets einem negativen Quadrat congruent wird.

Man kann dasselbe Resultat offenbar aus dem *Jacobi*'schen Hauptsatz über die Subdeterminanten*) erschliessen, und zwar speciell aus der daraus folgenden Determinantenformel:

$$Z_1 Z_3 = -\left(\frac{\partial Z_1}{\partial z_{12}}\right)^2 + Z_2 \frac{\partial Z_1}{\partial z_{22}},$$

aber ich habe hier die obige Herleitung vorgezogen, um die dabei gebrauchte Methode darzulegen.

Nach diesen Vorbereitungen soll nun gezeigt werden,

> dass die $\left(\frac{1}{2} n (n+1) - 1\right)$-fache Determinanten-Mannigfaltigkeit $Z_1 = 0$ die gesammte $\frac{1}{2} n (n+1)$-fache Mannigfaltigkeit (z_{ik}) in $n+1$ zusammenhängende Gebiete scheidet, deren jedes durch einen darin liegenden „Hauptpunkt" charakterisirt werden kann, nämlich durch einen solchen, für welchen die ersten ν Diagonalelemente z_{kk} gleich -1, die folgenden gleich $+1$ und alle übrigen Elemente z_{ik} gleich Null sind.

Die Anzahl der Hauptpunkte, welche sich ja nur durch die verschiedenen Werthe $\nu = 0, 1, 2, \cdots n$ von einander unterscheiden, ist gleich $n+1$, also ebenso gross wie die Anzahl der zu charakterisirenden Gebiete.

---

*) Vergl. meine schon oben citirte Notiz im Sitzungsbericht 1882.

§ 1.

Es ist in Nr. VII dargethan worden, dass jedes symmetrische System als Resultat der Composition von Systemen $(a_{ik}^{(t)})$, $(b_{ik}^{(t)})$ mit einem „Diagonalsystem“ (d_{ik}) dargestellt werden kann, in welchem für $i<k$ stets $d_{ii} \leqq d_{kk}$ ist. Sind nun für ein bestimmtes symmetrisches System (ζ_{ik}) die Werthe der Elemente t in den verschiedenen Componenten-Systemen der Reihe nach:

$$\tau_1, \ \tau_2, \ \tau_3, \ldots,$$

so resultirt, wenn an deren Stelle variable Grössen:

$$t_1, \ t_2, \ t_3, \ldots$$

gesetzt werden, ein symmetrisches System mit variabeln Elementen (z_{ik}). Lässt man jetzt t_1 von τ_1 bis 0, ferner t_2 von τ_2 bis 0 u. s. f. variiren, so geht das System (ζ_{ik}) in das System (d_{ik}) continuirlich über, und zwar ohne dass die Determinante ihren Werth ändert.

In dem Systeme (d_{ik}) kann ferner jedes der negativen Diagonalelemente in -1 und jedes der positiven Diagonalelemente in $+1$ continuirlich übergeführt werden, ohne dass dabei die Determinante gleich Null wird.

Man kann also von jedem Punkte (ζ_{ik}) der $\frac{1}{2}n(n+1)$-fachen Mannigfaltigkeit (z_{ik}), ohne die Determinanten-Mannigfaltigkeit zu passiren, zu einem „Hauptpunkte“ gelangen, d. h. zu einem solchen, für den:

$$z_{11} = z_{22} = \cdots = z_{\nu\nu} = -1; \quad z_{\nu+1,\,\nu+1} = \cdots = z_{nn} = +1$$

ist und alle übrigen Elemente z_{ik} gleich Null sind.

In jedem der Gebiete, welche durch die Determinanten-Mannigfaltigkeit $Z_1 = 0$ von einander geschieden werden, muss daher wenigstens *einer* der Hauptpunkte liegen, und es soll nun im folgenden Paragraphen gezeigt werden, dass in der That *nur* einer darin liegt.

§ 2.

Um den angekündigten Nachweis führen zu können, muss zuvörderst die Veränderung untersucht werden, welche der Werth der Summe:

$$\text{(S)} \qquad \operatorname{sgn.} Z_1 Z_2 + \operatorname{sgn.} Z_2 Z_3 + \cdots + \operatorname{sgn.} Z_{n-1} Z_n + \operatorname{sgn.} Z_n$$

bei Variirung des symmetrischen Systems (z_{ik}) erleidet.*) Dabei möge der Werth dieser Summe, als Function des symmetrischen Systems (z_{ik}) oder des „Punktes" (z_{ik}), zur Abkürzung mit:

$$S((z_{ik}))$$

bezeichnet werden.

Geht man von einem bestimmten Punkte (ζ_{ik}) zu einem benachbarten (ζ'_{ik}) über, d. h. lässt man das System (z_{ik}) von einem bestimmten Systeme (ζ_{ik}) bis zu einem benachbarten (ζ'_{ik}) stetig variiren, so bleibt der Werth der Summe sicher ungeändert, wenn sich dabei keines der Zeichen:

$$\operatorname{sgn.} Z_m \qquad (m=1, 2, \ldots n)$$

ändert. Der Werth der Summe kann sich also nur dann ändern, wenn man eine der $\left(\frac{1}{2}n(n+1)-1\right)$-fachen Mannigfaltigkeiten:

$$Z_m = 0 \qquad (m=1, 2, \ldots n)$$

passirt, und zwar an einer Stelle, wo Z_m aus dem Positiven ins Negative oder umgekehrt übergeht. Es ist daher bloss zu untersuchen, ob ein solcher Durchgang durch eine dieser Mannigfaltigkeiten eine Aenderung des Werthes der Summe (S) bewirkt.

Demgemäss sei sgn. Z_m im Punkte (ζ_{ik}) negativ und im Punkte (ζ'_{ik}) positiv; ferner sei (ζ^0_{ik}) der auf dem Wege von (ζ_{ik}) zu (ζ'_{ik}) passirte Punkt

---

*) Vergl. *Hazzidakis*: Ueber eine Eigenschaft der Unterdeterminanten einer symmetrischen Determinante. Journal f. Math. Bd. 91.

der Mannigfaltigkeit $Z_m = 0$. Sollte nun der Punkt (ζ^0_{ik}) zugleich auf einer oder mehreren der anderen Mannigfaltigkeiten:

$$\cdots Z_{m-2} = 0, \; Z_{m-1} = 0, \; Z_{m+1} = 0, \; Z_{m+2} = 0, \cdots$$

liegen, so kann man zu einem auf der Mannigfaltigkeit $Z_m = 0$ liegenden benachbarten Punkte $(\bar{\zeta}^0_{ik})$ übergehen, für welchen jeder der anderen Werthe $\ldots Z_{m-1}, Z_{m+1}, \ldots$ von Null verschieden ist. Bezeichnet man diese Werthe beziehungsweise mit $\ldots W_{m-1}, W_{m+1}, \ldots$, so liegt der Punkt $(\bar{\zeta}^0_{ik})$ der Mannigfaltigkeit $Z_m = 0$ zugleich auf den Mannigfaltigkeiten:

$$\cdots Z_{m-1} = W_{m-1}, \; Z_{m+1} = W_{m+1}, \cdots,$$

und man kann weiter, auf diesen Mannigfaltigkeiten bleibend, einerseits zu einem benachbarten Punkte $(\bar{\zeta}_{ik})$ übergehen, für welchen $Z_m < 0$ ist, und andererseits zu einem benachbarten Punkte $(\bar{\zeta}'_{ik})$, für welchen $Z_m > 0$ ist. Endlich kann man einerseits vom Punkte $(\bar{\zeta}_{ik})$ zu (ζ_{ik}) und andererseits vom Punkte $(\bar{\zeta}'_{ik})$ zu (ζ'_{ik}) so gelangen, dass Z_m in dem einen Falle durchweg negativ, in dem anderen durchweg positiv bleibt. Anstatt des Uebergangs auf dem Wege:

$$(\zeta_{ik}), \quad (\zeta^0_{ik}), \quad (\zeta_{ik})$$

kann also der Uebergang auf dem Wege:

$$(\zeta_{ik}), \quad (\bar{\zeta}_{ik}), \quad (\bar{\zeta}^0_{ik}), \quad (\bar{\zeta}'_{ik}), \quad (\zeta'_{ik})$$

geschehen, bei welchem die Mannigfaltigkeit $Z_m = 0$ an einer Stelle überschritten wird, wo jeder der anderen Werthe $\ldots Z_{m-1}, Z_{m+1}, \ldots$ von Null verschieden ist.

Die vorstehende Deduction gilt, natürlich mit Weglassung von Z_{m-1}, auch für den Fall $m = 1$, und man sieht daher, dass nur zu untersuchen ist,

> ob der Durchgang durch eine der Mannigfaltigkeiten $Z_m = 0$ an einer Stelle, wo eine Determinante Z_m ihr Zeichen wechselt und

alle übrigen Determinanten von Null verschiedene Werthe haben, eine Aenderung des Werthes der Summe (S) bewirkt.

Es ist nun klar, dass bei einem derartigen Durchgang durch die Determinanten-Mannigfaltigkeit $Z_1 = 0$ der Werth der Summe (S) sich um zwei Einheiten ändert, da das erste Glied:

$$\text{sgn.}\, Z_1 Z_2$$

eine solche Aenderung erfährt, alle übrigen Glieder aber ihren Werth beibehalten.

Aber beim Durchgang durch eine der *Subdeterminanten*-Mannigfaltigkeiten $Z_2 = 0$, $Z_3 = 0$, $\cdots$, $Z_n = 0$ erfolgt keine Aenderung des Werthes der Summe (S). Denn für jeden der Werthe:

$$m = 2, 3, \cdots n - 1$$

wird, wie oben in Nr. VIII gezeigt worden ist:

$$Z_{m-1} Z_{m+1} \quad \textit{modulo} \quad Z_m$$

einem negativen Quadrate congruent; für $Z_m = 0$ ist daher, wenn, wie es bei dem Durchgang durch $Z_m = 0$ der Fall ist, die Werthe von Z_{m-1} und Z_{m+1} von Null verschieden sind:

$$\text{sgn.}\, Z_{m-1} = - \,\text{sgn.}\, Z_{m+1},$$

und da dieselbe Relation für die beiden dem Durchgangspunkt benachbarten Punkte (ζ_{ik}), (ζ'_{ik}) besteht, während Z_m für (ζ_{ik}) positiv, für (ζ'_{ik}) negativ ist, so ist für beide Punkte, so wie für alle diejenigen, welche auf dem Wege von (ζ_{ik}) zu (ζ'_{ik}) passirt werden:

$$\text{sgn.}\, Z_{m-1} Z_m + \text{sgn.}\, Z_m Z_{m+1} = 0.$$

Das Aggregat dieser beiden Glieder erfährt also bei jenem Durchgang durch $Z_m = 0$ keinerlei Werthänderung, und die übrigen Glieder der Summe bleiben dabei ebenfalls ungeändert, da alle anderen Subdeterminanten ihre Zeichen beibehalten.

Alles dies gilt auch für $m = n$, wenn man $Z_{n+1} = 1$ setzt, da alsdann die Congruenz:

$$Z_{n-1} Z_{n+1} \equiv -(z_{n-1,\,n})^2 \quad (\text{mod. } Z_n)$$

besteht und an diese die obigen Schlussfolgerungen geknüpft werden können.

Das Resultat der vorstehenden Auseinandersetzung kann dahin formulirt werden:

> Der Werth von $S((z_{ik}))$ ändert sich nur dann, wenn der Punkt durch die Determinanten-Mannigfaltigkeit $Z_1 = 0$ hindurchgeht, und zwar genau um zwei Einheiten, wenn der Durchgang an einer nicht singulären Stelle erfolgt.

Nun wird für einen Hauptpunkt (z_{ik}), für welchen:

$$z_{11} = z_{22} = \cdots = z_{\nu\nu} = -1; \quad z_{\nu+1,\,\nu+1} = \cdots = z_{nn} = +1$$

ist:

$$Z_1 = (-1)^\nu, \quad Z_2 = (-1)^{\nu-1}, \cdots Z_\nu = (-1); \quad Z_{\nu+1} = \cdots = Z_n = 1,$$

und also:

$$S((z_{ik})) = n - 2\nu.$$

Für jeden der $n+1$ Hauptpunkte, welchen die $n+1$ verschiedenen Werthe $\nu = 0, 1, 2, \cdots n$ entsprechen, hat daher $S((z_{ik}))$ einen andern Werth, und es folgt hieraus, dass es *nicht* möglich ist, von einem Hauptpunkte zu einem andern zu kommen, ohne die Determinanten-Mannigfaltigkeit $Z_1 = 0$ zu passiren, d. h., dass die verschiedenen Hauptpunkte in verschiedenen Gebieten liegen und diese also vollständig charakterisiren.

Hiermit ist der am Schlusse des § 1 angekündigte Nachweis geführt, und die Angaben, welche über die Gebietstheilung durch die Determinanten-Mannigfaltigkeit unmittelbar vor § 1 gemacht worden sind, haben nunmehr sämmtlich ihre Bestätigung gefunden.

§ 3.

Für ein nicht symmetrisches aus n^2 unabhängigen Veränderlichen bestehendes System (y_{ik}) kann die Frage der Gebietstheilung der n^2-fachen Mannigfaltigkeit:

$$y_{ik} \qquad (i, k = 1, 2, \ldots n)$$

durch die $(n^2 - 1)$-fache Mannigfaltigkeit:

$$|y_{ik}| = 0 \qquad (i, k = 1, 2, \ldots n)$$

in ähnlicher, aber einfacherer Weise erledigt werden.

Zu diesem Zwecke soll zuvörderst gezeigt werden, wie sich ein solches System (y_{ik}) als Resultat der Composition gewisser einfacher Systeme darstellen lässt.

Erstens resultirt aus der Composition:

$$\left(a_{ik}^{(t)}\right)\left(y_{ik}\right)$$

ein System (y_{ik}^0), in welchem:

$$y_{1k}^{(0)} = y_{1k} + t y_{rk}, \quad y_{ik}^0 = y_{ik} \qquad \begin{pmatrix} i = \ 2, 3, \ldots n \\ k = 1, 2, 3, \ldots n \end{pmatrix}$$

ist, während aus der Composition:

$$\left(y_{ik}\right)\left(a_{ik}^{(t)}\right)$$

ein System (y'_{ik}) hervorgeht, in welchem:

$$y'_{ir} = t y_{i1} + y_{ir}, \quad y'_{ik} = y_{ik} \qquad \binom{i=1,\,2,\,\ldots\,n}{k=1,\,2,\,\ldots\,r-1,\,r+1,\,\ldots\,n}$$

ist.

Zweitens entsteht aus der Composition der Systeme:

$$\left(a_{ik}^{(-1)}\right)\left(b_{ik}^{(1)}\right)\left(a_{ik}^{(-1)}\right)\left(y_{ik}\right)$$

ein System $y_{ik}^{(h)}$, für welches:

$$y_{1k}^{(h)} = -y_{rk}, \quad y_{rk}^{(h)} = y_{1k}, \quad y_{ik}^{(h)} = y_{ik} \qquad \binom{k=1,\,2,\,\ldots\,n}{i=2,\,3,\,\ldots\,r-1,\,r+1,\,\ldots\,n}$$

ist, so dass in dem componirten System die erste und r^{te} Horizontalreihe des ursprünglichen Systems mit einander vertauscht und überdies die Zeichen der neuen ersten Horizontalreihe verändert sind.

Drittens resultirt aus der Composition der Systeme:

$$\left(y_{ik}\right)\left(a_{ik}^{(-1)}\right)\left(b_{ik}^{(1)}\right)\left(a_{ik}^{(-1)}\right)$$

ein System $\left(y_{ik}^{(v)}\right)$, für welches:

$$y_{i1}^{(v)} = y_{ir}, \quad y_{ir}^{(v)} = -y_{i1}, \quad y_{ik}^{(v)} = y_{ik} \qquad \binom{i=1,\,2,\,\ldots\,n}{k=2,\,3,\,\ldots\,r-1,\,r+1,\,\ldots\,n}$$

ist, so dass in dem componirten Systeme die erste und r^{te} Verticalreihe des ursprünglichen Systems mit einander vertauscht und überdies die Zeichen der neuen r^{ten} Verticalreihe verändert sind.

Viertens gelangt man bei nochmaliger Anwendung der zuletzt angegebenen Composition zu einem Systeme, welches sich von dem ursprünglichen nur dadurch unterscheidet, dass die Vorzeichen der ersten und der r^{ten} Verticalreihe verändert sind.

Geht man nun von irgend einem bestimmten System (η_{ik}) aus, so kann man, falls $\eta_{11} = 0$ ist, durch Vertauschung von Verticalreihen ein System $(\eta_{ik}^{(v)})$ erhalten, in welchem dies nicht der Fall ist. Alsdann kann man durch Zusammensetzung mit einem System $(a_{ik}^{(t)})$, in welchem:

$$t = -\frac{\eta_{1r}}{\eta_{11}}$$

anzunehmen ist, zu einem System gelangen, in dessen erster Horizontalreihe das r^{te} Element gleich Null ist. Hat man, so fortfahrend, alle Elemente der ersten Horizontalreihe, mit Ausnahme des ersten zum Verschwinden gebracht, so kann man durch Vertauschung der Horizontalreihen die erste an die letzte Stelle bringen und alsdann die angegebene Operation mit derjenigen Horizontalreihe, welche nunmehr die erste ist, wieder beginnen. Durch Wiederholung dieses Verfahrens gelangt man schliesslich zu einem Systeme (d_{ik}), welches nur in der Diagonale von Null verschiedene Elemente enthält.

Componirt man dieses System mit einem anderen $(\mathfrak{d}_{ik})$, dessen Elemente ausserhalb der Diagonale sämmtlich gleich Null und in der Diagonale, mit Ausnahme von $\mathfrak{d}_{11}$, sämmtlich gleich Eins sind, so entsteht ein „Diagonalsystem", welches sich von (d_{ik}) nur dadurch unterscheidet, dass das erste Element gleich dem Product $d_{11}\mathfrak{d}_{11}$ ist. Das erste Element dieses componirten Systems wird also gleich ± 1, wenn $\mathfrak{d}_{11}$ gleich dem reciproken Werthe des absoluten von d_{11} genommen wird. Bringt man dann durch Vertauschung von Horizontal- und Verticalreihen, welche nach Nr. IV durch Composition mit Systemen (a_{ik}), (b_{ik}) zu bewirken ist, jenes erste Element ± 1 an die zweite und d_{22} an die erste Stelle, so kann man nunmehr durch Composition mit einem Systeme $(\mathfrak{d}_{ik})$ zu einem Diagonalsysteme gelangen, in welchem das erste und zweite Element gleich ± 1 ist, und die Fortsetzung dieses Verfahrens führt offenbar zu einem Systeme, in welchem sämmtliche Elemente in der Diagonale gleich ± 1 und alle übrigen gleich Null sind.

Ein solches System kann, wenn ein Element -1 darin vorkommt, durch Vertauschung der Horizontal- und Vertical-Reihen so eingerichtet werden, dass das *erste* Element gleich -1 ist. Dann kann man, wenn noch ein Element -1 vorhanden ist, durch Composition mit Systemen (a_{ik}), (b_{ik}) in der oben (bei „*viertens*") angegebenen Weise ein anderes System erhalten, in welchem die *beiden* Elemente -1 durch $+1$ ersetzt sind. Durch wiederholte Anwendung dieses Verfahrens gelangt man schliesslich entweder zu dem Einheitssysteme (δ_{ik}) oder aber zu einem Diagonalsysteme (d_{ik}), in welchem:

$$d_{11} = -1, \quad d_{22} = d_{33} = \cdots = d_{nn} = 1$$

ist, und der eine oder der andere Fall tritt ein, je nachdem die Determinante des Systems (η_{ik}), von dem ausgegangen wurde, positiv oder negativ ist.

Aus der vorstehenden Entwickelung folgt,

> dass jedes beliebige System (η_{ik}), dessen Determinante positiv ist, sich als Resultat der Composition von Systemen:
>
> $$\left(a_{ik}^{(t)}\right), \quad \left(b_{ik}^{(1)}\right), \quad (\mathfrak{d}_{ik})$$
>
> darstellen lässt, während, wenn die Determinante negativ ist, noch am Anfange oder am Ende der Reihe der Componenten-Systeme eines hinzuzufügen ist, welches aus dem Einheitssysteme entsteht, indem für das erste Element an Stelle der positiven die negative *Eins* gesetzt wird.

Dabei möge die Bedeutung der Systeme $\left(a_{ik}^{(t)}\right)$, $\left(b_{ik}^{(1)}\right)$, $(\mathfrak{d}_{ik})$ hier nochmals dahin präcisirt werden,

> dass erstens jedes System $\left(a_{ik}^{(t)}\right)$ in der Diagonale lauter Elemente $+1$, ferner als r^{tes} Element der ersten Horizontalreihe die Grösse t und im Uebrigen nur Nullen enthält, dass zweitens das System $\left(b_{ik}^{(1)}\right)$ in der Diagonale lauter Elemente $+1$, ferner als r^{tes} Element der ersten Verticalreihe $+1$ und im Uebrigen nur Nullen enthält, dass

drittens in jedem Systeme $(\mathfrak{d}_{ik})$ das erste Element $\mathfrak{d}_{11}$ eine positive Grösse ist, die folgenden Diagonal-Elemente aber gleich $+1$ und alle übrigen Elemente gleich Null sind.

Sind bei der angegebenen Darstellung des Systems (η_{ik}) die Werthe der Elemente t in den verschiedenen Componenten-Systemen (a_{ik}):

$$\tau_1, \ \tau_2, \ \tau_3, \ \ldots,$$

und die positiven Werthe der Elemente $\mathfrak{d}_{11}$ in den Systemen $(\mathfrak{d}_{ik})$:

$$\mathfrak{d}', \ \mathfrak{d}'', \ \mathfrak{d}''', \ \ldots,$$

so resultirt, wenn man $\tau_1, \tau_2, \tau_3, \ldots$ durch variable Grössen:

$$t_1, \ t_2, \ t_3, \ \ldots,$$

ferner die ausserhalb der Diagonale in den Systemen $(b_{ik}^{(1)})$ vorkommenden Elemente 1 durch variable Elemente:

$$t_1', \ t_2', \ t_3', \ \ldots$$

und endlich auch jene positiven Elemente $\mathfrak{d}', \mathfrak{d}'', \mathfrak{d}''', \ldots$ durch variable Elemente

$$d', \ d'', \ d''', \ \ldots$$

ersetzt, ein System (y_{ik}) mit variabeln Elementen. Lässt man jetzt t_1 von τ_1 bis 0, ebenso t_2 von τ_2 bis 0, ..., ferner jede der Variabeln t' von 1 bis 0 und endlich d' von $\mathfrak{d}$ bis 1, d'' von $\mathfrak{d}''$ bis 1 u. s. f. variiren, so geht das System (η_{ik}) entweder in das Einheitssystem (δ_{ik}) oder in das System:

$$\begin{pmatrix} -1, & 0, & 0, & \cdots \\ 0, & 1, & 0, & \cdots \\ 0, & 0, & 1, & \cdots \\ . & . & . & . \\ . & . & . & . \end{pmatrix}$$

über, je nachdem die Determinante des Systems (η_{ik}) einen positiven oder negativen Werth hat. Da nun bei jenem Uebergange offenbar kein System (y_{ik}) passirt wird, dessen Determinante gleich Null ist, so ergiebt sich,

dass die n^2-fache Mannigfaltigkeit (y_{ik}) durch die (n^2-1)-fache Mannigfaltigkeit:

$$|y_{ik}| = 0 \qquad (i, k = 1, 2, \ldots n)$$

in nur zwei zusammenhängende Gebiete geschieden wird.

Dabei ist natürlich in dem einen Gebiete der Werth der Determinante positiv, in dem anderen negativ.

DIE DECOMPOSITION DER SYSTEME VON n^2 GRÖSSEN UND IHRE ANWENDUNG AUF DIE THEORIE DER INVARIANTEN.

VON

L. KRONECKER.

Monatsberichte der Königlich Preussischen Akademie der Wissenschaften zu Berlin vom Jahre 1889. S. 479—505, 603—614.

DIE DECOMPOSITION DER SYSTEME VON n^2 GRÖSSEN UND IHRE ANWENDUNG AUF DIE THEORIE DER INVARIANTEN.

[Gelesen in der Akademie der Wissenschaften am 6. Juni und am 20. Juni 1889.]

Im § 3 meines Aufsatzes „über symmetrische Systeme"*) habe ich die Decomposition eines beliebigen Systems von n^2 Grössen in gewisse einfache Systeme nur zu dem Zwecke auseinandergesetzt, um daran den stetigen Zusammenhang aller derjenigen Systeme, deren Determinanten dasselbe Vorzeichen haben, unmittelbar aufzeigen zu können. Ich will nun hier, wie ich es schon mehrmals in meinen algebraischen Universitäts-Vorlesungen gethan habe, näher auf jene Decomposition beliebiger Systeme von n^2 Grössen eingehen und daran auch einige Anwendungen auf die Theorie der Invarianten knüpfen.

§ 1.

In den folgenden Entwickelungen werden einige (symbolische) Compositionsgleichungen gebraucht, die hier zuvörderst für Systeme von 4 Grössen aufgestellt werden sollen:

$$(\mathfrak{A})\qquad \begin{pmatrix}0, & -1\\1, & 0\end{pmatrix}\begin{pmatrix}1, & 1\\0, & 1\end{pmatrix}\begin{pmatrix}0, & -1\\1, & 0\end{pmatrix}^3\begin{pmatrix}1, & 1\\0, & 1\end{pmatrix}\begin{pmatrix}0, & -1\\1, & 0\end{pmatrix}=\begin{pmatrix}1, & -1\\0, & 1\end{pmatrix},$$

$$(\mathfrak{A}')\qquad \begin{pmatrix}0, & -1\\1, & 0\end{pmatrix}^3\begin{pmatrix}1, & -1\\0, & 1\end{pmatrix}\begin{pmatrix}0, & -1\\1, & 0\end{pmatrix}^3\begin{pmatrix}1, & -1\\0, & 1\end{pmatrix}\begin{pmatrix}0, & -1\\1, & 0\end{pmatrix}=\begin{pmatrix}1, & 1\\0, & 1\end{pmatrix},$$

---

*) Sitzungsbericht vom 25. April 1889, Stück XXII.[1])

[1]) Band III S. 293—314 dieser Ausgabe von *L. Kronecker's* Werken. H.

(𝔅) $$\begin{pmatrix}0, & -1\\1, & 0\end{pmatrix}^3 \begin{pmatrix}1, & 0\\1, & 1\end{pmatrix} \begin{pmatrix}0, & -1\\1, & 0\end{pmatrix}^3 \begin{pmatrix}1, & 0\\1, & 1\end{pmatrix} \begin{pmatrix}0, & -1\\1, & 0\end{pmatrix} = \begin{pmatrix}1, & 0\\-1, & 1\end{pmatrix},$$

(𝔅′) $$\begin{pmatrix}0, & -1\\1, & 0\end{pmatrix} \begin{pmatrix}1, & 0\\-1, & 1\end{pmatrix} \begin{pmatrix}0, & -1\\1, & 0\end{pmatrix}^3 \begin{pmatrix}1, & 0\\-1, & 1\end{pmatrix} \begin{pmatrix}0, & -1\\1, & 0\end{pmatrix} = \begin{pmatrix}1, & 0\\1, & 1\end{pmatrix},$$

(ℭ) $$\begin{pmatrix}1, & 0\\1, & 1\end{pmatrix} \begin{pmatrix}1, & -1\\0, & 1\end{pmatrix} \begin{pmatrix}1, & 0\\1, & 1\end{pmatrix} = \begin{pmatrix}0, & -1\\1, & 0\end{pmatrix},$$

(ℭ′) $$\begin{pmatrix}1, & 1\\0, & 1\end{pmatrix} \begin{pmatrix}1, & 0\\-1, & 1\end{pmatrix} \begin{pmatrix}1, & 1\\0, & 1\end{pmatrix} = \begin{pmatrix}0, & 1\\-1, & 0\end{pmatrix},$$

(𝔇) $$\begin{pmatrix}t, & 0\\0, & 1\end{pmatrix} \begin{pmatrix}1, & 1\\0, & 1\end{pmatrix} \begin{pmatrix}t', & 0\\0, & 1\end{pmatrix} = \begin{pmatrix}1, & t\\0, & 1\end{pmatrix} \qquad (tt'=1),$$

(𝔇′) $$\begin{pmatrix}t, & 0\\0, & 1\end{pmatrix} \begin{pmatrix}1, & -1\\0, & 1\end{pmatrix} \begin{pmatrix}t', & 0\\0, & 1\end{pmatrix} = \begin{pmatrix}1, & -t\\0, & 1\end{pmatrix} \qquad (tt'=1),$$

(𝔇″) $$\begin{pmatrix}1, & 0\\t', & 1\end{pmatrix} \begin{pmatrix}1, & t\\0, & 1\end{pmatrix} \begin{pmatrix}1, & 0\\t', & 1\end{pmatrix} \begin{pmatrix}0, & -1\\1, & 0\end{pmatrix} = \begin{pmatrix}t, & 0\\0, & -t'\end{pmatrix} \qquad (-tt'=1).$$

Dabei ist zu bemerken, dass:

$$\begin{pmatrix}0, & -1\\1, & 0\end{pmatrix}^2 = \begin{pmatrix}0, & -1\\1, & 0\end{pmatrix} \begin{pmatrix}0, & -1\\1, & 0\end{pmatrix} = \begin{pmatrix}-1, & 0\\0, & -1\end{pmatrix},$$

$$\begin{pmatrix}0, & -1\\1, & 0\end{pmatrix}^3 = \begin{pmatrix}0, & -1\\1, & 0\end{pmatrix} \begin{pmatrix}0, & -1\\1, & 0\end{pmatrix} \begin{pmatrix}0, & -1\\1, & 0\end{pmatrix} = \begin{pmatrix}0, & 1\\-1, & 0\end{pmatrix},$$

$$\begin{pmatrix}0, & -1\\1, & 0\end{pmatrix}^4 = \begin{pmatrix}1, & 0\\0, & 1\end{pmatrix}$$

ist. Bedeutet nun:

$$\left(c_{ik}^{(r)}\right) \qquad (i, k = 1, 2, \ldots n)$$

ein System, für welches:

$$c_{1r}^{(r)} = -1, \quad c_{r1}^{(r)} = 1,$$
$$c_{kk}^{(r)} = 1, \quad c_{ik}^{(r)} = 0 \qquad (i \gtrless k;\ i, k = 2, 3, \ldots r-1, r+1, \ldots n)$$
$$c_{11} = c_{rr} = 0$$

ist, welches also aus dem Einheitssystem (δ_{ik}) entsteht, indem darin die erste und die r^{te} Horizontalreihe mit einander vertauscht und zugleich das Vorzeichen der neuen ersten Horizontalreihe verändert wird, bezeichnet man ferner — ähnlich wie im Eingange meines citirten Aufsatzes „über symmetrische Systeme" — mit:

$$\left(a_{ik}^{(r)}(t)\right), \quad \left(b_{ik}^{(r)}(t)\right)$$

zwei Systeme, in welchen:

$$a_{1r}^{(r)}(t) = t, \quad b_{r1}^{(r)}(t) = t$$

ist, während alle übrigen Elemente ausserhalb der Diagonale gleich Null und die sämmtlichen Diagonalelemente gleich Eins sind, so lassen sich folgende allgemeinere, für Systeme von n^2 Grössen geltende Compositionsgleichungen aufstellen, welche aus den entsprechenden, für Systeme von 4 Grössen stattfindenden Gleichungen unmittelbar hervorgehen:

$$\text{(A)} \qquad \left(c_{ik}^{(r)}\right)\left(a_{ik}^{(r)}(1)\right)\left(c_{ik}^{(r)}\right)^3\left(a_{ik}^{(r)}(1)\right)\left(c_{ik}^{(r)}\right) = \left(a_{ik}^{(r)}(-1)\right),$$

$$\text{(A')} \qquad \left(c_{ik}^{(r)}\right)^3\left(a_{ik}^{(r)}(-1)\right)\left(c_{ik}^{(r)}\right)^3\left(a_{ik}^{(r)}(-1)\right)\left(c_{ik}^{(r)}\right) = \left(a_{ik}^{(r)}(1)\right),$$

$$\text{(B)} \qquad \left(c_{ik}^{(r)}\right)^3\left(b_{ik}^{(r)}(1)\right)\left(c_{ik}^{(r)}\right)^3\left(b_{ik}^{(r)}(1)\right)\left(c_{ik}^{(r)}\right) = \left(b_{ik}^{(r)}(-1)\right),$$

$$\text{(B')} \qquad \left(c_{ik}^{(r)}\right)\left(b_{ik}^{(r)}(-1)\right)\left(c_{ik}^{(r)}\right)^3\left(b_{ik}^{(r)}(-1)\right)\left(c_{ik}^{(r)}\right) = \left(b_{ik}^{(r)}(1)\right),$$

$$\text{(C)} \qquad \left(b_{ik}^{(r)}(1)\right)\left(a_{ik}^{(r)}(-1)\right)\left(b_{ik}^{(r)}(1)\right) = \left(c_{ik}^{(r)}\right),$$

$$\text{(C')} \qquad \left(a_{ik}^{(r)}(1)\right)\left(b_{ik}^{(r)}(-1)\right)\left(a_{ik}^{(r)}(1)\right) = \left(c_{ik}^{(r)}\right)^3,$$

$$\text{(D)} \qquad \left(\mathfrak{d}_{ik}(t)\right)\left(a_{ik}^{(r)}(1)\right)\left(\mathfrak{d}_{ik}\left(\frac{1}{t}\right)\right) = \left(a_{ik}^{(r)}(t)\right),$$

$$\text{(D')} \qquad \left(\mathfrak{d}_{ik}(t)\right)\left(a_{ik}^{(r)}(-1)\right)\left(\mathfrak{d}_{ik}\left(\frac{1}{t}\right)\right) = \left(a_{ik}^{(r)}(-t)\right),$$

$$\text{(D'')} \qquad \left(b_{ik}^{(r)}\left(\frac{-1}{t}\right)\right)\left(a_{ik}^{(r)}(t)\right)\left(b_{ik}^{(r)}\left(\frac{-1}{t}\right)\right)\left(c_{ik}^{(r)}\right) = \left(\partial_{ik}^{(r)}(t)\right).$$

Mit $\mathfrak{d}_{ik}(t)$ ist hier, ähnlich wie im § 3 meines Aufsatzes „über symmetrische Systeme", ein Diagonalsystem*) bezeichnet, in welchem das erste Element gleich t, jedes folgende aber gleich Eins ist, ferner aber mit:

$$\left(\partial_{ik}^{(r)}(t)\right)$$

ein solches, in welchem das erste Diagonalelement gleich t, das r^{te} gleich $\frac{1}{t}$ und jedes der übrigen Diagonalelemente gleich Eins ist.

An die vorstehenden Compositionsformeln möge noch die Bemerkung geknüpft werden, dass für ein beliebiges System (y_{ik}) die Composition:

$$(y_{ik})\left(c_{ik}^{(r)}\right)$$

eine Vertauschung der ersten und r^{ten} Verticalreihe des Systems (y_{ik}) und zugleich die Zeichenänderung der neuen r^{ten} Verticalreihe, aber die Composition:

$$\left(c_{ik}^{(r)}\right)(y_{ik})$$

eine Vertauschung der ersten und r^{ten} Horizontalreihe nebst einer Zeichenänderung der neuen ersten Horizontalreihe bewirkt, während von den beiden aus der Composition:

$$(y_{ik})\left(a_{ik}^{(r)}(t)\right), \quad \left(a_{ik}^{(r)}(t)\right)(y_{ik})$$

resultirenden Systemen das erstere aus dem ursprünglichen System (y_{ik}) entsteht, wenn darin die erste Verticalreihe mit t multiplicirt und alsdann zur r^{ten} Verticalreihe addirt wird, das letztere, wenn in dem ursprünglichen System (y_{ik}) die r^{te} Horizontalreihe mit t multiplicirt und zur ersten addirt wird.

---

*) Unter einem „Diagonalsystem" ist, wie in meinem Aufsatz „über symmetrische Systeme" ein solches zu verstehen, in welchem sämmtliche Elemente ausserhalb der Diagonale gleich Null sind.

§ 2.

Die im § 3 meines Aufsatzes über symmetrische Systeme auseinandergesetzte Methode der Reduction eines beliebigen Systems (η_{ik}), dessen Determinante von Null verschieden ist, lässt sich nunmehr, zugleich einfacher und vollständiger, in folgender Weise darlegen.

Ist η_{1r} das erste von Null verschiedene Element der ersten Horizontalreihe, so hat man durch Vertauschung der ersten und r^{ten} Verticalreihe, also durch Composition mit einem System $\left(c_{ik}^{(r)}\right)$, ein neues System (η'_{ik}) zu bilden, in welchem $\eta'_{11} \gtrless 0$ ist. Alsdann hat man dieses durch Composition mit einem Systeme $\left(a_{ik}^{(r)}(t)\right)$, wenn t durch die Gleichung:

$$t\eta'_{11} + \eta'_{1r} = 0$$

bestimmt wird, in ein solches zu transformiren, in welchem das r^{te} Element der ersten Horizontalreihe gleich Null ist. Man gelangt daher durch Composition von (η_{ik}) mit einem Systeme $\left(c_{ik}^{(r)}\right)$ und höchstens $n-1$, den Werthen $r = 2, 3, \ldots n$ entprechenden Systemen $\left(a_{ik}^{(r)}(t)\right)$ zu einem Systeme (η''_{ik}), in welchem:

$$\eta''_{12} = \eta''_{13} = \cdots = \eta''_{1n} = 0$$

ist. Wird nun ein System $\left(c_{ik}^{(n)}\right)$ mit $\left(\eta''_{ik}\right)$ zusammengesetzt, so ist die n^{te} Horizontalreihe des aus der Composition:

$$\left(c_{ik}^{(n)}\right)\left(\eta''_{ik}\right)$$

resultirenden Systems (η'''_{ik}) eben jene erste Horizontalreihe des Systems (η''_{ik}), in welcher alle Elemente ausser dem ersten gleich Null sind, und die fernere Composition:

$$\left(a_{ik}^{(n)}(t)\right)\left(\eta'''_{ik}\right)$$

liefert also, wenn t durch die Gleichung:

$$t\eta'''_{n1} + \eta'''_{11} = 0$$

bestimmt wird, ein System $\left(\eta^{(IV)}_{ik}\right)$, in welchem das erste Element der ersten Horizontalreihe, so wie sämmtliche Elemente der n^{ten} Horizontalreihe, mit Ausnahme des ersten, gleich Null sind.

Wird alsdann ein System $\left(c^{(2)}_{ik}\right)$ mit $\left(\eta^{(IV)}_{ik}\right)$ zusammengesetzt, und bezeichnet man das aus der Composition:

$$\left(c^{(2)}_{ik}\right)\left(\eta^{(IV)}_{ik}\right)$$

resultirende System mit $\left(\eta^{(V)}_{ik}\right)$, so unterscheidet sich dieses von dem Systeme $\left(\eta^{(IV)}_{ik}\right)$ nur dadurch, dass die ersten beiden Horizontalreihen mit einander vertauscht und dabei die Zeichen der einen verändert sind. In dem Systeme $\left(\eta^{(V)}_{ik}\right)$ ist daher das erste Element der *zweiten* Horizontalreihe, so wie jedes Element der n^{ten} Horizontalreihe, mit Ausnahme des ersten, gleich Null. Bestimmt man nun in dem Systeme $\left(a^{(n)}_{ik}(t)\right)$ die Grösse t gemäss der Bedingung:

$$t\eta^{(V)}_{n1} + \eta^{(V)}_{11} = 0,$$

so liefert die Composition:

$$\left(a^{(n)}_{ik}(t)\right)\left(\eta^{(V)}_{ik}\right)$$

ein System $\left(\eta^{(VI)}_{ik}\right)$, in welchem die ersten Elemente der *beiden* ersten Horizontalreihen, so wie sämmtliche Elemente der n^{ten} Horizontalreihe, mit Ausnahme des ersten, gleich Null sind.

Durch Fortsetzung dieses Compositionsverfahrens gelangt man offenbar zu einem System, in welchem die ersten Elemente der $n-1$ ersten Horizontalreihen, sowie sämmtliche $n-1$ auf das erste Element folgenden Elemente der n^{ten} Horizontalreihe gleich Null sind, und wenn man dieses System mit einem System $\left(c^{(n)}_{ik}\right)$ componirt, so wird die erste Verticalreihe mit der letzten vertauscht, und es entsteht daher ein System (η°_{ik}), in welchem die Elemente der letzten Verticalreihe und der letzten Horizontalreihe, mit alleiniger Ausnahme des letzten Elementes η°_{nn}, sämmtlich gleich Null sind.

Das Ergebniss der bisherigen Entwickelungen kann durch die (symbolische) Compositionsgleichung:

$$(\alpha^{\circ}_{ik})\ (\eta_{ik})\ (\beta^{\circ}_{ik}) = (\eta^{\circ}_{ik}) \qquad (i,\ k = 1,\ 2,\ \ldots\ n)$$

dargestellt werden, in welcher (α°_{ik}) und (β°_{ik}) Systeme bedeuten, welche aus der Composition von Systemen:

$$(a_{ik}) \quad \text{und} \quad (c_{ik})$$

resultiren.

In analoger Weise, wie mit dem ursprünglichen Systeme (η_{ik}), kann nun mit dem Systeme (η°_{ik}) so verfahren werden, dass dasselbe durch Composition mit Systemen $(a^{(r)}_{ik})$ und $(c^{(r)}_{ik})$, bei denen aber der Index r nur die Werthe $1,\ 2,\ \ldots\ n-1$ hat, auf ein System $(\eta^{\circ\circ}_{ik})$ reducirt wird, in welchem die Elemente der vorletzten Verticalreihe und der vorletzten Horizontalreihe, mit alleiniger Ausnahme von $\eta^{\circ\circ}_{n-1,\ n-1}$, sämmtlich gleich Null sind, und die letzte Horizontalreihe, sowie die letzte Verticalreihe mit derjenigen von η°_{ik} übereinstimmt. In dem Systeme $(\eta^{\circ\circ}_{ik})$ sind also die sämmtlichen Elemente der *beiden* letzten Horizontal- und Verticalreihen, mit alleiniger Ausnahme der beiden Diagonalglieder:

$$\eta^{\circ\circ}_{n-1,\ n-1}, \quad \eta^{\circ\circ}_{n,\ n},$$

gleich Null.

Bei weiterer Anwendung dieses Verfahrens gelangt man schliesslich zu einem Diagonalsystem (d_{ik}). Setzt man dann ein solches mit einem Systeme $\left(c^{(r)}_{ik}\right)^2$ zusammen, so geht es in ein Diagonalsystem (d'_{ik}) über, in welchem:

$$d'_{11} = -d_{11}, \quad d'_{rr} = -d_{rr}, \quad d'_{kk} = d_{kk} \qquad (k > 1,\ k \lesseqgtr r)$$

ist. Setzt man ferner (d'_{ik}) mit einem Systeme $\left(c^{(s)}_{ik}\right)^2$ zusammen, so resultirt ein System (d''_{ik}), in welchem:

$$d''_{rr} = -d_{rr}, \quad d''_{ss} = -d_{ss},$$

und aber, wenn k von r und s verschieden ist:

$$d''_{kk} = d_{kk}$$

ist. Man kann also durch Composition mit Systemen (c_{ik}) bewirken, dass sämmtliche Elemente des resultirenden Diagonalsystems oder alle, mit Ausnahme des ersten, positiv werden.

Das Ergebniss der vorstehenden Auseinandersetzung lässt sich nunmehr durch die (symbolische) Compositionsgleichung:

(E) $$(\alpha_{ik})\,(\eta_{ik})\,(\beta_{ik}) = (d_{ik})$$

darstellen, in welcher (α_{ik}) und (β_{ik}) Systeme bedeuten, welche aus der Composition von Systemen:

$$(a_{ik}) \quad \text{und} \quad (c_{ik})$$

resultiren, während (d_{ik}) ein „Diagonalsystem", d. h. ein solches bedeutet, welches nur in der Diagonale von Null verschiedene Elemente enthält, und in welchem überdies die $n-1$ Elemente $d_{22}, d_{33}, \ldots d_{nn}$ sämmtlich positiv sind.

§ 3.

Da aus der Composition zweier Diagonalsysteme (d_{ik}), (d'_{ik}) das Diagonalsystem $(d_{ik}d'_{ik})$ resultirt, so lässt sich jedes Diagonalsystem (d_{ik}) als Resultat der Composition von n Diagonalsystemen auffassen, von denen das r^{te} dadurch zu charakterisiren ist, dass jedes Element der Diagonalreihe, mit Ausnahme des r^{ten} gleich Eins, dieses r^{te} Element aber gleich d_{rr} ist. Wird das System $\left(c_{ik}^{(r)}\right)$ mit einem solchen System componirt und das resultirende System alsdann mit dem System $\left(c_{ik}^{(r)}\right)^3$ zusammengesetzt, so entsteht ein Diagonalsystem $(\mathfrak{d}_{ik})$, in welchem das erste Element $\mathfrak{d}_{11}$ gleich d_{rr}, jedes der übrigen aber gleich Eins ist. Jenes r^{te} Diagonalsystem lässt sich daher als Resultat der Composition:

$$\left(c_{ik}^{(r)}\right)^3 \ (\mathfrak{d}_{ik}) \ \left(c_{ik}^{(r)}\right)$$

darstellen, und *jedes* Diagonalsystem (d_{ik}), dessen Determinante positiv ist, kann demnach als Resultat der Composition von Systemen:

$$(c_{ik}) \quad \text{und} \quad (\mathfrak{d}_{ik})$$

aufgefasst werden, während, wenn die Determinante negativ ist, noch ein Diagonalsystem $(\delta_{ik}(-1))$ hinzugefügt werden muss, in welchem das erste Element gleich -1, jedes der übrigen aber gleich $+1$ ist.

Aus der Compositionsgleichung (E) des § 2:

$$(\alpha_{ik}) \ (\eta_{ik}) \ (\beta_{ik}) = (d_{ik})$$

geht unmittelbar die folgende hervor:

$$\text{(E}'\text{)} \qquad (\eta_{ik}) = (\alpha'_{ik}) \ (d_{ik}) \ (\beta'_{ik}),$$

wenn (α'_{ik}) das zu (α_{ik}) reciproke System und (β'_{ik}) das zu (β_{ik}) reciproke System bedeutet. Da die Systeme (α_{ik}), (β_{ik}) aus der Composition von Systemen:

$$(a_{ik}), \quad (c_{ik})$$

resultiren, und die Systeme:

$$\left(c_{ik}^{(r)}\right) \quad \text{und} \quad \left(c_{ik}^{(r)}\right)^3, \quad \text{so wie} \quad \left(a_{ik}^{(r)}(t)\right) \quad \text{und} \quad \left(a_{ik}^{(r)}(-t)\right)$$

zu einander reciprok sind, so können auch die Systeme (α'_{ik}), (β'_{ik}) als Resultate der Composition von Systemen:

$$(a_{ik}),\quad (c_{ik})$$

aufgefasst werden. Nun ist die Determinante des Systems (d_{ik}) gleich der Determinante von (η_{ik}), und es ist oben gezeigt worden, dass je nachdem diese Determinante positiv oder negativ ist, sich das System (d_{ik}) als Resultat der Composition von Systemen:

$$(c_{ik}) \quad \text{und} \quad (\mathfrak{d}_{ik})$$

allein oder unter Hinzufügung eines Diagonalsystems $(\delta_{ik}(-1))$ darstellen lässt. Es folgt daher,

> dass sich jedes System (η_{ik}), dessen Determinante positiv ist, als Resultat der Composition von Systemen:
>
> $$\left(a_{ik}^{(r)}(t)\right),\quad \left(c_{ik}^{(r)}\right),\quad \left(\mathfrak{d}_{ik}\right) \qquad (r=2,3,\ldots n)$$
>
> darstellen lässt, während, wenn die Determinante negativ ist, noch am Anfange oder am Ende der Reihe der Componenten-Systeme
> (F) ein System $(\delta_{ik}(-1))$, d. h. ein solches hinzuzufügen ist, welches aus dem Einheitssysteme entsteht, indem für das erste Element an Stelle der positiven die negative *Eins* gesetzt wird.

Dabei bedeutet:

$$\left(a_{ik}^{(r)}(t)\right)$$

ein System, welches in der Diagonale lauter Elemente $+1$, ferner als r^{tes} Element der ersten Horizontalreihe die Grösse t und im Uebrigen nur Nullen enthält. Ferner bedeutet $\left(c_{ik}^{(r)}\right)$ ein System, in welchem das r^{te} Element der ersten Horizontalreihe gleich -1, das erste Element der r^{ten} Horizontalreihe gleich $+1$, jedes der übrigen Elemente dieser beiden Horizontalreihen gleich

Null ist, und welches im Uebrigen nur Diagonalelemente, und zwar sämmtlich gleich $+1$, enthält. Endlich bedeutet $(\mathfrak{d}_{ik})$ ein System, in welchem $\mathfrak{d}_{11}$ positiv und:

$$\mathfrak{d}_{22} = \mathfrak{d}_{33} = \cdots = \mathfrak{d}_{nn} = 1,$$

jedes der übrigen Elemente $\mathfrak{d}_{ik}$ aber gleich Null ist.

§ 4.

Aus der Compositionsgleichung (C) des § 1 geht hervor, dass in dem oben bei (F) formulirten Satze anstatt der Systeme (c_{ik}) die Systeme $(b_{ik}(1))$ genommen werden können. Es wird hiernach ersichtlich,

dass jedes System (η_{ik}) aus der Composition von Systemen:

$$\text{(G)} \qquad \left(a_{ik}^{(r)}(t)\right), \quad \left(b_{ik}^{(r)}(1)\right), \quad \left(\mathfrak{d}_{ik}\right) \qquad {\scriptstyle (r=2,\,3,\,\ldots\,n)}$$

resultirt, denen nur, falls die Determinante von (η_{ik}) negativ ist, noch ein System $(\delta_{ik}(-1))$ hinzuzufügen ist,

und dies stimmt genau mit dem im § 3 meines Aufsatzes über symmetrische Systeme formulirten Ergebniss der dortigen Entwickelungen überein.

Gemäss den Gleichungen (D) des § 1 kann jedes System $\left(a_{ik}^{(r)}(t)\right)$, wenn t positiv ist, als Resultat der Composition von Systemen:

$$\left(a_{ik}^{(r)}(1)\right), \quad \left(\mathfrak{d}_{ik}\right)$$

ausgedrückt werden, bei denen $\mathfrak{d}_{11}$, wie oben, positiv ist. Es folgt ferner aus der Gleichung (D') des § 1, in Verbindung mit der Gleichung (A), dass jedes System $\left(a_{ik}^{(r)}(-t)\right)$, wo wiederum t als positiv vorausgesetzt ist, sich als Resultat der Composition von Systemen:

$$\left(a_{ik}^{(r)}(1)\right), \quad \left(c_{ik}^{(r)}\right), \quad \left(\mathfrak{d}_{ik}\right)$$

darstellen lässt. Nun geht das System $\left(a_{ik}^{(r)}(t)\right)$, falls der Index r grösser als 2 ist, in ein solches über, dessen Index r gleich 2 ist, wenn man in dem ersteren Systeme sowohl die zweite und r^{te} Verticalreihe als auch die zweite und r^{te} Horizontalreihe mit einander vertauscht und zugleich die Zeichen der neuen r^{ten} Reihen verändert. Diese Vertauschungen werden aber durch Composition des ursprünglichen Systems $\left(a_{ik}^{(r)}(t)\right)$ mit Systemen $\left(c_{ik}^{(r)}\right)$ bewirkt. Es lässt sich daher jedes System $\left(a_{ik}^{(r)}(t)\right)$, in welchem der Index r grösser als 2 ist, als Resultat der Composition eines Systems $\left(a_{ik}^{(2)}(t)\right)$ mit Systemen $\left(c_{ik}^{(r)}\right)$ auffassen. Hieraus folgt,

> dass jedes System von n^2 Grössen mit positiver Determinante sich als Resultat der Composition von Systemen:
>
> (H) $$\left(a_{ik}^{(2)}(1)\right), \quad \left(c_{ik}^{(r)}\right), \quad \left(\mathfrak{d}_{ik}\right) \qquad (r=2, 3, \ldots n)$$
>
> darstellen lässt, während, wenn die Determinante negativ ist, noch am Anfange oder am Ende der Reihe ein System $(\delta_{ik}(-1))$ hinzuzufügen ist.

Dabei bezeichnet

$$\left(a_{ik}^{(2)}(1)\right)$$

ein System, in welchem die $n+1$ Elemente:

$$a_{11}, \; a_{22}, \; a_{33}, \ldots a_{nn} \quad \text{und} \quad a_{12}$$

sämmtlich gleich *Eins*, alle übrigen aber gleich *Null* sind, während die Systeme $\left(c_{ik}^{(r)}\right)$ und $\left(\mathfrak{d}_{ik}\right)$ die obige am Schlusse des § 3 noch einmal hervorgehobene Bedeutung haben, und es ist zu bemerken, dass die Anzahl der verschiedenen Systeme $\left(c_{ik}^{(r)}\right)$ gleich $n-1$ ist, da der Index r nur die Werthe $2, 3, \ldots n$ haben kann.

Um die Decomposition eines beliebigen Systems (η_{ik}) in Systeme $\left(a_{ik}^{(2)}(1)\right)$, (c_{ik}), $(\mathfrak{d}_{ik})$ für den einfachsten Fall $n=2$ vollständig anzugeben, stelle ich hier die Reihe der 16 Systeme auf, aus deren Composition das System $\begin{pmatrix}\alpha, & \beta\\ \gamma, & \delta\end{pmatrix}$ resultirt:

$$\begin{pmatrix}0, & -1\\ 1, & 0\end{pmatrix}^3 \begin{pmatrix}\frac{\gamma}{\alpha}, & 0\\ 0, & 1\end{pmatrix} \begin{pmatrix}0, & -1\\ 1, & 0\end{pmatrix} \begin{pmatrix}1, & 1\\ 0, & 1\end{pmatrix} \begin{pmatrix}0, & -1\\ 1, & 0\end{pmatrix}^3 \begin{pmatrix}1, & 1\\ 0, & 1\end{pmatrix}$$

$$\begin{pmatrix}0, & -1\\ 1, & 0\end{pmatrix} \begin{pmatrix}\frac{\alpha\delta}{\gamma}-\beta, & 0\\ 0, & 1\end{pmatrix} \begin{pmatrix}0, & -1\\ 1, & 0\end{pmatrix} \begin{pmatrix}\beta, & 0\\ 0, & 1\end{pmatrix} \begin{pmatrix}1, & 1\\ 0, & 1\end{pmatrix} \begin{pmatrix}\frac{\alpha}{\beta}, & 0\\ 0, & 1\end{pmatrix}.$$

Gemäss der Gleichung (C') des § 1 lässt sich $(c_{ik})^3$, und also, da

$$(c_{ik})^3\,(c_{ik})^3\,(c_{ik})^3 = (c_{ik})$$

ist, auch (c_{ik}) selbst als Resultat der Composition von Systemen:

$$(a_{ik}(1)),\quad (b_{ik}(-1))$$

darstellen. Man kann daher in dem bei (H) formulirten Satze die $n-1$ Systeme $\left(c_{ik}^{(r)}\right)$ durch die $2(n-1)$ den Indexwerthen $r=2, 3, \ldots n$ entsprechenden Systeme:

$$\left(a_{ik}^{(r)}(1)\right),\quad \left(b_{ik}^{(r)}(-1)\right)$$

ersetzen, und es zeigt sich also,

> dass jedes System von n^2 Grössen sich als Resultat der Composition von Systemen:
>
> (J) $$\left(a_{ik}^{(r)}(1)\right),\quad \left(b_{ik}^{(r)}(-1)\right),\quad (\mathfrak{d}_{ik}) \qquad (r=2, 3, \ldots n)$$
>
> darstellen lässt, denen nur, falls die Determinante negativ ist, noch ein System $(\delta_{ik}(-1))$ hinzugefügt werden muss.

So erhält man die bezügliche Darstellung des Systems $\begin{pmatrix}\alpha, & \beta\\ \gamma, & \delta\end{pmatrix}$, wenn man in den oben angegebenen Componenten-Systemen:

$$\begin{pmatrix}0, & -1\\ 1, & 0\end{pmatrix} \text{ durch } \begin{pmatrix}0, & 1\\ -1, & 0\end{pmatrix}^3$$

und alsdann, gemäss der Gleichung ($\mathfrak{C}'$) des § 1:

$$\begin{pmatrix}0, & 1\\ -1, & 0\end{pmatrix} \text{ durch } \begin{pmatrix}1, & 1\\ 0, & 1\end{pmatrix}\begin{pmatrix}1, & 0\\ -1, & 1\end{pmatrix}\begin{pmatrix}1, & 1\\ 0, & 1\end{pmatrix}$$

ersetzt.

§ 5.

Aus den im vorigen Paragraphen bei (H) und (J) angegebenen Darstellungen eines beliebigen Systems von n^2 Grössen η_{ik} folgt unmittelbar der Satz:

> dass eine Function der n^2 Grössen eines aus zwei oder mehreren anderen componirten Systems:
>
> $$(x_{ik})\,(y_{ik}),$$
>
> deren Werth mit derselben Function der n^2 Grössen des componirten Systems:
>
> $$(y_{ik})\,(x_{ik})$$
>
> übereinstimmt, nur eine Function der Determinante der n^2 Grössen sein kann,

d. h. also, dass der Werth einer Function der n^2 Grössen eines componirten Systems nur dann von der Reihenfolge der Systeme unabhängig ist, wenn die Function einzig und allein von der Determinante des Systems der n^2 Grössen abhängt.

In der That muss bei der gemachten Voraussetzung die Function der n^2 Grössen η_{ik} ihren Werth behalten, wenn man die Reihenfolge der Componenten-

Systeme in der bei (H) angegebenen Darstellung beliebig verändert. Nimmt man nun zuerst alle Systeme $(\mathfrak{d}_{ik})$, alsdann alle Systeme $\left(a_{ik}^{(2)}(1)\right)$ und zuletzt die sämmtlichen Systeme $\left(c_{ik}^{(r)}\right)$ in irgend welcher Reihenfolge, so ergiebt sich als Resultat der Composition ein System (η'_{ik}), welches durch die (symbolische) Compositionsgleichung:

$$\left(\eta'_{ik}\right) = \left(\mathfrak{d}_{ik}^{0}\right)\left(a_{ik}^{(2)}(p)\right)\left(c_{ik}^{(r)}\right)\left(c_{ik}^{(r')}\right)\left(c_{ik}^{(r'')}\right)\cdots$$

definirt ist. Dabei bedeutet p eine positive ganze Zahl, nämlich die Anzahl der in der Decomposition des ursprünglichen Systems (η_{ik}) vorkommenden Systeme $\left(a_{ik}^{(2)}(1)\right)$; die Zusammensetzung des Systems $\left(a_{ik}^{(2)}(p)\right)$ mit den Systemen (c_{ik}) bewirkt, gemäss der im § 1 an die Compositionsformeln geknüpften Bemerkung, nur eine Vertauschung von Verticalreihen des Systems $\left(a_{ik}^{(2)}(p)\right)$ nebst gewissen Zeichenänderungen; das Resultat der Composition:

$$\left(a_{ik}^{(2)}(p)\right)\left(c_{ik}^{(r)}\right)\left(c_{ik}^{(r')}\right)\left(c_{ik}^{(r'')}\right)\cdots$$

ist also wiederum ein System, in welchem, wie in $\left(a_{ik}^{(2)}(p)\right)$, ein Element gleich p ist, während n Elemente gleich Eins und die übrigen n^2-n-1 Elemente gleich Null sind. Da nun auch in dem Diagonalsystem $(\mathfrak{d}_{ik}^{0})$ alle Elemente, mit Ausnahme des ersten $\mathfrak{d}_{11}^{0}$, nur die Werthe Null oder Eins haben, so sind die Elemente des componirten Systems (η'_{ik}) lauter lineare ganzzahlige Functionen von $\mathfrak{d}_{11}^{0}$, und eine Function dieser Elemente kann also nur eine Function von $\mathfrak{d}_{11}^{0}$ sein. Nun ist aber offenbar $\mathfrak{d}_{11}^{0}$ gleich der Determinante des Systems (η'_{ik}), welche mit derjenigen des ursprünglichen Systems (η_{ik}) übereinstimmt. Eine Function der n^2 Grössen η_{ik}, welche ihren Werth behält, wenn man die Reihenfolge der Componenten-Systeme in der bei (H) angegebenen Decomposition beliebig verändert, kann also in der That nur eine Function der Determinante des Systems (η_{ik}) sein.

§ 6.

Nimmt man in der Compositionsgleichung (E′) des § 3:

$$(\eta_{ik}) = (\alpha'_{ik})\,(d_{ik})\,(\beta'_{ik})$$

für das System (η_{ik}) ein solches, dessen Determinante gleich Eins ist, so ist auch die Determinante des Systems (d_{ik}) gleich Eins und also, da dieses ein Diagonalsystem ist:

$$d_{11}\,d_{22}\cdots d_{nn} = 1.$$

Dieses System (d_{ik}) kann als Resultat der Composition von $n-1$ Diagonalsystemen:

$$\left(\partial_{ik}^{(r)}\right) \qquad\qquad (r=2,3,\ldots n)$$

dargestellt werden, deren Elemente durch die Gleichungen:

$$\partial_{11}^{(r)} = \frac{1}{d_{rr}},\quad \partial_{rr}^{(r)} = d_{rr},\quad \partial_{kk}^{(r)} = 1 \qquad\qquad (k=2,3,\ldots r-1, r+1,\ldots n)$$

definirt sind, und die besonderen schon im § 1 benutzten Diagonalsysteme $\left(\partial_{ik}^{(r)}\right)$ können dadurch charakterisirt werden, dass darin das erste und r^{te} Element zu einander reciprok und alle übrigen gleich Eins sind. Für $r>2$ wird aber ein solches System $\left(\partial_{ik}^{(r)}\right)$ durch Vertauschung des zweiten und r^{ten} Elements in ein System $\left(\partial_{ik}^{(2)}\right)$ verwandelt, d. h. in ein solches, in welchem das erste und zweite Element zu einander reciprok und alle übrigen gleich Eins sind, und eine solche Vertauschung lässt sich gemäss den im § 1 an die Compositionsformeln geknüpften Bemerkungen durch Zusammensetzung mit Systemen (c_{ik}) bewirken.

Denn für *jedes* Diagonalsystem (d_{ik}) ist das Resultat der Composition:

$$\left(c_{ik}^{(2)}\right)\left(c_{ik}^{(r)}\right)\left(c_{ik}^{(2)}\right)\left(d_{ik}\right)\left(c_{ik}^{(2)}\right)^3\left(c_{ik}^{(r)}\right)^3\left(c_{ik}^{(2)}\right)^3$$

ein anderes Diagonalsystem, welches aus dem ursprünglichen durch Vertauschung der Elemente d_{22} und d_{rr} entsteht.

Berücksichtigt man nun, dass in der oben angeführten Gleichung (E′) des § 3:

$$(\eta_{ik}) = (\alpha'_{ik})\,(d_{ik})\,(\beta'_{ik})$$

die beiden Systeme (α'_{ik}), (β'_{ik}) sich in lauter Systeme:

$$\left(c^{(r)}_{ik}\right), \quad \left(a^{(r)}_{ik}(t)\right) \qquad (r=2, 3, \ldots n)$$

decomponiren lassen, dass ferner, wie schon im § 4 hervorgehoben worden, jedes System $\left(a^{(r)}_{ik}(t)\right)$ in eine Reihe von Systemen:

$$\left(a^{(2)}_{ik}(t)\right), \quad \left(c^{(r)}_{ik}\right) \qquad (r=2, 3, \ldots n)$$

zerlegt werden kann, so erschliesst man mit Hülfe der obigen Entwickelungen unmittelbar, dass jedes System von n^2 reellen Grössen, dessen Determinante gleich Eins ist, sich als Resultat der Composition von Systemen:

$$\left(a^{(2)}_{ik}(t)\right), \quad \left(c^{(r)}_{ik}\right), \quad \left(\partial^{(2)}_{ik}\right) \qquad (r=2, 3, \ldots n)$$

darstellen lässt.

Nimmt man ferner die aus der Compositionsformel:

$$\text{(K)} \qquad \begin{pmatrix} t, & 0 \\ 0, & \frac{1}{t} \end{pmatrix} \begin{pmatrix} 1, & \pm 1 \\ 0, & 1 \end{pmatrix} \begin{pmatrix} \frac{1}{t}, & 0 \\ 0, & t \end{pmatrix} = \begin{pmatrix} 1, & \pm t^2 \\ 0, & 1 \end{pmatrix}$$

unmittelbar folgende allgemeinere:

$$\text{(K}'\text{)} \qquad \left(\partial^{(2)}_{ik}(t)\right)\left(a^{(2)}_{ik}(\pm 1)\right)\left(\partial^{(2)}_{ik}(t')\right) = \left(a^{(2)}_{ik}(\pm t^2\right) \qquad (tt'=1),$$

so wie jene Compositionsformel (A) des § 1:

$$(a_{ik}(-1)) = (c_{ik})\ (a_{ik}(1))\ (c_{ik})^3\ (a_{ik}(1))\ (c_{ik})$$

zu Hülfe, so erschliesst man,

> dass jedes System von n^2 reellen Grössen, dessen Determinante gleich Eins ist, als Resultat der Composition von Systemen:
>
> (L) $$\left(a_{ik}^{(2)}(1)\right),\quad \left(c_{ik}^{(r)}\right),\quad \left(\partial_{ik}^{(2)}\right) \qquad (r=2,3,\ldots n)$$
>
> dargestellt werden kann, und zwar so, dass auch die Elemente der Systeme $\left(\partial_{ik}^{(2)}\right)$ reelle Werthe haben.

Hierbei bedeutet $\left(a_{ik}^{(2)}(1)\right)$ das System, welches aus dem Einheitssysteme entsteht, wenn an der zweiten Stelle der ersten Horizontalreihe die Null durch Eins ersetzt wird. Ferner ist $\left(c_{ik}^{(r)}\right)$ dasjenige System, welches aus dem Einheitssysteme hervorgeht, wenn man darin die erste und r^{te} Horizontalreihe vertauscht und dann der Eins, an der r^{ten} Stelle der ersten Horizontalreihe, das Minuszeichen vorsetzt. Endlich bezeichnet $\left(\partial_{ik}^{(2)}\right)$ ein System, welches aus dem Einheitssystem dadurch gebildet werden kann, dass man die Eins in dem ersten Diagonalelement durch irgend eine reelle Grösse t und die Eins in dem zweiten Diagonalelement durch die Grösse $\frac{1}{t}$ ersetzt.

Die bei (L) dargelegte Decomposition eines Systems von n^2 Grössen, dessen Determinante gleich Eins ist, geht für $n=2$ aus der Compositionsgleichung:

$$\begin{pmatrix}0, & -1\\ 1, & 0\end{pmatrix}^3 \begin{pmatrix}1, & -\frac{\gamma}{\alpha}\\ 0, & 1\end{pmatrix} \begin{pmatrix}0, & -1\\ 1, & 0\end{pmatrix} \begin{pmatrix}\alpha, & 0\\ 0, & \frac{1}{\alpha}\end{pmatrix} \begin{pmatrix}1, & \frac{\beta}{\alpha}\\ 0, & 1\end{pmatrix} = \begin{pmatrix}\alpha, & \beta\\ \gamma, & \frac{\beta\gamma+1}{\alpha}\end{pmatrix}$$

hervor, wenn noch zur Zerlegung des zweiten und letzten Systems auf der linken Seite von der obigen Formel (K) Gebrauch gemacht und dabei für t^2 das eine Mal der absolute Werth von $\frac{\gamma}{\alpha}$, das andere Mal derjenige von $\frac{\beta}{\alpha}$ genommen wird.

§ 7.

Benutzt man die Compositionsgleichung (D″) des § 1:

$$\left(b_{ik}^{(r)}\left(\frac{-1}{t}\right)\right)\left(a_{ik}^{(r)}(t)\right)\left(b_{ik}^{(r)}\left(\frac{-1}{t}\right)\right)\left(c_{ik}^{(r)}\right)=\left(\partial_{ik}^{(r)}(t)\right)$$

bei jener mit (L) bezeichneten Formulirung des Resultats der im vorhergehenden Paragraphen enthaltenen Entwickelungen, so ergiebt sich, dass jedes System mit der Determinante Eins sich aus Systemen:

$$\left(a_{ik}^{(2)}(t)\right),\quad \left(b_{ik}^{(2)}(t)\right),\quad \left(c_{ik}^{(r)}\right) \qquad (r=2,3,\ldots n)$$

zusammensetzen lässt. Wenn ferner von der Compositionsgleichung (C) des § 1:

$$\left(c_{ik}^{(r)}\right)=\left(b_{ik}^{(r)}(1)\right)\left(a_{ik}^{(r)}(-1)\right)\left(b_{ik}^{(r)}(1)\right)$$

Gebrauch gemacht wird, so folgt zuvörderst, dass das System $\left(c_{ik}^{(2)}\right)$ weggelassen werden kann, da es sich aus den Systemen $\left(a_{ik}^{(2)}(t)\right)$, $\left(b_{ik}^{(2)}(t)\right)$ zusammensetzen lässt,

> dass also jedes System von n^2 reellen Grössen, dessen Determinante gleich Eins ist, in einfache Systeme:

(M) $$\left(a_{ik}^{(2)}(t)\right),\quad \left(b_{ik}^{(2)}(t)\right),\quad \left(c_{ik}^{(r)}\right) \qquad (r=3,4,\ldots n)$$

> mit reellen Grössen t decomponirt werden kann,

und es folgt ferner,

> dass jedes System von n^2 reellen Grössen, mit der Determinante Eins, sich als Resultat der Composition von einfachen Systemen:

(N) $$\left(a_{ik}^{(r)}(t)\right),\quad \left(b_{ik}^{(r)}(t)\right) \qquad (r=2,3,\ldots n)$$

darstellen lässt, und zwar so, dass die sämmtlichen in den Systemen (a_{ik}), (b_{ik}) vorkommenden Elemente t reelle Werthe haben.

Die Gesammtzahl der verschiedenen Arten von einfachen Systemen bei (M) ist gleich n, die Gesammtzahl derjenigen bei (N) ist gleich $2n-2$.

§ 8.

Ein System (η_{ik}), dessen Determinante gleich Δ ist, lässt sich als Resultat der Composition der beiden Systeme $(\mathfrak{z}_{ik})$, $(\mathfrak{d}_{ik})$ auffassen, wenn:

$$\mathfrak{z}_{i1} = \frac{\eta_{i1}}{\Delta}, \quad \mathfrak{z}_{ik} = \eta_{ik} \qquad (k=2, 3, \dots n),$$

$$\mathfrak{d}_{11} = \Delta, \quad \mathfrak{d}_{kk} = 1 \qquad (k=2, 3, \dots n),$$

und jedes der übrigen Elemente $\mathfrak{d}_{ik}$ gleich Null genommen wird.

Da die Determinante des Systems $(\mathfrak{z}_{ik})$ gleich Eins ist, so lässt sich dieses auf die verschiedenen im § 6 bei (L) und im § 7 bei (M) und (N) angegebenen Arten decomponiren.

Es folgt daher,

dass sich ein beliebiges System von n^2 Grössen, dessen Determinante gleich Δ ist, sowohl aus Systemen:

$$\left(a_{ik}^{(2)}(1)\right), \quad \left(c_{ik}^{(r)}\right), \quad \left(\partial_{ik}^{(2)}\right) \qquad (r=2, 3, \dots n)$$

als auch aus Systemen:

$$\text{(O)} \qquad \left(a_{ik}^{(2)}(t)\right), \quad \left(b_{ik}^{(2)}(t)\right), \quad \left(c_{ik}^{(r)}\right) \qquad (r=3, 4, \dots n)$$

und endlich auch aus Systemen:

$$\left(a_{ik}^{(r)}(t)\right), \quad \left(b_{ik}^{(r)}(t)\right) \qquad (r=2, 3, \dots n)$$

zusammensetzen lässt, wenn nur noch am Ende der Reihe der Componenten-Systeme ein Diagonalsystem angefügt wird, in welchem das erste Element gleich $\varDelta$, jedes der übrigen Diagonalelemente aber gleich Eins ist.

Bei dieser Darstellung eines Systems (η_{ik}) als Resultat der Composition aus gewissen einfachen Systemen kann man so verfahren, dass die in den Componenten-Systemen vorkommenden Grössen sämmtlich reelle Werthe erhalten, aber sie werden nicht, wie bei den im § 4 mit (H) und (J) bezeichneten Decompositionen, lediglich durch rationale Operationen aus den Elementen η_{ik} gebildet, sondern es kommen noch Quadratwurzel-Ausziehungen hinzu.

§ 9.

Die Decomposition der Systeme von n^2 Grössen kann zur Vereinfachung der Bedingungen benutzt werden, denen die Invarianten eines Systems homogener Formen von n Variabeln genügen müssen. Dabei ist in der üblichen Weise unter der Invariante eines Formensystems eine Function der Coefficienten zu verstehen, welche ungeändert bleibt, wenn man dafür die Coefficienten derjenigen Formen einsetzt, welche aus den ursprünglichen durch eine lineare Substitution mit der Determinante Eins hervorgehen.

Zuvörderst zeigt sich aus der im vorhergehenden Paragraphen angegebenen Decomposition eines beliebigen Systems von n^2 Grössen, dass jede Invariante, wenn man darin die Coefficienten der Formen durch die Coefficienten solcher Formen ersetzt, welche durch eine lineare Substitution mit der Determinante $\varDelta$ daraus hervorgehen, einen und denselben Werth annimmt, welche Substitution mit der Determinante $\varDelta$ man auch anwenden mag. Denn ein Substitutionssystem mit der Determinante $\varDelta$ ist nach § 8 das Resultat der Composition eines Systems (ζ_{ik}), dessen Determinante gleich Eins ist, mit einem Diagonalsystem $(\mathfrak{d}_{ik})$, in welchem:

$$\mathfrak{d}_{11} = \varDelta, \quad \mathfrak{d}_{kk} = 1 \qquad (k=2, 3, \dots n)$$

ist, und da die Invariante bei Anwendung der Substitution $(\mathfrak{z}_{ik})$ ungeändert bleibt, so kann sie bei Anwendung irgend einer Substitution mit der Determinante Δ nur denjenigen Werth annehmen, den sie bei Anwendung der speciellen Substitution $(\mathfrak{d}_{ik})$ erhält. Hieraus folgt von selbst, dass der Werth, welchen eine Invariante bei Anwendung irgend einer linearen Substitution annimmt, nur durch den Werth der Determinante des Substitutionssystems bedingt, im Uebrigen aber von den Substitutionscoefficienten unabhängig ist.

Dies zeigt sich auch deutlich, wenn man sich das System homogener Formen von vornherein mittels eines Substitutionssystems:

$$(u_{hk}) \qquad (h, k = 1, 2, \ldots n),$$

dessen Elemente „Unbestimmte" sind, transformirt denkt, so dass die Coefficienten der transformirten Formen zugleich Functionen der ursprünglichen Coefficienten und der Unbestimmten u_{hk} werden. Die Invarianten sind dann eben solche Functionen und können einfach dadurch charakterisirt werden, dass sie ihren Werth behalten sollen, wenn man das System der Unbestimmten u_{hk} durch irgend ein transformirtes System (u'_{ik}) ersetzt, welches durch die Relationen:

$$u_{hk} = \sum_i \alpha_{hi} u'_{ik} \qquad (h, i, k = 1, 2, \ldots n)$$

mit dem ursprünglichen System verbunden ist. Dabei ist das System der Substitutionscoefficienten (α_{hi}) einzig und allein der Bedingung unterworfen, dass dessen Determinante gleich Eins sein soll; zwischen den beiden Systemen (u_{ik}), (u'_{ik}) besteht daher nur die Beziehung, dass ihre Determinanten einander gleich sind. Man kann demnach die Invarianten des Systems homogener Formen von n Variabeln auch dadurch vollständig charakterisiren,

> dass sie für alle „aequivalenten" Systeme (u_{ik}), d. h. für alle, welche dieselbe Determinante haben, invariant sind.

Bezeichnet man die Variabeln der Formen mit:

$$x_1, \; x_2, \; \ldots \; x_n,$$

so muss also z. B. jede Invariante bei zwei verschiedenen Transformationen:

$$x_1 = p_1 x_1', \quad x_2 = p_2 x_2', \cdots x_n = p_n x_n',$$

$$x_1 = q_1 x_1', \quad x_2 = q_2 x_2', \cdots x_n = q_n x_n',$$

für welche:

$$p_1 p_2 \cdots p_n = q_1 q_2 \cdots q_n$$

ist, einen und denselben Werth annehmen.

§ 10.

Da jedes Substitutionssystem mit der Determinante Eins nach § 6 (L) aus Systemen:

$$\left(a_{ik}^{(2)}(1)\right), \quad \left(c_{ik}^{(r)}\right), \quad \left(\partial_{ik}^{(2)}\right) \qquad (r=2, 3, \ldots n)$$

nach § 7 (M) aus Systemen:

$$\left(a_{ik}^{(2)}(t)\right), \quad \left(b_{ik}^{(2)}(t)\right), \quad \left(c_{ik}^{(r)}\right) \qquad (r=3, 4, \ldots n),$$

und nach § 7 (N) aus Systemen:

$$\left(a_{ik}^{(r)}(t)\right), \quad \left(b_{ik}^{(r)}(t)\right) \qquad (r=2, 3, \ldots n)$$

zusammengesetzt werden kann, so *genügen* zur Charakterisirung der Invarianten sowohl die $n+1$ Bedingungen, dass sie bei jeder, mittels einer von den Substitutionen:

$$\left(a_{ik}^{(2)}(1)\right), \quad \left(c_{ik}^{(r)}\right), \quad \left(\partial_{ik}^{(2)}\right) \qquad (r=2, 3, \ldots n)$$

bewirkten Transformation ungeändert bleiben sollen, als auch die n auf die Substitutionen:

$$\left(a_{ik}^{(2)}(t)\right), \quad \left(b_{ik}^{(2)}(t)\right), \quad \left(c_{ik}^{(r)}\right) \qquad (r=3, 4, \ldots n)$$

bezüglichen Bedingungen, so wie endlich die $2n-2$ Bedingungen, dass die Invarianten ihren Werth behalten sollen, wenn das Formensystem mittels einer der Substitutionen:

$$\left(a_{ik}^{(r)}(t)\right), \quad \left(b_{ik}^{(r)}(t)\right) \qquad (r=2, 3, \ldots n)$$

transformirt wird.

Nun ist die Transformation:

$$x_i = \sum_k a_{ik}^{(r)}(t)\, x_k' \quad \text{mit:} \quad x_1 = x_1' + t x_r', \quad x_h = x_h' \qquad (h>1),$$

$$x_i = \sum_k b_{ik}^{(r)}(t)\, x_k' \quad \text{mit:} \quad x_r = t x_1' + x_r', \quad x_h = x_h \qquad (h \gtrless r),$$

$$x_i = \sum_k c_{ik}^{(r)}\, x_k' \quad \text{mit:} \quad x_1 = -x_r', \quad x_r = x_1', \quad x_h = x_h' \qquad (h>1,\ h \gtrless r),$$

$$x_i = \sum_k \partial_{ik}^{(2)}(t)\, x_k' \quad \text{mit:} \quad x_1 = t x_1', \quad x_2 = \frac{1}{t} x_2', \quad x_h = x_h' \qquad (h>2)$$

$$(i, k = 1, 2, \ldots n)$$

identisch. Es genügen daher zur Charakterisirung der Invarianten eines Systems homogener Formen von $x_1, x_2, \ldots x_n$ sowohl die $n+1$ Bedingungen der Unveränderlichkeit bei den Transformationen:

$$(\mathrm{L}') \qquad \begin{aligned} & x_1 = x_1' + x_2', \quad x_h = x_h' && (h>1), \\ & x_1 = -x_r', \quad x_r = x_1', \quad x_h = x_h' && (h>1,\ h \gtrless r;\ r=2, 3, \ldots n), \\ & x_1 = t x_1, \quad x_2 = \frac{1}{t} x_2', \quad x_h = x_h' && (h>2), \end{aligned}$$

als auch die n Bedingungen der Unveränderlichkeit bei den Transformationen:

$$(\mathrm{M}') \qquad \begin{aligned} & x_1 = x_1' + t x_2', \quad x_h = x_h' && (h=2, 3, \ldots n), \\ & x_2 = t x_1' + x_2', \quad x_h = x_h' && (h=1, 3, 4, \ldots n), \\ & x_1 = -x_r', \quad x_r = x_1', \quad x_h = x_h' && (h>1,\ h \gtrless r;\ r=3, 4, \ldots n), \end{aligned}$$

sowie endlich die $2n-2$ Bedingungen, dass bei jeder von den Transformationen:

$$(\mathrm{N}') \qquad \begin{aligned} x_1 &= x_1' + t x_r', \quad x_h = x_h' && (h > 1), \\ x_r &= t x_1' + x_r', \quad x_h = x_h' && (h \gtrless r), \end{aligned}$$

welche den Indices $r = 2, 3, \ldots n$ entsprechen, die Invarianten ihren Werth behalten sollen.

§ 11.

Von den im vorhergehenden Paragraphen angegebenen Bedingungen ist keine entbehrlich.

Bezeichnet man nämlich mit:

$$C^{(q)}_{p_1, p_2, \ldots p_n}$$

den Coefficienten von $x_1^{p_1} x_2^{p_2} \cdots x_n^{p_n}$ in der q^{ten} Form des Systems homogener Formen, dessen Invarianten betrachtet werden, so ist zuvörderst ersichtlich, dass den Bedingungen der Unveränderlichkeit bei den Transformationen:

$$x_1 = -x_r', \quad x_r = x_1', \quad x_h = x_h' \qquad (h > 1,\ h \gtrless r,\ r = \alpha, \beta, \gamma, \ldots)$$

durch jede Function der Quadrate der Coefficienten $C^{(q)}_{p_1, p_2, \ldots p_n}$ genügt wird, welche in Beziehung auf die Indices:

$$p_1, \; p_\alpha, \; p_\beta, \; p_\gamma, \; \ldots$$

symmetrisch ist, d. h. welche ihren Werth behält, wenn man diese Indices in irgend einer Weise permutirt.

Lässt man nun von den Bedingungen (L') die *erste* fort, so genügt denselben jedes Product von Quadraten aller derjenigen Coefficienten:

$$C^{(q)}_{p_1, p_2, \ldots p_n},$$

die aus irgend einem durch Permutation der n Indices $p_1, p_2, \dots p_n$ hervorgehen.

Lässt man von den Bedingungen (L′) die zweite fort, welche die Unveränderlichkeit bei der Transformation:

$$x_1 = -x_2', \quad x_2 = x_1', \quad x_h = x_h' \qquad (h=3, 4, \dots n)$$

fordert, so bleiben nur diejenigen, welche sich auf die Transformationen:

$$x_1 = x_1' + x_2', \quad x_h = x_h' \qquad (h=2, 3, \dots n),$$

(P) $$x_1 = -x_r', \quad x_r = x_1', \quad x_h = x_h' \qquad (h>1,\ h \gtrless r;\ r=3, 4, \dots n),$$

$$x_1 = t x_1', \quad x_2 = \frac{1}{t} x_2', \quad x_h = x_h' \qquad (h=3, 4, \dots n)$$

beziehen. Da nun die besonderen Coefficienten:

$$C^{(q)}_{p_1,\, 0,\, p_3,\, \dots p_n}$$

von der ersten der drei Transformationen (P) unberührt bleiben, so bleibt jede Function dieser besonderen Coefficienten, welche nur bei den Transformationen:

$$x_1 = -x_r', \quad x_r = x_1', \quad x_h = x_h' \qquad (h>1,\ h \gtrless r;\ r=3, 4, \dots n),$$

$$x_1 = t x_1', \quad x_h = x_h' \qquad (h=3, 4, \dots n)$$

ihren Werth behält, bei allen Transformationen (P) ungeändert. Eine solche Function ist z. B. jede „absolute“ Invariante*) desjenigen Formensystems, welches aus dem ursprünglichen entsteht, indem $x_2 = 0$ gesetzt wird, ferner der Quotient der Division von:

$$\left[\Pi\, C^{(q)}_{p_1,\, 0,\, p_3,\, \dots p_n}\right]^{\lambda} \quad \text{durch} \quad \left[\Pi\, C^{(q')}_{p_1',\, 0,\, p_3',\, \dots p_n'}\right]^{\lambda'},$$

*) Unter einer „absoluten“ Invariante wird nach *Aronhold*'s Vorgang eine Function der Coefficienten des Formensystems verstanden, welche bei *jeder* linearen Transformation, auch wenn die Substitutions-Determinante von Eins verschieden ist, ungeändert bleibt.

wo sich das eine Productzeichen auf alle Permutationen der Indices $p_1, p_3, \ldots p_n$, das andere auf sämmtliche Permutationen von $p_1', p_3', \ldots p_n'$ bezieht und die als grade Zahlen vorausgesetzten Exponenten λ, λ' durch die Relation:

$$\lambda(p_1 + p_3 + \cdots + p_n) = \lambda'(p_1' + p_3' + \cdots + p_n')$$

mit einander verbunden sind. Es giebt also stets, wenigstens wenn $n > 2$ ist, Functionen, welche den Bedingungen (P), d. h. also den Bedingungen (L'), bei Weglassung der auf die Transformation:

$$x_1 = -x_2', \quad x_2 = x_1', \quad x_h = x_h' \qquad (h = 3, 4, \ldots n)$$

bezüglichen, genügen, ohne Invarianten des Formensystems zu sein.

Für $n = 2$ bleiben, wenn man von den Bedingungen (L') die zweite weglässt, allein die Bedingungen der Unveränderlichkeit bei den beiden Transformationen:

$$\text{(Q)} \qquad \begin{aligned} x_1 &= x_1' + x_2', & x_2 &= x_2', \\ x_1 &= tx_1' & , \; x_2 &= \frac{1}{t} x_2' \end{aligned}$$

übrig und diesen genügt freilich in dem Falle, wo das Formensystem lediglich aus der einen quadratischen Form:

$$ax_1^2 + bx_1x_2 + cx_2^2$$

besteht, nur die Discriminante $4ac - b^2$; aber abgesehen von diesem einzigen Falle genügen den Bedingungen der Unveränderlichkeit bei den Transformationen (Q) noch Functionen, die *nicht* Invarianten des Formensystems sind. Wenn nämlich das System mindestens zwei Formen:

$$\sum_{p_1, p_2} C_{p_1, p_2} x_1^{p_1} x_2^{p_2}, \qquad \sum_{p_1', p_2'} C'_{p_1', p_2'} x_1^{p_1'} x_2^{p_2'},$$

$$(p_1 \geqq 0, \; p_2 \geqq 0, \; p_1 + p_2 = \nu; \; p_1' \geqq 0, \; p_2' \geqq 0, \; p_1' + p_2' = \nu')$$

enthält, so bleibt der Quotient:

$$\frac{(C_{\nu 0})^{\nu'}}{(C'_{\nu' 0})^{\nu}}$$

bei jeder von den beiden Transformationen (Q) ungeändert. Wenn ferner auch nur eine einzige Form:

$$\sum_{p_1, p_2} C_{p_1, p_2} x_1^{p_1} x_2^{p_2} \qquad (p_1 \geqq 0,\ p_2 \geqq 0,\ p_1 + p_2 = \nu)$$

vorhanden und aber $\nu > 2$ ist, so wird, wenn zur Abkürzung $C_{\nu-k, k} = C_k$ gesetzt wird, durch:

$$\left(2\nu C_0 C_2 - (\nu - 1) C_1^2\right)^{\nu} C_0^{4-2\nu}$$

eine Function der Coefficienten C dargestellt, welche bei jeder von den beiden Transformationen (Q) ihren Werth behält. Denn bei der ersteren werden die Coefficienten C'_0, C'_1, C'_2 der transformirten Form durch die Relationen:

$$C'_0 = C_0, \quad C'_1 = \nu C_0 + C_1, \quad C'_2 = \tfrac{1}{2}\nu(\nu - 1) C_0 + (\nu - 1) C_1 + C_2,$$

bei der letzteren durch:

$$C'_0 = t^{\nu} C_0, \quad C'_1 = t^{\nu-2} C_1, \quad C'_2 = t^{\nu-4} C_2$$

bestimmt, und bei der einen wie bei der anderen Bestimmungsweise besteht die Gleichung:

$$\left(2\nu C_0 C_2 - (\nu - 1) C_1^2\right)^{\nu} C_0^{4-2\nu} = \left(2\nu C'_0 C'_2 - (\nu - 1) C_1'^2\right)^{\nu} C_0'^{4-2\nu}.$$

Lässt man von den Bedingungen (L′) eine derjenigen fort, welche die Unveränderlichkeit bei den Transformationen:

$$x_1 = -x'_r, \quad x_r = x'_1, \quad x_h = x'_h \qquad (h > 1,\ h \gtrless r)$$

für einen der Werthe $r = 3, 4, \ldots n$ betreffen, so genügt den übrig bleibenden Bedingungen eine Function der Coefficienten, sobald sie nur eine Invariante desjenigen Formensystems ist, in welches das gegebene für $x_r = 0$ übergeht. Eine solche Function kann also zugleich eine beliebige Function der Coefficienten derjenigen Glieder der Formen sein, welche x_r *allein* enthalten.

Lässt man endlich von den Bedingungen (L′) die letzte auf die Transformation:

$$x_1 = tx_1', \quad x_2 = \frac{1}{t} x_2', \quad x_h = x_h' \qquad (h=3, 4, \ldots n)$$

bezügliche weg, so genügen den übrig bleibenden Bedingungen transcendente Functionen der Coefficienten der Formen, welche die weggelassene Bedingung nicht erfüllen und also nicht Invarianten — in dem oben bezeichneten üblichen Sinne — sind.

So stellt z. B. für eine positive quadratische Form:

$$\sum_{i,k} C_{ik} x_i x_k \qquad (i, k=1, 2, \ldots n)$$

die Reihe:

$$\sum_{m_1, m_2, \ldots m_n} e^{-\sum\limits_{i,k} C_{ik} m_i m_k}$$

wenn die Summation auf *alle* ganzzahligen (positiven und negativen) Werthe von $m_1, m_2, \ldots m_n$ erstreckt wird, eine transcendente Function der Coefficienten C_{ik} dar, welche bei den Transformationen (L′) der ersten beiden Kategorien, aber auch nur bei diesen, unverändert bleibt.

Hiermit ist nachgewiesen, dass, abgesehen von dem besonderen Falle, wo das Formensystem nur aus einer einzigen quadratischen Form von 2 Variabeln besteht, die Unveränderlichkeit bei allen $n+1$ Transformationen (L′) ein *nothwendiges* Erforderniss für die Invarianten des Formensystems bildet.

§ 12.

Lässt man von den Bedingungen (M') im § 10 die erste weg, so bleiben nur die $(n-1)$ Bedingungen der Unveränderlichkeit bei den Transformationen:

$$x_2 = tx_1' + x_2', \quad x_h = x_h' \qquad (h=1, 3, 4, \ldots n),$$

$$x_1 = -x_r', \quad x_r = x_1', \quad x_h = x_h' \qquad (h>1,\ h \gtrless r;\ r=3, 4, \ldots n).$$

Nun bleibt bei allen diesen Transformationen in jeder Form der Coefficient desjenigen Gliedes, welches x_2 allein enthält, ungeändert; jeder dieser Coefficienten selbst genügt also den $n-1$ angegebenen Bedingungen.

Lässt man ferner von den Bedingungen (M') die zweite fort, so bleiben diejenigen übrig, welche sich auf die $n-1$ Transformationen:

$$x_1 = x_1' + tx_2', \quad x_h = x_h' \qquad (h=2, 3, \ldots n),$$

$$x_1 = -x_r', \quad x_r = x_1', \quad x_h = x_h' \qquad (h>1,\ h \gtrless r;\ r=3, 4, \ldots n)$$

beziehen. Bei der ersteren bleiben sämmtliche Coefficienten:

$$C_{p_1, 0, p_3, \ldots p_n},$$

d. h. alle Coefficienten derjenigen Glieder, welche x_2 nicht enthalten, für sich ungeändert, und jede symmetrische Function der Quadrate aller derjenigen Coefficienten, welche aus $C_{p_1, 0, p_3, \ldots p_n}$ durch Permutation der Indices $p_1, p_3, \ldots p_n$ entstehen, behält offenbar auch bei jeder von den $n-2$ Transformationen:

$$x_1 = -x_r', \quad x_r = x_1', \quad x_h = x_h' \qquad (h>1,\ h \gtrless r;\ r=3, 4, \ldots n)$$

ihren Werth bei.

Lässt man endlich von den Bedingungen (M') eine der letzten fort, z. B. die für $r=n$, so bleiben nur die Bedingungen:

$$x_1 = x_1' + tx_2', \quad x_h = x_h' \qquad (h=2, 3, \ldots n),$$

$$x_2 = tx_1' + x_2', \quad x_h = x_h' \qquad (h=1, 3, 4, \ldots n),$$

$$x_1 = -x_r', \quad x_r = x_1', \quad x_h = x_h' \qquad (h>1, h \gtrless r; r=3, 4, \ldots n-1)$$

übrig, und diesen genügt offenbar jede Invariante desjenigen Formensystems, welches aus dem der Betrachtung zu Grunde gelegten hervorgeht, wenn man darin $x_n = 0$ setzt.

Auch die Unveränderlichkeit bei allen n Transformationen (M′) bildet daher ein nothwendiges Erforderniss für die Invarianten des Formensystems.

Um endlich dasselbe für die $2n-2$ Transformationen (N′) zu zeigen, genügt es offenbar nachzuweisen, dass für irgend einen Werth des Index r, z. B. für $r=n$, weder die Transformation:

$$x_1 = x_1' + tx_n', \quad x_h = x_h' \qquad (h=2, 3, \ldots n)$$

noch die Transformation:

$$x_n = tx_1' + x_n', \quad x_h = x_h \qquad (h=1, 2, \ldots n-1)$$

ausser Acht gelassen werden darf.

Sieht man zuvörderst von der ersteren Transformation ab, so bleiben nur die Bedingungen der Unveränderlichkeit bei den $2n-4$ Transformationen:

$$\text{(R)} \qquad \begin{aligned} x_1 &= x_1' + tx_r', \quad x_h = x_h' && (h>1) \\ x_r &= tx_1' + x_r', \quad x_h = x_h' && (h \gtrless r) \end{aligned}$$

für $r = 2, 3, \ldots n-1$ und bei der Transformation:

$$x_n = tx_1' + x_n', \quad x_h = x_h' \qquad (h=1, 2, \ldots n-1).$$

Bei allen diesen $2n-3$ Transformationen bleiben die Coefficienten derjenigen Glieder der Formen, welche x_n allein enthalten, d. h. also die Coefficienten:

$$C_{0,\,0,\,\ldots\,0,\,p_n}$$

ungeändert, und jeder dieser Coefficienten genügt daher den angegebenen Bedingungen.

Sieht man ferner von der letzteren Transformation ab, so bleiben nur die Bedingungen der Unveränderlichkeit bei den $2n-4$ Transformationen (R) für $r=2,\,3,\,\ldots\,n-1$ und bei der Transformation:

$$x_1 = x_1' + tx_n',\quad x_h = x_h' \qquad (h=2,\,3,\,\ldots\,n).$$

Bei dieser letzteren Transformation bleiben die Coefficienten derjenigen Glieder der Formen, welche x_n nicht enthalten, d. h. also die Coefficienten:

$$C_{p_1,\,p_2,\,\ldots\,p_{n-1},\,0}$$

ungeändert, und eine Function dieser Coefficienten genügt offenbar den Bedingungen der Unveränderlichkeit bei den Transformationen (R), sobald sie eine Invariante desjenigen Formensystems ist, welches aus dem ursprünglichen entsteht, wenn man darin $x_n=0$ setzt.

§ 13.

Zur Charakterisirung *rationaler* Functionen der Coefficienten:

$$C^{(q)}_{p_1,\,p_2,\,\ldots\,p_n} \qquad \begin{pmatrix} p_1,\,p_2,\,\ldots\,p_n=0,\,1,\,2,\,\ldots; \\ p_1+p_2+\ldots+p_n=\nu_q; \\ q=1,\,2,\,3,\,\ldots \end{pmatrix}$$

eines Systems homogener Formen der Dimensionen $\nu_1,\ \nu_2,\ \nu_3,\ \ldots$:

$$\sum_{p_1, p_2, \dots p_n} C^{(q)}_{p_1, p_2, \dots p_n} x_1^{p_1} x_2^{p_2} \dots x_n^{p_n} \qquad \begin{pmatrix} p_1, p_2, \dots p_n = 0, 1, 2, \dots; \\ p_1 + p_2 + \dots + p_n = \nu_q; \\ q = 1, 2, 3, \dots \end{pmatrix}$$

als dessen Invarianten bedarf es nur der Bedingung der Unveränderlichkeit bei den Transformationen:

$$(\mathrm{L}'') \qquad \begin{aligned} & x_1 = x_1' + x_2', \quad x_h = x_h' && (h = 2, 3, \dots n), \\ & x_1 = -x_r', \quad x_r = x_1, \quad x_h = x_h' && \begin{pmatrix} h = 2, 3, \dots r-1, r+1, \dots n; \\ r = 2, 3, \dots n \end{pmatrix}. \end{aligned}$$

Um dies zu zeigen, bemerke ich zuvörderst, dass die Reihe der Transformationen:

$$\begin{aligned} & x_1 = x_1' + x_2', \quad x_2 = x_2', \quad x_h = x_h' \\ & x_1' = -x_2'', \quad x_2' = x_1'', \quad x_h' = x_h'' && (h = 3, 4, \dots n) \\ & x_1'' = x_1''' + x_2''', \quad x_2'' = x_2''', \quad x_h'' = x_h''' \end{aligned}$$

zu folgender führt:

$$x_1 = x_1''', \quad x_2 = x_1''' + x_2''', \quad x_h = x_h''' \qquad (h = 3, 4, \dots n),$$

welche daher den Transformationen (L″) hinzugefügt werden kann. Wenn ferner sowohl diese Transformation als auch die erste der Transformationen (L″) μ mal angewendet wird, so entstehen die Transformationen:

$$(\mathrm{L}''') \qquad \begin{aligned} & x_1 = x_1' + \mu x_2', \quad x_2 = x_2', \quad x_h = x_h' \\ & x_2 = \mu x_1' + x_2', \quad x_1 = x_1', \quad x_h = x_h' \end{aligned} \qquad (h = 3, 4, \dots n),$$

bei denen also die Invarianten ungeändert bleiben müssen. In den auf diese Weise transformirten Formen sind die Coefficienten ganze Functionen von μ, und eine rationale Function derselben kann also nur dann für alle ganzzahligen Werthe von μ einen und denselben Werth haben, wenn sie von μ unabhängig ist. Jede bei den Transformationen (L″) ungeändert bleibende *rationale* Function der Coefficienten der Formen behält demnach auch dann ihren Werth bei, wenn anstatt μ eine unbestimmte Variable t genommen und eine der n Transformationen:

$$x_1 = x_1' + tx_2', \quad x_2 = x_2', \quad x_h = x_h' \qquad (h=3, 4, \ldots n),$$

$$\begin{array}{l} x_2 = tx_1' + x_2', \quad x_1 = x_1', \quad x_h = x_h' \\ x_1 = -x_r', \quad x_r = x_1', \quad x_h = x_h' \end{array} \qquad \binom{h > 1,\ h \gtrless r;}{r=3, 4, \ldots n}$$

angewendet wird. Dies sind aber genau die im § 10 mit (M′) bezeichneten n Transformationen, und es ist a. a. O. gezeigt worden, dass die Bedingung der Unveränderlichkeit bei diesen n Transformationen zur Charakterisirung der Invarianten eines Systems homogener Formen von $x_1, x_2, \ldots x_n$ vollständig genügt.

Aus der vorstehenden Auseinandersetzung folgt zugleich, dass sowohl die Unveränderlichkeit bei den n Transformationen:

$$\text{(M}''\text{)} \qquad \begin{array}{ll} x_1 = x_1' + x_2', \quad x_2 = x_2', \quad x_h = x_h' & (h=3, 4, \ldots n), \\ x_2 = x_1' + x_2', \quad x_1 = x_1', \quad x_h = x_h' & \\ x_1 = -x_r', \quad x_r = x_1', \quad x_h = x_h' & \binom{h > 1,\ h \lessgtr r;}{r=3, 4, \ldots n} \end{array}$$

als auch die Unveränderlichkeit bei den $2n-2$ Transformationen:

$$\text{(N}''\text{)} \qquad \begin{array}{l} x_1 = x_1' + x_r', \quad x_r = x_r', \quad x_h = x_h' \\ x_r = x_1' + x_r', \quad x_1 = x_1', \quad x_h = x_h' \end{array} \qquad \binom{h > 1,\ h \gtrless r;}{r=2, 3, \ldots n}$$

zur Charakterisirung *rationaler* Invarianten ausreicht. Denn die μ mal wiederholte Anwendung solcher Transformationen führt zu den folgenden:

$$\begin{array}{l} x_1 = x_1' + \mu x_r', \quad x_r = x_r', \quad x_h = x_h' \\ x_r = \mu x_1' + x_r', \quad x_1 = x_1', \quad x_h = x_h' \end{array} \qquad (h > 1,\ h \gtrless r;\ r=2, 3, \ldots n),$$

und eine *rationale* Function der Coefficienten ist, wie oben näher dargelegt worden, nur dann bei solchen Transformationen invariant, wenn sie zugleich — für unbestimmte Variable t — bei den Transformationen:

$$x_1 = x_1' + tx_r', \quad x_r = x_r', \quad x_h = x_h'$$
$$x_r = tx_1' + x_r', \quad x_1 = x_1', \quad x_h = x_h' \qquad (h > 1,\ h \gtrless r;\ r = 2, 3, \ldots n)$$

ihren Werth beibehält. Die nach § 10 zur Charakterisirung der Invarianten ausreichende Unveränderlichkeit einer Function der Coefficienten der Formen bei den Transformationen (M′) oder (N′) ist also eine nothwendige Folge der Unveränderlichkeit bei den Transformationen (M″) oder (N″), sobald noch die Bedingung der Rationalität hinzutritt.

Man kann dieses Resultat auch dahin formuliren,

> dass für *rationale* Invarianten die Bedingung der Unveränderlichkeit bei denjenigen Transformationen genügt, welche aus den Transformationen (L′), (M′), (N′) entstehen, wenn man darin $t = 1$ setzt.

Die Transformationen (L′) reduciren sich, da die letzte derselben für $t = 1$ wegfällt, genau auf diejenigen, aus denen sich, wie ich schon in meiner Mittheilung vom 15. October 1866*) angegeben habe, jede Transformation mit ganzzahligen Substitutionscoefficienten, deren Determinante gleich Eins ist, zusammensetzen lässt. Die successive Anwendung der dabei auftretenden $n-1$ Transformationen:

$$x_1 = -x_r', \quad x_r = x_1', \quad x_h = x_h' \qquad \begin{pmatrix} h = 2, 3, \ldots r-1, r+1, \ldots n; \\ r = 2, 3, \ldots n \end{pmatrix}$$

führt zu allen Permutationen der Variabeln $x_1, x_2, \ldots x_n$, verbunden mit gewissen Zeichenänderungen. Da man andererseits mit Hülfe von je zwei Substitutionen — falls sie nicht so besonders ausgewählt sind, dass sie zu einer „besonderen“ Gruppe gehören**) — durch deren wiederholte Anwendung zu jeder Permutation gelangt, so kann man jene $n-1$ Transformationen auf die mannigfachste Weise durch *zwei* Transformationen ersetzen. Ich habe dies aber in meiner Mittheilung vom 15. October 1866 und auch in dieser

---

*) Monatsberichte der Akademie vom October 1866.[1])

**) d. h. zu einer Gruppe, welche nicht alle $n!$ Substitutionen enthält.

[1]) Ueber bilineare Formen; Bd. I S. 143—162 dieser Ausgabe von *L. Kronecker*'s Werken. H.

Arbeit deshalb nicht gethan, weil es bei der Decomposition beliebiger Systeme von n^2 Grössen in gewisse einfache nicht auf die Anzahl der Arten von Decomponenten-Systemen, sondern lediglich auf deren Beschaffenheit ankommt. Diesen Gesichtspunkt habe ich schon in meiner erwähnten früheren Mittheilung dadurch hervorgehoben, dass ich die dort benutzten einfachen Decomponenten-Systeme als „elementare" bezeichnet habe. Dass eben dieser Gesichtspunkt bei der Auswahl der Decomponenten-Systeme maassgebend sein muss, zeigt sich auch ganz deutlich bei den Anwendungen, welche ich von der Decomposition in meinem vorhergehenden Aufsatz „über symmetrische Systeme" und in der vorliegenden Arbeit gemacht habe. So müssen die $n+1$ einfachen Systeme (L) des § 6 durch die $2n-2$ Systeme (N) des § 7 ersetzt werden, wenn man die Decomposition der Systeme zum unmittelbaren Nachweis des stetigen Zusammenhangs derjenigen, deren Determinante dasselbe Vorzeichen hat, benutzen will. So ist ferner dieselbe Art der Decomposition zur Herleitung der partiellen Differentialgleichungen erforderlich, welchen die Invarianten von Formensystemen genügen.

Wenn nun auch, wie sich an den angeführten Beispielen zeigt, die Wahl der „einfachen" Systeme, aus denen jedes System zusammenzusetzen ist, durch die specielle Anwendung, welche davon zu machen ist, bedingt sein kann, so gilt doch stets für die „Einfachheit" der Decomponenten-Systeme das Princip, dass jede einzelne, durch das einfache Substitutionssystem bewirkte Transformation sich auf möglichst wenig Variabeln zu erstrecken hat. Diesem Principe gemäss sind alle Decomponenten-Systeme in den obigen Entwickelungen so gewählt worden, dass die bezüglichen Transformationen sich nur auf zwei Variabeln erstrecken, und es ist klar, dass bei Festhaltung dieses Princips die Anzahl der Decomponenten-Systeme nicht kleiner als die der Variabeln sein kann. Die Anzahl der nach dem angegebenen Princip in meiner Mittheilung vom 15. October 1866 aufgestellten „*elementaren*" Systeme lässt sich also nicht verringern; dass sie aber auf 3 reducirt werden kann, wenn man — wie es Hr. *Krazer**) gethan hat — von

*) Ueber die Zusammensetzung ganzzahliger linearer Substitutionen von der Determinante Eins aus einer geringsten Anzahl fundamentaler Substitutionen. (Annali di matematica pura ed applicata, Ser. II. Tomo XII.)

dem bei meiner Aufstellung der elementaren Systeme leitenden Princip absieht, ist selbstverständlich, da sich, wie schon oben erwähnt worden, aus je zwei nicht zu einer besonderen Gruppe gehörigen Substitutionen alle zusammensetzen lassen.*) Die von Hrn. *Krazer* gewählten Transformationen sind:

$$x_1 = x_1' + x_2', \quad x_h = x_h' \qquad (h=2, 3, \ldots n),$$

$$x_1 = -x_2', \quad x_2 = x_1', \quad x_h = x_h' \qquad (h=3, 4, \ldots n),$$

$$x_1 = (-1)^{n-1} x_n', \quad x_2 = x_1', \quad x_3 = x_2', \quad \cdots \quad x_n = x_{n-1}';$$

diese letzte Transformation erstreckt sich, im Gegensatz zu dem erwähnten Princip, auf *alle* Variabeln und muss also, bei Festhaltung des Princips, in $n-1$ Transformationen, welche sich nur auf je zwei Variabeln erstrecken, zerlegt werden.

§ 14.

Die im § 10 bei (N′) angegebenen und im § 12 als nothwendig erwiesenen Bedingungen, dass bei jeder von den Transformationen:

$$(\mathrm{N}') \qquad \begin{aligned} x_1 &= x_1' + t x_r', \quad x_h = x_h' & (h>1), \\ x_r &= t x_1' + x_r', \quad x_h = x_h' & (h \gtrless r), \end{aligned}$$

welche den Indices $r = 2, 3, \ldots n$ entsprechen, die Invarianten ihren Werth behalten sollen, können auch dahin formulirt werden,

> dass die Invarianten, als Functionen der Coefficienten derjenigen Formen, welche bei einer von jenen $2n-2$ Transformationen (N′) entstehen, für jeden Werth von t denselben Werth haben müssen, wie für $t=0$, d. h. also, dass sie von t unabhängig sein müssen.

---

*) Im § 69 von Hrn. *Netto's* Substitutionentheorie wird mit Recht hervorgehoben, dass zwei beliebig gewählte Substitutionen in der Regel nicht zu einer anderen als der symmetrischen Gruppe gehören.

Wird nun, wie im vorigen Paragraphen, das System homogener Formen der Dimensionen $\nu_1, \nu_2, \nu_3, \ldots$:

$$\text{(S)} \qquad \sum_{p_1, p_2, \ldots p_n} C^{(q)}_{p_1, p_2, \ldots p_n} x_1^{p_1} x_2^{p_2} \ldots x_n^{p_n} \qquad \begin{pmatrix} p_1, p_2, \ldots p_n = 0, 1, 2, \ldots; \\ p_1 + p_2 + \ldots + p_n = \nu_q; \\ q = 1, 2, 3, \ldots \end{pmatrix}$$

zu Grunde gelegt, und bezeichnet man diese Formen mit:

$$F^{(q)}(x_1, x_2, \ldots x_n) \qquad (q = 1, 2, 3, \ldots),$$

so ist:

$$C^{(q)}_{p_1, p_2, \ldots p_n} = \frac{1}{p_1!\, p_2! \ldots p_n!} \frac{\partial^{(\nu_q)} F^{(q)}(x_1, x_2, \ldots x_n)}{dx_1^{p_1}\, dx_2^{p_2} \ldots dx_n^{p_n}} \qquad \begin{pmatrix} p_1, p_2, \ldots p_n = 0, 1, 2, \ldots; \\ p_1 + p_2 + \ldots + p_n = \nu_q; \\ q = 1, 2, 3, \ldots \end{pmatrix}.$$

Eine Function der Coefficienten $C^{(q)}_{p_1, p_2, \ldots p_n}$:

$$\text{Inv.}\left(\ldots C^{(q)}_{p_1, p_2, \ldots p_n}, \ldots\right)$$

wird demnach als Invariante des Formensystems (S) vollständig durch die Bedingung charakterisirt, dass jede der $2n - 2$ Functionen:

$$\text{(T)} \qquad \begin{gathered} \text{Inv.}\left(\ldots \frac{\partial^{(\nu_q)} F^{(q)}(x_1 + t x_r, x_2, \ldots x_n)}{p_1!\, p_2! \ldots p_n!\, dx_1^{p_1}\, dx_2^{p_2} \ldots dx_n^{p_n}}, \ldots\right) \\ \text{Inv.}\left(\ldots \frac{\partial^{(\nu_q)} F^{(q)}(x_1, x_2, \ldots x_{r-1}, t x_1 + x_r, x_{r+1}, \ldots x_n)}{p_1!\, p_2! \ldots p_n!\, dx_1^{p_1}\, dx_2^{p_2} \ldots dx_n^{p_n}}, \ldots\right) \\ (r = 2, 3, \ldots n) \end{gathered}$$

von t unabhängig sein muss. Differentiirt man also diese $2n - 2$ Functionen nach t und setzt das Resultat gleich Null, so sind die so entstehenden $2n - 2$ Differentialrelationen charakteristisch für die Invarianteneigenschaft der Function:

$$\text{Inv.}\left(\ldots C^{(q)}_{p_1, p_2, \ldots p_n}, \ldots\right).$$

Bei der Aufstellung der bezeichneten Differentialrelationen ist von folgender Formel Gebrauch zu machen:

(U)
$$\frac{\partial^{(\lambda)} F^{(q)}(x_1+tx_2,\, x_2,\, \dots x_n)}{dt\, dx_1^{h_1}\, dx_2^{h_2}\, dx_3^{h_3} \dots dx_n^{h_n}}$$
$$= h_2 \cdot \frac{\partial^{(\lambda-1)} F^{(q)}(x_1+tx_2,\, x_2,\, \dots,\, x_n)}{dx_1^{h_1+1}\, dx_2^{h_2-1}\, dx_3^{h_3} \dots dx_n^{h_n}} + x_2 \cdot \frac{\partial^{(\lambda)} F^{(q)}(x_1+tx_2,\, x_2,\, \dots x_n)}{dx_1^{h_1+1}\, dx_2^{h_2} \dots dx_n^{h_n}}$$
$$(h_1, h_2, \dots h_n = 0, 1, 2, \dots;\ h_1+h_2+\dots+h_n+1=\lambda).$$

Diese Formel gilt offenbar für $h_2=0$, und wenn ihre Gültigkeit für irgend einen der Werthe $h_2=0, 1, 2, \dots$ vorausgesetzt wird, so zeigt die Differentiation nach x_2, dass sie auch für den um Eins grösseren Werth von h_2 gültig bleibt.

Nimmt man in der Formel (U) die Zahl λ gleich ν_q+1, so wird das zweite Glied auf der rechten Seite gleich Null, und es kommt:

(U′)
$$\frac{\partial^{(\nu_q+1)} F^{(q)}(x_1+tx_2,\, x_2,\, \dots x_n)}{dt\, dx_1^{p_1}\, dx_2^{p_2}\, dx_3^{p_3} \dots dx_n^{p_n}} = p_2 \cdot \frac{\partial^{(\nu_q)} F^{(q)}(x_1+tx_2,\, x_2,\, \dots x_n)}{dx_1^{p_1+1}\, dx_2^{p_2-1}\, dx_3^{p_3} \dots dx_n^{p_n}}.$$

Nun ist das Resultat der Differentiation von:

(T_1)
$$\text{Inv.}\left(\dots \frac{\partial^{(\nu_q)} F^{(q)}(x_1+tx_2,\, x_2,\, \dots x_n)}{p_1!\, p_2! \dots p_n!\, dx_1^{p_1}\, dx_2^{p_2} \dots dx_n^{p_n}},\ \dots\right)$$

nach t ein Aggregat von Producten je zweier Factoren, deren einer die partielle Ableitung der mit (T_1) bezeichneten Function nach je einem ihrer Argumente:

$$\frac{\partial^{(\nu_q)} F^{(q)}(x_1+tx_2,\, x_2,\, \dots x_n)}{p_1!\, p_2! \dots p_n!\, dx_1^{p_1}\, dx_2^{p_2} \dots dx_n^{p_n}}$$

ist, während der andere Factor durch die nach t genommene Ableitung dieses Arguments oder also, vermöge der Formel (U′) durch:

$$(p_1 + 1) \cdot \frac{\partial^{(\nu_q)} F^{(q)}(x_1 + tx_2, x_2, \ldots x_n)}{(p_1 + 1)!\,(p_2 - 1)!\,p_3!\,\ldots\,p_n!\,dx_1^{p_1+1}\,dx_2^{p_2-1}\,dx_3^{p_3}\,\ldots\,dx_n^{p_n}}$$

gebildet wird. Das Resultat der Differentiation lässt sich also in folgender Weise darstellen:

$$\sum_{p_1, p_2, \ldots p_n, q} (p_1 + 1)\, \overline{C}^{(q)}_{p_1+1,\, p_2-1,\, p_3, \ldots p_n} \frac{\partial \operatorname{Inv.}\left(\ldots \overline{C}^{(q)}_{p_1, p_2, \ldots p_n}, \ldots\right)}{\partial \overline{C}^{(q)}_{p_1, p_2, \ldots p_n}}$$

$$(p_1, p_3, \ldots p_n = 0, 1, 2, \ldots;\ p_2 = 1, 2, \ldots;\ p_1 + p_2 + \cdots + p_n = \nu_q;\ q = 1, 2, 3, \ldots),$$

wenn man unter den Coefficienten $\overline{C}$ diejenigen versteht, welche durch die Gleichungen:

$$F^{(q)}(x_1 + tx_2, x_2, \ldots x_n) = \sum_{p_1, p_2, \ldots p_n} \overline{C}^{(q)}_{p_1, p_2, \ldots p_n} x_1^{p_1} x_2^{p_2}, \ldots x_n^{p_n}$$

$$(p_1, p_2, \ldots p_n = 0, 1, 2, \ldots;\ p_1 + p_2 + \cdots + p_n = \nu_q;\ q = 1, 2, 3, \ldots)$$

definirt werden. Die Bedingung dafür, dass die mit (T_1) bezeichnete Function von t unabhängig sei, wird hiernach durch die partielle Differentialgleichung:

$$(\mathrm{U}'') \qquad \sum_{p_1, p_2, \ldots p_n, q} (p_1 + 1)\, \overline{C}^{(q)}_{p_1+1,\, p_2-1,\, p_3, \ldots p_n} \frac{\partial \operatorname{Inv.}\left(\ldots \overline{C}^{(q)}_{p_1, p_2, \ldots p_n}, \ldots\right)}{\partial \overline{C}^{(q)}_{p_1, p_2, \ldots p_n}} = 0,$$

$$(p_1, p_3, \ldots p_n = 0, 1, 2, \ldots;\ p_2 = 1, 2, \ldots;\ p_1 + p_2 + \cdots + p_n = \nu_q;\ q = 1, 2, 3, \ldots)$$

ausgedrückt, und diese ist vollkommen gleichbedeutend mit derjenigen, welche man erhält, wenn man darin für die Coefficienten $\overline{C}^{(q)}$ der Formen:

$$F^{(q)}(x_1 + tx_2, x_2, \ldots x_n)$$

die Coefficienten $C^{(q)}$ der Formen $F^{(q)}(x_1, x_2, \ldots x_n)$ einsetzt.

Gemäss der vorstehenden Entwickelung lässt sich jene für die Invarianteneigenschaft der Function:

$$\text{Inv.}\left(\ldots C^{(q)}_{p_1,\,p_2,\ldots p_n},\,\ldots\right)$$

charakteristische Bedingung, dass jede der $2n-2$ Functionen (T) von t unabhängig sein muss, vollständig durch ein System von $2n-2$ partiellen Differentialgleichungen ausdrücken, welche aus (U″) hervorgehen, indem erst:

$$p_r \qquad\qquad (r=2,\,3,\ldots n)$$

an Stelle von p_2 gesetzt und alsdann in jeder von den so entstehenden $n-1$ Differentialgleichungen p_1 mit p_r vertauscht wird. Die auf die angegebene Weise zu bildenden Gleichungen können in folgender Weise dargestellt werden:

$$\text{(V)}\quad \sum_{p_1,\,p_2,\ldots p_n,\,q}\left((1+\varepsilon)p_1+(1-\varepsilon)p_r+2\right)C^{(q)}_{p_1+\varepsilon,\ldots p_{r-1},\,p_r-\varepsilon,\,p_{r+1},\ldots p_n}\,\frac{\partial\,\text{Inv.}\left(\ldots C^{(q)}_{p_1,\,p_2,\ldots p_n},\ldots\right)}{\partial\, C^{(q)}_{p_1,\,p_2,\ldots p_n}}=0.$$

Hierin ist sowohl $\varepsilon=+1$ als auch $\varepsilon=-1$ zu setzen, und für r sind die Zahlen $2, 3, \ldots n$ zu nehmen, so dass die Formel (V) genau $2n-2$ partielle Differentialgleichungen repräsentirt. Die Summation ist auf alle diejenigen Werthe:

$$p_1,\ p_2,\ \ldots p_n=0,\ 1,\ 2,\ \ldots$$

zu erstrecken, für welche zugleich:

$$p_1+\varepsilon\geqq 0,\quad p_r-\varepsilon\geqq 0,\quad p_1+p_2+\cdots+p_n=\nu_q$$

ist, und überdies auf die Werthe $q=1,\,2,\,3,\,\ldots$, welche den verschiedenen Formen des betrachteten Systems:

$$F^{(q)}(x_1,\ x_2,\ \ldots\ x_n)$$

entsprechen.

§ 15.

Für *absolute* Invarianten:

$$\text{abs. Inv.}\left(\ldots C^{(q)}_{p_1, p_2, \ldots p_n}, \ldots\right)$$

tritt noch gemäss § 8 (O) die Bedingung hinzu, dass sie bei der Transformation:

$$x_1 = \varDelta x_1', \quad x_h = x_h' \qquad (h=2, 3, \ldots n)$$

ihren Werth behalten sollen. Hierfür ist nothwendig und hinreichend, dass der Werth der Function:

$$\text{abs. Inv.}\left(\ldots \varDelta^{p_1} C^{(q)}_{p_1, p_2, \ldots p_n}, \ldots\right)$$

von $\varDelta$ unabhängig, also ihr nach $\varDelta$ genommener Differentialquotient gleich Null sei. Diese Bedingung lässt sich, wenn man:

$$\varDelta^{p_1} C^{(q)}_{p_1, p_2, \ldots p_n} = \overline{C}^{(q)}_{p_1, p_2, \ldots p_n}$$

setzt, durch die partielle Differentialgleichung:

$$\sum_{p_1, p_2, \ldots p_n, q} p_1 \overline{C}^{(q)}_{p_1, p_2, \ldots p_n} \frac{\partial \,\text{abs. Inv.}\left(\ldots \overline{C}^{(q)}_{p_1, p_2, \ldots p_n}, \ldots\right)}{\partial \overline{C}^{(q)}_{p_1, p_2, \ldots p_n}} = 0$$

darstellen, in welcher aber auch — wie oben — die Coefficienten $\overline{C}^{(q)}$ der Formen:

$$F^{(q)}(\varDelta x_1, x_2, \ldots x_n)$$

durch die Coefficienten $C^{(q)}$ der Formen $F^{(q)}(x_1, x_2, \ldots x_n)$ ersetzt werden können. Für *absolute* Invarianten ist demnach den $2n-2$ partiellen Differentialgleichungen (V) noch die folgende:

$$(\mathrm{V}') \qquad \sum_{p_1, p_2, \ldots p_n, q} p_1 C^{(q)}_{p_1, p_2, \ldots p_n} \frac{\partial \text{ abs. Inv.}\left(\ldots C^{(q)}_{p_1, p_2, \ldots p_n}, \ldots\right)}{\partial C^{(q)}_{p_1, p_2, \ldots p_n}} = 0$$

$$(p_1, p_2, \ldots p_n = 0, 1, 2, \ldots; \; p_1 + p_2 + \cdots + p_n = \nu_q; \; q = 1, 2, 3, \ldots)$$

hinzuzufügen, welche ausdrückt, dass die Dimension der durch

$$\text{abs. Inv.}\left(\ldots C^{(q)}_{p_1, p_2, \ldots p_n}, \ldots\right)$$

bezeichneten Function der Coefficienten $C^{(q)}_{p_1, p_2, \ldots p_n}$ gleich Null sein muss, wenn man die Dimension jedes dieser Coefficienten gleich dem ersten Index p_1 annimmt.

Das für absolute Invarianten charakteristische System der $2n-1$ partiellen Differentialgleichungen (V), (V′), welches, wie wohl hervorgehoben zu werden verdient, hier ohne Anwendung irgend welcher Symbolik erlangt worden ist, ersetzt vollständig jenes System der n^2 partiellen Differentialgleichungen, welches *Aronhold* in seiner Abhandlung*) „Ueber eine fundamentale Begründung der Invariantentheorie" hergeleitet hat. Es zeichnet sich vor dem citirten System aber nicht nur durch die wesentlich geringere Anzahl der Gleichungen, sondern auch dadurch aus, dass jede einzelne Gleichung für sich eine Bedeutung hat, indem sie die Eigenschaft der Invariante ausdrückt, bei einer bestimmten „einfachen" Transformation des Formensystems ihren Werth beizubehalten. Auch giebt die hiermit erfolgte Reduction jenes Systems von n^2 partiellen Differentialgleichungen auf ein solches, welches aus nur $2n-1$ Differentialgleichungen besteht, vollständigen Aufschluss über die zwischen den n^2 Gleichungen bestehenden Beziehungen, durch welche die a. a. O. von *Aronhold* als bemerkenswerth hervorgehobene Coexistenz derselben bedingt ist. Endlich ist noch darauf aufmerksam zu machen, dass — wie aus § 12 hervorgeht — bei der Charakterisirung der Invarianten keine einzige der $2n-2$ partiellen Differentialgleichungen (V), und, falls es sich um *absolute* Invarianten handelt, auch nicht die Differentialgleichung (V′), entbehrt werden kann.

---

*) *Crelle's* Journal für Mathematik Bd. 62, S. 293 und 309.

§ 16.

Im § 14 bildete es einen wesentlichen Punkt in der Herleitung der partiellen Differentialgleichungen (V), dass die Differentiation der Functionen (T) nach t zu Ausdrücken führte, in welchen nur die Coefficienten $\overline{C}^{(q)}$ vorkommen. Der Nachweis hierfür wurde mittels der Formel (U) erbracht. Der bezeichnete Umstand wird aber ohne Weiteres evident, wenn man die Invarianten nicht als Functionen der Coefficienten $C^{(q)}_{p_1, p_2, \ldots p_n}$ der Formen:

$$F^{(q)}(x_1, x_2, \ldots x_n),$$

sondern als Functionen einer Anzahl von Ausdrücken:

$$F^{(q)}(u_{1k}, u_{2k}, \ldots u_{nk}) \qquad (k=1, 2, 3, \ldots \mu_q;\ q=1, 2, 3, \ldots)$$

betrachtet, in denen $u_{1k}, u_{2k}, \ldots u_{nk}$ unbestimmte Variabeln bedeuten. Die Zahl μ_q ist dabei gleich der Anzahl der Coefficienten $C^{(q)}_{p_1, p_2, \ldots p_n}$ zu wählen und die Ausdrücke $F^{(q)}(u_{1k}, u_{2k}, \ldots u_{nk})$ sind dann offenbar lineare homogene Functionen der Coefficienten $C^{(q)}_{p_1, p_2, \ldots p_n}$.

Soll nun:

$$\text{Inv.}\left(\ldots F^{(q)}(u_{1k}, u_{2k}, \ldots u_{nk}), \ldots\right)$$

eine Invariante des Formensystems $F^{(q)}(x_1, x_2, \ldots x_n)$ sein, so muss z. B.:

$$\text{Inv.}\left(\ldots F^{(q)}(u_{1k} + tu_{2k}, u_{2k}, \ldots u_{nk}), \ldots\right)$$

von t unabhängig, also der nach t genommene Differentialquotient gleich Null sein. Wenn man daher zur Abkürzung die nach dem Argument:

$$F^{(q)}(u_{1k}, u_{2k}, \ldots u_{nk})$$

genommene partielle Ableitung der Function Inv. mit:

$$\mathrm{Inv.}_{k,\,q}$$

:eichnet und:

$$\frac{\partial F^{(q)}(u_{1k},\, u_{2k},\, \ldots\, u_{nk})}{\partial u_{1k}} = F_1^{(q)}(u_{1k},\; u_{2k},\; \ldots\; u_{nk})$$

zt, so kommt:

$$\sum_{k,\,q} u_{2k} F_1^{(q)}(u_{1k} + tu_{2k},\, u_{2k}, \ldots u_{nk})\, \mathrm{Inv.}_{k,\,q}\left(\ldots F^{(q)}(u_{1k} + tu_{2k},\, u_{2k}, \ldots u_{nk}), \ldots\right) = 0$$

$$(k = 1, 2, 3, \ldots \mu_q;\; q = 1, 2, 3, \ldots).$$

setzt man endlich in dieser Gleichung $u_{1k} + tu_{2k}$ durch u_{1k}, so resultirt die
:tielle Differentialgleichung:

$$\sum_{k,\,q} u_{2k} F_1^{(q)}(u_{1k},\; u_{2k},\; \ldots\; u_{nk})\; \mathrm{Inv.}_{k,\,q}\left(\ldots\; F^{(q)}(u_{1k},\; u_{2k},\; \ldots\; u_{nk}),\; \ldots\right) = 0,$$

lche die angekündigte Form hat, da die Coefficienten:

$$F_1^{(q)}(u_{1k},\;\; u_{2k},\; \ldots\; u_{nk})$$

: partiellen Ableitungen der Invariante offenbar lineare homogene Func-
nen der Coefficienten $C^{(q)}_{p_1,\, p_2,\, \ldots\, p_n}$ oder auch der an deren Stelle eingeführten
sdrücke:

$$F^{(q)}(u_{1k},\;\; u_{2k},\; \ldots\; u_{nk})$$

d.

§ 17.

Eine Function der n^2 Coefficienten eines Systems von n *linearen*
rmen:

$$\sum_k C_{ik} x_k \qquad (i, k = 1, 2, \ldots n)$$

kann nur dann eine Invariante sein, wenn sie eine Function der Determinante:

$$|C_{ik}| \qquad (i, k = 1, 2, \ldots n)$$

ist, und eine solche ist daher gemäss § 10 (L′) dadurch charakterisirt, dass sie ungeändert bleibt,

> erstens, wenn $C_{i1} + C_{i2}$ an die Stelle von C_{i2} gesetzt wird,
> zweitens, wenn C_{ir} für C_{i1} und zugleich $-C_{i1}$ für C_{ir} gesetzt wird,
> drittens, wenn tC_{i1} für C_{i1} und zugleich $\frac{1}{t} C_{i2}$ für C_{i2} gesetzt wird.

Denkt man sich in der üblichen Weise die Coefficienten C_{ik} in n Verticalreihen von je n Gliedern so geordnet, dass diejenigen, welche denselben zweiten Index haben, derselben Verticalreihe angehören, so kann man das angegebene Resultat *so* formuliren:

> Eine Function der n^2 Grössen C_{ik}, welche ungeändert bleibt, wenn die erste Verticalreihe zur zweiten addirt wird, ferner auch wenn für die erste Verticalreihe irgend eine der folgenden und zugleich für diese die negativ genommene erste Verticalreihe gesetzt wird, endlich auch wenn die erste Verticalreihe mit t multiplicirt und zugleich die zweite durch t dividirt wird, kann nur eine Function der Determinante sein.

Ebenso folgt aus § 10 (N′),

> dass eine Function der n^2 Grössen C_{ik}, welche ungeändert bleibt, wenn die erste Verticalreihe, mit t multiplicirt, zu irgend einer der folgenden addirt wird, und auch dann, wenn zur ersten Verticalreihe irgend eine der folgenden, mit t multiplicirt, hinzugefügt wird, nothwendig eine Function der Determinante sein muss.

Hiermit völlig gleichbedeutend ist es, dass gemäss § 14 (V) eine Function der n^2 Grössen C_{ik}:

$$\Phi(C_{11}, C_{12}, \ldots C_{nn})$$

durch die $2n-2$ partiellen Differentialgleichungen:

$$\sum_i C_{i1} \frac{\partial \Phi}{\partial C_{ik}} = 0, \quad \sum_i C_{ik} \frac{\partial \Phi}{\partial C_{i1}} = 0, \qquad \begin{pmatrix} i=1, 2, 3, \dots n, \\ k= \quad 2, 3, \dots n \end{pmatrix}$$

als eine Function der Determinante charakterisirt wird.

Für eine *rationale* Function der n^2 Grössen C_{ik} kann nach § 13 ihre Eigenschaft, eine Function der Determinante zu sein, schon daraus erschlossen werden, dass sie sowohl dann, wenn die erste Verticalreihe zur zweiten addirt wird, als auch dann, wenn die erste Verticalreihe nach Aenderung ihres Vorzeichens mit einer der folgenden vertauscht wird, ihren Werth beibehält. Setzt man aber noch die Function als ganz, linear und homogen in den Elementen der ersten Verticalreihe voraus, so kann die erstere von jenen Bedingungen der Unveränderlichkeit, weil sie dann eine Folge der letzteren ist, weggelassen werden. Um dies näher darzulegen, sei eine Function der n^2 Grössen C_{ik}:

$$\Phi(C_{11}, \ C_{12}, \dots C_{nn})$$

als eine ganze, lineare, homogene Function der n Grössen der ersten Verticalreihe definirt, welche bei Vertauschung dieser Verticalreihe mit irgend einer der folgenden den entgegengesetzten Werth annimmt, und welche den Werth Eins erhält, wenn das System C_{ik} das Einheitssystem ist.

Alsdann ist offenbar Φ eine ganze, lineare, homogene Function der Elemente *jeder* Verticalreihe; es wird also:

$$\Phi(C_{i1}, \ C_{i1} + C_{i2}, \ C_{i3}, \cdots C_{in}) \qquad (i=1, 2, \dots n)$$

gleich der Summe:

$$\Phi(C_{i1}, \ C_{i1}, \ C_{i3}, \cdots C_{in}) + \Phi(C_{i1}, \ C_{i2}, \ C_{i3}, \cdots C_{in}) \qquad (i=1, 2, \dots n),$$

und die erstere dieser beiden Functionen, in deren Argumenten die beiden ersten Verticalreihen identisch sind, muss gleich Null sein, weil sie bei Vertauschung der beiden ersten Verticalreihen den entgegengesetzten Werth annehmen soll. Die Function Φ bleibt also in der That ungeändert, wenn die erste Verticalreihe zur zweiten addirt wird; es ist daher

$\Phi(C_{11}, C_{12}, \ldots C_{nn})$ durch jene Bestimmungen als eine Invariante des Formensystems:

$$\sum_k C_{ik} x_k \qquad (i, k = 1, 2, \ldots n)$$

vollkommen charakterisirt,

und zwar als die Determinante selbst.

Dass für die so definirte Function Φ der Productsatz besteht, ist evident. Denn wenn:

$$\sum_i A_{hi} C_{ik} = C'_{hk} \qquad (h, i, k = 1, 2, \ldots n)$$

gesetzt wird, so hat der Quotient:

$$\frac{\Phi(C'_{11}, C'_{12}, \ldots C'_{nn})}{\Phi(A_{11}, A_{12}, \ldots A_{nn})}$$

alle diejenigen Eigenschaften, welche für die Function:

$$\Phi(C_{11}, C_{12}, \ldots C_{nn})$$

als bestimmend angegeben worden sind. Auch wird die Function Φ auf Grund ihrer Definition unmittelbar als n-fache Summe:

$$\text{(W)} \qquad \sum_{i_1, i_2, \ldots i_n} \varepsilon_{i_1, i_2, \ldots i_n} C_{i_1, 1} C_{i_2, 2} \ldots C_{i_n, n} \qquad (i_1, i_2, \ldots i_n = 1, 2, \ldots n)$$

dargestellt, in welcher:

$$\varepsilon_{i_1, i_2, \ldots i_n} = 0$$

ist, wenn zwei der Indices gleiche Werthe haben, ferner aber, wenn die Indices sämmtlich unter einander verschieden sind:

$$\varepsilon_{i_1, i_2, \ldots i_n} = +1, \quad -1,$$

je nachdem die Permutation $i_1, i_2, \ldots i_n$ aus $1, 2, \ldots n$ durch eine gerade oder ungerade Anzahl von Vertauschungen je zweier Indices entsteht.

Das Zeichen $\varepsilon_{i_1, i_2, \ldots i_n}$ kann daher auch durch die Gleichung:

$$\Phi(A_{h, i_1}, A_{h, i_2}, \cdots A_{h, i_n}) = \varepsilon_{i_1, i_2 \ldots i_n} \Phi(A_{h1}, A_{h2}, \cdots A_{hn}) \qquad (h=1, 2, \ldots n)$$

definirt werden, welche in folgender einfachen Weise darzustellen ist:

$$\text{(W}'\text{)} \qquad \underset{(h=1, 2, \ldots n;\ i=i_1, i_2, \ldots i_n)}{|A_{hi}|} = \varepsilon_{i_1, i_2, \ldots i_n} \underset{(h, k=1, 2, \ldots n)}{|A_{hk}|},$$

wenn man von der abgekürzten Determinantenbezeichnung:

$$\underset{(h, k=1, 2, \ldots n)}{|A_{hk}|} = \begin{vmatrix} A_{11}, & A_{12}, & \ldots & A_{1n} \\ A_{21}, & A_{22}, & \ldots & A_{2n} \\ \cdot & & & \\ \cdot & & & \\ \cdot & & & \\ A_{n1}, & A_{n2}, & \ldots & A_{nn} \end{vmatrix}$$

Gebrauch macht, welche ich in meiner Abhandlung „über bilineare Formen“ eingeführt habe.*) Ersetzt man das Zeichen $\varepsilon_{i_1, i_2, \ldots i_n}$ in dem obigen Ausdruck (W) durch den Determinanten-Quotienten, welcher sich dafür aus der Gleichung (W′) ergiebt, so kommt:

$$\text{(X)} \qquad \underset{(h, k=1, 2, \ldots n)}{|A_{hk}| \cdot |C_{hk}|} = \sum_{i_1, i_2, \ldots i_n} \underset{(h=1, 2, \ldots n;\ i=i_1, i_2, \ldots i_n)}{|A_{hi}|} C_{i_1, 1}\, C_{i_2, 2} \cdots C_{i_n, n} \qquad (i_1, i_2, \ldots i_n = 1, 2, \ldots n),$$

*) Monatsbericht vom October 1866.[1])

[1]) Band I S. 143—162 dieser Ausgabe von *L. Kronecker*'s Werken. H.

und es zeigt sich also, dass mit Hülfe *irgend einer* Determinante *jede* als n-fache Summe dargestellt werden kann.

Nimmt man für die Determinante $|A_{hi}|$ diejenige, von welcher *Cauchy* bei seinen bezüglichen Entwickelungen ausgeht, nämlich:

$$|x_i^{h-1}| \qquad (h, i = 1, 2, \ldots n),$$

wo x eine unbestimmte Variable bedeutet, so geht die Gleichung (X) in folgende über:

$$(\mathrm{X}') \qquad |x_k^{h-1}| \cdot |C_{hk}| = \sum_{i_1, i_2, \ldots i_n} |x_i^{h-1}| C_{i_1, 1} C_{i_2, 2}, \ldots C_{i_n, n} \qquad (i_1, i_2, \ldots i_n = 1, 2, \ldots n)$$

$$(h, k = 1, 2, \ldots n) \qquad (h = 1, 2, \ldots n;\ i = i_1, i_2, \ldots i_n),$$

welche offenbar auch *so* dargestellt werden kann:

$$(\mathrm{X}'') \qquad |C_{hk}| \prod_{r,s} (x_s - x_r) = \sum_{i_1, i_2, \ldots i_n} \prod_{r,s} (x_{i_s} - x_{i_r}) \prod_t C_{i_t, t} \qquad (i_1, i_2, \ldots i_n = 1, 2, \ldots n)$$

$$\begin{pmatrix} h, k = 1, 2, \ldots n; \\ r, s = 1, 2, \ldots n;\ r < s \end{pmatrix} \qquad (r, s, t = 1, 2, \ldots n;\ r < s).$$

Die in dieser Gleichung (X″) enthaltene Darstellung einer Determinante als n-fache Summe, in welcher den Grössen $x_1, x_2, \ldots x_n$ beliebige unter einander verschiedene Werthe beigelegt werden können, habe ich zuerst im Wintersemester 1874/1875 und seitdem oftmals in meinen algebraischen Universitätsvorlesungen den determinantentheoretischen Entwickelungen zu Grunde gelegt*), aber bisher noch nicht durch den Druck veröffentlicht. Herr *E Schering* ist seinerseits, von anderen Gesichtspunkten ausgehend, zu einer solchen Darstellung gelangt und hat dieselbe schon im Jahre 1877 in seiner Abhandlung „Analytische Theorie der Determinanten" publicirt.**) Es ist auch dort gezeigt, dass sich die Eigenschaften der Determinanten mit

---

*) Es befanden sich unter meinen Zuhörern im Wintersemester 1874/1875 die Herren *Caspary*, *Gegenbauer*, *Hettner*, *Schoenflies*.

**) Bd. XII der Abhandlungen der Königlichen Gesellschaft der Wissenschaften zu Göttingen.

Leichtigkeit aus einer solchen Darstellung ergeben, aber der allgemeinere Ausdruck (X) der Determinante $|C_{ik}|$ erscheint hierfür noch etwas besser geeignet als der speciellere, welchen Herr *Schering* benutzt.

§ 18.

Ich bemerke schliesslich, dass die eigentliche Quelle der Decomposition von Systemen von n^2 Grössen in jener alten, einfachen Methode der Auflösung linearer Gleichungen zu finden ist, deren man sich bedient hat, bevor man an das Studium der algebraischen Ausdrücke gegangen ist, welche sich bei der literalen Auflösung zeigen, d. h. bevor man die Aufgabe im Sinne der „allgemeinen Arithmetik"*) behandelt und also die Auflösung linearer Gleichungen mit „unbestimmten" Coefficienten entwickelt hat.

In der That werden nach jener Methode n lineare Gleichungen:

$$F_i(x_1, x_2, \ldots x_n) = \sum_i C_{ik} x_k = C_{i0} \qquad (i, k = 1, 2, \ldots n)$$

zuerst durch Combination von je zweien, nämlich durch Bildung von Gleichungen:

$$t_r F_1 + F_r = C_r \qquad (r = 2, 3, \ldots n)$$

so umgeformt, dass die $n-1$ neu gebildeten Gleichungen eine Unbekannte weniger enthalten. Alsdann wird in derselben Weise fortgefahren, bis man zu einem System von n Gleichungen gelangt, von denen eine nur eine einzige Unbekannte, eine zweite höchstens zwei Unbekannte u. s. f. enthält, während in der n^{ten} alle n Unbekannte vorkommen können. Hierauf wird weiter aus der zweiten Gleichung, durch deren Combination mit der ersten, die in dieser

*) Es ist „die arithmetische Theorie ganzer Grössen eines beliebigen natürlichen Rationalitätsbereichs" also die arithmetische Theorie ganzer ganzzahliger Functionen von unbestimmten Variabeln, welche ich in meinem am Schlusse des 100. Bandes des Journals für Mathematik veröffentlichen Aufsatze[1]) mit dem Ausdruck „allgemeine Arithmetik" bezeichnet habe.

[1]) Ein Fundamentalsatz der allgemeinen Arithmetik. Bd. III S. 209—240 dieser Ausgabe von *L. Kronecker*'s Werken. H.

vorkommende einzige Unbekannte entfernt; dann ebenso aus der dritten Gleichung, durch Combination mit der ersten und zweiten, jede der beiden Unbekannten, welche in diesen beiden Gleichungen vorkommen, und indem man so fortfährt, gelangt man schliesslich zu n Gleichungen, von denen jede nur je eine der n Unbekannten $x_1, x_2, \ldots x_n$ enthält. Das ursprüngliche Gleichungssystem, dessen Coefficienten irgend ein System von n^2 Grössen C_{ik} bilden, wird auf diese Weise durch eine Folge von Operationen, bei denen eine Gleichung mit einem Factor multiplicirt und zu einer anderen addirt wird, in ein solches transformirt, dessen Coefficienten nur ein „Diagonalsystem“ bilden, und das dabei angewendete Verfahren kommt im Wesentlichen mit demjenigen überein, welches im § 2 zur Reduction eines beliebigen Systems von n^2 Grössen auf ein Diagonalsystem gedient hat.

Der Nutzen, welchen gemäss den vorstehenden Auseinandersetzungen die Decomposition der Systeme von n^2 Grössen gewährt, ist also eigentlich jener alten Auflösungsweise linearer Gleichungen zu verdanken, und es zeigt sich hierbei — wie in vielen anderen Fällen — dass es auch in der weiteren Entwickelung einer Wissenschaft gar wohl vortheilhaft sein kann, auf die einfacheren, in früheren Stadien gebräuchlichen Methoden zurückzugreifen.

ÜBER ORTHOGONALE SYSTEME.

VON

L. KRONECKER.

Monatsberichte der Königlich Preussischen Akademie der Wissenschaften zu Berlin vom Jahre 1890. S. 525—541, 601—607, 691—699, 873—885, 1063—1080.

ÜBER ORTHOGONALE SYSTEME.

[Gelesen in der Akademie der Wissenschaften am 22. Mai 1890.]

Herr *Lipschitz* hat im art. 3 der ersten Abtheilung seines vorstehend abgedruckten Aufsatzes[1]) das interessante Problem der Aufstellung aller orthogonalen *symmetrischen* Systeme mit Hülfe der Grundsätze, welche in seiner Schrift „Untersuchungen über die Summen von Quadraten[2])“ entwickelt sind, und mit Benutzung der darin eingeführten „Primitivzeichen“ vollständig gelöst. Ich will nun hier, mit Hülfe von einigen in meinen früheren akademischen Mittheilungen enthaltenen Sätzen über die Transformation quadratischer Formen, eine zweite elegante Lösung des bezeichneten Problems ableiten und daran einige Bemerkungen über die Darstellung allgemeiner orthogonaler Systeme knüpfen.

I.

Formulirt man die zu lösende Aufgabe dahin,

> dass alle *symmetrischen* Systeme bestimmt werden sollen, welche zugleich orthogonal sind,

so liegt es nahe, die Elemente der symmetrischen Systeme in jener Darstellungsweise der Untersuchung zu Grunde zu legen, in welcher sie selbst durch die Elemente orthogonaler Systeme ausgedrückt erscheinen.

Beschränkt man sich zuvörderst auf symmetrische Systeme mit *reellen* Elementen:

---

[1]) *R. Lipschitz,* Beiträge zu der Theorie der gleichzeitigen Transformation von zwei quadratischen oder bilinearen Formen. Monatsberichte der Akademie der Wissenschaften zu Berlin v. J. 1890, S. 485—523. H.

[2]) *R. Lipschitz,* Untersuchungen über die Summen von Quadraten; Bonn 1886. H.

$$a_{ik} \qquad (i, k=1, 2, \ldots n),$$

so ergiebt sich schon unmittelbar aus den höchst einfachen, in meiner Mittheilung vom 18. Mai 1868 enthaltenen Entwickelungen*), dass solche Grössen a_{ik} stets in folgender Form dargestellt werden können:

$$(1) \qquad a_{ik} = \sum_{h=1}^{h=n} p_h c_{hi} c_{hk} \qquad (i, k=1, 2, \ldots n),$$

wo die Grössen p_h und c_{hi} reell und die letzteren die Elemente eines orthogonalen Systems sind.

Bedeuten nämlich $u, v, x_1, x_2, \ldots x_n$ unbestimmte Variable, so repräsentirt der Ausdruck:

$$u \sum_k x_k^2 + v \sum_{i,k} a_{ik} x_i x_k \qquad (i, k=1, 2, \ldots n)$$

nach der a. a. O. eingeführten Bezeichnungsweise eine „Schaar von quadratischen Formen", und zwar eine der „ersten Art", da die „*forma definita*" $x_1^2 + x_2^2 + \cdots + x_n^2$ unter den Formen der Schaar vorkommt. Eine solche Schaar lässt sich, wie dort gezeigt ist, immer auf die Gestalt bringen**):

$$\sum_h (uv_h - vu_h) z_h^2 \qquad (h=1, 2, \ldots n),$$

in welcher u_h, v_h reelle Grössen und $z_1, z_2, \ldots z_n$ homogene lineare reelle Functionen der n Variabeln x bedeuten. Die Grössen v_h sind dabei nothwendig positiv, da dies durch die Transformationsgleichung:

$$(2) \qquad u \sum_k x_k^2 + v \sum_{i,k} a_{ik} x_i x_k = \sum_h (uv_h - vu_h) z_h^2 \qquad (h, i, k=1, 2, \ldots n),$$

und zwar speciell durch die daraus hervorgehende Gleichung:

*) Monatsbericht vom Mai 1868. S. 339—342.[1])

**) A. a. O. S. 342.[2])

[1]) Ueber Schaaren quadratischer Formen. Band I S. 163—174 dieser Ausgabe von *L. Kronecker*'s Werken. H.

[2]) Bd. I S. 169 dieser Ausgabe. H.

$$\sum_h x_h^2 = \sum_h v_h z_h^2 \qquad (h = 1, 2, \ldots n)$$

erfordert wird. Es werden daher, wenn:

$$\sqrt{v_h}\, z_h = \sum_i c_{hi} x_i \qquad (h, i = 1, 2, \ldots n)$$

gesetzt wird, die Coefficienten c_{hi} die reellen Elemente eines orthogonalen Systems. Substituirt man nun in der aus der Transformationsgleichung (2) hervorgehenden Gleichung:

$$\sum_{i,k} a_{ik} x_i x_k = -\sum_h u_h z_h^2 \qquad (h, i, k = 1, 2, \ldots n)$$

für die Variabeln z die angegebenen linearen Functionen der Variabeln x und setzt:

$$-u_h = p_h v_h \qquad (h = 1, 2, \ldots n)\,,$$

so resultiren für die Grössen a_{ik} jene Gleichungen (1):

$$a_{ik} = \sum_h p_h c_{hi} c_{hk} \qquad (h, i, k = 1, 2, \ldots n)\,,$$

deren Existenz nachgewiesen werden sollte.

Soll das symmetrische System (a_{ik}) zugleich orthogonal sein, so müssen die Relationen bestehen:

$$\sum_i a_{ir} a_{is} = \delta_{rs} \qquad (i, r, s = 1, 2, \ldots n)\,, \tag{3}$$

wo δ_{rs} gleich Eins oder gleich Null ist, je nachdem $r = s$ oder $r \gtrless s$ ist. Substituirt man hierin für a_{ir} und a_{is} die Werthe aus den Gleichungen (1), so gehen die Relationen (3) in folgende über:

$$\sum_{g,h,i} p_g p_h c_{gr} c_{hs} c_{gi} c_{hi} = \delta_{rs} \qquad (g, h, i, r, s = 1, 2, \ldots n)\,,$$

und diese nehmen, wenn man von den Gleichungen:

(4) $$\sum_i c_{gi} c_{hi} = \delta_{gh} \qquad (g, h, i = 1, 2, \ldots n)$$

Gebrauch macht, welche die Grössen c als Elemente eines orthogonalen Systems charakterisiren, die einfachere Gestalt an:

(5) $$\sum_h p_h^2 c_{hr} c_{hs} = \delta_{rs} \qquad (h, r, s = 1, 2, \ldots n).$$

Multiplicirt man nun mit $c_{kr} c_{ks}$ und summirt über alle Werthe:

$$r, s = 1, 2, \ldots n,$$

so kommt:

$$\sum_{h, r, s} p_h^2 c_{hr} c_{kr} c_{hs} c_{ks} = \sum_r c_{kr}^2 \qquad (h, k, r, s = 1, 2, \ldots n),$$

und hieraus folgt unmittelbar, bei Anwendung der gemäss den Gleichungen (4) bestehenden Relationen:

$$\sum_s c_{hs} c_{ks} = \delta_{hk}, \qquad \sum_r c_{kr}^2 = 1 \qquad (h, k, r, s = 1, 2, \ldots n),$$

dass die Grössen p_k^2 sämmtlich gleich Eins sein müssen. Die Relationen (3) können also nur dann erfüllt sein, wenn man in den Gleichungen (1) die sämmtlichen Grössen p_h gleich ± 1 annimmt. Alsdann sind sie aber, wie aus den Gleichungen (5) folgt, in der That erfüllt, und es zeigt sich daher,

dass man alle orthogonalen symmetrischen Systeme mit reellen Elementen a_{ik} (ausser dem Einheitssystem) erhält, wenn man:

(6) $$a_{ik} = \sum_{g=1}^{g=m} c_{gi} c_{gk} - \sum_{h=m+1}^{h=n} c_{hi} c_{hk} \qquad (i, k = 1, 2, \ldots n)$$

setzt, dabei für m eine der Zahlen $1, 2, \ldots n-1$ und für die n^2 Grössen c die reellen Elemente irgend eines orthogonalen Systems nimmt.

Da die n^2 Grössen c die Relationen erfüllen:

$$\sum_{g=1}^{g=m} c_{gi} c_{gk} + \sum_{h=m+1}^{h=n} c_{hi} c_{hk} = \delta_{ik} \qquad (i, k = 1, 2, \ldots n),$$

so können die Gleichungen (6) durch folgende ersetzt werden:

$$(6') \qquad a_{ik} = -\delta_{ik} + 2 \sum_{g=1}^{g=m} c_{gi} c_{gk} \qquad (i, k = 1, 2, \ldots n).$$

Fasst man, wie oben, die so bestimmten Grössen a_{ik} als die Coefficienten einer quadratischen Form auf und bildet alsdann die Schaar quadratischer Formen:

$$u \sum_k x_k^2 + v \sum_{i,k} a_{ik} x_i x_k \qquad (i, k = 1, 2, \ldots n),$$

welche auch in folgender Weise dargestellt werden kann:

$$(7) \qquad \sum_{i,k} (u \delta_{ik} + v a_{ik}) x_i x_k \qquad (i, k = 1, 2, \ldots n),$$

so ersieht man aus den Gleichungen (6), dass diese Schaar (7) durch die Substitution:

$$y_i = \sum_k c_{ik} x_k \qquad (i, k = 1, 2, \ldots n)$$

aus der Schaar:

$$(8) \qquad (u + v) \sum_{g=1}^{g=m} y_g^2 + (u - v) \sum_{h=m+1}^{h=n} y_h^2$$

hervorgeht, und die reellen Elemente a_{ik} eines orthogonalen symmetrischen Systems können offenbar auch dadurch *charakterisirt* werden, dass die Grössen:

$$u \delta_{ik} + v a_{ik} \qquad (i, k = 1, 2, \ldots n)$$

die Coefficienten einer Transformirten der Schaar (8) sind, oder auch dadurch,

> dass sie die Coefficienten einer durch irgend welche orthogonale Transformation aus:

$$y_1^2 + y_2^2 + \cdots + y_m^2 - y_{m+1}^2 - y_{m+2}^2 - \cdots - y_n^2$$

entstehenden quadratischen Form sind.

Bei dieser Charakterisirung orthogonaler symmetrischer Systeme (a_{ik}) tritt es deutlich hervor, dass sie — wie Herr *Lipschitz* nachgewiesen hat — eine $m(n-m)$ fache Mannigfaltigkeit bilden. Denn erstens bildet die Gesammtheit der orthogonalen Transformationen, welche auf die Form:

$$y_1^2 + y_2^2 + \cdots + y_m^2 - y_{m+1}^2 - y_{m+2}^2 - \cdots - y_n^2$$

anzuwenden sind, eine $\frac{1}{2}n(n-1)$ fache Mannigfaltigkeit. Zweitens muss jede orthogonale Transformation dieser Form in sich selbst auch die oben mit (8) bezeichnete Schaar quadratischer Formen, also sowohl die mit $u+v$ als auch die mit $u-v$ multiplicirte Summe von Quadraten in sich selbst übergehen lassen; es sind dies also nur diejenigen Transformationen, bei welchen sowohl die Summe der m positiven Quadrate als auch die Summe der $n-m$ negativen Quadrate in sich selbst transformirt wird. Diese bilden aber eine $\frac{1}{2}(m(m-1)+(n-m)(n-m-1))$ fache Mannigfaltigkeit, und die Differenz:

$$\frac{1}{2}n(n-1) - \frac{1}{2}(m(m-1)+(n-m)(n-m-1)),$$

welche gleich $m(n-m)$ ist, giebt also die Zahl für die wirkliche Mannigfaltigkeit der durch orthogonale Transformationen aus der Form:

$$y_1^2 + y_2^2 + \cdots + y_m^2 - y_{m+1}^2 - y_{m+2}^2 - \cdots - y_n^2$$

entstehenden quadratischen Formen an.

II.

Dass eine orthogonale Transformation, bei welcher die Summe der m positiven Quadrate oder die Summe der $n-m$ negativen Quadrate der Form:

$$y_1^2 + y_2^2 + \cdots + y_m^2 - y_{m+1}^2 - y_{m+2}^2 - \cdots - y_n^2$$

in sich selbst transformirt wird, keine neuen Systeme (a_{ik}) liefert, ist an sich klar, da bei zwei mittels der Substitutionssysteme:

$$(\mathfrak{c}_{ik}), \quad (c_{ik}) \qquad (i, k = 1, 2, \ldots n)$$

nach einander ausgeführten orthogonalen Transformationen, von denen die erstere z. B. nur die Quadratsumme:

$$y_1^2 + y_2^2 + \cdots + y_m^2$$

in eine ebensolche Quadratsumme überführt, offenbar eine quadratische Form mit denselben Coefficienten a_{ik} resultirt, wie wenn nur die eine Transformation mittels des Substitutionssystem (c_{ik}) angewendet wird. Um dies aber auch an den oben angegebenen Ausdrücken der Elemente a_{ik} nachzuweisen, sei:

$$(c'_{ik}) \qquad (i, k = 1, 2, \ldots n)$$

das aus der Composition der Systeme $(\mathfrak{c}_{ik})$ und (c_{ik}) hervorgehende orthogonale System und also:

$$\sum_h \mathfrak{c}_{gh} c_{hi} = c'_{gi} \qquad (g, h, i = 1, 2, \ldots n).$$

Gemäss der Gleichung (6) ist nun:

$$\text{(9} \qquad a_{pq} = \sum_{g=1}^{g=m} c'_{gp} c'_{gq} - \sum_{r=m+1}^{r=n} c'_{rp} c'_{rq} \qquad (p, q = 1, 2, \ldots n)$$

und daher:

$$\text{(10)} \qquad a_{pq} = \sum_{g,i,k} \mathfrak{c}_{gi} \mathfrak{c}_{gk} c_{ip} c_{kq} - \sum_{r,i,k} \mathfrak{c}_{ri} \mathfrak{c}_{rk} c_{ip} c_{kq}$$

$$(g = 1, 2, \ldots m;\ r = m+1, m+2, \ldots n;\ i, k, p, q = 1, 2, \ldots n).$$

Da das System $(\mathfrak{c}_{ik})$ die Transformation von $y_1^2 + y_2^2 + \cdots + y_m^2$ in eine Summe von m Quadraten bewirkt, die übrigen y aber ungeändert lässt, so erfüllen die Elemente $\mathfrak{c}_{ik}$ die Bedingungen:

$$(11) \qquad \mathfrak{c}_{rq} = \delta_{rq}, \quad \sum_{g=1}^{g=m} \mathfrak{c}_{gh}\mathfrak{c}_{gi} = \delta_{hi}, \quad \sum_{g=1}^{g=m} \mathfrak{c}_{gq}\mathfrak{c}_{gr} = 0$$

$$(h, i=1, 2, \ldots m; \; q=1, 2, \ldots m, m+1, \ldots n; \; r=m+1, m+2, \ldots n),$$

und vermöge derselben geht die Gleichung (10) in folgende über:

$$a_{pq} = \sum_{g=1}^{g=m} c_{gp} c_{gq} - \sum_{r=m+1}^{r=n} c_{rp} c_{rq} \qquad (p, q=1, 2, \ldots n)$$

welche in Verbindung mit der Gleichung (9) zeigt, dass die beiden orthogonalen Systeme (c_{ik}), (c'_{ik}) ein und dasselbe orthogonale symmetrische System (a_{ik}) liefern.

In noch einfacherer Weise zeigt sich dies bei dem Ausdruck:

$$(6') \qquad a_{ik} = -\delta_{ik} + 2\sum_{g=1}^{g=m} c_{gi} c_{gk} \qquad (i, k=1, 2, \ldots n).$$

Denn es ist:

$$\sum_g c'_{gi} c'_{gk} = \sum_{p,q} c_{pi} c_{qk} \sum_g \mathfrak{c}_{gp} \mathfrak{c}_{gq} \qquad \left(\begin{matrix} g=1, 2, \ldots m; \\ i, k, p, q=1, 2, \ldots n \end{matrix}\right),$$

und es ergiebt sich also bei Anwendung der Relationen (11) in der That die Gleichung:

$$\sum_g c'_{gi} c'_{gk} = \sum_g c_{gi} c_{gk} \qquad (g=1, 2, \ldots m),$$

welche zeigt, dass die beiden aus den orthogonalen Systemen (c_{ik}), (c_{ik}) mittels der Gleichungen (6′) hervorgehenden orthogonalen symmetrischen Systeme (a_{ik}) mit einander identisch sind.

Das System der mn Grössen:

$$c_{gi} \qquad \begin{pmatrix} g=1, 2, \ldots m \\ i=1, 2, \ldots n \end{pmatrix},$$

welche allein bei der mit (6′) bezeichneten Darstellung der Systeme (a_{ik}) vorkommen, ist nur den $\frac{1}{2}m(m+1)$ Bedingungen unterworfen:

$$(12) \qquad \sum_{i=1}^{i=n} c_{gi} c_{hi} = \delta_{gh} \qquad (g, h = 1, 2, \quad m)$$

Diese Bedingungen bleiben erfüllt, wenn man die n durch die Indexwerthe $i = 1, 2, \ldots n$ charakterisirten Grössen c_{gi} durch:

$$\frac{\alpha c_{gi} + \beta c_{hi}}{\sqrt{\alpha^2 + \beta^2}} \qquad (i=1, 2, \ldots n),$$

aber auch zugleich die n Grössen c_{hi} durch:

$$\frac{-\beta c_{gi} + \alpha c_{hi}}{\sqrt{\alpha^2 + \beta^2}} \qquad (i=1, 2, \ldots n$$

ersetzt, und das so veränderte System der Grössen c liefert, wenn es in den Gleichungen (6′) verwendet wird, *dasselbe* System der Grössen a_{ik} wie das ursprüngliche System der Grössen c. Nimmt man hierbei:

$$\alpha = c_{g1}, \quad \beta = c_{h1},$$

so tritt $\sqrt{c_{g1}^2 + c_{h1}^2}$ an Stelle von c_{g1} und *Null* an Stelle von c_{h1}. In dem neuen Syteme der mn Grössen c ist also das erste Element der h^{ten} Horizontalreihe gleich Null. Das angegebene Verfahren kann nun offenbar dazu angewendet werden, um zuvörderst die ersten Elemente der sämmtlichen auf die erste folgenden Horizontalreihen, alsdann die sämmtlichen zweiten Elemente der auf die zweite folgenden Horizontalreihen u. s. f. gleich Null zu machen, und man kann auf diese Weise zu einem Systeme von mn Grössen c_{gi} gelangen, in welchem alle Elemente, deren erster Index grösser als der zweite ist, gleich Null sind, und welche immer noch die Bedingungen (12) erfüllen.*) Es genügt also, *solche* Systeme (c_{gi}) in den Gleichungen (6') zur Bildung orthogonaler symmetrischer Systeme (a_{ik}) zu verwenden.

Die Systeme (c_{gi}) von der angegebenen Beschaffenheit bestehen nur noch aus den $\frac{1}{2}m(m+1)$ Elementen:

$$c_{gk} \qquad \left(\begin{matrix} g=1,\ 2,\ \ldots\ m; \\ k=g,\ g+1,\ \ldots\ m \end{matrix}\right)$$

und aus den $m(n-m)$ Elementen:

$$c_{gr} \qquad \left(\begin{matrix} g=1,\ 2,\ \ldots\ m; \\ r=m+1,\ m+2,\ \ldots\ n \end{matrix}\right).$$

Man kann sich dabei die letzteren $m(n-m)$ Elemente c_{gr}, d. h. die Elemente der $n-m$ letzten Verticalreihen, als unbestimmte Variable und die ersteren $\frac{1}{2}m(m+1)$ Elemente c_{gk}, welche in den ersten m Verticalreihen vorkommen, als Functionen derselben denken. Denn wenn man die Gleichungen:

$$(12) \qquad \sum_{i=1}^{i=n} c_{gi} c_{hi} = \delta_{gh} \qquad (g,\ h=1,\ 2,\ \ldots\ m)$$

nach einander für:

$$g=m,\ h=m;\quad g=m-1,\ h=m;\quad g=m-1,\ h=m-1;$$
$$g=m-2,\ h=m;\quad g=m-2,\ h=m-1;\quad g=m-2,\ h=m-2;$$
$$\cdots\cdots\cdots\cdots\cdots\cdots\cdots\cdots$$

---

*) Die obige Reduction eines nur durch die Bedingungen (12) beschränkten Systems variabler Grössen c_{gi} auf ein solches, in welchem für $g>i$ die Elemente sämmtlich gleich Null sind, bleibt auch auf alle *speciellen* Systeme reeller Grössen c_{gi} ohne Ausnahme anwendbar. Aber bei *speciellen complexen* Grössen kann der Nenner $\sqrt{\alpha^2+\beta^2}$ gleich Null werden, und es bedarf dann einer anderen Art der Reduction. Statt, wie hier, elementare orthogonale Transformationen, d. h. solche zu benutzen, welche die Summe zweier Quadrate in eine eben solche transformiren, hat man alsdann von den elementaren Transformationen Gebrauch zu machen, bei welchen eine Summe von zwei Producten je zweier Variabeln, also eine Form $z_1z_2+z_3z_4$, in sich selbst übergeht, sowie von denjenigen, bei welchen eine Form $z_1^2+z_2z_3$ in sich selbst transformirt wird.

benutzt, so bestimmen sich der Reihe nach die Elemente:

$$c_{m,m},\ c_{m-1,m},\ c_{m-1,m-1},\ c_{m-2,m},\ c_{m-2,m-1},\ c_{m-2,m-2},\ \ldots,$$

nämlich $c_{m,m}$ durch die Gleichung:

$$c^2_{m,m} + c^2_{m,m+1} + \cdots + c^2_{m,n} = 1,$$

ferner $c_{m-1,m}$ durch die Gleichung:

$$c_{m-1,m}c_{m,m} + c_{m-1,m+1}c_{m,m+1} + \cdots + c_{m-1,n}c_{m,n} = 0,$$

dann $c_{m-1,m-1}$ durch die Gleichung:

$$c^2_{m-1,m-1} + c^2_{m-1,m} + \cdots + c^2_{m-1,n} = 1$$

u. s. f., und man sieht, dass hierbei nur die *Vorzeichen* der ersten m Verticalreihen unbestimmt bleiben, dass also jeder dieser Verticalreihen ein beliebiges Vorzeichen gegeben werden kann.

Dass die Mannigfaltigkeit der orthogonalen symmetrischen Systeme (a_{ik}) eine $m(n-m)$fache ist, tritt bei der angegebenen Bildungsweise in Evidenz, da die hierbei verwendeten Systeme (c_{gk}) genau $m(n-m)$ unbestimmte Elemente enthalten.

III.

Bezeichnet man mit:

$$w_{gp} \qquad \left(\begin{smallmatrix} g=1,2,\ldots m \\ p=1,2,\ldots n \end{smallmatrix}\right)$$

unbestimmte Variable, bildet daraus ein Modulsystem mit den $\frac{1}{2}m(m+1)$ Elementen:

$$(\mathfrak{M}) \qquad -\delta_{gh} + \sum_p w_{gp}w_{hp} \qquad \left(\begin{smallmatrix} g,h=1,2,\ldots m;\ g\leqq h \\ p=1,2,\ldots n \end{smallmatrix}\right)$$

und setzt dann:

$$u_{pq} = -\delta_{pq} + 2\sum_g w_{gp}\, w_{gq} \qquad \left(\begin{matrix} \;=\;,\ 2, \ldots m \\ p,\ q=1,\ 2, \ldots n \end{matrix}\right), \tag{13}$$

so besteht die Congruenz:

$$\sum_p u_{pq}\, u_{pr} \equiv \delta_{qr} \ \left(\text{modd.}\ -\delta_{gh} + \sum_p w_{gp}\, w_{hp}\right) \qquad \left(\begin{matrix} g,\ h=1,\ 2, \ldots m \\ p,\ q,\ r=1,\ 2, \ldots n \end{matrix}\right). \tag{14}$$

Denn es wird zuvörderst:

$$\sum_p u_{pq}\, u_{pr} = \sum_p \left(2\sum_g w_{gp}\, w_{gq} - \delta_{pq}\right)\left(2\sum_h w_{hp}\, w_{hr} - \delta_{pr}\right)$$

$$(g,\ h=1,\ 2, \ldots m;\ p,\ q,\ r=1,\ 2, \ldots n),$$

und wenn man den Ausdruck auf der rechten Seite entwickelt, so kommt:

$$4\sum_{g,h} w_{gq}\, w_{hr} \sum_p w_{gp}\, w_{hp} - 4\sum_g w_{gq}\, w_{gr} + \delta_{qr} \tag{15}$$

$$(g,\ h=1,\ 2,\ \ m;\ p,\ q,\ r=1,\ 2, \ldots n).$$

Der erste Theil dieses Ausdrucks reducirt sich aber mittels der Congruenz:

$$\sum_p w_{gp}\, w_{hp} \equiv \delta_{gh} \qquad \left(\begin{matrix} g,\ h=1,\ 2, \ldots m \\ p=1,\ 2, \ldots n \end{matrix}\right)$$

für das Modulsystem ($\mathfrak{M}$) auf die Summe:

$$4\sum_g w_{gq}\, w_{gr} \qquad \left(\begin{matrix} g=1,\ 2, \ldots m \\ q,\ r=1,\ 2, \ldots n \end{matrix}\right);$$

es bleibt also in dem Ausdruck (15), wenn derselbe im Sinne der Congruenz für das Modulsystem ($\mathfrak{M}$) betrachtet wird, nur der letzte Theil δ_{qr} übrig, und die Richtigkeit der Congruenz (14) ist hiermit dargethan.

Nimmt man für die Grössen w_{gp} ganze Functionen irgend eines Bereichs ($\mathfrak{R}, \mathfrak{R}', \mathfrak{R}'', \ldots$), so ersieht man aus der Congruenz (14), dass die mittels der Gleichungen (13) definirten Grössen u_{pq}, im Sinne der Congruenz für das Modulsystem ($\mathfrak{M}$) oder für irgend ein darin enthaltenes Modulsystem, ein *orthogonales symmetrisches* System bilden.

Es tritt hierdurch in Evidenz, dass die Gleichungen (6′), welche aus den Gleichungen (13) hervorgehen, indem man die Grössen u durch die Grössen a und die Grössen w durch die Grössen c ersetzt, orthogonale symmetrische Systeme mit *complexen* Elementen a_{ik} liefern, sobald man für die Grössen c complexe Grössen setzt, welche die Gleichungen (12) befriedigen; denn die sämmtlichen Elemente des Modulsystems ($\mathfrak{M}$) werden alsdann gleich Null, und die Congruenz (14) geht in die Gleichung (3) über, durch welche das System (a_{ik}) als ein orthogonales charakterisirt wird. Aber es bedarf noch des Nachweises, dass *alle* orthogonalen symmetrischen Systeme mit complexen Elementen auf die angegebene Weise erhalten werden, und hierfür ist nur nöthig zu zeigen, dass auch *complexe* Elemente a_{ik} in der im art. I mit (1) bezeichneten Form:

(1) $$a_{ik} = \sum_h p_h c_{hi} c_{hk} \qquad (h, i, k = 1, 2, \ldots n)$$

angenommen werden können.

Während im art. I einfach davon ausgegangen worden ist, dass die reellen Elemente a_{ik} *jedes symmetrischen* Systems sich in der angegebenen Form darstellen lassen, muss für den Fall complexer Elemente a_{ik}, wo dies nicht mehr allgemein stattfindet, der Nachweis einer solchen Darstellbarkeit zugleich auf die Eigenschaft der *Orthogonalität* des Systems (a_{ik}) gegründet werden. Wegen dieser Eigenschaft müssen die Grössen a_{ik} die Relationen erfüllen:

(16) $$\sum_k a_{hk} a_{ik} = \delta_{hi} \qquad (h, i, k = 1, 2, \ldots n),$$

und es besteht hiernach die Gleichung:

(17) $$\sum_k (u\delta_{hk} - va_{hk})(u\delta_{ik} + va_{ik}) = (u^2 - v^2)\,\delta_{hi} \qquad (h, i, k = 1, 2, \ldots n),$$

in welcher u, v unbestimmte Variable bedeuten. Die beiden Systeme:

$$u\delta_{ik} + va_{ik}, \qquad \frac{u\delta_{ik} - va_{ik}}{u^2 - v^2} \qquad (i, k = 1, 2, \ldots n),$$

sowie die beiden quadratischen Formen:

$$u\sum_k x_k^2 + v\sum_{i,k} a_{ik} x_i x_k, \qquad \frac{u}{u^2 - v^2}\sum_k X_k^2 - \frac{v}{u^2 - v^2}\sum_{i,k} a_{ik} X_i X_k$$
$$(i, k = 1, 2, \ldots n)$$

sind also zu einander reciprok. Die erstere dieser beiden Formen repräsentirt eine „Schaar" quadratischer Formen, und *jede* Schaar, welche, wenn φ und ψ quadratische Formen mit den Variabeln $x_1, x_2, \ldots x_n$ bedeuten, durch den Ausdruck:

$$u\varphi + v\psi$$

gegeben ist, lässt sich als ein Aggregat „elementarer Schaaren":

$$u_g\varphi_g + v_g\psi_g \qquad (g = 1, 2, 3, \ldots)$$

darstellen. Dabei bedeuten u_g, v_g lineare homogene Functionen von u, v, und φ_g, ψ_g quadratische Formen von $x_1, x_2, \ldots x_n$, und diese lassen sich durch lineare Functionen der Variabeln $x_1, x_2, \ldots x_n$, welche mit:

$$y_g, \; y_{g1}, \; y_{g2}, \; y_{g3}, \ldots$$

bezeichnet werden mögen, in einer der folgenden Weisen ausdrücken:

$$(18) \quad \begin{array}{ll} \varphi_g = y_g^2, & \psi_g = 0 \\ \varphi_g = 2y_{g1}y_{g2}, & \psi_g = y_{g2}^2 \\ \varphi_g = 2y_{g1}y_{g2} + y_{g3}^2, & \psi_g = 2y_{g2}y_{g3} \\ \varphi_g = 2y_{g1}y_{g2} + 2y_{g3}y_{g4}, & \psi_g = 2y_{g2}y_{g3} + y_{g4}^2 \\ \varphi_g = 2y_{g1}y_{g2} + 2y_{g3}y_{g4} + y_{g5}^2, & \psi_g = 2y_{g2}y_{g3} + 2y_{g4}y_{g5}, \\ \ldots\ldots & \ldots\ldots \end{array}$$

wenn die Determinante der Schaar $u\varphi + v\psi$ nicht gleich Null ist.*)

*) Vgl. meine Mittheilung im Monatsbericht vom Januar 1874.[1])

[1]) Ueber Schaaren von quadratischen und bilinearen Formen, Band I S. 349—372 dieser Ausgabe von *L. Kronecker*'s Werken. H.

Die den ersten drei Fällen entsprechenden elementaren Schaaren $u_g \varphi_g + v_g \psi_g$, nebst ihren reciproken, sind:

$$
(19) \qquad
\begin{array}{ll}
u_g y_g^2, & \frac{1}{u_g} Y_g^2, \\
2u_g y_{g1} y_{g2} + v_g y_{g2}^2, & \frac{1}{u_g^2} (v_g Y_{g1}^2 - 2u_g Y_{g1} Y_{g2}), \\
2u_g y_{g1} y_{g2} + 2v_g y_{g2} y_{g3} + u_g y_{g3}^2, & \frac{1}{u_g^3} \left((v_g Y_{g1} - u_g Y_{g3})^2 + 2u_g^2 Y_{g1} Y_{g2}\right),
\end{array}
$$

aber in dem ersten Falle, wo sich $u_g \varphi_g + v_g \psi_g$ auf $u_g y_g^2$ reducirt, ist dies keine eigentliche Schaar. Nun gilt der bemerkenswerthe, vielfach mit Vortheil zu benutzende Satz:

(20) die reciproke eines Aggregats von quadratischen Formen, welche keine Variabeln mit einander gemein haben, ist gleich dem Aggregat der reciproken der einzelnen Formen.*)

Die reciproke von $u\varphi + v\psi$ ist daher gleich der Summe der reciproken derjenigen Formen:

$$u_g y_g^2, \quad 2u_g y_{g1} y_{g2} + v_g y_{g2}^2, \quad 2u_g y_{g1} y_{g2} + 2v_g y_{g2} y_{g3} + u_g y_{g3}^2, \cdots,$$

als deren Aggregat $u\varphi + v\psi$ dargestellt ist, und da die reciproke jeder von diesen Formen, mit alleiniger Ausnahme der ersten, im Nenner die zweite oder eine höhere Potenz einer linearen Function von u und v enthält, so ergiebt sich das Resultat:

eine Schaar $u\varphi + v\psi$ kann dann, und nur dann, in eine Summe:

$$\sum_{g=1}^{g=n} u_g y_g^2$$

*) Der Satz gilt ebenso für bilineare Formen. Ich habe ihn in meinen algebraischen Universitätsvorlesungen sehr häufig angewendet. Seine Richtigkeit ergiebt sich unmittelbar aus der Bildungsweise reciproker Formen.

transformirt werden, in welcher $u_1, u_2, \ldots u_n$ lineare homogene
(21) Functionen von u, v und $y_1, y_2, \ldots y_n$ lineare homogene Functionen von $x_1, x_2, \ldots x_n$ sind, wenn die reciproke der quadratischen Form:

$$u\varphi(x_1, x_2, \cdots x_n) + v\psi(x_1, x_2, \cdots x_n)$$

so dargestellt werden kann, dass der Nenner, welcher eine homogene Function von u, v ist, keine gleichen Factoren enthält.

Eben dieselbe Bedingung ist offenbar nothwendig und hinreichend für die Möglichkeit der simultanen Transformation der beiden quadratischen Formen:

$$\varphi(x_1, x_2, \ldots x_n), \quad \psi(x_1, x_2, \ldots x_n)$$

in Summen von Quadraten, da eine solche Transformation vollkommen identisch mit jener Transformation der Schaar $u\varphi + v\psi$ in eine Summe:

$$u_1 y_1^2 + u_2 y_2^2 + \cdots + u_n y_n^2$$

ist, in welcher $u_1, u_2, \ldots u_n$ lineare homogene Functionen von u, v und $y_1, y_2, \ldots y_n$ lineare homogene Functionen von $x_1, x_2, \ldots x_n$ bedeuten.

Nimmt man:

$$u\varphi + v\psi = u\sum_k x_k^2 + v\sum_{i,k} a_{ik} x_i x_k \qquad (i, k = 1, 2, \ldots n)$$

und wendet das angegebene Resultat (21) auf diese besondere Schaar $u\varphi + v\psi$ an, deren reciproke durch den obigen Ausdruck:

$$\frac{u}{u^2 - v^2}\sum_k X_k^2 - \frac{v}{u^2 - v^2}\sum_{i,k} a_{ik} X_i X_k \qquad (i, k = 1, 2, \ldots n)$$

so dargestellt ist, dass der Nenner $u^2 - v^2$ keine gleichen Factoren enthält, so erschliesst man hieraus unmittelbar die Transformirbarkeit der Form:

$$u\sum_k x_k^2 + v\sum_{i,k} a_{ik} x_i x_k \qquad (i, k = 1, 2, \ldots n)$$

in eine Summe:

$$\sum_k (uq_k + vp_k) y_k^2 \qquad (k=1, 2, \dots n),$$

in welcher p_k, q_k complexe Grössen und $y_1, y_2, \dots y_n$ lineare homogene Functionen von $x_1, x_2, \dots x_n$ mit complexen Coefficienten bedeuten. Setzt man demgemäss:

$$\sqrt{q_k}\, y_k = \sum_i c_{ki} x_i \qquad (i, k=1, 2, \dots n),$$

so erhält man die Transformationsgleichungen:

$$\sum_h c_{hi} c_{hk} = \delta_{ik}, \quad \sum_h p_h c_{hi} c_{hk} = a_{ik} \qquad (h, i, k=1, 2, \dots n),$$

aus denen erstens hervorgeht, dass die Coefficienten c_{hi} ein orthogonales System mit complexen Elementen bilden, und zweitens dass, wie nachgewiesen werden sollte, die complexen Grössen a_{ik}, weil sie als die Elemente eines zugleich orthogonalen und symmetrischen Systems vorausgesetzt worden sind, sich in derselben (im art. I mit (1) bezeichneten) Form darstellen lassen, wie *jedes* symmetrische System mit *reellen* Elementen.

IV.

In den vorstehenden Entwickelungen ist nachgewiesen worden, dass die Elemente jedes orthogonalen symmetrischen Systems (a_{ik}) sich durch Gleichungen:

$$(6) \qquad a_{ik} = \sum_{g=1}^{g=m} c_{gi} c_{gk} - \sum_{h=m+1}^{h=n} c_{hi} c_{hk} \qquad (i, k=1, 2, \dots n)$$

und zwar so darstellen lassen, dass die Grössen c die Elemente eines orthogonalen Systems sind, aber die zu einer solchen Darstellung erforderlichen Grössen c sind nicht *rational* durch die Grössen a_{ik} bestimmt. Wird also das Problem der Aufstellung aller orthogonalen symmetrischen Systeme dahin praecisirt, dass alle derartigen, *einem gegebenen Rationalitätsbereich* $(\mathfrak{R}, \mathfrak{R}', \mathfrak{R}'', \ldots)$ *angehörigen* Systeme (a_{ik}) aufgestellt werden sollen,

so bedarf die oben angegebene Lösung noch einer wesentlichen Modification.

Um diese darzulegen, knüpfe ich an das im vorigen Abschnitt entwickelte Resultat an, dass für die Elemente eines orthogonalen symmetrischen Systems (a_{ik}) stets eine Transformationsgleichung besteht:

$$u \sum_k x_k^2 + v \sum_{i,k} a_{ik} x_i x_k = \sum_h (u q_h + v p_h) y_h^2 \qquad (h, i, k = 1, 2, \ldots n),$$

in welcher $y_1, y_2, \ldots y_n$ lineare homogene Functionen von $x_1, x_2, \ldots x_n$ sind. Benutzt man nun zur wirklichen Herleitung dieser Transformationsgleichung, und also zur Bestimmung der Substitutionscoefficienten sowie der Coefficienten p_h, q_h, das Reductionsverfahren, welches ich für Schaaren quadratischer Formen in meiner im Monatsbericht vom Januar 1874 abgedruckten Mittheilung[1]) auseinandergesetzt habe, so ergeben sich diese Coefficienten sämmtlich als Grössen desjenigen Rationalitätsbereichs, welchem die Coefficienten der Schaar, also hier die Grössen a_{ik}, und die verschiedenen Werthe des Verhältnisses $u:v$ angehören, für welche die Determinante der Schaar verschwindet. Diese Werthe sind aber im vorliegenden Falle nur ± 1, da aus der oben im art. III mit (17) bezeichneten Gleichung unmittelbar erhellt, dass die Determinante der Schaar:

$$u \sum_k x_k^2 + v \sum_{i,k} a_{ik} x_i x_k \qquad (i, k = 1, 2, \ldots n)$$

keine anderen Linearfactoren als $u+v$ und $u-v$ enthält. Sollen also die Coefficienten a_{ik} dem Rationalitätsbereich $(\mathfrak{R}, \mathfrak{R}', \mathfrak{R}'', \ldots)$ angehören, so müssen, wenn die obige Transformationsgleichung durch die Substitution:

$$y_h = \sum_i b_{hi} x_i \qquad (h, i = 1, 2, \ldots n)$$

befriedigt wird, die Coefficienten:

---

[1]) Band I S. 349—372 dieser Ausgabe. H.

$$b_{hi},\ p_h,\ q_h \qquad (h, i=1, 2, \dots n)$$

sämmtlich Grössen des gegebenen Rationalitätsbereichs ($\mathfrak{R}$, $\mathfrak{R}'$, $\mathfrak{R}''$, ...) sein.

Aus derselben Transformationsgleichung folgen für die Coefficienten b, p, q die Relationen:

$$(22) \qquad \sum_h p_h b_{hi} b_{hk} = a_{ik},$$

$$(23) \qquad \sum_h q_h b_{hi} b_{hk} = \delta_{ik} \qquad (h, i, k=1, 2, \dots n),$$

und aus den letzteren ergeben sich ferner die Relationen:

$$(24) \qquad q_k \sum_h b_{ih} b_{kh} = \delta_{ik} \qquad (h, i, k=1, 2, \dots n).$$

Denn vermöge jener Relationen (23) ist:

$$(25) \qquad \sum_{g,i} b_{fg} q_i b_{ig} \left(q_k \sum_h b_{ih} b_{kh} - \delta_{ik}\right) = 0 \qquad (f, g, h, i, k=1, 2, \dots n),$$

und der Werth der Determinante:

$$\left| \sum_{g=1}^{g=n} b_{fg} q_i b_{ig} \right| \qquad (f, i=1, 2, \dots n)$$

gleich *Eins.* Die Gleichungen (25) können demnach nur dann bestehen, wenn die Grössen b, q den Relationen (24) genügen.*)

Wegen der vorausgesetzten Orthogonalität des Systems (a_{ik}) müssen die Bedingungsgleichungen:

---

*) Die vollständige Aequivalenz der Relationen (23) und (24) erhellt unmittelbar aus den Gleichungen (39) im art. V, wenn man darin:

$$w_{hi} = u\sqrt{q_h}\, b_{hi} \qquad (h, i=1, 2, \dots n)$$

setzt.

$$\sum_i a_{ir} a_{is} = \delta_{rs} \qquad (i, r, s = 1, 2, \dots n)$$

erfüllt sein. Setzt man hierin die aus den Relationen (22) hervorgehenden Werthe der Elemente a_{ir}, a_{is} ein, so kommt:

$$\sum_{g,h} p_g p_h b_{gr} b_{hs} \sum_i b_{gi} b_{hi} = \delta_{rs} \qquad (g, h, i, r, s = 1, 2, \dots n),$$

und da gemäss den Relationen (24) die auf i bezügliche Summe den Werth $\frac{\delta_{gh}}{q_h}$ hat, so resultirt die Gleichung:

$$\sum_h \frac{p_h^2}{q_h} b_{hi} b_{hk} = \delta_{ik} \qquad (h, i, k = 1, 2, \dots n),$$

aus deren Verbindung mit den Relationen (23) folgt, dass:

$$\sum_h \left(\frac{p_h^2}{q_h} - q_h\right) b_{hi} b_{hk} = 0 \qquad (h, i, k = 1, 2, \dots n)$$

und also:

(26) $$p_h^2 = q_h^2 \qquad (h = 1, 2, \dots n)$$

sein muss.

Eben dieselbe Folgerung ergiebt sich in übersichtlicher Weise, wenn man von den (symbolischen) Compositionsgleichungen Gebrauch macht:

(27) $$(\bar{b})\,(p)\,(b) = (a), \quad (\bar{b})\,(q)\,(b) = (1),$$

durch welche die Relationen (22) und (23) dargestellt werden können. Dabei bedeutet

(1) das Einheitssystem (δ_{ik}),
(b) das System (b_{ik}),
($\bar{b}$) das transponirte System derselben Grössen b_{ik},

(p) das System, welches in der Diagonale die Grössen $p_1, p_2, \dots p_n$, im Uebrigen aber nur Nullen enthält,

(q) das ebenso aus den Grössen $q_1, q_2, \dots q_n$ gebildete System.

Bezeichnet man ferner mit (b') das reciproke System von (b) und mit $(\bar{b}')$ das reciproke von $(\bar{b})$, so kann die zweite der Compositionsgleichungen (27) durch die folgende ersetzt werden:

$$(b')\left(\frac{1}{q}\right)(\bar{b}') = (1),$$

also die erste durch:

$$(b')\left(\frac{1}{q}\right)(\bar{b}')(\bar{b})(p)(b) = (a);$$

und diese Compositionsgleichung reducirt sich mit Hülfe der Relationen:

$$(\bar{b}')(\bar{b}) = (1), \quad \left(\frac{1}{q}\right)(p) = \left(\frac{p}{q}\right)$$

auf folgende:

$$(b')\left(\frac{p}{q}\right)(b) = (a). \tag{28}$$

Da endlich das System (a), als orthogonales symmetrisches System, das reciproke seiner selbst, d. h. da $(a)(a) = (1)$ und folglich:

$$(b)(a)(a)(b') = (b)(b') = (1)$$

ist, so erhält man, wenn man hier die Systeme (a) durch den Ausdruck auf der linken Seite der Gleichung (28) ersetzt, die Relation:

$$(b)(b')\left(\frac{p}{q}\right)(b)(b')\left(\frac{p}{q}\right)(b)(b') = (1)$$

und daher, mit Benutzung der Gleichungen:

$$(b)(b') = (1), \quad \left(\frac{p}{q}\right)\left(\frac{p}{q}\right) = \left(\frac{p^2}{q^2}\right)$$

das Endresultat:

$$\left(\frac{p^2}{q^2}\right) = (1),$$

d. h. wie oben:

(26) $$p_h^2 = q_h^2 \qquad (h=1, 2, \ldots n).$$

Es sei demgemäss:

$$p_1 = q_1, \; p_2 = q_2, \; \cdots \; p_m = q_m,$$

$$p_{m+1} = -q_{m+1}, \; p_{m+2} = -q_{m+2}, \; \cdots \; p_n = -q_n,$$

so dass die Gleichungen (22) in folgende übergehen:

(29) $$a_{ik} = \sum_{g=1}^{g=m} q_g b_{gi} b_{gk} - \sum_{h=m+1}^{h=n} q_h b_{hi} b_{hk} \qquad (i, k=1, 2, \ldots n),$$

oder, bei Anwendung der Gleichungen (23):

(30) $$a_{ik} = -\delta_{ik} + 2\sum_{g=1}^{g=m} q_g b_{gi} b_{gk} \qquad (i, k=1, 2, \ldots n).$$

Die dem Rationalitätsbereich $(\mathfrak{R}, \mathfrak{R}', \mathfrak{R}'', \ldots)$ angehörigen Elemente a_{ik} eines orthogonalen symmetrischen Systems lassen sich also stets auf die hier angegebene Weise durch Grössen:

$$q_h, \; b_{hi} \qquad (h, i=1, 2, \ldots n)$$

ausdrücken, welche selbst dem Rationalitätsbereich $(\mathfrak{R}, \mathfrak{R}', \mathfrak{R}'', \ldots)$ angehören und dabei den obigen Relationen (24) genügen. Es ist aber auch andererseits zu zeigen, dass, wie immer Grössen q, b_{hi} gemäss den Bedingungsgleichungen (24) aus dem Rationalitätsbereich $(\mathfrak{R}, \mathfrak{R}', \mathfrak{R}'', \ldots)$ entnommen werden mögen, die daraus mittels der Gleichungen (29) oder (30) bestimmten Grössen a_{ik} stets ein orthogonales symmetrisches System bilden.

Zu dem angegebenen Zweck ist nur nachzuweisen, dass die mittels der Gleichungen (30) bestimmten Grössen a_{ik}, welche offenbar die Symmetriebedingungen:

$$a_{ik} = a_{ki} \qquad (i, k = 1, 2, \ldots n)$$

erfüllen, auch den Orthogonalitätsbedingungen genügen:

$$\sum_i a_{ir} a_{is} = \delta_{rs} \qquad (i, r, s = 1, 2, \ldots n);$$

es ist also die Richtigkeit der folgenden Gleichung darzuthun:

$$\sum_{i=1}^{i=n} \left(2 \sum_{g=1}^{g=m} q_g b_{gi} b_{gr} - \delta_{ir}\right) \left(2 \sum_{h=1}^{h=m} q_h b_{hi} b_{hs} - \delta_{is}\right) = \delta_{rs} \qquad (r, s = 1, 2, \ldots n).$$

Entwickelt man nun den Ausdruck auf der linken Seite, so kommt:

$$4 \sum_{g,h} q_g b_{gr} b_{hs} q_h \sum_{i=1}^{i=n} b_{gi} b_{hi} - 4 \sum_g q_g b_{gr} b_{gs} + \delta_{rs} \qquad \begin{pmatrix} g, h = 1, 2, \ldots m \\ r, s = 1, 2, \ldots n \end{pmatrix},$$

und der Werth dieses Ausdrucks reducirt sich mit Hülfe der Gleichung (24) in der That auf δ_{rs}. Dabei werden von den Gleichungen (24) nur die folgenden verwendet:

$$(31) \qquad q_h \sum_{i=1}^{i=n} b_{gi} b_{hi} = \delta_{gh} \qquad (g, h = 1, 2, \ldots m),$$

in welchen der vordere Index der Grössen b nicht grösser als m ist. Das hiermit erlangte Resultat kann daher folgendermaassen formulirt werden:

Man erhält alle orthogonalen symmetrischen Systeme, deren Elemente a_{ik} einem gegebenen Rationalitätsbereich $(\mathfrak{R}, \mathfrak{R}', \mathfrak{R}'', \ldots)$

angehören, wenn man diesem Bereich irgend welche, den $\frac{1}{2}m(m-1)$ Bedingungen:

$$\sum_{i=1}^{i=n} b_{gi} b_{hi} = 0 \qquad (g, h = 1, 2, \ldots m;\ g < h) \tag{32}$$

genügende mn Grössen b_{gi} entnimmt und daraus die n^2 Elemente a_{ik} mittels der Gleichungen:

$$a_{ik} = -\delta_{ik} + 2\sum_{g=1}^{g=m} \frac{b_{gi} b_{gk}}{b_{g1}^2 + b_{g2}^2 + \cdots + b_{gn}^2} \qquad (i, \ = 1, 2, \ldots n) \tag{33}$$

bestimmt.

Hierbei können die sämmtlichen $mn - \frac{1}{2}m(m-1)$ Grössen b_{gi}, bei welchen $g \leqq i$ ist, beliebig angenommen und die $\frac{1}{2}m(m-1)$ Gleichungen (32) zur Bestimmung der übrigen $\frac{1}{2}m(m-1)$ Grössen b_{gi} verwendet werden, in Beziehung auf welche sie *linear* sind.

Von den beliebig*) anzunehmenden $mn - \frac{1}{2}m(m-1)$ Grössen b_{gi} können, unbeschadet der Allgemeinheit der resultirenden Systeme (a_{ik}), noch $\frac{1}{2}m(m+1)$ Grössen specialisirt werden, so dass alsdann nur $m(n-m)$, d. h. genau so viele beliebig bleiben, als die $m(n-m)$ fache Mannigfaltigkeit der orthogonalen symmetrischen Systeme (a_{ik}) erfordert. Man erhält nämlich auch dann noch alle orthogonalen symmetrischen Systeme des Rationalitätsbereichs $(\mathfrak{R}, \mathfrak{R}', \mathfrak{R}'', \ldots)$, wenn man die $\frac{1}{2}m(m-1)$ Grössen b_{gi}, bei welchen $g < i \leqq m$ ist, gleich Null, die m Grössen $b_{11}, b_{22}, \ldots b_{mm}$ aber gleich Eins setzt, und nur die $m(n-m)$ Grössen b_{gi}, bei welchen $g \geqq m$ ist, beliebig lässt.

---

*) Die Wahl der Grössen b_{gi} ist natürlich insoweit beschränkt, dass der Rang des Systems der mn Grössen b_{gi} gleich m, d. h. dass mindestens eine der daraus zu bildenden Determinanten m^{ter} Ordnung von Null verschieden sein muss (vergl. § 5 meines Aufsatzes „Näherungsweise ganzzahlige Auflösung linearer Gleichungen[1])“ im Sitzungsbericht vom December 1884).

[1]) Band III S. 67—69 dieser Ausgabe H.

Um dies zu zeigen, bemerke ich zuvörderst, dass eine Veränderung der Verticalreihen oder der zweiten Indices der Grössen b keine eigentliche Veränderung des Systems (a_{ik}), sondern nur eine solche der *Reihenfolge* der Elemente a_{ik} hervorbringt. Man kann daher die Verticalreihen der Grössen b so geordnet annehmen, dass die aus den ersten m^2 Elementen gebildete Determinante:

$$|b_{gh}| \qquad (g, h=1, 2, \dots m)$$

einen von Null verschiedenen Werth hat. Ich bemerke ferner, dass das aus den Gleichungen (33) resultirende System (a_{ik}) ungeändert bleibt, wenn man für zwei beliebig gewählte Indices g', g'' die Grössen:

$$b_{g'i}, \qquad b_{g''i}$$

durch:

$$b_{g'i} + tq_{g''}b_{g''i}, \quad b_{g''i} - tq_{g'}b_{g'i},$$

und zugleich die Grössen:

$$q_{g'}, \qquad q_{g''}$$

durch:

$$\frac{q_{g'}}{1 + q_{g'}q_{g''}t^2}, \qquad \frac{q_{g''}}{1 + q_{g'}q_{g''}t^2}$$

ersetzt. Denn bei einer solchen Substitution wird nur in der Transformationsgleichung:

$$\sum_{i,k}(a_{ik} + \delta_{ik})\,x_i x_k = 2\sum_g q_g\left(\sum_i b_{gi}x_i\right)^2 \qquad \left(\begin{matrix} g=1, 2, \dots m \\ i, k=1, 2, \dots n \end{matrix}\right),$$

in welcher die Gleichungen (33) zusammengefasst erscheinen, auf der rechten Seite das Aggregat von zwei Quadraten:

$$q_{g'}\left(\sum_i b_{g'i}x_i\right)^2 + q_{g''}\left(\sum_i b_{g''i}x_i\right)^2$$

durch ein Aggregat von zwei anderen Quadraten ersetzt.

Man kann nun die Grösse t so wählen, dass $b_{g'i} + tq_{g''} b_{g''i}$ für einen Werth des Index i gleich Null wird, und also, nach der schon auf S. 127 des Monatsberichts vom Februar 1873 entwickelten Methode*), erst die $m-1$ Grössen b_{gi}, bei welchen $g < m$ und $i = m$ ist, alsdann die $m-2$ Grössen b_{gi}, bei welchen $g < m-1$ und $i = m-1$ ist, u. s. f. zum Verschwinden bringen. Wenn hiernach die sämmtlichen Grössen b_{gi}, bei welchen $g < i \leqq m$ ist, auf Null reducirt sind, müssen die Grössen $b_{11}, b_{22}, \ldots b_{mm}$ sämmtlich von Null verschieden sein; denn deren Product ist gleich der Determinante der ersten m^2 Elemente b_{gi} und also auch gleich der von Null verschieden vorausgesetzten Determinante der ersten m^2 Elemente desjenigen Systems (b_{gi}), von welchem ausgegangen worden ist. Da nun der Werth des Ausdrucks auf der linken Seite der Gleichung (32) sowie der Werth des Ausdrucks auf der rechten Seite der Gleichung (33) ungeändert bleibt, wenn die sämmtlichen Grössen einer Horizontalreihe:

$$b_{g1}, \; b_{g2}, \ldots b_{gn}$$

durch b_{gg} dividirt werden, so kann man in der That, wie gezeigt werden sollte, die $m(n-m)$ Grössen b_{gi}, bei welchen $g > m$ ist, ganz beliebig, ferner aber:

$$b_{gi} = 0 \quad {\scriptstyle (g<i\leqq m)}, \qquad b_{gg} = 1 \quad {\scriptstyle (g=1,\,2,\ldots m)}$$

annehmen und die übrigen $\frac{1}{2}m(m-1)$ Grössen b_{gi}, bei welchen $g > i$ ist, mittels der Gleichungen (32) bestimmen. Die in den Gleichungen (33) enthaltene Darstellung orthogonaler symmetrischer Systeme (a_{ik}) ist alsdann so beschaffen, dass die Grössen b durch die Grössen a eindeutig bestimmt sind, dass also jedes System (a_{ik}) nur *ein*mal dargestellt wird.

---

*) „Ueber die verschiedenen *Sturm*'schen Reihen und ihre gegenseitigen Beziehungen"[1]). Die Methode ist a. a. O. benutzt, um zu zeigen, dass sich jede Transformation eines Aggregats von Quadraten in ein anderes aus gewissen „elementaren Transformationen" zusammensetzen lässt. Sie ist, da für reelle Grössen b die Grössen q sämmtlich positiv sind, auch auf alle *speciellen* Systeme reeller Grössen b anwendbar, während bei *speciellen complexen* Grössen b, wo der Nenner der für die Grössen q zu substituirenden Ausdrücke gleich Null werden kann, wie oben im art. II, andere elementare Transformationen erforderlich sind.

[1]) Band I S. 303—348 dieser Ausgabe; s. S. 317. H.

V.

Herr *Cayley* hat bekanntlich in seinem Aufsatze im 32. Bande des *Crelle*'schen Journals*) zuerst jene berühmten Formeln entwickelt, in welchen die Elemente orthogonaler Systeme n^{ter} Ordnung durch $\frac{1}{2}n(n-1)$ unabhängige Variable rational ausgedrückt werden. Es erscheint demnach von besonderem Interesse, zu untersuchen, wie aus dieser allgemeinen Darstellung eine solche von *symmetrischen* orthogonalen Systemen hervorgeht. Zu diesem Zwecke muss von Neuem auf die Herleitung der *Cayley*'schen Formeln eingegangen werden, da a. a. O. zwar gezeigt ist, dass bei der angegebenen Darstellung der Elemente eines orthogonalen Systems die $\frac{1}{2}n(n-1)$ Bedingungsgleichungen der Orthogonalität erfüllt sind, nicht aber, dass eine solche Darstellung für alle orthogonalen Systeme möglich ist.

Bei dieser erneuten Behandlung der allgemeinen orthogonalen Systeme werde ich, da die Auseinandersetzung dadurch wesentlich an Durchsichtigkeit gewinnt, von den Methoden Gebrauch machen, welche sich in meinem Aufsatze**) „Ueber einige Anwendungen der Modulsysteme auf elementare algebraische Fragen", sowie in neueren Arbeiten***) des Herrn *Netto* bei der Behandlung mehrerer algebraischer Probleme als nützlich erwiesen haben.

Bei einer solchen Behandlungsweise hat man anstatt der Eigenschaften von Grössen c_{ik}, welche, wie oben im art. I, durch die für ein orthogonales System (c_{ik}) charakteristischen Relationen:

$$(4) \qquad \sum_{i=1}^{i=n} c_{gi}\, c_{hi} = \delta_{gh} \qquad (g, h = 1, 2, \ldots n)$$

---

*) S. 119—123.

**) Journal für Mathematik, Bd. 99, S. 329—371[1]).

***) „Anwendung der Modulsysteme auf eine elementare algebraische Frage" im Journal für Mathematik, Bd. 104, S. 321—340. „Ueber den grössten gemeinsamen Theiler zweier ganzer Functionen" in der Festschrift der mathematischen Gesellschaft in Hamburg (1890). „Ueber den gemeinsamen Theiler zweier ganzer Functionen einer Veränderlichen" im Journal für Mathematik, Bd. 106, S. 81—88.

[1]) Band III S. 145—208 dieser Ausgabe. H.

mit einander verbunden sind, die Eigenschaften zu untersuchen, welche einem Systeme von n^2 unbestimmten Variabeln:

$$w_{ik} \qquad (i, k = 1, 2, \dots n)$$

im Sinne der Congruenz für das aus den $\frac{1}{2} n(n+1)$ Elementen:

$$\delta_{gh} - \sum_{i=1}^{i=n} w_{gi} w_{hi} \qquad (g, h = 1, 2, \dots n;\ g \leqq h)$$

gebildete Modulsystem zukommen.

Demgemäss seien u und w_{ik} (für $i, k = 1, 2, \dots n$) unbestimmte Variable, (w'_{ik}) sei das zu (w_{ik}) reciproke System, und die n^2 Variable u_{ik} seien durch die Gleichungen:

$$u_{ik} = w_{ik} + u\delta_{ik} \qquad (i, k = 1, 2, \dots n)$$

definirt. Ferner sei U die Determinante des Systems (u_{ik}), und (u'_{ik}) sei das zu (u_{ik}) reciproke System. Endlich sei zur Abkürzung für alle Werthe der Indices $i, k = 1, 2, \dots n$:

$$(34) \qquad \varphi_{ik} = \sum_{h=1}^{h=n} w_{ih} w_{kh} - \delta_{ik} u^2 = \sum_{h=1}^{h=n} u_{ih} u_{kh} - u(u_{ik} + u_{ki}),$$

$$(35) \qquad \overline{\varphi}_{ik} = \sum_{h=1}^{h=n} w_{hi} w_{hk} - \delta_{ik} u^2 = \sum_{h=1}^{h=n} u_{hi} u_{hk} - u(u_{ik} + u_{ki}),$$

$$(36) \qquad \psi_{ik} = \delta_{ik} - u(u'_{ik} + u'_{ki}).$$

Alsdann bestehen die bemerkenswerthen Relationen:

$$(37) \qquad \varphi_{gh} = \sum_{i,k} u_{gi} u_{hk} \psi_{ik}, \qquad \psi_{gh} = \sum_{i,k} u'_{gi} u'_{hk} \varphi_{ik},$$

$$(38) \qquad \overline{\varphi}_{gh} = \sum_{i,k} u_{ig} u_{kh} \psi_{ik}, \qquad \psi_{gh} = \sum_{i,k} u'_{ig} u'_{kh} \overline{\varphi}_{ik},$$

$$(39) \qquad \varphi_{gh} = \sum_{i,k} w_{hk} w'_{ig} \overline{\varphi}_{ik}, \qquad \overline{\varphi}_{gh} = \sum_{i,k} w_{kh} w'_{gi} \varphi_{ik},$$

in welchen die Summationen auf die Werthe $i, k = 1, 2, \ldots n$ zu erstrecken sind und den Indices g, h alle Werthe von 1 bis n beigelegt werden können. Von der Richtigkeit dieser Relationen überzeugt man sich unmittelbar, wenn man darin für φ_{gh}, $\bar{\varphi}_{gh}$, ψ_{gh}, φ_{ik}, $\bar{\varphi}_{ik}$, ψ_{ik} die aus den Gleichungen (34), (35) und (36) zu entnehmenden Ausdrücke substituirt und die Gleichungen:

$$(40) \qquad \sum_{i=1}^{i=n} w_{hi} w'_{ik} = \sum_{i=1}^{i=n} w'_{hi} w_{ik} = \delta_{hk} \qquad (h, k = 1, 2, \ldots n),$$

$$(41) \qquad \sum_{i=1}^{i=n} u_{hi} u'_{ik} = \sum_{i=1}^{i=n} u'_{hi} u_{ik} = \delta_{hk} \qquad (h, k = 1, 2, \ldots n)$$

benutzt, durch welche die Systeme (w_{ik}), (w'_{ik}) und (u_{ik}), (u'_{ik}) als zu einander reciprok definirt werden.

Man kann den Inhalt der Relationen (37), (38), (39) auch in übersichtlicher Weise so ausdrücken, dass die Transformationen quadratischer und bilinearer Formen, welche in folgenden drei Gleichungen dargestellt sind:

$$(37') \qquad \sum_{i,k} \varphi_{ik} x_i x_k = \sum_{i,k} \psi_{ik} y_i y_k$$

$$(38') \qquad \sum_{i,k} \bar{\varphi}_{ik} \bar{x}_i \bar{x}_k = \sum_{i,k} \psi_{ik} y_i y_k \qquad (i, k = 1, 2, \ldots n),$$

$$(39') \qquad \sum_{i,k} \varphi_{ik} \bar{x}_i x_k = \sum_{i,k} \bar{\varphi}_{ik} (y_i - u x_i)(y_k - u x_k)$$

durch die Substitutionen:

$$y_i = \sum_k u_{ik} \bar{x}_k = \sum_k u_{ki} x_k \qquad (i, k = 1, 2, \ldots n)$$

bewirkt werden.

Zwischen den Variabeln x und $\bar{x}$ bestehen in Folge der angegebenen Substitutionen die directen Beziehungen:

$$x_h = \sum_{i,k} u_{ik} u'_{ih} \bar{x}_k, \qquad \bar{x}_h = \sum_{k,i} u_{ki} u'_{hi} x_k \qquad (h, i, k = 1, 2, \ldots n),$$

und mit deren Hülfe erhält man aus der Gleichung:

$$\sum_{i,k} \varphi_{ik} x_i x_k = \sum_{i,k} \bar{\varphi}_{ik} \bar{x}_i \bar{x}_k \qquad (i, k = 1, 2, \ldots n),$$

welche durch Verbindung der beiden Gleichungen (37′) und (38′) entsteht, die Relationen:

$$(42) \qquad \begin{aligned} \bar{\varphi}_{gh} &= \sum_{i,k,r,s} u_{rg} u_{sh} u'_{ri} u'_{sk} \varphi_{ik}, \\ \varphi_{gh} &= \sum_{i,k,r,s} u_{gr} u_{hs} u'_{ir} u'_{ks} \bar{\varphi}_{ik}, \end{aligned}$$

in welchen die Summationen auf:

$$i, k, r, s = 1, 2, \ldots n$$

zu erstrecken und den Indices g, h alle Werthe von 1 bis n beizulegen sind.

Die obigen Identitäten (37) bis (42) enthalten die Eigenschaften orthogonaler Systeme in entwickelter Form, und die beiden mit (37) bezeichneten Identitäten *allein* genügen zur Vereinfachung und Vervollständigung der *Cayley*'schen Deduction. Denn durch die Gleichungen:

$$(43) \qquad \varphi_{ik} = \sum_{h=1}^{h=n} w_{ih} w_{kh} - \delta_{ik} u^2 = \sum_{h=1}^{h=n} u_{ih} u_{kh} - u(u_{ik} + u_{ki}) = 0$$

$$(i, k = 1, 2, \ldots n)$$

wird das System der n^2 Grössen:

$$\frac{w_{ik}}{u} \quad \text{oder} \quad \frac{u_{ik}}{u} - \delta_{ik} \qquad (i, k = 1, 2, \ldots n)$$

als ein orthogonales charakterisirt, und da, unter der Voraussetzung, dass ein zu (u_{ik}) reciprokes System (u'_{ik}) existirt, d. h. also unter der Voraussetzung, dass die Determinante U von Null verschieden ist, das System der Gleichungen:

(44) $$\psi_{ik} = \psi_{ki} = \delta_{ik} - u(u'_{ik} + u'_{ki}) = 0 \qquad (i, k = 1, 2, \ldots n)$$

auf Grund jener beiden Formeln (37) dem Gleichungssysteme (43) vollständig aequivalent ist, so sind auch die Gleichungen (44) charakteristisch für die Orthogonalität des Systems der Grössen:

$$\frac{w_{ik}}{u} \quad \text{oder} \quad \frac{u_{ik}}{u} - \delta_{ik} \qquad (i, k = 1, 2, \ldots n).$$

Diese Gleichungen (44) sind aber dann und nur dann erfüllt, wenn nach Annahme von $\frac{1}{2}n(n-1)$ beliebigen Grössen:

$$t_{ik} \qquad (i < k;\; i, k = 1, 2, \ldots n),$$

den Variabeln u' folgende Werthe beigelegt werden:

$$uu'_{ii} = \frac{1}{2}, \quad uu'_{ik} = t_{ik}, \quad uu'_{ki} = -t_{ik} \qquad (i < k;\; i, k = 1, 2, \ldots n).$$

Bildet man also aus dem zu *diesem* Systeme (u'_{ik}) reciproken Systeme (u_{ik}) das System der n^2 Grössen:

$$\frac{u_{ik}}{u} - \delta_{ik} \qquad (i, k = 1, 2, \ldots n),$$

so erhält man das allgemeinste orthogonale System von der Beschaffenheit, dass die Determinante von (u_{ik}) nicht gleich Null ist.

Aus den Gleichungen (37) folgt ebenso unmittelbar:

dass man alle einem Rationalitätsbereich $(\mathfrak{R}', \mathfrak{R}'', \mathfrak{R}''', \ldots)$ angehörigen orthogonalen Systeme (c_{ik}), für welche die Determinante:

$$|c_{ik} + \delta_{ik}| \qquad (i, k = 1, 2, \ldots n)$$

von Null verschieden ist, und *nur* solche Systeme erhält, wenn man aus demselben Rationalitätsbereich Systeme (t_{ik}) entnimmt, für welche:

$$t_{ii} = \frac{1}{2}, \quad t_{ik} = -t_{ki} \qquad (i < k;\ i, k = 1, 2, \ldots n)$$

ist, dazu das reciproke System (t'_{ik}) bildet und alsdann die Elemente des orthogonalen Systems (c_{ik}) gemäss den Gleichungen:

$$c_{ik} = t'_{ik} - \delta_{ik} \qquad (i, k = 1, 2, \ldots n)$$

bestimmt.

Von den orthogonalen Systemen (c_{ik}), für welche die Determinante:

$$|\, c_{ik} + \delta_{ik} \,| \qquad (i, k = 1, 2, \ldots n)$$

von Null verschieden ist, kann keines — ausser dem Einheitssystem (δ_{ik}) — symmetrisch sein. Denn für ein symmetrisches System (c_{ik}) ist auch das System $(c_{ik} + \delta_{ik})$ und also auch dessen reciprokes (t_{ik}) symmetrisch; es ist also dann:

$$t_{ii} = \frac{1}{2}, \quad t_{ik} = t_{ki} = -t_{ki} = 0 \qquad (i < k;\ i, k = 1, 2, \ldots n)$$

folglich:

$$t_{ik} = 2\delta_{ik} \qquad (i, k = 1, 2, \ldots n)$$

und daher in der That:

$$c_{ik} = \delta_{ik} \qquad (i, k = 1, 2, \ldots n).$$

Die in dem *Lipschitz*'schen und auch in diesem Aufsatze behandelten orthogonalen *symmetrischen* Systeme gehören also zu denen, welche sich der von Herrn *Cayley* angegebenen Darstellung entziehen. Aber es ist gerade deshalb von besonderem Interesse, zu untersuchen, in welcher Weise man sich bei der *Cayley*'schen Darstellung orthogonaler Systeme denjenigen, welche zugleich symmetrisch sind, *nähern* kann.

VI.

Die Behandlung von Systemen (τ_{ik}), welche so beschaffen sind, dass $\tau_{ik} = -\tau_{ki}$ ist, kann dadurch ersetzt werden, dass man ein System von unbestimmten Variabeln v_{ik} im Sinne der Congruenz für das Modulsystem mit den $\frac{1}{2}n(n+1)$ Elementen:

$$(\mathrm{M}_v) \qquad v_{ii}, \quad v_{ik} + v_{ki} \qquad {\scriptstyle (i,\, k=1,\, 2,\, \ldots\, n;\; i<k)}$$

behandelt.

Da die Determinante des Systems (v_{ik}), welche mit V bezeichnet werden möge, ungeändert bleibt, wenn man in jeder der Variabeln v_{ik} die beiden Indices mit einander vertauscht, so erhält sie den Factor $(-1)^n$, wenn man $-v_{ki}$ für v_{ik} setzt. Für das Modulsystem (M_v) ist daher $V \equiv (-1)^n V$, also:

$$(45) \qquad V \equiv 0,$$

wenn n ungerade ist. Es sei nun (V_{ik}) das zu (v_{ik}) adjungirte System, so dass die Gleichungen bestehen:

$$\sum_{i=1}^{i=n} v_{hi} V_{ik} = \sum_{i=1}^{i=n} v_{ih} V_{ki} = \delta_{hk} V \qquad {\scriptstyle (h,\, k=1,\, 2,\, \ldots\, n)}.$$

Die mit V_{ki} bezeichnete Function der Variabeln v entsteht aus V_{ik}, indem man in jeder der Variabeln v_{ik} die beiden Indices mit einander vertauscht, d. h. also indem man v_{ik} durch v_{ki} ersetzt. Substituirt man aber $-v_{ki}$ für v_{ik}, so geht V_{ki} in $(-1)^{n-1} V_{ik}$ über. Es besteht daher für das Modulsystem (M_v) die Congruenz:

$$V_{ki} \equiv (-1)^{n-1} V_{ik} \qquad {\scriptstyle (i,\, k=1,\, 2,\, \ldots\, n)}$$

oder:

$$(45') \qquad \frac{\partial V}{\partial v_{ki}} \equiv (-1)^{n-1} \frac{\partial V}{\partial v_{ik}} \qquad {\scriptstyle (i,\, k=1,\, 2,\, \ldots\, n)},$$

und folglich für *gerade* Zahlen n:

(46) $$V_{ii} = \frac{\partial V}{\partial v_{ii}} \equiv 0 \qquad (i=1, 2, \ldots n).$$

Wird in der Gleichung (45′) die Determinante n^{ter} Ordnung V durch die Determinante $(n-1)^{\text{ter}}$ Ordnung $\frac{\partial V}{\partial v_{hh}}$ ersetzt, so resultirt die Congruenz:

(47) $$\frac{\partial^2 V}{\partial v_{hh}\partial v_{ik}} \equiv (-1)^n \frac{\partial^2 V}{\partial v_{hh}\partial v_{ki}} \qquad (h, i, k=1, 2, \ldots n).$$

Nimmt man nun n als *gerade* an, so erschliesst man mit Benutzung der Congruenzen (46) und (47) aus der Determinantenrelation:

$$\frac{\partial^2 V}{\partial v_{hh}\partial v_{ii}} \cdot \frac{\partial^2 V}{\partial v_{hh}\partial v_{kk}} - \frac{\partial^2 V}{\partial v_{hh}\partial v_{ik}} \cdot \frac{\partial^2 V}{\partial v_{hh}\partial v_{ki}} = \frac{\partial V}{\partial v_{hh}} \cdot \frac{\partial^3 V}{\partial v_{hh}\partial v_{ii}\partial v_{kk}}$$

$$(h, i, k=1, 2, \ldots n;\ h \gtrless i,\ h \gtrless k)$$

die Congruenz:

(48) $$\frac{\partial^2 V}{\partial v_{hh}\partial v_{ii}} \cdot \frac{\partial^2 V}{\partial v_{hh}\partial v_{kk}} \equiv \left(\frac{\partial^2 V}{\partial v_{hh}\partial v_{ik}}\right)^2 \qquad \binom{h, i, k=1, 2, \ldots n}{h \gtrless i,\ h \gtrless k}.$$

Setzt man ferner voraus, dass die Determinanten $(n-2)^{\text{ter}}$ Ordnung:

(49) $$\frac{\partial^2 V}{\partial v_{hh}\partial v_{ii}} \qquad (h, i=1, 2, \ldots n;\ h \gtrless i)$$

Quadraten congruent sind, und bezeichnet man diese mit $\mathfrak{V}_{hi}^2$, so nimmt die Congruenz (48) die Gestalt an:

$$\mathfrak{V}_{hi}^2 \mathfrak{V}_{hk}^2 \equiv \left(\frac{\partial^2 V}{\partial v_{hh}\partial v_{ik}}\right)^2 \qquad \binom{h, i, k=1, 2, \ldots n}{h \gtrless i,\ h \gtrless k},$$

und da (M_v) ein *Prim*modulsystem ist, so muss bei geeigneter Bestimmung der Vorzeichen von $\mathfrak{V}_{hi}$, $\mathfrak{V}_{hk}$ die Congruenz stattfinden:

$$\mathfrak{B}_{hi}\mathfrak{B}_{hk} \equiv \frac{\partial^2 V}{\partial v_{hh}\partial v_{ik}} \qquad \left(\begin{smallmatrix} h,\ i,\ k=1,\ 2,\ \dots\ n \\ h \lessgtr i,\ h \gtrless k \end{smallmatrix}\right).$$

Macht man hiervon, sowie von den Congruenzen:

$$v_{hh} \equiv 0, \quad v_{ih} \equiv -v_{hi} \qquad (h,\ i=1,\ 2,\ \dots\ n;\ h \gtrless i)$$

in der Darstellung der Determinante V:

$$V = \frac{\partial V}{\partial v_{hh}} v_{hh} - \sum_{i,\ k} \frac{\partial^2 V}{\partial v_{hh}\partial v_{ik}} v_{ih} v_{hk} \qquad \left(\begin{smallmatrix} h,\ i,\ k=1,\ 2,\ \dots\ n \\ h \gtrless i,\ h \gtrless k \end{smallmatrix}\right)$$

Gebrauch, so erhält man die Congruenz:

$$V \equiv \sum_{i,\ k} \mathfrak{B}_{hi}\mathfrak{B}_{hk} v_{hi} v_{hk} \qquad \left(\begin{smallmatrix} h,\ i,\ k=1,\ 2,\ \dots\ n \\ h \gtrless i,\ h \gtrless k \end{smallmatrix}\right),$$

welche, wenn zur Abkürzung:

$$\sum_i \mathfrak{B}_{hi} v_{hi} = \mathfrak{B} \qquad (h,\ i=1,\ 2,\ \dots\ n;\ h \gtrless i)$$

gesetzt wird, in folgende übergeht:

$$V \equiv \mathfrak{B}^2 \ (\text{modd.}\ v_{ii},\ \ v_{ik} + v_{ki}) \qquad (i,\ k=1,\ 2,\ \dots\ n). \tag{50}$$

Auf diese Weise folgt aus der Voraussetzung, dass die Determinanten $(n-2)^{\text{ter}}$ Ordnung (49) Quadraten congruent sind, eben dieselbe Eigenschaft für die Determinante n^{ter} Ordnung V, und da diese Eigenschaft den Determinanten zweiter Ordnung offenbar zukommt, so ist sie für Determinanten jeder geraden Ordnung erwiesen.

Die Congruenz (50) drückt aus, dass eine Gleichung besteht:

$$V = \mathfrak{B}^2 + \sum_i v_{ii}\,\Phi_{ii} + \sum_{i,\ k} (v_{ik} + v_{ki})\,\Phi_{ik} \qquad (i,\ k=1,\ 2,\ \dots\ n;\ i<k),$$

in welcher Φ_{ii}, Φ_{ik} ganze Grössen des aus den n^2 Elementen:

$$v_{ik} \qquad (i,\ k=1,\ 2,\ \dots\ n)$$

gebildeten Rationalitätsbereichs bedeuten. Differentiirt man diese Gleichung nach einem Element v_{gh}, bei welchem $g<h$ ist, so kommt:

$$\frac{\partial V}{\partial v_{gh}} = 2\mathfrak{V}\frac{\partial \mathfrak{V}}{\partial v_{gh}} + \sum_i v_{ii}\frac{\partial \Phi_{ii}}{\partial v_{gh}} + \sum_{i,\,k}(v_{ik}+v_{ki})\frac{\partial \Phi_{ik}}{\partial v_{gh}} + \Phi_{gh}$$

$$(i,\ k=1,\ 2,\ \dots\ n;\ i<k),$$

und die Differentiation nach v_{hg} ergiebt das Resultat:

$$\frac{\partial V}{\partial v_{hg}} = 2\mathfrak{V}\frac{\partial \mathfrak{V}}{\partial v_{hg}} + \sum_i v_{ii}\frac{\partial \Phi_{ii}}{\partial v_{hg}} + \sum_{i,\,k}(v_{ik}+v_{ki})\frac{\partial \Phi_{ik}}{\partial v_{hg}} + \Phi_{gh}$$

$$(i,\ k=1,\ 2,\ \dots\ n;\ i<k).$$

Aus der Vergleichung der beiden Differentiationsresultate folgt also die Congruenz:

$$\frac{\partial V}{\partial v_{gh}} \equiv \frac{\partial V}{\partial v_{hg}}\ (\text{modd. } \mathfrak{V},\ v_{ii},\ v_{ik}+v_{ki}) \qquad (i,\ k=1,\ 2,\ \dots\ n);$$

da aber andererseits vermöge der Congruenz (45′), und weil n eine gerade Zahl ist:

$$\frac{\partial V}{\partial v_{gh}} \equiv -\frac{\partial V}{\partial v_{hg}}\ (\text{modd. } v_{ii},\ v_{ik}+v_{ki}) \qquad (i,\ k=1,\ 2,\ \dots\ n)$$

sein muss, so resultirt die Congruenz:

$$(51) \qquad \frac{\partial V}{\partial v_{gh}} \equiv 0\ (\text{modd. } \mathfrak{V},\ v_{ii},\ v_{ik}+v_{ki}) \qquad (i,\ k=1,\ 2,\ \dots\ n),$$

in welcher n eine gerade Zahl und $\mathfrak{V}$ eine durch die Congruenz (50) definirte Grösse des Bereichs der Elemente v_{ik} bedeutet. Die Bedingung $g \gtrless h$, welche in Folge der Herleitung hinzugefügt werden müsste, kann mit Rücksicht auf die schon oben abgeleitete Congruenz (46) weggelassen werden.

Es sei nunmehr n *ungerade*. Alsdann muss gemäss der Congruenz (50), da $n-1$ grade ist, die Hauptsubdeterminante $(n-1)^{\text{ter}}$ Ordnung $\frac{\partial V}{\partial v_{ll}}$ für das Modulsystem (M_v) einem Quadrate $\mathfrak{V}_{ll}^2$ congruent sein. Es muss ferner, gemäss der Congruenz (51), wenn darin V durch $\frac{\partial V}{\partial v_{ll}}$ und $\mathfrak{V}$ durch $\mathfrak{V}_{ll}$ ersetzt wird, die Congruenz stattfinden:

$$\frac{\partial^2 V}{\partial v_{ll}\partial v_{gh}} \equiv 0 \ (\text{modd. } \mathfrak{V}_{ll},\ v_{ii},\ v_{ik}+v_{ki}) \qquad \left(\begin{smallmatrix} i,\ k=1,\ 2,\ \dots\ n \\ g \gtrless h \end{smallmatrix}\right).$$

Wird hiervon in der Identität:

$$\sum_{h=1}^{h=n} \frac{\partial^2 V}{\partial v_{ll}\partial v_{gh}} v_{lh} = -\frac{\partial V}{\partial v_{gl}} \qquad (g \gtrless l)$$

Gebrauch gemacht, so resultirt die Congruenz:

$$(52) \qquad \frac{\partial V}{\partial v_{gh}} \equiv 0 \ (\text{modd. } \mathfrak{V}_{hh},\ v_{ii},\ v_{ik}+v_{ki}) \qquad (i,\ k=1,\ 2,\ \dots\ n),$$

in welcher n eine ungerade Zahl und sowohl g als auch h irgend eine beliebige der Zahlen 1, 2, ... n bedeutet.

Bezeichnet man jetzt (für eine beliebige, gerade oder ungerade Zahl n) die durch Differentiation von V nach m Grössen v_{ii} entstehenden Subdeterminanten $(n-m)^{\text{ter}}$ Ordnung in irgend einer Reihenfolge mit:

$$V_\varkappa^{(m)} \qquad (\varkappa=1,\ 2,\ \dots\ \nu_m),$$

ferner mit v eine unbestimmte Variable und mit $V(v)$ die Determinante:

$$|\, v_{ik} + v\delta_{ik} \,| \qquad (i,\ k=1,\ 2,\ \dots\ n),$$

so wird:

$$V(v) = \sum_l v^l \sum_\varkappa V_\varkappa^{(l)}$$

(53)
$$\frac{\partial V(v)}{\partial v_{gh}} = \sum_l v^l \sum_\varkappa \frac{\partial V_\varkappa^{(l)}}{\partial v_{gh}} \qquad \begin{pmatrix} \varkappa = 1, 2, \ldots \nu_l \\ l = 0, 1, 2, \ldots n \\ g, h = 1, 2, \ldots n \end{pmatrix}.$$

Nun bestehen, gemäss den Congruenzen (45) und (50) die Relationen:

$$V_\varkappa^{(l)} \equiv 0 \quad \text{oder} \quad V_\varkappa^{(l)} \equiv (\mathfrak{B}_\varkappa^{(l)})^2 \quad (\text{modd. } v_{ii},\ v_{ik} + v_{ki}) \qquad (i, k = 1, 2, \ldots n),$$

je nachdem $n - l$ ungerade oder gerade ist, und es bedeuten dabei $\mathfrak{B}_\varkappa^{(l)}$ ganze Grössen des Bereichs der Elemente v_{ik}. Es ist ferner gemäss der Congruenz (51) für *gerade* Zahlen $n - l$:

$$\frac{\partial V_\varkappa^{(l)}}{\partial v_{gh}} \equiv 0 \ (\text{modd. } \mathfrak{B}_\varkappa^{(l)},\ v_{ii},\ v_{ik} + v_{ki}) \qquad \begin{pmatrix} g, h, i, k = 1, 2, \ldots n \\ \varkappa = 1, 2, \ldots \nu_l \end{pmatrix}$$

und gemäss der Congruenz (52) für *ungerade* Zahlen $n - l$:

$$\frac{\partial V_\varkappa^{(l)}}{\partial v_{gh}} \equiv 0 \ (\text{modd. } \mathfrak{B}_\lambda^{(l+1)},\ v_{ii},\ v_{ik} + v_{ki}) \qquad \begin{pmatrix} g, h, i, k = 1, 2, \ldots n \\ \varkappa = 1, 2, \ldots \nu_l \\ \lambda = 1, 2, \ldots \nu_{l+1} \end{pmatrix}.$$

Setzt man also für ungerade Werthe von $n - l$:

$$\mathfrak{B}^{(l)} = 0,$$

so können die vorstehenden Congruenzen in folgende vereinigt werden:

$$V_\varkappa^{(l)} \equiv (\mathfrak{B}_\varkappa^{(l)})^2 \ (\text{modd. } v_{ii},\ v_{ik} + v_{ki})$$

(54)
$$\frac{\partial V_\varkappa^{(l)}}{\partial v_{gh}} \equiv 0 \ (\text{modd. } \mathfrak{B}_\varkappa^{(l)},\ \mathfrak{B}_\lambda^{(l+1)},\ v_{ii},\ v_{ik} + v_{ki}) \qquad \begin{pmatrix} g, h, i, k = 1, 2, \ldots n \\ \varkappa = 1, 2, \ldots \nu_l \\ \lambda = 1, 2, \ldots \nu_{l+1} \end{pmatrix}.$$

Für das aus den Elementen des Modulsystems (M_v) und aus allen denjenigen

Grössen $\mathfrak{V}^{(l)}$ gebildete Modulsystem, bei welchen $l < m$ ist, finden daher, wenn $n - m$ eine *gerade* Zahl ist, die Congruenzen statt:

$$(55)\qquad \begin{aligned} V(v) &\equiv \sum_l v^l \sum_\varkappa (\mathfrak{V}_\varkappa^{(l)})^2 \\ \frac{\partial V(v)}{\partial v_{gh}} &\equiv \sum_l v^{l-1} \sum_\varkappa \frac{\partial V_\varkappa^{(l-1)}}{\partial v_{gh}} \end{aligned} \qquad \begin{pmatrix} \varkappa=1, 2, \ldots\ldots \nu_l \\ l=m, m+1, \ldots n \end{pmatrix}.$$

Da die Grössen $\mathfrak{V}^{(l)}$, für welche $n - l$ ungerade ist, gleich Null sind, so besteht das angegebene Modulsystem, welches mit $(M_v^{(m)})$ bezeichnet werden möge, in Wahrheit nur aus den Elementen:

$$\mathfrak{V}^{(m-2)},\ \mathfrak{V}^{(m-4)},\ \mathfrak{V}^{(m-6)},\ \ldots$$

und aus den $\frac{1}{2}n(n+1)$ Elementen:

$$v_{ii},\ v_{ik} + v_{ki} \qquad (i, k=1, 2, \ldots n;\ i < k).$$

Das in den Congruenzen (55) enthaltene Resultat kann hiernach, wenn $n - m = 2\mathfrak{m}$ gesetzt wird, in folgender Weise formulirt werden:

Im Sinne der Congruenz für das Modulsystem $(M_v^{(n-2\mathfrak{m})})$ beginnt die Entwickelung der Determinante:

$$|v_{ik} + v\delta_{ik}| \qquad (i, k=1, 2, \ldots n)$$

nach steigenden Potenzen von v mit $v^{n-2\mathfrak{m}}$, und die Entwickelung jeder ihrer ersten Subdeterminanten mit $v^{n-2\mathfrak{m}-1}$ oder einer höheren Potenz von v.

Nun ist die bilineare Form:

$$\frac{v}{V(v)} \sum_{i,k} \frac{\partial V(v)}{\partial v_{ik}} x_i' y_k' \qquad (i, k=1, 2, \ldots n)$$

die reciproke der bilinearen Form:

$$\frac{1}{v}\sum_{i,k} v_{ik}x_i y_k + \sum_k x_k y_k \quad \text{oder} \quad \sum_{i,k}\left(\frac{v_{ik}}{v}+\delta_{ik}\right)x_i y_k \qquad (i, k=1, 2, \ldots n);$$

das vorstehende Resultat kann demnach auch, wenn man die Reciproke einer Form f zur Abkürzung mit Rec. (f) bezeichnet, durch die Congruenz dargestellt werden:

$$\text{Rec.}\left(\sum_{i,k}\left(\frac{v_{ik}}{v}+\delta_{ik}\right)x_i y_k\right)\cdot\sum_l v^l\sum_\varkappa(\mathfrak{V}_\varkappa^{(l)})^2 \equiv \sum_{i,k}\sum_l v^l\sum_\varkappa \frac{\partial V_\varkappa^{(l-1)}}{\partial v_{ik}} x_i' y_k' \quad (\text{modd.}\,(M_v^{(n-2\mathfrak{m})}))$$

$$(i, k=1, 2, \ldots n;\; \varkappa=1, 2, \ldots \nu_l;\; l=n-2\mathfrak{m}, n-2\mathfrak{m}+1, \ldots n),$$

und hieraus folgt, dass, wenn man zu den Elementen des mit $(M_v^{(n-2\mathfrak{m})})$ bezeichneten Modulsystems noch das Element v hinzunimmt, die Congruenz besteht:

$$\text{(56)} \qquad \text{Rec.}\left(\sum_{i,k}\left(\frac{v_{ik}}{v}+\delta_{ik}\right)x_i y_k\right)\cdot\sum_\varkappa(\mathfrak{V}_\varkappa^{(m)})^2 \equiv \sum_{i,k}\sum_\varkappa \frac{\partial V_\varkappa^{(m-1)}}{\partial v_{ik}} x_i' y_k$$

$$(i, k=1, 2, \ldots n;\; \varkappa=1, 2, \ldots \nu_m;\; m=n-2\mathfrak{m}).$$

Setzt man für die n^2 Variabeln v_{ik} ganze Grössen eines Rationalitätsbereichs $(\mathfrak{R}', \mathfrak{R}'', \ldots)$, und entnimmt man aus demselben Bereich ein Modulsystem $(\mathfrak{M}', \mathfrak{M}'', \ldots)$, welches in allen Elementen des Modulsystems $(M_v^{(m)})$, also sowohl in jeder der $\frac{1}{2}n(n+1)$ Grössen:

$$v_{ii},\; v_{ik}+v_{ki} \qquad (i, k=1, 2, \ldots n;\; i<k)$$

als auch in jeder der Grössen:

$$\mathfrak{V}^{(n-2\mathfrak{m}-2)},\; \mathfrak{V}^{(n-2\mathfrak{m}-4)},\; \mathfrak{V}^{(n-2\mathfrak{m}-6)}, \ldots$$

enthalten ist, für welches aber die Grösse:

$$\sum_\varkappa(\mathfrak{V}_\varkappa^{(n-2\mathfrak{m})})^2$$

nicht congruent Null ist, so erhält man die Congruenz:

$$\text{(56')} \qquad \text{Rec.}\Big(\sum_{i,k}\Big(\frac{v_{ik}}{v}+\delta_{ik}\Big)x_i y_k\Big)\cdot\sum_{\varkappa}(\mathfrak{V}_{\varkappa}^{(m)})^2 \equiv \sum_{i,k}\sum_{\varkappa}\frac{\partial V_{\varkappa}^{(m-1)}}{\partial v_{ik}}\,x_i'y_k' \quad (\text{modd. } v,\ \mathfrak{M}',\ \mathfrak{M}'',\ \ldots)$$

$$(i,\ k=1,\ 2,\ \ldots\ n;\quad \varkappa=1,\ 2,\ \ldots\ \nu_m;\quad m=n-2\mathfrak{m}).$$

Die Coefficienten der bilinearen Form auf der rechten Seite sind Subdeterminanten $(n-m)^{\text{ter}}$, d. h. also $2\mathfrak{m}^{\text{ter}}$ Ordnung. Die Subdeterminanten *gerader* Ordnung bleiben aber, wie schon oben dargelegt ist, im Sinne der Congruenz für das Modulsystem (M_v), also auch für das darin enthaltene Modulsystem $(v,\ \mathfrak{M}',\ \mathfrak{M}'',\ \ldots)$, ungeändert, wenn man die Horizontalreihen und Verticalreihen ihrer Elemente mit einander vertauscht. Die bilineare Form auf der rechten Seite der Congruenz (56') ist daher *symmetrisch.*

VII.

Legt man den n^2 Variabeln v_{ik} reelle Werthe τ_{ik} bei, welche den Bedingungen:

$$\tau_{ii}=0,\quad \tau_{ik}+\tau_{ki}=0 \qquad (i,\ k=1,\ 2,\ \ldots\ n)$$

genügen, also die Coefficienten einer alternirenden bilinearen Form bilden, und welche überdies so beschaffen sind, dass die Entwickelung der Determinante:

$$|\tau_{ik}+v\delta_{ik}| \qquad (i,\ k=1,\ 2,\ \ldots\ n)$$

nach steigenden Potenzen von v genau mit v^m beginnt, so müssen die m Gleichungen bestehen:

$$\sum_{\varkappa}(\mathfrak{V}_{\varkappa}^{(l)})^2=0 \qquad \begin{pmatrix}\varkappa=1,\ 2,\ \ldots\ \nu_l\\ l=0,\ 1,\ \ldots\ m-1\end{pmatrix},$$

in welchen $\mathfrak{V}_{\varkappa}^{(l)}$ ganze ganzzahlige Functionen der reellen Grössen τ_{ik} sind, und es müssen daher die sämmtlichen Grössen:

$$\mathfrak{V}_{\varkappa}^{(l)} \qquad \begin{pmatrix}\varkappa=1,\ 2,\ \ldots\ \nu_l\\ l=0,\ 1,\ \ldots\ m-1\end{pmatrix}$$

selbst gleich Null sein. Es sind also dann die sämmtlichen Elemente des oben mit $(M_v^{(m)})$ bezeichneten Modulsystems gleich Null, und die Entwickelung jeder der ersten Subdeterminanten von:

$$|\tau_{ik} + v\delta_{ik}| \qquad (i, k = 1, 2, \ldots n)$$

fängt daher mit v^{m-1} oder einer höheren Potenz von v an.

Nimmt man für die oben mit $\mathfrak{M}', \mathfrak{M}'', \ldots$ bezeichneten Modulsystem-Elemente die folgenden:

$$v_{ii}, \quad v_{ik} + v_{ki}, \quad \mathfrak{V}^{(n-2\mathfrak{m}-2)}, \quad \mathfrak{V}^{(n-2\mathfrak{m}-4)}, \quad \mathfrak{V}^{(n-2\mathfrak{m}-6)}, \ldots,$$

welche, sobald man die Variabeln v_{ik} durch die Grössen τ_{ik} ersetzt, sämmtlich gleich Null werden, so reducirt sich das Modulsystem in der Congruenz (56′) auf den einfachen Modul v. Nimmt man endlich auch $v=0$, so geht die Congruenz (56′) in die Gleichung über:

$$(57) \qquad \lim_{v=0} \text{Rec.}\left(\sum_{i,k}\left(\frac{\tau_{ik}}{v} + \delta_{ik}\right) x_i y_k\right) = \frac{1}{\sum\limits_{\varkappa} (\mathfrak{V}_\varkappa^{(m)})^2} \sum_{i,k} \sum_{\varkappa} \frac{\partial V_\varkappa^{(m-1)}}{\partial v_{ik}} x_i' y_k',$$

vorausgesetzt, dass auf der rechten Seite in den mit $\mathfrak{V}_\varkappa^{(m)}$ und $\frac{\partial V_\varkappa^{(m-1)}}{\partial v_{ik}}$ bezeichneten ganzen Functionen der n^2 Grössen v_{ik}, für diese die entsprechenden reellen Grössen τ_{ik} substituirt werden.

Die bilineare Form auf der rechten Seite der Gleichung (57) ist, wie schon am Schlusse des vorigen Abschnittes erwähnt worden, symmetrisch; es gilt daher der bemerkenswerthe Satz:

Die Reciproke der bilinearen Form:

$$\frac{1}{v} \sum_{i,k} \tau_{ik} x_i y_k + \sum_k x_k y_k \qquad (i, k = 1, 2, \ldots n),$$

(58) d. h. also des Aggregats einer bilinearen alternirenden Form mit

reellen Coefficienten, dividirt durch v, und der symmetrischen Form $\sum x_k y_k$, nähert sich, wenn man v bis zu Null abnehmen lässt, einer symmetrischen bilinearen Form, deren Coefficienten reelle (endliche) Werthe haben.

Dieser Satz lässt sich noch allgemeiner in folgender Weise formuliren:

Wenn f und f' zwei conjugirte bilineare Formen mit reellen Coefficienten:

$$\sum_{i,k} a_{ik} x_i y_k, \quad \sum_{i,k} a_{ik} y_i x_k \qquad (i, k = 1, 2, \ldots n)$$

bedeuten, und die Determinante der symmetrischen Form $f + f'$ nicht gleich Null ist, so nähert sich die Reciproke der bilinearen Form:

$$\frac{wf + f'}{w + 1},$$

welche eine Schaar mit conjugirten Grundformen darstellt, für $w + 1 = 0$, einer symmetrischen Form mit reellen (endlichen) Coefficienten.

Setzt man nämlich:

$$w = \frac{v + 1}{v - 1},$$

so geht $\frac{wf + f'}{w + 1}$ über in:

$$\frac{1}{2v}(f - f') + \frac{1}{2}(f + f'),$$

und wenn nunmehr die symmetrische Form $\frac{1}{2}(f + f')$ durch congruente Transformation in die Form:

$$\sum_{k=1}^{k=n} x_k y_k$$

verwandelt wird, bleibt die Form $\frac{1}{2}(f-f')$ alternirend, und $\frac{wf+f'}{w+1}$ erhält also in der That die obige Gestalt:

$$\frac{1}{v}\sum_{i,k}\tau_{ik}x_i y_k + \sum_k x_k y_k \qquad (i, k=1, 2, \ldots n),$$

in welcher die Coefficienten τ_{ik} die Bedingungen:

$$\tau_{ii}=0, \quad \tau_{ik}+\tau_{ki}=0 \qquad (i, k=1, 2, \ldots n)$$

erfüllen.

Die vorstehenden Sätze haben übrigens nur eine Bedeutung, wenn die Determinanten der alternirenden bilinearen Formen:

$$\sum_{i,k}\tau_{ik}x_i y_k, \quad \frac{1}{2}(f-f') \qquad (i, k=1, 2, \ldots n)$$

gleich Null sind; denn anderenfalls werden, für $v=0$ oder $w+1=0$, in den Reciproken der bilinearen Formen:

$$\frac{1}{v}\sum_{i,k}\tau_{ik}x_i y_k + \sum_k x_k y_k, \quad \frac{wf+f'}{w+1} \qquad (i, k=1, 2, \ldots n)$$

die Coefficienten sämmtlich gleich Null.

In dem obigen mit (58) bezeichneten Satze findet die am Schlusse des art. V erwähnte Frage ihre Erledigung, nämlich die Frage, wie man sich bei der *Cayley*'schen Darstellung orthogonaler Systeme (c_{ik}) denjenigen, welche zugleich symmetrisch sind, nähern kann. Denn bei dieser Darstellung wird das System der Elemente:

$$\frac{1}{2}c_{ik}+\frac{1}{2}\delta_{ik} \qquad (i, k=1, 2, \ldots n)$$

als das reciproke eines Systems von Elementen $2t_{ik}$ charakterisirt, welche den Gleichungen:

$$t_{ik} + t_{ki} = \delta_{ik} \qquad (i, k = 1, 2, \ldots n)$$

genügen, oder also auch als das reciproke eines Systems von Elementen:

$$\frac{\tau_{ik}}{v} + \delta_{ik} \qquad (i, k = 1, 2, \ldots n),$$

welche die Bedingungen erfüllen:

$$\tau_{ii} = 0, \quad \tau_{ik} + \tau_{ki} = 0 \qquad (i, k = 1, 2, \ldots n).$$

Nun können die Elemente eines reciproken Systems, als die nach den einzelnen Elementen des ursprünglichen Systems genommenen partiellen logarithmischen Differentialquotienten der Determinante, wenn diese gleich Null wird, nicht sämmtlich endliche Werthe behalten. Bei Annäherung an Systeme $\left(\frac{1}{2} c_{ik} + \frac{1}{2} \delta_{ik}\right)$, deren Determinante gleich Null ist, muss daher wenigstens eine der n^2 Grössen $\frac{\tau_{ik}}{v}$ über jede Grenze hinaus wachsen. Erfolgt nun die Annäherung in der Weise, dass man für die n^2 Grössen τ_{ik} irgend welche endliche Werthe, wofür die Determinante $|\tau_{ik}|$ gleich Null ist, festhält und v bis zur Null hin abnehmen lässt, so nähert man sich, wie der obige Satz (58) zeigt, stets einem zu dem Systeme $\left(\frac{\tau_{ik}}{v} + \delta_{ik}\right)$ reciproken *symmetrischen* Systeme $\left(\frac{1}{2} c_{ik} + \frac{1}{2} \delta_{ik}\right)$, dessen Elemente endliche Werthe haben, und dessen Determinante gleich Null ist. Das auf diese Weise aus dem Systeme $\left(\frac{\tau_{ik}}{v} + \delta_{ik}\right)$ resultirende System der n^2 Elemente c_{ik} ist daher zugleich orthogonal und symmetrisch.

VIII.

Bedeuten $z_{11}, z_{12}, \ldots z_{n, n-1}, z_{nn}$ reelle Variabeln und $\zeta_{11}, \zeta_{12}, \ldots \zeta_{n, n-1}, \zeta_{nn}$ solche Werthe derselben, die den $\frac{1}{2} n(n+1)$ Bedingungsgleichungen genügen:

(59) $$\sum_{i=1}^{i=n} \zeta_{gi} \zeta_{hi} = \delta_{gh} \qquad (g, h = 1, 2, \ldots n;\ g \leqq h),$$

so bilden die Systeme (ζ_{ik}) eine aus der gesammten n^2 fachen Mannigfaltigkeit der Systeme (z_{ik}) ausgesonderte $\frac{1}{2}n(n-1)$ fache Mannigfaltigkeit, welche aus den sämmtlichen *orthogonalen* Systemen mit n^2 reellen Elementen besteht. Diese $\frac{1}{2}n(n-1)$ fache Mannigfaltigkeit hat zwei getrennte Theile, von denen der eine die orthogonalen Systeme mit der Determinante $+1$, der andere diejenigen mit der Determinante -1 enthält. Bezeichnet man die einen mit $(\zeta_{ik}^{(+)})$, die anderen mit $(\zeta_{ik}^{(-)})$, so sind die charakteristischen Bedingungsgleichungen:

$$\sum_i \zeta_{gi}^{(+)} \zeta_{hi}^{(+)} = \delta_{gh}, \quad \left|\zeta_{ik}^{(+)}\right| = 1 \qquad (g, h, i, k = 1, 2, \ldots n),$$

$$\sum_i \zeta_{gi}^{(-)} \zeta_{hi}^{(-)} = \delta_{gh}, \quad \left|\zeta_{ik}^{(-)}\right| = -1 \qquad (g, h, i, k = 1, 2, \ldots n).$$

Nun entstehen sämmtliche Systeme $(\zeta_{ik}^{(-)})$ aus den Systemen $(\zeta_{ik}^{(+)})$ durch die Substitution:

$$\zeta_{1k}^{(-)} = -\zeta_{1k}^{(+)} \qquad (k = 1, 2, \ldots n),$$

und es können daher auf diese Weise die beiden $\frac{1}{2}n(n-1)$ fachen Mannigfaltigkeiten orthogonaler Systeme:

$$(\zeta_{ik}^{(+)}), \quad (\zeta_{ik}^{(-)})$$

auf einander eindeutig bezogen werden.

Aus den Gleichungen:

$$\sum_h (\zeta_{hi} + \delta_{hi} z)\, \zeta_{hk} = \delta_{ik} + \zeta_{ik} z \qquad (h, i, k = 1, 2, \ldots n)$$

folgt die Determinantenrelation:

$$|\zeta_{ik} + \delta_{ik} z|\, |\zeta_{ik}| = |\delta_{ik} + \zeta_{ik} z| \qquad (i, k = 1, 2, \ldots n).$$

Nimmt man hierin für (ζ_{ik}) ein System mit der Determinante -1 und setzt dann $z = 1$, so resultirt die Gleichung:

$$\left|\zeta_{ik}^{(-)} + \delta_{ik}\right| = 0 \qquad (i, k = 1, 2, \ldots n).$$

Die $\frac{1}{2}n(n-1)$ fache Mannigfaltigkeit $(\zeta_{ik}^{(-)})$ besteht also aus lauter orthogonalen Systemen, welche sich der am Schluss des art. V entwickelten *Cayley*'schen Darstellung entziehen. Aber von orthogonalen Systemen $(\zeta_{ik}^{(+)})$ giebt es, wie nun gezeigt werden soll, keine $\frac{1}{2}n(n-1)$ fache Mannigfaltigkeit, für welche die Bedingung:

$$\left|\zeta_{ik}^{(+)} + \delta_{ik}\right| = 0 \qquad (i, k = 1, 2, \ldots n)$$

erfüllt wäre.

Gäbe es nämlich eine solche $\frac{1}{2}n(n-1)$ fache Mannigfaltigkeit, so müssten $\frac{1}{2}n(n-1)$ von den Grössen $\zeta_{ik}^{(+)}$ beliebig bestimmt und dabei die Gleichungen:

$$\sum_i \zeta_{gi}^{(+)} \zeta_{hi}^{(+)} = \delta_{gh}, \quad \left|\zeta_{ik}^{(+)}\right| = 1, \quad \left|\zeta_{ik}^{(+)} + \delta_{ik}\right| = 0 \qquad (g, h, i, k = 1, 2, \ldots n)$$

durch reelle oder complexe, endliche oder unendliche Werthe der übrigen Grössen $\zeta_{ik}^{(+)}$ befriedigt werden können. Es müsste also, wenn:

$$\zeta_{ik}^{(+)} = \frac{z_{ik}}{z} \qquad (i, k = 1, 2, \ldots n)$$

gesetzt wird, bei beliebiger Annahme von $\frac{1}{2}n(n-1)$ Grössen z_{ik}, den homogenen Gleichungen:

$$(60) \qquad \sum_i z_{gi} z_{hi} = \delta_{gh} z^2, \quad \left|z_{ik}\right| = z^n, \quad \left|z_{ik} + \delta_{ik} z\right| = 0 \qquad (g, h, i, k = 1, 2. \ldots n)$$

so genügt werden können, dass eine der n^2+1 Variabeln z unbestimmt bleibt. Wählt man nun für die $\frac{1}{2}n(n-1)$ Grössen z_{ik}, bei welchen jeder der beiden Indices kleiner als n und der erste nicht kleiner als der zweite ist, die Werthe:

$$z_{hh} = z, \quad z_{ik} = 0 \qquad (h, i, k = 1, 2, \ldots n-1;\ i > k),$$

so bestimmen sich die Werthe der übrigen Grössen z_{ik} mittels der Gleichungen:

$$\sum_i z_{gi} z_{hi} = \delta_{gh} z^2 \qquad (g, h, i = 1, 2, \ldots n)$$

in folgender Weise:

$$z_{ik} = 0, \quad z_{hn} = 0, \quad z_{nh} = 0 \qquad (h, i, k = 1, 2, \ldots n-1;\ i < k)$$

$$z_{nn} = \pm z.$$

Da ferner durch die Bedingung:

$$|z_{ik}| = z^n \qquad (i, k = 1, 2, \ldots n)$$

der Werth $z_{nn} = -z$ ausgeschlossen wird, so ergeben sich auf Grund der gemachten Annahme und in Folge der ersten beiden von den Gleichungen (60) für die n^2 Grössen z_{ik} die Werthe:

$$z_{ik} = \delta_{ik} z \qquad (i, k = 1, 2, \ldots n),$$

und die letzte von den Gleichungen (60) erfordert alsdann, dass $z = 0$ wird. Bei der obigen Bestimmungsweise von $\frac{1}{2} n(n-1)$ Grössen z_{ik} kann also den Gleichungen (60) nicht anders als durch Nullwerthe sämmtlicher $n^2 + 1$ Grössen z genügt werden, und es ist somit der Nachweis geführt, dass es keine $\frac{1}{2} n(n-1)$ fache Mannigfaltigkeit von Grössen $\zeta_{ik}^{(+)}$ giebt, für welche die Determinante:

$$|\zeta_{ik}^{(+)} + \delta_{ik}| \qquad (i, k = 1, 2, \ldots n)$$

gleich Null ist.

Da diejenigen Systeme der $\frac{1}{2} n(n-1)$ fachen Mannigfaltigkeit $(\zeta_{ik}^{(+)})$, für welche die Determinante:

$$\left| \zeta_{ik}^{(+)} + \delta_{ik} \right| \qquad (i,\, k = 1,\, 2,\, \ldots\, n)$$

gleich Null ist, nur eine besondere, minder ausgedehnte Mannigfaltigkeit bilden, so lassen sich die sämmtlichen Systeme der $\frac{1}{2}n(n-1)$ fachen Mannigfaltigkeit $(\zeta_{ik}^{(+)})$, abgesehen von einer darauf befindlichen besonderen Mannigfaltigkeit geringerer Ausdehnung, in der *Cayley*'schen Form darstellen. Bezeichnet man demnach mit τ_{ik} für solche Werthe der Indices, bei denen $1 \leqq i < k \leqq n$ ist, $\frac{1}{2}n(n-1)$ reelle unabhängige Variable und setzt für alle diese Werthe von i und k:

$$\tau_{ki} = -\tau_{ik}$$

und überdies:

$$\tau_{11} = \tau_{22} = \cdots = \tau_{nn} = 0,$$

so werden, gemäss der oben entwickelten *Cayley*'schen Darstellung orthogonaler Systeme, die beiden $\frac{1}{2}n(n-1)$ fachen Mannigfaltigkeiten $(\zeta_{ik}^{(+)})$ und (τ_{ik}) auf einander eindeutig bezogen, indem man je zwei Systeme $(\zeta_{ik}^{(+)})$, (τ_{ik}) als einander entsprechend auffasst, für welche die Systeme:

$$\left(\zeta_{ik}^{(+)} + \delta_{ik}\right), \quad \left(\frac{1}{2}\tau_{ik} + \frac{1}{2}\delta_{ik}\right) \qquad (i,\, k = 1,\, 2,\, \ldots\, n)$$

zu einander reciprok sind.

Die Systeme (τ_{ik}) bilden eine *ebene* $\frac{1}{2}n(n-1)$ fache Mannigfaltigkeit; die darauf eindeutig bezogene Mannigfaltigkeit der Systeme $(\zeta_{ik}^{(+)})$ ist daher irreductibel, und da die Systeme $(\zeta_{ik}^{(-)})$ und $(\zeta_{ik}^{(+)})$ einander eindeutig zugeordnet sind, so ergiebt sich als Resultat der vorstehenden Entwickelung,

> dass die gesammte Mannigfaltigkeit der orthogonalen Systeme (ζ_{ik}) aus zwei irreductibeln $\frac{1}{2}n(n-1)$ fachen Mannigfaltigkeiten besteht, von denen die eine die orthogonalen Systeme mit der Determinante $+1$, die andere diejenigen mit der Determinante -1 enthält.

Dem Nullpunkt der $\frac{1}{2}n(n-1)$ fachen Mannigfaltigkeit τ_{ik}, d. h. dem Systeme:

$$\tau_{ik} = 0 \qquad (i, k = 1, 2, \ldots n),$$

entspricht in der Mannigfaltigkeit $(\zeta_{ik}^{(+)})$ der Punkt:

$$\zeta_{ik}^{(+)} = \delta_{ik} \qquad (i, k = 1, 2, \ldots n),$$

also das *Einheitssystem* $(\zeta_{ik}^{(+)})$. Für solche Punkte der Mannigfaltigkeit $(\zeta_{ik}^{(+)})$, für welche die Determinante des Systems $(\zeta_{ik}^{(+)} + \delta_{ik})$ gleich Null ist, giebt es in der ebenen Mannigfaltigkeit (τ_{ik}) keine entsprechenden Punkte in endlicher Entfernung vom Nullpunkte, d. h. keine solchen, für welche jede der $\frac{1}{2}n(n-1)$ Grössen τ_{ik} und also die Quadratsumme:

$$\sum_{i,k} \tau_{ik}^2 \qquad (i, k = 1, 2, \ldots n)$$

einen endlichen Werth hätte. Bezeichnet man diese Quadratsumme mit ϱ^2 und setzt:

$$\tau_{ik} = \varrho \bar{\tau}_{ik} \qquad (i, k = 1, 2, \ldots n;\ \varrho > 0),$$

so erfüllen die Systeme $(\bar{\tau}_{ik})$, da die Summe der n^2 Grössen $\bar{\tau}_{ik}$ gleich Eins ist, eine „einheitssphaerische“ Mannigfaltigkeit.

Nach diesen Vorbemerkungen kann das im art. VII erlangte Resultat folgendermaassen formulirt werden:

> Wenn n ungerade ist, nähert sich die der gesammten sphaerischen $\left(\frac{1}{2}n(n-1)-1\right)$ fachen Mannigfaltigkeit $(\varrho\,\bar{\tau}_{ik})$ entsprechende Punktmannigfaltigkeit $(\zeta_{ik}^{(+)})$ mit wachsendem ϱ derjenigen, welche von den orthogonalen *symmetrischen* Systemen $(\zeta_{ik}^{(+)})$ gebildet wird; wenn aber n gerade ist, so tritt dies nur für diejenige Punktmannigfaltigkeit $(\zeta_{ik}^{(+)})$ ein, welche der besonderen durch die Bedingung:

$$|\bar{\tau}_{ik}| = 0 \qquad (i, k = 1, 2, \ldots n)$$

charakterisirten $\left(\frac{1}{2} n (n-1) - 2\right)$ fachen Mannigfaltigkeit $(\varrho \bar{\tau}_{ik})$ entspricht.

Es ist also für *ungerade* Zahlen n die unendliche sphaerische $\left(\frac{1}{2} n (n-1) - 1\right)$ fache Mannigfaltigkeit (τ_{ik}), für *gerade* Zahlen n die unendliche sphaerische $\left(\frac{1}{2} n (n-1) - 2\right)$ fache Mannigfaltigkeit (τ_{ik}) mit verschwindender Determinante, welche der Mannigfaltigkeit der orthogonalen *symmetrischen* Systeme $(\zeta_{ik}^{(+)})$ entspricht. Aber da die Mannigfaltigkeit der letzteren, wie schon Hr. *Lipschitz* gezeigt hat*), eine geringere ist, so treten sie bei der angegebenen Beziehung zur Mannigfaltigkeit (τ_{ik}) mehrfach auf.

IX.

Nunmehr sollen, gemäss der Ankündigung im Eingang des art. V, die Eigenschaften des aus den $\frac{1}{2} n (n+1)$ Elementen:

$$\delta_{gh} - \sum_{i=1}^{i=n} w_{gi} w_{hi} \qquad (g, h = 1, 2, \ldots n \quad g \leqq h)$$

bestehenden *Modulsystems* untersucht werden, weil dadurch eine vollständigere Einsicht gewonnen wird als durch die Untersuchung des für orthogonale Systeme (ζ_{ik}) charakteristischen *Gleichungssystems*:

$$\delta_{gh} - \sum_{i=1}^{i=n} \zeta_{gi} \zeta_{hi} = 0 \qquad (g, h = 1, 2, \ldots n;\ g \leqq h).$$

Denn es können überhaupt zwischen zwei Systemen ganzer Grössen eines natürlichen Rationalitätsbereichs $(\mathfrak{R}', \mathfrak{R}'', \ldots)$:

$$(\mathfrak{M}', \mathfrak{M}'', \mathfrak{M}''', \ldots), \quad (M', M'', M''', \ldots)$$

---

*) Vergl. den Schluss des art. II.

Relationen ganz verschiedener Art bestehen, welche die unbedingte Aequivalenz der beiden Gleichungssysteme:

$$(\mathfrak{M}' = 0,\ \mathfrak{M}'' = 0,\ \mathfrak{M}''' = 0, \ldots), \quad (M' = 0,\ M'' = 0,\ M''' = 0, \ldots)$$

begründen; die Untersuchung der zwischen zwei Modulsystemen:

$$(\mathfrak{M}',\ \mathfrak{M}'',\ \mathfrak{M}''', \ldots), \quad (M',\ M'',\ M''', \ldots)$$

obwaltenden Beziehungen führt daher zu einer vollständigeren Erkenntniss, als die Erforschung der gegenseitigen Abhängigkeit der beiden Gleichungssysteme:

$$(\mathfrak{M}' = 0,\ \mathfrak{M}'' = 0,\ \mathfrak{M}''' = 0, \ldots), \quad (M' = 0,\ M'' = 0,\ M''' = 0, \ldots)$$

gewähren kann.

Im Sinne der Congruenz für das aus $\frac{1}{2} n(n+1)$ Elementen bestehende Modulsystem:

$$(61) \qquad \sum_{i=1}^{i=n} w_{gi} w_{hi} - \delta_{gh} \qquad (g, h = 1, 2, \ldots n;\ g \leqq h)$$

ist das System der n^2 unbestimmten Variabeln:

$$w_{ik} \qquad (i, k = 1, 2, \ldots n)$$

ein „orthogonales“. Dieses Modulsystem (61) ist ein reines Modulsystem der durch die Anzahl seiner Elemente bezeichneten Stufe. Denn wenn es irgend ein Primmodulsystem einer geringeren $\left(\frac{1}{2} n(n+1) - \nu\right)^{\text{ten}}$ Stufe enthielte, so müsste den $\frac{1}{2} n(n+1)$ Gleichungen:

$$\sum_{i=1}^{i=n} w_{gi} w_{hi} = \delta_{gh} w^2 \qquad (g, h = 1, 2, \ldots n;\ g \leqq h)$$

durch eine $\left(\frac{1}{2} n(n-1) + \nu + 1\right)$ fache Mannigfaltigkeit von Werthen der

n^2+1 Variabeln w, also bei beliebiger Wahl von $\frac{1}{2}n(n-1)$ derselben, noch durch eine $(\nu+1)$ fache Mannigfaltigkeit genügt werden können, während doch, wie im vorhergehenden Abschnitt gezeigt worden ist, bei Festsetzung der $\frac{1}{2}n(n-1)$ Bestimmungsgleichungen:

$$w_{hh}=w,\quad w_{ik}=0 \qquad (h,\ i,\ k=1,\ 2,\ \ldots\ n-1;\ i>k),$$

sich die Werthe der übrigen Variabeln w in folgender Weise bestimmen:

$$w_{nn}=\pm w,\quad w_{hn}=0,\quad w_{nh}=0,\quad w_{ik}=0 \qquad (h,\ i,\ k=1,\ 2,\ \ldots\ n-1;\ i<k).$$

Es bleibt also nur eine *einfache* Mannigfaltigkeit der n^2+1 Grössen w, und es ist somit, wie gezeigt werden sollte, in der That $\nu=0$.

Das Modulsystem:

$$\text{(61)}\qquad \sum_{i=1}^{i=n} w_{gi}w_{hi}-\delta_{gh} \qquad (g,\ h=1,\ 2,\ \ldots\ n;\ g\leqq h)$$

ist dem Modulsysteme:

$$\text{(62)}\qquad \sum_{i=1}^{i=n} w_{ig}w_{ih}-\delta_{gh} \qquad (g,\ h=1,\ 2,\ \ldots\ n;\ g\leqq h)$$

vollkommen aequivalent. Denn, setzt man zur Abkürzung:

$$\text{(63)}\qquad \sum_{i=1}^{i=n} w_{gi}w_{hi}-\delta_{gh}=\varphi_{gh},\quad \sum_{i=1}^{i=n} w_{ig}w_{ih}-\delta_{gh}=\overline{\varphi}_{gh} \qquad (g,\ h=1,\ 2,\ \ldots\ n;\ g\leqq h),$$

so bestehen, gemäss den Formeln (39) im art. V, die Relationen:

$$\varphi_{gh}=\sum_{i,k} w_{hk}w'_{ig}\overline{\varphi}_{ik},\quad \overline{\varphi}_{gh}=\sum_{i,k} w_{kh}w'_{gi}\varphi_{ik} \qquad (g,\ h,\ i,\ k=1,\ 2,\ \ldots\ n).$$

Da nun das Product jedes Elements des zu (w_{ik}) reciproken Systems (w'_{ik}) mit der Determinante W des Systems (w_{ik}) eine ganze Grösse des Bereichs der n^2 Grössen w_{ik} ist, so erhält man durch Multiplication mit W die Congruenzen:

(64) $$W\varphi_{gh} \equiv 0 \quad (\text{modd. } \overline{\varphi}_{ik}), \qquad W\overline{\varphi}_{gh} \equiv 0 \quad (\text{modd. } \varphi_{ik}) \qquad (g, h, i, k = 1, 2, \ldots n).$$

Aus den Congruenzen

$$\sum_{i=1}^{i=n} w_{gi} w_{hi} \equiv \delta_{gh} \quad (\text{modd. } \varphi_{ik}), \qquad \sum_{i=1}^{i=n} w_{ig} w_{ih} \equiv \delta_{gh} \quad (\text{modd. } \overline{\varphi}_{ik})$$
$$(g, h, i, k = 1, 2, \ldots n),$$

folgt aber, dass für beide Modulsysteme (φ_{ik}) und $(\overline{\varphi}_{ik})$ die Congruenz:

$$W^2 \equiv 1$$

stattfindet, und man gelangt daher, wenn man die Congruenzen (64) mit W multiplicirt, zu den beiden Congruenzen:

$$\varphi_{gh} \equiv 0 \quad (\text{modd. } \overline{\varphi}_{ik}), \qquad \overline{\varphi}_{gh} \equiv 0 \quad (\text{modd. } \varphi_{ik}) \qquad (g, h, i, k = 1, 2, \ldots n),$$

durch welche die nachzuweisende Aequivalenz der beiden Modulsysteme (61) und (62) begründet wird.

Da für das Modulsystem (61) die Congruenz $W^2 \equiv 1$ besteht, so muss für jedes darin enthaltene Primmodulsystem die Determinante W entweder congruent $+1$ oder congruent -1 sein. Jedes in dem Modulsystem (61) enthaltene Primmodulsystem muss daher in dem einen oder dem andern der beiden Modulsysteme:

(65) $$\left(\sum_{i=1}^{i=n} w_{gi} w_{hi} - \delta_{gh},\ W - 1\right), \quad \left(\sum_{i=1}^{i=n} w_{gi} w_{hi} - \delta_{gh},\ W + 1\right) \qquad (g, h = 1, 2, \ldots n)$$

enthalten sein. Diese beiden Modulsysteme sind aber selbst prim; denn, wenn eines derselben ein Modulsystem $\frac{1}{2} n(n+1)^{\text{ter}}$ Stufe:

$$(M, M'', M''', \ldots)$$

enthielte, so würde die durch die Gleichungen $M'=0$, $M''=0$, $M'''=0, \cdots$ repraesentirte $\frac{1}{2}n(n-1)$ fache Mannigfaltigkeit einen Theil derjenigen bilden, welche durch die Gleichungen:

$$(66) \qquad \sum_{i=1}^{i=n} w_{gi} w_{hi} = \delta_{gh}, \quad W = \varepsilon \qquad (g, h = 1, 2, \ldots n;\ g \leqq h)$$

für $\varepsilon = +1$ oder für $\varepsilon = -1$ dargestellt wird. Es ist aber im vorhergehenden Abschnitte nachgewiesen worden, dass diese Mannigfaltigkeiten irreductibel sind, und es zeigt sich also,

> dass das Modulsystem (61), sowie das damit vollkommen aequivalente Modulsystem (62) keine anderen Primmodulsysteme enthält als die beiden, welche oben mit (65) bezeichnet worden sind.

Dabei möge noch hervorgehoben werden, dass das Modulsystem, welches aus der Composition der beiden Modulsysteme (65) entsteht, in folgendem enthalten ist:

$$\left(2 \sum_{i=1}^{i=n} w_{gi} w_{hi} - 2\delta_{gh}\right) \qquad (g, h = 1, 2, \ldots n),$$

da bei der bezeichneten Composition die Elemente:

$$\sum_{i=1}^{i=n} w_{gi} w_{hi} - \delta_{gh} \qquad (g, h = 1, 2, \ldots n)$$

sowohl mit $W+1$ als auch mit $W-1$ multiplicirt vorkommen und also die Differenz von je zwei solchen Producten dem aus der Composition entstehenden Modulsystem als Element hinzugefügt werden kann.

X.

Die Aequivalenzeigenschaft, welche im vorhergehenden Abschnitte für die beiden Modulsysteme (61) und (62) dargelegt worden ist, kommt auch den beiden allgemeineren Modulsystemen zu:

(67) $$\left(\sum_i u_{gi} v_{ih} - \delta_{gh}\right)$$

$(g\ h,\ i=1,\ 2,\ \ldots\ n),$

(68) $$\left(\sum_i v_{gi} u_{ih} - \delta_{gh}\right)$$

in welchen die Grössen:

$$u_{ik},\quad v_{ik} \qquad (i,\ k=1,\ 2,\ \ldots\ n)$$

je n^2 unbestimmte Variable bedeuten.

Um dies nachzuweisen, setze ich zur Abkürzung:

$$M_{gh} = \sum_i u_{gi} v_{ih} - \delta_{gh},\quad \overline{M}_{gh} = \sum_i v_{gi} u_{ih} - \delta_{gh} \qquad (g,\ h,\ i=1,\ 2,\ \ldots\ n),$$

$$|u_{ik}| = U,\quad |v_{ik}| = V \qquad (i,\ k=1,\ 2,\ \ldots\ n).$$

Alsdann bestehen die Relationen:

$$\sum_{g,h} u_{hk} \frac{\partial U}{\partial u_{gi}} M_{gh} = U\overline{M}_{ik}$$

$(g,\ h,\ i,\ k=1,\ 2,\ \ldots\ n),$

$$\sum_{g,h} v_{hk} \frac{\partial V}{\partial v_{gi}} \overline{M}_{gh} = VM_{ik}$$

und also die Congruenzen:

(69) $$U\overline{M}_{ik} \equiv 0 \quad (\text{modd. } M_{ik}),\quad VM_{ik} \equiv 0 \quad (\text{modd. } \overline{M}_{ik}) \qquad (i,\ k=1,\ 2,\ \ldots\ n).$$

Ferner ergeben sich unmittelbar aus den Definitionen von M_{gh} und $\overline{M}_{gh}$ die Congruenzen:

(70) $$\sum_i u_{gi} v_{ih} \equiv \delta_{gh} \quad (\text{modd. } M_{ik}),\ \sum_i v_{gi} u_{ih} \equiv \delta_{gh} \quad (\text{modd. } \overline{M}_{ik})$$

$(g,\ h,\ i,\ k=1,\ 2,\ \ldots\ n),$

und hieraus folgt, dass für jedes der beiden Modulsysteme (M_{ik}) und $\overline{M}_{ik})$ die Congruenz:

$$UV \equiv 1$$

stattfindet. Multiplicirt man nun die erstere der beiden Congruenzen (69) mit V, die letztere mit U, so resultiren die beiden Congruenzen:

$$\overline{M}_{ik} \equiv 0 \quad (\text{modd. } M_{ik}), \qquad M_{ik} \equiv 0 \quad (\text{modd. } \overline{M}_{ik}) \qquad (i, k = 1, 2, \ldots n),$$

durch welche die nachzuweisende Aequivalenz der beiden oben mit (67) und (68) bezeichneten Modulsysteme (M_{ik}) und $(\overline{M}_{ik})$ begründet wird.

Die ersteren der Congruenzen (70) definiren das System (v_{ik}) als „das zu (u_{ik}), im Sinne der Congruenz für das Modulsystem (M_{ik}), reciproke"; ebenso definiren die letzteren der Congruenzen (70) das System (u_{ik}) als „das zu (v_{ik}), im Sinne der Congruenz für das Modulsystem $(\overline{M}_{ik})$, reciproke". Da sich nun die beiden Modulsysteme (M_{ik}) und $(\overline{M}_{ik})$ als einander vollkommen aequivalent erwiesen haben, so erweisen sich auch die beiden Definitionen als aequivalent. Der ebenso einfache als wichtige Satz,

> dass das reciproke eines reciproken Systems das ursprüngliche System ist,

behält daher im Sinne der Congruenz für *jedes beliebige* Modulsystem seine Gültigkeit. Denn wenn die n^2 Congruenzen:

$$\sum_i u_{gi} v_{ih} \equiv \delta_{gh} \quad \text{oder also} \quad M_{gh} \equiv 0 \qquad (g, h, i = 1, 2, \ldots n)$$

für irgend ein Modulsystem $(\mathfrak{M}', \mathfrak{M}'', \ldots)$ des Rationalitätsbereichs $(\mathfrak{R}', \mathfrak{R}'', \ldots)$ bestehen, sobald für u_{ik}, v_{ik} gewisse ganze Grössen $\mathfrak{U}_{ik}$, $\mathfrak{B}_{ik}$ desselben Bereichs gesetzt werden, d. h. also, wenn das System $(\mathfrak{B}_{ik})$, im Sinne der Congruenz modd. $\mathfrak{M}', \mathfrak{M}'', \ldots$, zu $(\mathfrak{U}_{ik})$ reciprok ist, so ist das Modulsystem $(\mathfrak{M}', \mathfrak{M}'', \ldots)$ in dem Modulsystem (M_{ik}) und also auch in dem aequivalenten Modulsystem $(\overline{M}_{ik})$ enthalten, d. h. es bestehen auch die n^2 Congruenzen:

$$\overline{M}_{gh} \equiv 0 \quad \text{oder} \quad \sum_i v_{gi} u_{ih} \equiv \delta_{gh} \quad (\text{modd. } \mathfrak{M}', \mathfrak{M}'', \ldots) \qquad (g, h, i = 1, 2, \ldots n),$$

sobald darin $\mathfrak{B}_{gi}$ für v_{gi} und $\mathfrak{U}_{ih}$ für u_{ih} substituirt wird, und es ist daher auch, im Sinne der Congruenz modd. $\mathfrak{M}'$, $\mathfrak{M}''$, ..., das System $(\mathfrak{U}_{ik})$ reciprok zu $(\mathfrak{B}_{ik})$.

Bezeichnet man mit U_{ik} die Elemente des zu (u_{ik}) adjungirten Systemes, setzt man also $U_{hk} = \frac{\partial U}{\partial u_{kh}}$, so erhält man für die Doppelsumme:

$$\sum_{h,\,i} v_{gi} u_{ih} (V U_{hk} - v_{hk}) \qquad (g,\,h,\,i,\,k = 1,\,2,\,\ldots\,n)$$

je nachdem man zuerst nach h und dann nach i oder in entgegengesetzter Folge summirt, die beiden Ausdrücke:

$$v_{gk}(UV - 1) - \sum_i v_{gi} M_{ik}, \quad VU_{gk} - v_{gk} + \sum_h (VU_{hk} - u_{hk}) M_{gh}$$

$$(g,\,h,\,i,\,k = 1,\,2,\,\ldots\,n).$$

Hieraus erschliesst man, da $UV \equiv 1$ (modd. M_{ik}) ist, die Congruenzen:

$$v_{ik} - VU_{ik} \equiv 0 \quad (\text{modd. } M_{gh}) \quad \text{oder} \quad \left(\text{modd. } \sum_{i=1}^{i=n} u_{gi} v_{ih} - \delta_{gh}\right)$$

$$(g,\,h,\,i,\,k = 1,\,2,\,\ldots\,n).$$

Andererseits resultiren aus den Gleichungen:

$$\sum_{i=1}^{i=n} u_{gi} v_{ih} - \delta_{gh} = (UV - 1)\,\delta_{gh} + \sum_{i=1}^{i=n} u_{gi} (v_{ih} - VU_{ih}) \qquad (g,\,h = 1,\,2,\,\ldots\,n)$$

die Congruenzen:

$$\sum_{i=1}^{i=n} u_{gi} v_{ih} - \delta_{gh} \equiv 0 \quad (\text{modd. } UV - 1,\ v_{ik} - VU_{ik}) \qquad (g,\,h,\,i,\,k = 1,\,2,\,\ldots\,n).$$

Es besteht daher die Aequivalenz:

(71) $$\left(\sum_{i=1}^{i=n} u_{gi} v_{ih} - \delta_{gh}\right) \sim (UV - 1,\ v_{gh} - VU_{gh}) \qquad (g,\,h = 1,\,2,\,\ldots\,n),$$

welche bei Vertauschung der Grössen u und v in folgende übergeht:

$$(72)\qquad \Big(\sum_{i=1}^{i=n} v_{gi} u_{ih} - \delta_{gh}\Big) \sim (UV-1,\ u_{gh} - UV_{gh}) \qquad (g, h=1, 2, \dots n).$$

Da nun, wie oben gezeigt worden ist, die beiden ersteren Modulsysteme in den Aequivalenzen (71) und (72) einander aequivalent sind, so sind auch die beiden Modulsysteme:

$$(UV-1,\ u_{gh} - UV_{gh}),\ (UV-1,\ v_{gh} - VU_{gh}) \qquad (g, h=1, 2, \dots n)$$

einander aequivalent.

XI.

Setzt man:

$$u_{ik} = w_{ik} + \delta_{ik},\quad |u_{ik}| = U \qquad (i, k=1, 2, \dots n),$$

so gehen die obigen Gleichungen (63), sowie die im art. V angegebenen Formeln (34) für $u=1$, in folgende über:

$$\varphi_{ik} = \sum_{h=1}^{h=n} u_{ih} u_{kh} - u_{ik} - u_{ki} \qquad (i, k=1, 2, \dots n),$$

und das System $(u_{ik} - \delta_{ik})$ ist für das Modulsystem (φ_{ik}) sowie für das aequivalente System $(\overline{\varphi}_{ik})$ ein orthogonales.

Setzt man ferner:

$$\psi_{ik} = \delta_{ik} - v_{ik} - v_{ki} \qquad (i, k=1, 2, \dots n),$$

so hat man, entsprechend den Relationen (37) im art. V, die Congruenzen:

$$\varphi_{gh} \equiv \sum_{i,k} u_{gi} u_{hk} \psi_{ik},\quad \psi_{gh} \equiv \sum_{i,k} v_{gi} v_{hk} \varphi_{ik} \qquad (g, h, i, k=1, 2, \dots n)$$

für das im vorhergehenden Abschnitte mit (M_{gh}) bezeichnete, aus den n^2 Elementen:

$$\sum_{i=1}^{i=n} u_{gi} v_{ih} - \delta_{gh} \qquad (g, h=1, 2, \dots n)$$

bestehende Modulsystem. Es ist daher:

$$\varphi_{ik} \equiv 0 \quad (\text{modd. } \psi_{ik},\ M_{ik}), \quad \psi_{ik} \equiv 0 \quad (\text{modd. } \varphi_{ik},\ M_{ik}) \qquad i, k=1, 2, \dots n),$$

d. h. die beiden aus je $2n^2$ Elementen bestehenden Modulsysteme:

$$(\varphi_{ik},\ M_{ik}), \quad (\psi_{ik},\ M_{ik}) \qquad (i, k=1, 2, \dots n)$$

sind einander vollkommen aequivalent. Indem man nun für die Elemente φ_{ik}, ψ_{ik}, M_{ik} ihre Werthe substituirt, erhält man die fundamentale Aequivalenz:

$$(73) \qquad \left(\sum_{h=1}^{h=n} u_{ih} u_{kh} - u_{ik} - u_{ki},\ \sum_{h=1}^{h=n} u_{ih} v_{hk} - \delta_{ik}\right) \sim \left(\delta_{ik} - v_{ik} - v_{ki},\ \sum_{h=1}^{h=n} u_{ih} v_{hk} - \delta_{ik}\right)$$

$$(i, k=1, 2, \dots n)$$

und also unter Benutzung der im vorhergehenden Abschnitte hergeleiteten Aequivalenzen (71), (72) noch die beiden folgenden:

$$(74) \qquad \left(\sum_{h=1}^{h=n} u_{ih} u_{kh} - u_{ik} - u_{ki},\ v_{ik} - VU_{ik}\right) \sim (\delta_{ik} - v_{ik} - v_{ki},\ v_{ik} - VU_{ik},\ UV - 1),$$

$$(75) \qquad \left(\sum_{h=1}^{h=n} u_{ih} u_{kh} - u_{ik} - u_{ki},\ u_{ik} - UV_{ik}\right) \sim (\delta_{ik} - v_{ik} - v_{ki},\ u_{ik} - UV_{ik},\ UV - 1)$$

$$(i, k=1, 2, \dots n),$$

welche die Ausdehnung der *Cayley*'schen Darstellungsweise orthogonaler Systeme auf solche Systeme enthalten, denen die Eigenschaft der Orthogonalität nur für ein gewisses Modulsystem zukommt.

Um dies näher darzulegen, seien:

$$\mathfrak{u}_{ik} \qquad (i, k=1, 2, \dots n)$$

solche ganze Grössen eines natürlichen Rationalitätsbereichs $(\mathfrak{R}', \mathfrak{R}'', \dots)$, dass das System:

$$(\mathfrak{u}_{ik} - \delta_{ik}) \qquad (i, k=1, 2, \dots n),$$

im Sinne der Congruenz für ein demselben Bereich $(\mathfrak{R}', \mathfrak{R}'', \dots)$ angehöriges Modulsystem $(\mathfrak{M}', \mathfrak{M}'', \dots)$, ein „orthogonales" wird. Die hierfür charakteristischen Congruenzen sind sowohl:

$$(76) \qquad \sum_{h=1}^{h=n} \mathfrak{u}_{ih}\mathfrak{u}_{kh} - \mathfrak{u}_{ik} - \mathfrak{u}_{ki} \equiv 0 \pmod{\mathfrak{M}', \mathfrak{M}'', \dots} \qquad (i, k=1, 2, \dots n)$$

als auch:

$$(76') \qquad \sum_{h=1}^{h=n} \mathfrak{u}_{hi}\mathfrak{u}_{hk} - \mathfrak{u}_{ik} - \mathfrak{u}_{ki} \equiv 0 \pmod{\mathfrak{M}', \mathfrak{M}'', \dots} \qquad (i, k=1, 2, \dots n).$$

Falls nun das System $(\mathfrak{u}_{ik})$ überdies die Eigenschaft hat, dass die Determinante $\mathfrak{U}$, im Sinne der Congruenz modd. $\mathfrak{M}', \mathfrak{M}'', \dots$, ein Divisor von 1 ist, d. h. dass es eine ganze Grösse $\mathfrak{V}$ des Bereichs $(\mathfrak{R}', \mathfrak{R}'', \dots)$ giebt, welche mit $\mathfrak{U}$ multiplicirt der Einheit congruent ist, so resultiren aus der Aequivalenz (74), wenn darin:

$$v_{ik} = VU_{ik} \qquad (i, k=1, 2, \dots n)$$

gesetzt wird, die Congruenzen:

$$(77) \qquad \delta_{ik} - \mathfrak{V}\mathfrak{U}_{ik} - \mathfrak{V}\mathfrak{U}_{ki} \equiv 0 \pmod{\mathfrak{M}', \mathfrak{M}'', \dots} \qquad (i, k=1, 2, \dots n),$$

in welchen $\mathfrak{V}$ durch die Congruenz bestimmt ist:

$$\mathfrak{U}\mathfrak{V} \equiv 1 \pmod{\mathfrak{M}', \mathfrak{M}'', \dots},$$

und $\mathfrak{U}_{ik}$ die Elemente des zu $(\mathfrak{u}_{ik})$ adjungirten Systems bedeuten.

Wenn andererseits die Elemente eines dem Bereich $(\mathfrak{R}', \mathfrak{R}'', \ldots)$ angehörigen Systems:

$$\mathfrak{v}_{ik} \qquad (i, k=1, 2, \ldots n)$$

den Congruenzen genügen:

$$\delta_{ik} - \mathfrak{v}_{ik} - \mathfrak{v}_{ki} \equiv 0 \qquad (i, k=1, 2, \ldots n)$$

und überdies die Eigenschaft haben, dass die Determinante des Systems $(\mathfrak{v}_{ik})$, welche mit $\mathfrak{V}$ bezeichnet werden möge, im Sinne der Congruenz modd. $\mathfrak{M}', \mathfrak{M}'', \ldots$, ein Divisor von 1 ist, d. h. dass es eine ganze Grösse $\mathfrak{U}$ des Bereichs $(\mathfrak{R}', \mathfrak{R}'', \ldots)$ giebt, welche mit $\mathfrak{V}$ multiplicirt der Einheit congruent ist, so resultiren aus der Aequivalenz (75), wenn darin:

$$u_{ik} = V U_{ik} \qquad (i, k=1, 2, \ldots n)$$

gesetzt wird, die Congruenzen:

$$(78) \qquad \sum_{h=1}^{h=n} \mathfrak{U}\mathfrak{V}_{ih}\mathfrak{U}\mathfrak{V}_{kh} - \mathfrak{U}\mathfrak{V}_{ik} - \mathfrak{U}\mathfrak{V}_{ki} \equiv 0 \quad (\text{modd. } \mathfrak{M}', \mathfrak{M}'', \ldots) \qquad (i, k=1, 2, \ldots n),$$

in welchen $\mathfrak{U}$ durch die Congruenz bestimmt ist:

$$\mathfrak{U}\mathfrak{V} \equiv 1 \quad (\text{modd. } \mathfrak{M}', \mathfrak{M}'', \ldots),$$

und $\mathfrak{V}_{ik}$ die Elemente des zu $(\mathfrak{v}_{ik})$ adjungirten Systems bedeuten.

Man erhält somit *alle*, im Sinne der Congruenz modd. $\mathfrak{M}', \mathfrak{M}'', \ldots$, orthogonalen Systeme:

$$(\mathfrak{u}_{ik} - \delta_{ik}) \qquad (i, k=1, 2, \ldots n),$$

für welche die Determinante:

$$|\mathfrak{u}_{ik}| \qquad (i, k=1, 2, \ldots n),$$

im Sinne der bezeichneten Congruenz, ein Divisor von 1 ist, wenn man aus allen Systemen $(\mathfrak{v}_{ik})$, deren Determinante $\mathfrak{B}$ in eben demselben Sinne ein Divisor von 1 ist, also einer Congruenz:

$$\mathfrak{U}\mathfrak{B} \equiv 1 \quad (\text{modd. } \mathfrak{M}', \ \mathfrak{M}'', \ldots)$$

genügt, und für welche überdies die Congruenzen:

$$\delta_{ik} - \mathfrak{v}_{ik} - \mathfrak{v}_{ki} \equiv 0 \quad (\text{modd. } \mathfrak{M}', \ \mathfrak{M}'', \ldots)$$

erfüllt sind, Systeme $(\mathfrak{u}_{ik})$ mittels der Gleichungen:

$$\mathfrak{u}_{ik} = \mathfrak{U}\mathfrak{B}_{ik} \qquad (i, k = 1, 2, \ldots n)$$

bildet. Denn dass diese Systeme orthogonale (im Sinne der Congruenz modd. $\mathfrak{M}'$, $\mathfrak{M}''$, ...) sind, geht aus den Congruenzen (78) hervor, und dass es keine anderen giebt, wird durch die Congruenzen (77) dargelegt.

XII.

Für den Bereich $(\mathfrak{R} = 1)$, d. h. für den absoluten Rationalitätsbereich der rationalen Zahlen, für welchen sich das Modulsystem $(\mathfrak{M}', \mathfrak{M}'', \ldots)$ auf einen einfachen ganzzahligen Modul $\mathfrak{M}$ reducirt, sind nach der vorstehenden Entwickelung alle diejenigen, aber auch *nur* diejenigen orthogonalen Systeme ganzer Zahlen $(\mathfrak{w}_{ik})$ durch die *Cayley*'sche Form darstellbar, für welche die Determinante:

$$|\mathfrak{w}_{ik} + \delta_{ik}| \qquad (i, k = 1, 2, \ldots n),$$

modulo $\mathfrak{M}$, ein Divisor von 1 ist; d. h. das Problem der Auffindung ganzzahliger Systeme $(\mathfrak{w}_{ik})$, welche den Congruenzen genügen:

$$\sum_{i=1}^{i=n} \mathfrak{w}_{gi}\mathfrak{w}_{hi} \equiv \delta_{gh} \quad (\text{mod. } \mathfrak{M}) \qquad (g, h = 1, 2, \ldots n),$$

lässt sich dann und nur dann in der *Cayley*'schen Weise lösen, wenn die Determinante $|\mathfrak{w}_{ik} + \delta_{ik}|$ relativ prim zu $\mathfrak{M}$ ist. In diesem speciellen Falle ganzzahliger Moduln, und überhaupt für jedes Modulsystem höchster Stufe, steht hiernach die Anzahl der in der *Cayley*'schen Form nicht darstellbaren orthogonalen Systeme zur Anzahl der darstellbaren in endlichem Verhältniss, und die für die *Cayley*'sche Darstellungsweise gebotene Beschränkung macht sich somit bei der Ausdehnung auf *relativ* orthogonale Systeme noch stärker geltend. Dass aber diese Beschränkung nicht in der Natur der orthogonalen Systeme selbst begründet ist, erkennt man z. B. daraus, dass jene der *Cayley*'schen Darstellungsweise hinderliche Eigenschaft der orthogonalen Systeme bei deren Composition nicht nothwendig erhalten bleibt.

Um dies näher darzulegen, gehe ich auf die im art. VIII enthaltenen Entwickelungen zurück. Es sind dort die sämmtlichen orthogonalen Systeme mit reellen Elementen und der Determinante $+1$ mit $(\zeta_{ik}^{(+)})$ und mit:

$$\tau_{ik} \qquad (1 \leqq i < k \leqq n)$$

$\frac{1}{2} n(n-1)$ reelle unabhängige Variable bezeichnet worden, während die den übrigen Indexsystemen i, k entsprechenden Werthe τ_{ik} durch die Gleichungen:

$$\tau_{ik} + \tau_{ki} = 0 \qquad (i, k = 1, 2, \ldots n)$$

bestimmt worden sind. Alsdann ist gezeigt worden, dass für jedes specielle orthogonale System $(\zeta_{ik}^{(+)})$, für welches die Determinante:

$$\left| \zeta_{ik}^{(+)} + \delta_{ik} \right| \qquad (i, k = 1, 2, \ldots n)$$

von Null verschieden ist, Werthsysteme der Variabeln τ_{ik} existiren, für welche die Systeme:

$$\left(\zeta_{ik}^{(+)} + \delta_{ik}\right), \quad \left(\frac{1}{2}\tau_{ik} + \frac{1}{2}\delta_{ik}\right)$$

zu einander reciprok sind. Bezeichnet man also zur Abkürzung das einem

Elemente u_{ik} in dem reciproken Systeme entsprechende Element mit rec. u_{ik} und setzt demgemäss:

$$\frac{\partial \log |u_{gh}|}{\partial u_{ki}} = \text{rec. } u_{ik} \qquad (g, h, i, k=1, 2, \ldots n),$$

so ist:

$$\zeta_{ik}^{(+)} + \delta_{ik} = \text{rec. } \frac{1}{2}(\tau_{ik} + \delta_{ik}) \qquad (i, k=1, 2, \ldots n),$$

oder also:

$$(79) \qquad \zeta_{ik}^{(+)} = - \delta_{ik} + 2 \text{ rec. } (\tau_{ik} + \delta_{ik}) \qquad (i, k=1, 2, \ldots n).$$

Alle diejenigen orthogonalen Systeme $(\zeta_{ik}^{(+)})$, für welche die Determinante $|\zeta_{ik}^{(+)} + \delta_{ik}|$ nicht gleich Null ist, können daher in folgender Form dargestellt werden:

$$(80) \qquad (- \delta_{ik} + 2 \text{ rec. } (\tau_{ik} + \delta_{ik})) \qquad (i, k=1, 2, \ldots n),$$

während die orthogonalen Systeme $(\zeta_{ik}^{(+)})$, für welche $|\zeta_{ik}^{(+)} + \delta_{ik}| = 0$ ist, in dieser Form nicht mit enthalten sind.

Bedeutet nun $(\sigma_{ik}^{(+)})$ irgend ein specielles der orthogonalen Systeme $(\zeta_{ik}^{(+)})$, so wird offenbar die Gesammtheit derselben auch durch:

$$\left(\zeta_{ik}^{(+)}\right) \left(\sigma_{ik}^{(+)}\right) \qquad (i, k=1, 2, \ldots n)$$

dargestellt, d. h. die Systeme, welche aus der Composition aller orthogonalen Systeme mit irgend einem bestimmten hervorgehen, bilden ebenfalls die Gesammtheit der orthogonalen Systeme. Componirt man aber nur alle in der Form (80) enthaltenen orthogonalen Systeme mit $(\sigma_{ik}^{(+)})$, so können unter den resultirenden orthogonalen Systemen solche vorkommen, welche selbst *nicht* in der Form (80) darstellbar sind. Bei der Darstellungsweise orthogonaler Systeme:

$$(- \delta_{ik} + 2 \text{ rec. } (\tau_{ik} + \delta_{ik})) \; (\sigma_{ik}^{(+)}) \qquad (i, k=1, 2, \ldots n),$$

welche, ebenso wie die *Cayley*'sche:

$$(-\delta_{ik} + 2\ \text{rec.}\ (\tau_{ik} + \delta_{ik})) \qquad (i, k = 1, 2, \ldots n),$$

genau $\frac{1}{2} n (n-1)$ Parameter enthält, sind daher, je nach der Wahl des speciellen Systems $(\sigma_{ik}^{(+)})$, die darzustellenden Systeme anderen und anderen Beschränkungen unterworfen, und die einzelnen dieser Beschränkungen erweisen sich hiernach als unwesentlich.

Die vorstehende Betrachtung führt aber nicht bloss zur Erkenntniss, dass die bei der *Cayley*'schen Darstellungsweise auftretende Beschränkung eine unwesentliche ist, sondern sie zeigt auch, wie eben diese Beschränkung aufgehoben werden kann.

Aus der Composition des Systems $(-\delta_{ik} + 2\,\text{rec.}\ (-\tau_{ik} + \delta_{ik}))$ mit irgend einem speciellen orthogonalen Systeme (c_{ik}), dessen Determinante gleich $+1$ ist, resultirt nämlich ein orthogonales, von $\frac{1}{2} n (n-1)$ Variabeln τ_{ik} abhängendes System (F_{ik}) mit der Determinante $+1$, und da es, wie im art. VIII nachgewiesen worden ist, keine $\frac{1}{2} n (n-1)$ fache Mannigfaltigkeit von Grössen F_{ik} giebt, für welche die Gleichungen:

$$\sum_i F_{gi} F_{hi} = \delta_{gh}, \quad |F_{ik}| = 1, \quad |F_{ik} + \delta_{ik}| = 0 \qquad (g, h, i, k = 1, 2, \ldots n)$$

erfüllt wären, so ist die Determinante:

$$|F_{ik} + \delta_{ik}| \qquad (i, k = 1, 2, \ldots n),$$

so lange die $\frac{1}{2} n (n-1)$ Grössen τ_{ik}, bei denen $i < k$ ist, variabel bleiben, von Null verschieden. Es ist daher auf das componirte System (F_{ik}) die *Cayley*'sche Darstellungsweise anwendbar, d. h. es wird:

$$(81) \qquad F_{ik} = -\delta_{ik} + 2\,\text{rec.}\ (f_{ik} + \delta_{ik}) \qquad (i, k = 1, 2, \ldots n),$$

wo f_{ik} rationale, den Gleichungen:

$$f_{ik} + f_{ki} = 0 \qquad (i, k=1, 2, \dots n)$$

genügende Functionen der n^2 Grössen F_{ik} bedeuten. Diese letzteren sind wiederum, gemäss der symbolischen Compositionsgleichung:

$$(82) \qquad (-\delta_{ik} + 2\,\text{rec.}\,(-\tau_{ik} + \delta_{ik}))\,(c_{ik}) = (F_{ik}) \qquad (i, k=1, 2, \dots n),$$

rationale Functionen der Grössen c_{ik} und der $\frac{1}{2}n(n-1)$ Variabeln τ_{ik}, bei denen $i < k$ ist; es sind daher auch die n^2 Grössen f_{ik} rationale Functionen derselben Grössen c_{ik} und τ_{ik}.

Fügt man auf beiden Seiten der Compositionsgleichung (82) *vorn* das System hinzu:

$$(-\delta_{ik} + 2\,\text{rec.}\,(\tau_{ik} + \delta_{ik})) \qquad (i, k=1, 2, \dots n),$$

welches das reciproke des Systems:

$$(-\delta_{ik} + 2\,\text{rec.}\,(\tau_{ki} + \delta_{ik})) \quad \text{oder} \quad (-\delta_{ik} + 2\,\text{rec.}\,(-\tau_{ik} + \delta_{ik}))$$
$$(i, k=1, 2 \dots n)$$

ist, so kommt:

$$(c_{ik}) = (-\delta_{ik} + 2\,\text{rec.}\,(\tau_{ik} + \delta_{ik}))\,(F_{ik}) \qquad (i, k=1, 2, \dots n),$$

oder also mit Benutzung der Gleichung (81):

$$(83) \qquad (c_{ik}) = (-\delta_{ik} + 2\,\text{rec.}\,(\tau_{ik} + \delta_{ik}))\,(-\delta_{ik} + 2\,\text{rec.}\,(f_{ik} + \delta_{ik}))$$
$$(i, k=1, 2, \dots n).$$

Diese symbolische Compositionsgleichung zeigt,

dass sich *ausnahmslos jedes* specielle orthogonale System c_{ik}, mit der

Determinante $+1$, als Resultat der Composition eines aus $\frac{1}{2}n(n-1)$ *unbestimmten Variabeln:*

$$\tau_{ik} \qquad (1 \leq i < k \leq n),$$

gebildeten Systems:

$$(-\delta_{ik} + 2 \text{ rec. } (\tau_{ik} + \delta_{ik})) \qquad (i, k=1, 2, \ldots n)$$

mit einem Systeme:

$$(-\delta_{ik} + 2 \text{ rec. } (f_{ik} + \delta_{ik})) \qquad (i, k=1, 2, \ldots n)$$

darstellen lässt, in welchem die Grössen f_{ik} rationale Functionen der unbestimmten Variabeln τ_{ik} und der Elemente des darzustellenden Systems c_{ik} sind.

Dabei genügen die Grössen τ_{ik} und f_{ik} den Gleichungen:

$$\tau_{ik} + \tau_{ki} = 0, \quad f_{ik} + f_{ki} = 0 \qquad (i, k=1, 2, \ldots n),$$

und gemäss der Compositionsgleichung (83) lassen sich auch die Elemente c_{ik} als rationale Functionen der Grössen τ_{ik} und f_{ik} ausdrücken. Es gehören also einerseits die Grössen f_{ik} zu dem aus den Elementen:

$$c_{ik}, \ \tau_{ik} \qquad (i, k=1, 2, \ldots n)$$

gebildeten Rationalitätsbereich, andererseits die Grössen c_{ik} zu demjenigen, welcher aus den Elementen:

$$f_{ik}, \ \tau_{ik} \qquad (i, k=1, 2, \ldots n)$$

zu bilden ist.

In der ausnahmslosen Darstellung orthogonaler Systeme, welche durch die Hinzunahme von $\frac{1}{2}n(n-1)$ unbestimmten Variabeln τ_{ik} ermöglicht worden ist, bewährt sich wiederum jenes „methodische Hülfsmittel der Einführung von Unbestimmten in die Algebra und Arithmetik", dessen Nützlichkeit und Bedeutung ich in meiner Festschrift zu Hrn. *Kummer*'s Doctorjubiläum näher dargelegt habe.*) Man kann aber in der Gleichung (83), welche die Darstellung aller orthogonalen Systeme liefert, für die Unbestimmten τ_{ik} auch irgend welche *bestimmte* Grössen substituiren, wenn diese nur so beschaffen sind, dass die in der Gleichung vorkommenden Nenner nicht gleich Null werden. Hierfür ist es, wie die Gleichungen (81) und (82) zeigen, nothwendig und hinreichend, an Stelle der Unbestimmten τ_{ik} solche Grössen zu setzen, dass beide Determinanten:

$$|\tau_{ik} + \delta_{ik}|, \quad |F_{ik} + \delta_{ik}| \qquad (i, k=1, 2, \dots n)$$

von Null verschiedene Werthe erhalten, und dies ist für ein gegebenes bestimmtes System (c_{ik}) stets möglich, da für die aus der Gleichung (82) bei *unbestimmten* τ_{ik} resultirenden Elemente F_{ik} die Determinante $|F_{ik} + \delta_{ik}|$ nicht identisch gleich Null wird. Demnach können, wenn irgend ein orthogonales System mit der Determinante $+1$ gegeben ist, dessen Elemente $\mathfrak{c}_{ik}$ einem Rationalitätsbereich $(\mathfrak{R}, \mathfrak{R}', \mathfrak{R}'', \dots)$ angehören, stets Grössen:

$$\mathfrak{a}_{ik}, \quad \mathfrak{b}_{ik} \qquad (i, k=1, 2, \dots n)$$

desselben Bereichs gewählt werden, welche den Gleichungen:

$$(84) \qquad \mathfrak{a}_{ik} + \mathfrak{a}_{ki} = 0, \quad \mathfrak{b}_{ik} + \mathfrak{b}_{ki} = 0 \qquad (i, k=1, 2, \dots n)$$

genügen, und für welche:

$$(85) \qquad \mathfrak{c}_{ik} = \sum_{h=1}^{h=n} (-\delta_{ih} + 2\,\text{rec.}(\mathfrak{a}_{ih} + \delta_{ih}))\ (-\delta_{hk} + 2\,\text{rec.}(\mathfrak{b}_{hk} + \delta_{hk})) \qquad (i, k=1, 2, \dots n)$$

wird, so dass die Compositionsgleichung besteht:

---

*) Vgl. den Schluss des § 22 der citirten Festschrift.[1])

[1]) Band II S. 353 flgde. dieser Ausgabe. H.

(86) $$(\mathfrak{c}_{ik}) = (-\delta_{ik} + 2\,\mathrm{rec.}\,(\mathfrak{a}_{ik} + \delta_{ik}))\;(-\delta_{ik} + 2\,\mathrm{rec.}\,(\mathfrak{b}_{ik} + \delta_{ik})) \qquad (i, k = 1, 2, \ldots n).$$

Da nun andererseits offenbar jedes aus den beiden Systemen rechts componirte System ein orthogonales System des Bereichs $(\mathfrak{R}, \mathfrak{R}', \mathfrak{R}'', \ldots)$ mit der Determinante $+1$ ist, sobald für $\mathfrak{a}_{ik}$, $\mathfrak{b}_{ik}$ irgend welche den Gleichungen (84) genügende Grössen desselben Bereichs genommen werden, so ergiebt sich das Resultat:

> *Alle* orthogonalen, einem Rationalitätsbereich $(\mathfrak{R}, \mathfrak{R}', \mathfrak{R}'', \ldots)$ angehörigen Systeme $(\mathfrak{c}_{ik})$ mit der Determinante $+1$, und *nur* diese, werden durch die Composition von je zwei Systemen:
>
> $$(-\delta_{ik} + 2\,\mathrm{rec.}\,(\mathfrak{a}_{ik} + \delta_{ik})), \quad (-\delta_{ik} + 2\,\mathrm{rec.}\,(\mathfrak{b}_{ik} + \delta_{ik}))$$
> $$(i, k = 1, 2, \ldots n)$$
>
> erhalten, in denen $\mathfrak{a}_{ik}$, $\mathfrak{b}_{ik}$ irgend welche den Gleichungen (84) genügende Grössen des Bereichs $(\mathfrak{R}, \mathfrak{R}', \mathfrak{R}'', \ldots)$ sind.

Die hier erlangte, ausnahmslos zulässige Darstellungsweise orthogonaler Systeme, bei welcher allerdings ein und dasselbe System aus verschiedenen Werthsystemen von $\mathfrak{a}_{ik}$, $\mathfrak{b}_{ik}$ hervorgeht und also mehrfach vorkommt, ist auch auf solche Systeme anwendbar, welche nur in Beziehung auf ein gewisses Modulsystem orthogonal sind. Sie bildet eine wesentliche Erweiterung der *Cayley*'schen Darstellungsweise, und diese resultirt selbst daraus, wenn man die sämmtlichen Grössen $\mathfrak{b}_{ik}$ gleich Null annimmt. Aber bei einer solchen Specialisation der obigen allgemeineren Darstellungsweise bleibt die volle Allgemeinheit der Darstellbarkeit nicht erhalten. So können, wie schon am Schlusse des art. V gezeigt worden ist, die orthogonalen Systeme:

$$(-\delta_{ik} + 2\,\mathrm{rec.}\,(\mathfrak{a}_{ik} + \delta_{ik})) \qquad (i, k = 1, 2, \ldots n)$$

für endliche Werthe $\mathfrak{a}_{ik}$ niemals *symmetrisch* sein, ausser wenn alle Grössen $\mathfrak{a}_{ik}$ gleich Null sind; aber unter den aus der Composition *zweier* Systeme:

$$(-\delta_{ik} + 2\,\mathrm{rec.}\,(\mathfrak{a}_{ik} + \delta_{ik})), \quad (-\delta_{ik} + 2\,\mathrm{rec.}\,(\mathfrak{b}_{ik} + \delta_{ik})) \qquad (i, k = 1, 2, \ldots n)$$

hervorgehenden Systemen sind z. B. diejenigen symmetrisch, bei welchen:

$$\mathfrak{b}_{ik} = -\delta_{ik} + \text{rec.}\left(\tfrac{1}{2}(1-\varepsilon_i)\,\delta_{ik} + \varepsilon_i\,\text{rec.}(\mathfrak{a}_{ik} + \delta_{ik})\right) \qquad (i, k = 1, 2, \ldots n)$$

ist, vorausgesetzt, dass die Werthe ε_i in gerader Anzahl gleich -1 und die übrigen gleich $+1$ sind. Denn setzt man:

$$-\delta_{hk} + 2\,\text{rec.}(\mathfrak{b}_{hk} + \delta_{hk}) = c_{hk} \qquad (h, k = 1, 2, \ldots n),$$

so wird:

$$-\delta_{ih} + 2\,\text{rec.}(\mathfrak{a}_{ih} + \delta_{ih}) = \varepsilon_h c_{hi} \qquad (h, i = 1, 2, \ldots n),$$

und aus der Gleichung (85) ergiebt sich alsdann die Relation:

$$\mathfrak{c}_{ik} = \sum_{h=1}^{h=n} \varepsilon_h c_{hi} c_{hk} \qquad (i, k = 1, 2, \ldots n),$$

durch welche gemäss der Gleichung (6) im art. I das System $(\mathfrak{c}_{ik})$ als ein orthogonales symmetrisches charakterisirt wird.

XIII.

Eine von der *Cayley*'schen principiell verschiedene, für den Fall reeller Grössen ausnahmslos zulässige Darstellung orthogonaler Systeme durch $\frac{1}{2}n(n-1)$ Parameter erhält man nach jener Methode der Transformation eines Aggregats von Quadraten in ein anderes, welche ich in meiner Mittheilung vom Februar 1873[1]) auseinandergesetzt und auch oben im art. IV benutzt habe.*)

*) Vergl. *Leonhardi Euleri* commentationes arithmeticae collectae, Tom. I, p. 427 und *C. G. J. Jacobi*'s gesammelte Werke, Bd. III, S. 601.

[1]) Band I S. 303—348 dieser Ausgabe. H.

Bedeutet nämlich, wie im art. I:

$$(c_{ik}) \qquad (i, k=1, 2, \dots n)$$

irgend ein orthogonales System und:

$$(\mathfrak{c}_{ik}) \qquad (i, k=1, 2, \dots n)$$

ein *„elementares“*, d. h. ein solches, dessen Elemente in folgender Weise bestimmt sind:

$$\left.\begin{matrix} \mathfrak{c}_{gg} = \cos v_{gh}, & \mathfrak{c}_{gh} = \sin v_{gh}, & \mathfrak{c}_{gk} = 0 \\ -\mathfrak{c}_{hg} = \sin v_{gh}, & \mathfrak{c}_{hh} = \cos v_{gh}, & \mathfrak{c}_{hk} = 0 \end{matrix}\right. \qquad \binom{k=1, 2, \dots n;}{k \gtrless g, k \gtrless h},$$

$$\mathfrak{c}_{ik} = \delta_{ik} \qquad (i, k=1, 2, \dots n; i \gtrless g; i \gtrless h),$$

so resultirt aus der Composition:

$$(\mathfrak{c}_{ik})\,(c_{ik})$$

ein orthogonales System, in welchem die beiden durch die vorderen Indices g und h charakterisirten Horizontalreihen die Elemente haben:

$$\begin{matrix} c_{gk} \cos v_{gh} + c_{hk} \sin v_{gh} \\ -c_{gk} \sin v_{gh} + c_{hk} \cos v_{gh} \end{matrix} \qquad (k=1, 2, \dots n),$$

während die übrigen Horizontalreihen mit denen des Systems (c_{ik}) übereinstimmen. Bezeichnet man nun das elementare orthogonale System $(\mathfrak{c}_{ik})$, um die Abhängigkeit seiner Elemente von der Winkelgrösse v_{gh} hervorzuheben, mit:

$$\mathfrak{C}(v_{gh}),$$

so wird jenes aus der Composition mit (c_{ik}) resultirende System durch den Ausdruck:

$$(\mathfrak{C}(v_{gh}))\,(c_{ik})$$

symbolisch dargestellt.

Es sei jetzt zuerst $g=1$, $h=n$, und v_{1n} werde so bestimmt, dass das Element:

$$- c_{11} \sin v_{1n} + c_{n1} \cos v_{1n},$$

welches in dem componirten System:

$$(\mathfrak{E}(v_{1n}))\ (c_{ik})$$

an der ersten Stelle der n^{ten} Horizontalreihe steht, gleich Null wird, und dass zugleich das erste Element der *ersten* Horizontalreihe einen positiven Werth bekommt. Dies ist stets möglich, auch wenn $c_{11}=0$ ist, da in diesem Falle nur v_{1n} gleich $\frac{1}{2}\pi$ oder $\frac{3}{2}\pi$ genommen zu werden braucht.

Alsdann sei $g=1$, $h=n-1$ und $v_{1,n-1}$ werde so bestimmt, dass das erste Element der $(n-1)^{\text{ten}}$ Horizontalreihe in dem System:

$$(\mathfrak{E}(v_{1,n-1}))\ (\mathfrak{E}(v_{1,n}))\ (c_{ik})$$

gleich Null und zugleich das erste Element der ersten Horizontalreihe positiv wird. Fährt man in dieser Weise fort, so erlangt man ein System:

$$(\mathfrak{E}(v_{12}))\ (\mathfrak{E}(v_{13}))\ \dots\ (\mathfrak{E}(v_{1,n-1}))\ (\mathfrak{E}(v_{1n}))\ (c_{ik}),$$

in welchem alle Elemente der ersten Verticalreihe, mit Ausnahme des ersten, gleich Null sind und das erste Element einen positiven Werth hat. Es ist also, wenn die Elemente des Systems mit $\bar{c}_{ik}$ bezeichnet werden:

$$\bar{c}_{21} = \bar{c}_{31} = \dots = \bar{c}_{n1} = 0,$$

und da das System ein orthogonales ist, also die Gleichungen bestehen:

$$\sum_{h=1}^{h=n} \bar{c}_{h1}\bar{c}_{h1} = 1, \qquad \sum_{h=1}^{h=n} \bar{c}_{h1}\bar{c}_{hk} = 0 \qquad (k=2, 3, \dots n),$$

so folgt, dass:

$$\bar{c}_{11} = +1, \quad \bar{c}_{1k} = 0 \qquad (k=2, 3, \dots n)$$

sein muss. Das System $(\bar{c}_{ik})$ ist daher nichts Anderes als ein orthogonales System von $(n-1)^2$ Elementen:

$$\bar{c}_{ik} \qquad (i, k=2, 3, \dots n),$$

welchem nur eine Horizontalreihe:

$$\bar{c}_{11} = +1, \quad \bar{c}_{12} = 0, \quad \bar{c}_{13} = 0, \cdots \bar{c}_{1n} = 0$$

und eine Verticalreihe:

$$\bar{c}_{11} = +1, \quad \bar{c}_{21} = 0, \quad \bar{c}_{31} = 0, \cdots \bar{c}_{n1} = 0$$

angefügt ist. Setzt man von diesem System $(\bar{c}_{ik})$, welches wesentlich nur ein orthogonales System von $(n-1)^2$ Elementen ist, schon voraus, dass es als Resultat der Composition von lauter elementaren Systemen in folgender Weise darstellbar ist:

$$(\mathfrak{E}(v_{23}))\,(\mathfrak{E}(v_{24}))\,\dots\,(\mathfrak{E}(v_{n-1,\,n})),$$

so folgt nunmehr,

> dass jedes orthogonale System von n^2 Elementen sich als Resultat der Composition einer Reihe von $\frac{1}{2}n(n-1)$ *elementaren* orthogonalen Systemen:

$$(87) \qquad (\mathfrak{E}(v_{12}))\,(\mathfrak{E}(v_{13}))\,\dots\,(\mathfrak{E}(v_{n-2,\,n}))\,(\mathfrak{E}(v_{n-1,\,n}))$$

> darstellen lässt, deren jedes von *einer* Grösse v abhängt.

Andererseits ist klar, dass aus der Composition *beliebiger* elementarer orthogonaler Systeme stets ein orthogonales System hervorgeht. Der mit (87) bezeichnete Ausdruck stellt demnach, in der angekündigten Weise, ausnahmslos jedes orthogonale System mit reellen Elementen durch $\frac{1}{2}n(n-1)$ Parameter v dar. Doch ist dabei zu bemerken, dass nicht jeder einzelne Coefficient der elementaren orthogonalen Systeme ($\cos v$, $\sin v$), sondern nur das Verhältniss ($\operatorname{tg} v$) *rational* in den Elementen des durch den Compositionsausdruck (87) darzustellenden Systems ausgedrückt wird.

Das mit $\mathfrak{E}(v_{gh})$ bezeichnete elementare orthogonale System lässt sich als Resultat der Composition anderer elementarer Systeme in folgender Weise darstellen:

$$(\mathfrak{E}(v_{1h}))\ (\mathfrak{E}(v_{12}))\ (\mathfrak{E}(v_{1g}))\ (\mathfrak{E}(v'_{12}))\ (\mathfrak{E}(v_{1g}))\ (\mathfrak{E}(v_{12}))\ (\mathfrak{E}(v_{1h}))\ (\mathfrak{E}(v'_{1g})),$$

wenn hierbei:

$$v_{12} = v_{1g} = v_{1h} = \frac{1}{2}\pi, \quad v'_{1g} = \pi, \quad v'_{12} = v_{gh}$$

gesetzt wird. Hieraus folgt,

> dass sich jedes orthogonale System als Resultat der Composition einer Reihe von elementaren darstellen lässt, welche nur aus den $n-1$ Systemen:
>
> $$\mathfrak{E}(v_{12}),\quad \mathfrak{E}(v_{13}),\ \ldots\ \mathfrak{E}(v_{1n})$$
>
> entnommen zu werden brauchen,

und diese Art der Darstellung ist besonders dazu geeignet, die partiellen Differentialgleichungen herzuleiten, durch welche die bei orthogonalen Transformationen ungeändert bleibenden Functionen der Coefficienten von Formensystemen charakterisirt werden.

XIV.

Bezeichnet man, wie in den §§ 13 und 14 meines am 6. Juni 1889 vorgelegten Aufsatzes*) mit:

$$(\mathrm{S})\qquad F^{(1)}(x_1, x_2, \dots x_n),\quad F^{(2)}(x_1, x_2, \dots x_n),\quad F^{(3)}(x_1, x_2, \dots x_n), \dots$$

homogene Formen der Dimensionen $\nu_1, \nu_2, \nu_3, \dots$, ist also wie dort:

$$(88)\qquad F^{(q)}(x_1, x_2, \dots x_n) = \sum_{p_1, p_2, \dots p_n} C^{(q)}_{p_1, p_2, \dots p_n} x_1^{p_1} x_2^{p_2} \dots x_n^{p_n},$$

$$(89)\qquad C^{(q)}_{p_1, p_2, \dots p_n} = \frac{1}{p_1!\, p_2! \dots p_n!} \frac{\partial^{(\nu_q)} F^{(q)}(x_1, x_2, \dots x_n)}{\partial x_1^{p_1} \partial x_2^{p_2} \dots \partial x_n^{p_n}}$$

$$(p_1, p_2, \dots p_n = 0, 1, 2, \dots;\; p_1 + p_2 + \dots + p_n = \nu_q;\; q = 1, 2, 3, \dots),$$

und werden nunmehr zwei Formensysteme (S), (S′) dann und nur dann als *„eigentlich aequivalent“* betrachtet, wenn die Formen des einen Systems in die des andern durch eine *„eigentliche orthogonale“* Transformation, d. h. durch eine solche mit der Determinante $+1$, übergeführt werden können, so wird eine Function der Coefficienten $C^{(q)}_{p_1, p_2, \dots p_n}$:

$$(90)\qquad \mathrm{Inv.}\left(\dots C^{(q)}_{p_1, p_2, \dots p_n}, \dots\right),$$

auf Grund des am Schlusse des vorhergehenden Abschnittes entwickelten Resultats, als eine „Invariante der eigentlichen Aequivalenz (S) $\sim$ (S′)“ vollständig durch die Bedingung charakterisirt, dass jede der $n-1$ Functionen:

$$(91)\qquad \mathrm{Inv.}\left(\dots \frac{\partial^{(\nu_q)} F^{(q)}(x_1 \cos v + x_r \sin v, \dots x_{r-1}, -x_1 \sin v + x_r \cos v, x_{r+1}, \dots)}{p_1!\, p_2! \dots p_n!\, \partial x_1^{p_1} \partial x_2^{p_2} \dots \partial x_n^{p_n}}, \dots\right),$$

*) „Die Decomposition der Systeme von n^2 Grössen und ihre Anwendung auf die Theorie der Invarianten“.[1])

[1]) Band III S. 315—368 dieser Ausgabe von *L. Kronecker*'s Werken; s. S. 348—357. H.

welche den Werthen $r = 2, 3, \ldots n$ entsprechen, von v unabhängig sein muss. Differentiirt man also diese $n-1$ Functionen nach v und setzt das Resultat gleich Null, so erhält man $n-1$ für die Invarianteneigenschaft der Function Inv. $(\ldots C^{(q)}_{p_1, p_2, \ldots p_n}, \ldots)$ charakteristische Differentialrelationen.

Das Resultat der Differentiation ist ein Aggregat von Producten je zweier Factoren, von denen der eine die nach je einem der Argumente:

$$\frac{\partial^{(\nu_q)} F^{(q)}(x_1 \cos v + x_r \sin v, \ldots x_{r-1}, -x_1 \sin v + x_r \cos v, x_{r+1}, \ldots)}{p_1!\, p_2! \ldots p_n!\, \partial x_1^{p_1} \partial x_2^{p_2} \ldots \partial x_n^{p_n}}$$

genommene partielle Ableitung der mit (91) bezeichneten Function ist, während der andere Factor durch die nach v genommene partielle Ableitung eben dieses Argumentes, d. h. also durch:

$$\text{(92)} \qquad \frac{\partial^{(\nu_q+1)} F^{(q)}(x_1 \cos v + x_r \sin v, \ldots x_{r-1}, -x_1 \sin v + x_r \cos v, x_{r+1}, \ldots)}{p_1!\, p_2! \ldots p_n!\, \partial v\, \partial x_1^{p_1} \partial x_2^{p_2} \ldots \partial x_n^{p_n}}$$

gebildet wird. Diese letztere Ableitung kann mittels folgender Betrachtung umgeformt werden.

Aus der unmittelbar zu verificirenden Formel:

$$\frac{\partial F(x_1 \cos v + x_r \sin v, -x_1 \sin v + x_r \cos v)}{\partial v} = x_r \frac{\partial F}{\partial x_1} - x_1 \frac{\partial F}{\partial x_r}$$

erhält man durch successive Differentiation nach den Variabeln x_1 und x_r die allgemeinere Formel:

$$\text{(93)} \qquad \frac{\partial^{(h+k+1)} F}{\partial v\, \partial x_1^h \partial x_r^k} = k \frac{\partial^{(h+k)} F}{\partial x_1^{h+1} \partial x_r^{k-1}} - h \frac{\partial^{(h+k)} F}{\partial x_1^{h-1} \partial x_r^{k+1}} + x_r \frac{\partial^{(h+k+1)} F}{\partial x_1^{h+1} \partial x_r^k} - x_1 \frac{\partial^{(h+k+1)} F}{\partial x_1^h \partial x_r^{k+1}}.$$

Die Richtigkeit dieser Formel, in welcher der Einfachheit halber die Function:

$$F(x_1 \cos v + x_r \sin v, \; -x_1 \sin v + x_r \cos v)$$

nur durch F bezeichnet ist, kann auch durch Inductionsschluss nachgewiesen werden. Denn wenn man die Richtigkeit für die Systeme der Zahlen:

$$(h-1,\ k),\quad (h,\ k-1)$$

voraussetzt, so folgt das eine Mal durch Differentiation nach x_1, das andere Mal durch Differentiation nach x_2 die Richtigkeit der Formel (93) für das System der Zahlen $(h,\ k)$.

Ersetzt man in der Formel (93) h durch p_1, ferner k durch p_r und F durch:

$$\frac{\partial^{(\nu_q - p_1 - p_r)} F(x_1 \cos v + x_r \sin v, \ldots x_{r-1}, -x_1 \sin v + x_r \cos v, x_{r+1}, \ldots)}{p_1!\, p_2! \ldots p_n!\, \partial x_2^{p_2} \ldots \partial x_{r-1}^{p_{r-1}} \partial x_{r+1}^{p_{r+1}} \ldots},$$

so werden die beiden letzten Glieder auf der rechten Seite gleich Null, weil sie die $(\nu_q + 1)^{\text{te}}$, nach Variabeln $x_1, x_2, \ldots$ genommene Ableitung der Function:

$$F(x_1 \cos v + x_r \sin v, \ldots x_{r-1}, -x_1 \sin v + x_r \cos v, x_{r+1}, \ldots)$$

enthalten, welche eine homogene Function der Variabeln x von der Dimension ν_q ist, und der Ausdruck (92) wird hiernach in folgenden umgeformt:

$$(94)\qquad \begin{aligned} & p_r \frac{\partial^{(\nu_q)} F(x_1 \cos v + x_r \sin v, \ldots x_{r-1}, -x_1 \sin v + x_r \cos v, x_{r+1}, \ldots)}{p_1!\, p_2! \ldots p_n!\, \partial x_1^{p_1+1} \partial x_2^{p_2} \ldots \partial x_{r-1}^{p_{r-1}} \partial x_r^{p_r - 1} \partial x_{r+1}^{p_{r+1}} \ldots} \\ & - p_1 \frac{\partial^{(\nu_q)} F(x_1 \cos v + x_r \sin v, \ldots x_{r-1}, -x_1 \sin v + x_r \cos v, x_{r+1}, \ldots)}{p_1!\, p_2! \ldots p_n!\, \partial x_1^{p_1-1} \partial x_2^{p_2} \ldots \partial x_{r-1}^{p_{r-1}} \partial x_r^{p_r + 1} \partial x_{r+1}^{p_{r+1}} \ldots}. \end{aligned}$$

Setzt man nun analog der Gleichung (89):

$$\overline{C}^{(q)}_{p_1, p_2, \ldots p_n} = \frac{\partial^{(\nu_q)} F^{(q)}(x_1 \cos v + x_r \sin v, \ldots x_{r-1}, -x_1 \sin v + x_r \cos v, x_{r+1}, \ldots)}{p_1!\, p_2! \ldots p_n!\, \partial x_1^{p_1} \partial x_2^{p_2} \ldots \partial x_n^{p_n}},$$

so geht der Ausdruck (94) über in:

$$(p_1+1)\,\overline{C}^{(q)}_{p_1+1,\ldots p_r-1,\ldots p_n} - (p_r+1)\,\overline{C}^{(q)}_{p_1-1,\ldots p_r+1,\ldots p_n},$$

und der nach v genommene Differentialquotient des Ausdrucks (91), d. h. also:

$$\frac{\partial\,\mathrm{Inv.}\left(\ldots\,\overline{C}^{(q)}_{p_1,\,p_2,\ldots p_n},\ldots\right)}{\partial v},$$

wird durch die Summe:

$$(95)\quad \sum_{p_1,\,p_2,\ldots p_n,\,q}\left((p_1+1)\,\overline{C}^{(q)}_{p_1+1,\ldots p_r-1,\ldots p_n} - (p_r+1)\,\overline{C}^{(q)}_{p_1-1,\ldots p_r+1,\ldots p_n}\right)\frac{\partial\,\mathrm{Inv.}\left(\ldots\,\overline{C}^{(q)}_{p_1,\,p_2,\ldots p_n},\ldots\right)}{\partial\,\overline{C}^{(q)}_{p_1,\,p_2,\ldots p_n}}$$

$$(p_1,\,p_2,\ldots p_n=0,1,2,\ldots;\; p_1+p_2+\cdots+p_n=\nu_q;\; q=1,2,3,\ldots)$$

dargestellt, wenn man darin $\overline{C}^{(q)}$, falls einer der unteren Indices negativ ist, gleich Null nimmt.

Die Gleichungen, welche entstehen, indem der Ausdruck (95) für $r=2,3,\ldots n$ gleich Null gesetzt wird, sind vollkommen gleichbedeutend mit denjenigen, welche man erhält, wenn man die Coefficienten $\overline{C}$ durch die Coefficienten C ersetzt, und es resultiren alsdann die $n-1$ partiellen Differentialgleichungen:

$$(96)\qquad \sum (p_1+1)\,C^{(q)}_{p_1+1,\ldots p_r-1,\ldots p_n}\,\frac{\partial\,\mathrm{Inv.}\left(\ldots\,C^{(q)}_{p_1,\,p_2,\ldots p_n},\ldots\right)}{\partial\,C^{(q)}_{p_1,\,p_2,\ldots p_n}}$$

$$=\sum (p_r+1)\,C^{(q)}_{p_1-1,\ldots p_r+1,\ldots p_n}\,\frac{\partial\,\mathrm{Inv.}\left(\ldots\,C^{(q)}_{p_1,\,p_2,\ldots p_n},\ldots\right)}{\partial\,C^{(q)}_{p_1,\,p_2,\ldots p_n}},$$

welche den $n-1$ verschiedenen Werthen:

$$r=2,3,\ldots n$$

entsprechen, und in welchen links in Beziehung auf p_r, rechts in Beziehung auf p_1 nur von 1 an, in Beziehung auf alle übrigen Summationsbuchstaben p

aber auf beiden Seiten von 0 an so zu summiren ist, dass stets die Bedingung:

$$p_1 + p_2 + \cdots + p_n = \nu_q$$

erfüllt bleibt, während die Summation in Beziehung auf q von 1 an bis zu derjenigen Zahl zu erstrecken ist, welche die Anzahl der Formen des zu Grunde gelegten Formensystems (S) bezeichnet.

XV.

Die $n-1$ partiellen Differentialgleichungen (96), durch welche die „Invarianten *eigentlich orthogonaler* Transformationen des Formensystems“:

$$\text{(S)} \qquad \sum_{p_1, p_2, \ldots p_n} C^{(q)}_{p_1, p_2, \ldots p_n} x_1^{p_1} x_2^{p_2} \cdots x_n^{p_n} \qquad \left(\begin{matrix} p_1, p_2, \ldots p_n = 0, 1, 2, \ldots; \\ p_1 + p_2 + \ldots + p_n = \nu_q; \\ q = 1, 2, 3, \ldots \end{matrix}\right)$$

vollständig und in elegantester Weise charakterisirt werden, stehen in einer bemerkenswerthen Beziehung zu jenen $2n-2$ partiellen Differentialgleichungen, welche ich im § 14 meines schon oben citirten vorjährigen Aufsatzes*) für die Invarianten *allgemeiner* linearer Transformationen mit der Determinante *Eins* entwickelt und dort mit (V) bezeichnet habe. Setzt man nämlich zur Abkürzung den Differentialausdruck:

$$(97) \qquad \sum (p_1 + 1)\, C^{(q)}_{p_1+1,\, p_2-1,\, p_3, \ldots p_n} \frac{\partial \operatorname{Inv.}\left(\ldots C^{(q)}_{p_1, p_2, \ldots p_n}, \ldots\right)}{\partial C^{(q)}_{p_1, p_2, \ldots p_n}}$$

$$(p_2 = 1, 2, \ldots;\ p_1, p_3, \ldots p_n = 0, 1, 2, \ldots;\ p_1 + p_2 + \cdots + p_n = \nu_q;\ q = 1, 2, 3, \ldots)$$

gleich:

$$D_{1,2} \operatorname{Inv.}\left(\ldots C^{(q)}_{p_1, p_2, \ldots p_n}, \ldots\right),$$

---

*) „Die Decomposition der Systeme von n^2 Grössen und ihre Anwendung auf die Theorie der Invarianten“.[1])

[1]) Band III S. 357 dieser Ausgabe. H.

so werden die $n-1$ partiellen Differentialgleichungen für die Invarianten *eigentlich orthogonaler* Transformationen durch:

$$D_{1,r}\,\text{Inv.}\left(\ldots\, C^{(q)}_{p_1,\,p_2,\,\ldots\,p_n},\ \ldots\right) = D_{r,1}\,\text{Inv.}\left(\ldots\, C^{(q)}_{p_1,\,p_2,\,\ldots\,p_n},\ \ldots\right)$$

$$(r=2,\ 3,\ \ldots\ n),$$

aber die $2n-2$ partiellen Differentialgleichungen für die Invarianten *allgemeiner* linearer Transformationen mit der Determinante *Eins* durch:

$$D_{1,r}\,\text{Inv.}\left(\ldots\, C^{(q)}_{p_1,\,p_2,\,\ldots\,p_n},\ \ldots\right) = D_{r,1}\,\text{Inv.}\left(\ldots\, C^{(q)}_{p_1,\,p_2,\,\ldots\,p_n},\ \ldots\right) = 0$$

$$(r=2,\ 3,\ \ldots\ n)$$

dargestellt. Das in den obigen Differentialgleichungen (96) und in den Differentialgleichungen (V) meines vorjährigen Aufsatzes enthaltene Resultat kann also dahin formulirt werden:

Während die Invarianten *eigentlich orthogonaler* Transformationen eines Formensystems:

$$(98)\qquad \sum_{p_1,\,p_2,\,\ldots\,p_n} C^{(q)}_{p_1,\,p_2,\,\ldots\,p_n}\, x_1^{p_1}\, x_2^{p_2}\ \ldots\ x_n^{p_n} \qquad \begin{pmatrix} p_1,\,p_2,\,\ldots\,p_n=0,\ 1,\ 2,\ \ldots; \\ p_1+p_2+\ldots+p_n=\nu_q;\ q=1,\ 2,\ 3,\ \ldots \end{pmatrix}$$

dadurch vollständig charakterisirt werden, dass jeder der $n-1$, den Indices $r=2,\ 3,\ \ldots\ n$ entsprechenden Differentialausdrücke:

$$\sum (p_1+1)\, C^{(q)}_{p_1+1,\,\ldots\,p_r-1,\,\ldots\,p_n}\, \frac{\partial\ \text{Inv.}\left(\ldots\, C^{(q)}_{p_1,\,p_2,\,\ldots\,p_n},\ \ldots\right)}{\partial\, C^{(q)}_{p_1,\,p_2,\,\ldots\,p_n}}$$

$$(p_2=1,\ 2,\ \ldots;\ p_1,\,p_3,\,\ldots\,p_n=0,\ 1,\ 2,\ \ldots;\ p_1+p_2+\cdots+p_n=\nu_q;\ q=1,\ 2,\ \ldots)$$

bei Vertauschung der Indices p_1 und p_r seinen Werth beibehält, tritt für die Invarianten *allgemeiner* linearer Transformationen mit der Determinante *Eins* noch die Bedingung hinzu, dass jeder dieser Werthe gleich *Null* sein muss.

Der besondere Fall, in welchem sich das Formensystem (S) auf eine einzige quadratische Form reducirt, verdient sowohl an sich als auch deshalb hervorgehoben zu werden, weil derselbe auf andere Weise bereits von Herrn *Lipschitz* in seinem oben in der Einleitung citirten Aufsatze behandelt worden ist.*)

Bezeichnet man mit:

$$u_{ik} \qquad (i,\ k=1,\ 2,\ \dots\ n;\ i \leqq k)$$

$\frac{1}{2}\,n(n+1)$ unbestimmte Variable und setzt:

$$u_{ki} = u_{ik} \qquad (i,\ k=1,\ 2,\ \dots\ n;\ i \leqq k),$$

so bilden die n^2 Grössen:

$$u_{ik} \qquad (i,\ k=1,\ 2,\ \dots\ n)$$

ein symmetrisches System, und es ist:

$$\sum_{i,\,k} u_{ik}\, x_i\, x_k \qquad (i,\ k=1,\ 2,\ \dots\ n)$$

eine quadratische Form mit variabeln Coefficienten. Setzt man also:

$$\sum_{i,\,k} u_{ik}\, x_i\, x_k = \sum C_{p_1,\, p_2,\, \dots\, p_n}\, x_1^{p_1}\, x_2^{p_2}\ \dots\ x_n^{p_n} \qquad \left(\begin{matrix} p_1,\ p_2,\ \dots\ p_n = 0,\ 1,\ 2; \\ p_1+p_2+\dots+p_n = 2 \end{matrix}\right),$$

so wird:

$$C_{2000\dots} = u_{11}\ ,\quad C_{0200\dots} = u_{22}\ ,\quad C_{0020\dots} = u_{33}\ ,\ \dots,$$

$$C_{1100\dots} = 2u_{12},\quad C_{1010\dots} = 2u_{13},\quad C_{0110\dots} = 2u_{23},\ \dots,$$

*) Ich bemerke hierbei, dass ich überhaupt erst durch die citirten Entwickelungen des Hrn. *Lipschitz* auf das allgemeinere Problem der Ermittelung von partiellen Differentialgleichungen für die Invarianten orthogonaler Transformationen geführt worden bin.

und der oben mit (97) bezeichnete Differentialausdruck geht in folgenden über:

$$u_{11}\frac{\partial\,\text{Inv.}}{\partial u_{12}}+2u_{12}\frac{\partial\,\text{Inv.}}{\partial u_{22}}+\sum_{h=3}^{h=n}u_{1h}\frac{\partial\,\text{Inv.}}{\partial u_{h2}},$$

in welchem, der Einfachheit halber, die Argumente der Function Inv. $(\ldots u_{ik}, \ldots)$ weggelassen worden sind. Gemäss dem oben mit (98) bezeichneten Resultat

werden also die Invarianten orthogonaler Transformationen der quadratischen Form:

$$\sum_{i,\,k} u_{ik}\,x_i\,x_k \qquad (i, k = 1, 2, \ldots n)$$

dadurch vollständig charakterisirt, dass jeder der $n-1$, den Indices $r = 2, 3, \ldots n$ entsprechenden Differentialausdrücke:

$$(99) \qquad u_{1r}\frac{\partial\,\text{Inv.}}{\partial u_{rr}}+\sum_{h=1}^{h=n}u_{1h}\frac{\partial\,\text{Inv.}}{\partial u_{hr}}$$

bei Vertauschung der Indices 1 und r seinen Werth beibehält,

und die $n-1$ partiellen Differentialgleichungen für diese Invarianten entstehen daher aus der folgenden:

$$(100) \qquad \sum_{h=1}^{h=n}\left(u_{1h}\frac{\partial\,\text{Inv.}}{\partial u_{rh}}-u_{rh}\frac{\partial\,\text{Inv.}}{\partial u_{1h}}\right)=u_{1r}\left(\frac{\partial\,\text{Inv.}}{\partial u_{11}}-\frac{\partial\,\text{Inv.}}{\partial u_{rr}}\right),$$

wenn man darin dem Index r nach einander die Werthe $2, 3, \ldots n$ beilegt

Bei der obigen Uebertragung des mit (98) bezeichneten Resultats auf den speciellen Fall, wo sich das Formensystem (S) auf eine quadratische Form reducirt, musste von der Einschränkung auf *eigentlich* orthogonale Transformationen abgesehen werden, weil in diesem Falle die Unterscheidung zwischen den beiden Arten von orthogonalen Transformationen, d. h. zwischen denjenigen mit der Determinante $+1$ und denjenigen mit der Determinante

-1, hinfällig wird. Jede quadratische Form ist nämlich sich selbst uneigentlich aequivalent, d. h. sie kann mittels einer orthogonalen Substitution mit der Determinante -1 in sich selbst transformirt werden, und es kann desshalb keine Invarianten geben, welche ausschliesslich Invarianten für *eigentlich* orthogonale Transformationen wären.

Um sich davon zu überzeugen, dass jede beliebige quadratische Form mit reellen Coefficienten:

$$\sum_{i,k} a_{ik} x_i x_k \qquad (i, k = 1, 2, \ldots n)$$

durch uneigentlich orthogonale Substitutionen in sich selbst transformirt werden kann, braucht man nur jene stets zulässige, schon im art. I angewendete Darstellung der Coefficienten a_{ik} in der Form (1):

$$a_{ik} = \sum_{h=1}^{h=n} p_h c_{hi} c_{hk} \qquad (i, k = 1, 2, \ldots n)$$

zu benutzen, in welcher die Grössen c_{hi} die Elemente eines orthogonalen Systems bedeuten. Setzt man nämlich:

$$x_i = \sum_{l,r} \varepsilon_l c_{li} c_{lr} x'_r \qquad (i, l, r = 1, 2, \ldots n),$$

so wird:

$$\sum_{i,k} a_{ik} x_i x_k = \sum_{i,k,l,m,r,s} \varepsilon_l \varepsilon_m c_{li} c_{mk} c_{lr} c_{ms} a_{ik} x'_r x'_s \qquad (i, k, l, m, r, s = 1, 2, \ldots n),$$

und hieraus folgt bei Benutzung des obigen Ausdrucks für a_{ik} die Gleichung:

$$\sum_{i,k} a_{ik} x_i x_k = \sum_{h,i,k} \varepsilon_h^2 p_h c_{hi} c_{hk} x'_i x'_k \qquad (h, i, k = 1, 2, \ldots n),$$

also, für $\varepsilon_h = \pm 1$:

$$\sum_{i,k} a_{ik} x_i x_k = \sum_{i,k} a_{ik} x'_i x'_k \qquad (i, k = 1, 2, \ldots n).$$

Die quadratische Form $\sum a_{ik} x_i x_k$ wird demnach mittels der Substitution:

$$x_i = \sum_{l, r} \varepsilon_l c_{li} c_{lr} x'_r \qquad (i, l, r = 1, 2, \dots n)$$

in sich selbst transformirt, und diese Substitution ist eine *uneigentlich* orthogonale, d. h. eine solche mit der Determinante -1, wenn $\varepsilon_1 = -1$ und für jeden von 1 verschiedenen Index $\varepsilon_h = +1$ genommen wird.

Die Anzahl der von einander unabhängigen Invarianten orthogonaler Transformationen der quadratischen Form $\sum u_{ik} x_i x_k$ ist genau gleich n; sie ergiebt sich nämlich zuvörderst als die Differenz zwischen der Zahl $\frac{1}{2} n(n+1)$, welche die Mannigfaltigkeit der quadratischen Formen und der Zahl $\frac{1}{2} n(n-1)$, welche die Mannigfaltigkeit der orthogonalen Transformationen angiebt, und sie reducirt sich nicht weiter, weil keine auch nur *ein*fache Mannigfaltigkeit, sondern nur eine endliche Anzahl orthogonaler Transformationen der quadratischen Form $\sum u_{ik} x_i x_k$ in sich selbst existirt. Die Invarianten orthogonaler Transformationen der Form $\sum u_{ik} x_i x_k$ bilden hiernach selbst eine $n$fache Mannigfaltigkeit.

Da die quadratische Form:

$$\sum_{i, k} (z \delta_{ik} + u_{ik}) x_i x_k \qquad (i, k = 1, 2, \dots n),$$

in welcher z eine unbestimmte Variable bedeutet, mittels der orthogonalen Substitution:

$$x_i = \sum_{h=1}^{h=n} c_{ih} y_h \qquad (i = 1, 2, \dots n)$$

in die Form:

$$\sum_{i, k} (z \delta_{ik} + v_{ik}) y_i y_k \qquad (i, k = 1, 2, \dots n)$$

übergeht, so sind die beiden Determinanten:

$$|z\delta_{ik} + u_{ik}|, \qquad |z\delta_{ik} + v_{ik}| \qquad (i,\ k=1,\ 2,\ \ldots\ n)$$

einander gleich. Nun ist die quadratische Form $\sum v_{ik} y_i y_k$ die orthogonal transformirte der Form $\sum u_{ik} x_i x_k$; die Determinante:

$$|z\delta_{ik} + u_{ik}| \qquad (i,\ k=1,\ 2,\ \ldots\ n)$$

ist also für jeden beliebigen Werth von z eine Invariante orthogonaler Transformationen der Form $\sum u_{ik} x_i x_k$, und es kann daher die $n$fache Mannigfaltigkeit dieser Invarianten durch die $n$fache Mannigfaltigkeit von Determinanten:

$$|z_1\delta_{ik} + u_{ik}|, \quad |z_2\delta_{ik} + u_{ik}|, \ \ldots \ |z_n\delta_{ik} + u_{ik}| \qquad (i,\ k=1,\ 2,\ \ldots\ n)$$

repraesentirt, d. h. es kann jede Invariante als eine Function von n, verschiedenen Werthen von z entsprechenden Determinanten:

$$|z\delta_{ik} + u_{ik}| \qquad (i,\ k=1,\ 2,\ \ldots\ n)$$

dargestellt werden. Zu einem directen Nachweis des Bestehens jener partiellen Differentialgleichungen (100) genügt es hiernach zu zeigen, dass sie erfüllt werden, wenn man darin für Inv. $(\ldots u_{ik}, \ldots)$ die Determinante $|z\delta_{ik} + u_{ik}|$ setzt, oder dass in diesem Falle der mit (99) bezeichnete Differentialausdruck, nämlich:

$$u_{1r}\frac{\partial\,|z\delta_{ik} + u_{ik}|}{\partial u_{rr}} + \sum_{h=1}^{h=n} u_{1h}\frac{\partial\,|z\delta_{ik} + u_{ik}|}{\partial u_{hr}} \qquad (i,\ k=1,\ 2,\ \ldots\ n),$$

bei Vertauschung der Indices 1 und r seinen Werth nicht ändert.

Der angegebene Differentialausdruck kann zuvörderst in folgender Weise dargestellt werden:

$$-z\frac{\partial\,|z\delta_{ik} + u_{ik}|}{\partial u_{1r}} + \sum_{h=1}^{h=n}(z\delta_{1h} + u_{1h})(1 + \delta_{hr})\frac{\partial\,|z\delta_{ik} + u_{ik}|}{\partial u_{hr}} \qquad (i,\ k=1,\ 2,\ \ldots\ n).$$

Da nun das System der Grössen $z\delta_{ik} + u_{ik}$ ein symmetrisches ist, so ist der Factor von $z\delta_{1h} + u_{1h}$ in der vorstehenden Summe genau die doppelte Adjungirte der Grösse $z\delta_{hr} + u_{hr}$, d. h. es besteht die Relation:

$$(1 + \delta_{hr}) \frac{\partial \,|\, z\delta_{ik} + u_{ik} \,|}{\partial u_{hr}} = 2 \text{ adj.} (z\delta_{hr} + u_{hr}).$$

Da ferner für jeden der Werthe $r = 2, 3, \ldots n$:

$$\sum_{h=1}^{h=n} (z\delta_{1h} + u_{1h}) \text{ adj.} (z\delta_{hr} + u_{hr}) = 0$$

ist, so reducirt sich jener Differentialausdruck auf das Glied:

$$-z \frac{\partial \,|\, z\delta_{ik} + u_{ik} \,|}{\partial u_{1r}},$$

von welchem, vermöge der Symmetrie-Eigenschaft des Systems (u_{ik}) evident ist, dass es bei der Vertauschung der Indices 1 und r ungeändert bleibt.

In dem schliesslich noch zu erwähnenden besonderen Falle, wo das Formensystem (S) aus n *linearen* Formen:

$$\sum_{k=1}^{k=n} u_{ik} x_k \qquad (i = 1, 2, \ldots n)$$

besteht, nehmen die partiellen Differentialgleichungen (96) folgende einfache Gestalt an:

$$\sum_{k=1}^{k=n} u_{kr} \frac{\partial \text{ Inv.}}{\partial u_{k1}} = \sum_{k=1}^{k=n} u_{k1} \frac{\partial \text{ Inv.}}{\partial u_{kr}} \qquad (r = 2, 3, \ldots n).$$

Die Mannigfaltigkeit dieser Formensysteme ist eine n^2 fache, die der orthogonalen Transformationen, wie immer, eine $\frac{1}{2} n(n-1)$ fache, also die der

Invarianten eine $\left(n^2 - \frac{1}{2}n(n-1)\right)$ fache, und diese können sämmtlich als Functionen der $\frac{1}{2}n(n+1)$ speciellen Invarianten:

$$\sum_{h=1}^{h=n} u_{ih} u_{kh} \qquad (i, k = 1, 2, \ldots n; \; i \leq k)$$

dargestellt werden, deren Invarianteneigenschaft unmittelbar erhellt, wenn man die Grössen u_{ih}, u_{kh} durch die orthogonal transformirten:

$$\sum_{r=1}^{r=n} u_{ir} c_{rh}, \qquad \sum_{s=1}^{s=n} u_{ks} c_{sh}$$

ersetzt. Dann geht nämlich jene Summe über in:

$$\sum_{r,s} u_{ir} u_{ks} \sum_{h=1}^{h=n} c_{rh} c_{sh} \qquad (r, s = 1, 2, \ldots n),$$

und da die innere auf h bezügliche Summe wegen der Orthogonalität des Systems (c_{ik}) gleich δ_{rs} wird, so kommt, wie oben:

$$\sum_{r=1}^{r=n} u_{ir} u_{kr}.$$

Die angegebenen $\frac{1}{2}n(n+1)$ speciellen Invarianten bleiben auch bei *uneigentlichen* orthogonalen Transformationen ungeändert, aber im vorliegenden Falle existiren noch Invarianten, welche *nur* bei *eigentlichen* orthogonalen Transformationen ungeändert bleiben. Zu diesen gehört offenbar die Determinante des Functionensystems, nämlich:

$$|u_{ik}| \qquad (i, k = 1, 2, \ldots n),$$

da die Determinante des transformirten Systems linearer Functionen gleich dem Product:

$$|u_{ik}| \, |c_{ik}| \qquad (i, k = 1, 2, \ldots n)$$

wird. Diese Invariante $|u_{ik}|$ lässt sich desshalb nicht als *eindeutige* Function jener $\frac{1}{2}n(n+1)$ Invarianten:

$$\sum_{h=1}^{h=n} u_{ih} u_{kh} \qquad (i, k=1, 2, \ldots n;\ i \leqq k)$$

ausdrücken, sondern nur ihr *Quadrat* wird mittels der Relation:

$$|u_{ik}|^2 = \left| \sum_{h=1}^{h=n} u_{ih} u_{kh} \right| \qquad (i, k=1, 2, \ldots n)$$

als ganze rationale Function jener $\frac{1}{2}n(n+1)$ Invarianten dargestellt.

ÜBER DIE COMPOSITION DER SYSTEME VON n^2 GRÖSSEN MIT SICH SELBST.

VON

L. KRONECKER.

Monatsberichte der Königlich Preussischen Akademie der Wissenschaften zu Berlin vom Jahre 1890. S. 1081—1088.

ÜBER DIE COMPOSITION DER SYSTEME VON n^2 GRÖSSEN MIT SICH SELBST.

[Gelesen in der Akademie der Wissenschaften am 22. Mai 1890.]

I.

Bedeuten $z_{ik}^{(1)}$ für $i, k = 1, 2, \ldots n$ unbestimmte Variable und $z_{ik}^{(r)}$ die n^2 Elemente desjenigen Systems, welches aus r-maliger Composition des Systems $(z_{ik}^{(1)})$ mit sich selbst hervorgeht, so sind die Grössen $z_{ik}^{(r)}$ durch die Gleichungen definirt:

$$(1) \qquad \sum_{h=1}^{h=n} z_{ih}^{(1)} z_{hk}^{(g-1)} = z_{ik}^{(g)} \qquad \begin{pmatrix} i, k=1, 2, \ldots n \\ g=1, 2, \ldots r \end{pmatrix},$$

und es bestehen auch die allgemeineren Relationen:

$$(2) \qquad \sum_{h=1}^{h=n} z_{ih}^{(l)} z_{hk}^{(m)} = z_{ik}^{(l+m)} \qquad \begin{pmatrix} i, k=1, 2, \ldots n \\ l, m=0, 1, 2, \ldots \end{pmatrix},$$

wenn für den oberen Index Null:

$$z_{ik}^{(0)} = \delta_{ik} \qquad (i, k=1, 2, \ldots n)$$

gesetzt wird.

Bedeuten nun ferner:

$$\text{rec.}\,(a_{ik}) \qquad (i, k=1, 2, \ldots n)$$

die n^2 Elemente des zu einem System (a_{ik}) reciproken Systems, so sind dieselben durch die Relationen bestimmt:

$$(3) \qquad \sum_{i=1}^{i=n} a_{ih} \operatorname{rec.}(a_{ik}) = \delta_{hk} \qquad (h, k=1, 2, \dots n)$$

und stehen zu den Adjungirten der Grössen a_{ih} in der einfachen Beziehung:

$$\operatorname{adj.}(a_{ik}) = |a_{ik}| \operatorname{rec.}(a_{ik}) \qquad (i, k=1, 2 \dots n).$$

Dies vorausgeschickt, erhält man, wie ich bereits im art. VII meines im Monatsbericht vom Februar 1873 abgedruckten Aufsatzes*) gezeigt habe, die folgende Reihenentwickelung von rec. $(z\delta_{ik} - z_{ik}^{(1)})$ nach fallenden Potenzen der Variabeln z:

$$(4) \qquad \operatorname{rec.}(z\delta_{ik} - z_{ik}^{(1)}) = \sum_{r=0}^{r=\infty} \frac{z_{ki}^{(r)}}{z^{r+1}} \qquad (i, k=1, 2, \dots n).$$

Denn der Definitionsgleichung für rec. $(z\delta_{ik} - z_{ik}^{(1)})$, wie sie gemäss der Gleichung (3) zu formuliren ist:

$$(5) \qquad \sum_{i=1}^{i=n} (z\delta_{ih} - z_{ih}^{(1)}) \operatorname{rec.}(z\delta_{ik} - z_{ik}^{(1)}) = \delta_{hk} \qquad (h, k=1, 2, \dots n)$$

wird genügt, wenn man für rec. $(z\delta_{ik} - z_{ik}^{(1)})$ die Reihe auf der rechten Seite der Gleichung (4) substituirt, da alsdann der Ausdruck auf der linken Seite der Gleichung (5) in folgenden übergeht:

$$\sum_{r=0}^{r=\infty} \frac{1}{z^{r+1}} \sum_{i=1}^{i=n} (z\delta_{ih} - z_{ih}^{(1)}) z_{ki}^{(r)},$$

welcher bei Anwendung der Gleichung (1) sich auf die Differenz:

*) „Ueber die verschiedenen *Sturm*'schen Reihen und ihre gegenseitigen Beziehungen."[1])

[1]) Band I S. 303—348 dieser Ausgabe; s. S. 336—345. H.

$$\sum_{r=0}^{r=\infty} \frac{z_{kh}^{(r)}}{z^r} - \sum_{r=0}^{r=\infty} \frac{z_{kh}^{(r+1)}}{z^{r+1}},$$

d. h. also in der That auf δ_{hk} reducirt.

In der Gleichung (4) sind die Elemente der durch Composition mit sich selbst entstehenden Systeme als Entwickelungscoefficienten dargestellt. Man kann dies noch dahin formuliren,

dass die nach fallenden Potenzen von z fortschreitende unendliche Reihe:

$$\sum_{r=0}^{r=\infty} \frac{1}{z^{r+1}} \sum_{i,k} z_{ik}^{(r)} x_i' y_k' \qquad (i, k=1, 2, \ldots n),$$

deren Coefficienten bilineare Formen der je n Variabeln x', y' sind, gleich der Reciproken der bilinearen Form:

$$z \sum_k x_k y_k - \sum_{i,k} z_{ik} x_i y_k \qquad (i, k=1, 2, \ldots n)$$

ist,

und hieraus ergeben sich unmittelbar die nothwendigen und hinreichenden Bedingungen dafür, dass aus wiederholter Composition eines Systems mit sich selbst zwei Systeme hervorgehen, welche einander gleich oder auch nur in Bezug auf ein gegebenes Primmodulsystem einander congruent sind. Dabei ist jedoch die Voraussetzung hinzuzufügen, dass die Determinante des Systems nicht gleich oder congruent Null sei.

II.

Bezeichnet man mit:

$$\mathfrak{z}_{ik}^{(1)} \qquad (i, k=1, 2, \ldots n)$$

n^2 ganze Grössen eines natürlichen Rationalitätsbereichs $(\mathfrak{R}', \mathfrak{R}'', \ldots)$ und mit $(\mathfrak{M}', \mathfrak{M}'', \ldots)$ ein Primmodulsystem desselben Bereichs, so kann die obige Frage dahin formulirt werden, unter welchen Bedingungen die n^2 Congruenzen:

$$\mathfrak{z}_{ik}^{(l)} \equiv \mathfrak{z}_{ik}^{(l+m)} \quad (\text{modd. } \mathfrak{M}', \mathfrak{M}'', \ldots) \qquad \begin{pmatrix} i, k=1, 2, \ldots n \\ l \geqq 0, m > 0 \end{pmatrix} \tag{6}$$

erfüllt sind, während die Determinante:

$$\left| \mathfrak{z}_{ik}^{(1)} \right| \qquad (i, k=1, 2, \ldots n)$$

modulis $\mathfrak{M}', \mathfrak{M}'', \ldots$ *nicht* congruent Null ist.

Gemäss der Gleichung (2) geht aus der Congruenz (6) die folgende hervor:

$$\mathfrak{z}_{ik}^{(l)} \equiv \sum_{h=1}^{h=n} \mathfrak{z}_{ih}^{(l)} \mathfrak{z}_{hk}^{(m)} \quad (\text{modd. } \mathfrak{M}', \mathfrak{M}'', \ldots) \qquad (i, k=1, 2, \ldots n),$$

und es kommt also, wenn mit $\mathfrak{Z}_{gi}^{(l)}$ die Adjungirte von $\mathfrak{z}_{ig}^{(l)}$ bezeichnet wird:

$$\sum_{i=1}^{i=n} \mathfrak{Z}_{gi}^{(l)} \mathfrak{z}_{ik}^{(l)} \equiv \sum_{h=1}^{h=n} \mathfrak{z}_{hk}^{(m)} \sum_{i=1}^{i=n} \mathfrak{Z}_{gi}^{(l)} \mathfrak{z}_{ih}^{(l)} \quad (\text{modd. } \mathfrak{M}', \mathfrak{M}'', \ldots) \qquad (g, k=1, 2, \ldots n)$$

oder:

$$\left| \mathfrak{z}_{gk}^{(1)} \right|^l (\delta_{gk} - \mathfrak{z}_{gk}^{(m)}) \equiv 0 \quad (\text{modd. } \mathfrak{M}', \mathfrak{M}'', \ldots) \qquad (g, k=1, 2, \ldots n).$$

Da nun die Determinante $\left| \mathfrak{z}_{gk}^{(1)} \right|$ nicht congruent Null ist, so ergiebt sich die Congruenz:

$$\mathfrak{z}_{ik}^{(m)} \equiv \delta_{ik} \quad (\text{modd. } \mathfrak{M}', \mathfrak{M}'', \ldots) \qquad (i, k=1, 2, \ldots n)$$

und hiermit das Resultat:

Wenn überhaupt bei der Composition eines Systems $(\mathfrak{z}_{ik}^{(1)})$ mit sich selbst ein und dasselbe System mehr als einmal vorkommt, so muss dabei auch das Einheitssystem vorkommen, und wenn dieses zum ersten Male bei ν-maliger Composition auftritt, so gehen aus der Composition von $(\mathfrak{z}_{ik}^{(1)})$ mit sich selbst nur die ν verschiedenen Systeme:

$$(\delta_{ik}),\ (\mathfrak{z}_{ik}^{(1)}),\ (\mathfrak{z}_{ik}^{(2)}),\ \ldots\ (\mathfrak{z}_{ik}^{(\nu-1)}) \qquad (i, k=1, 2, \ldots n)$$

hervor.

Für die Existenz einer Congruenz (6) ist daher die einer Congruenz:

$$\mathfrak{z}_{ik}^{(\nu)} \equiv \delta_{ik} \quad (\text{modd. } \mathfrak{M}', \mathfrak{M}'', \ldots) \qquad (i, k=1, 2, \ldots n)$$

nothwendige und hinreichende Bedingung, und man kann demnach die weitere Untersuchung in *der* Weise führen, dass man das System der n^2 *unbestimmten Variabeln* $z_{ik}^{(1)}$ im Sinne der Congruenz für das aus n^2 Elementen:

$$z_{ik}^{(\nu)} - \delta_{ik} \qquad (i, k=1, 2, \ldots n)$$

bestehende Modulsystem behandelt.

III.

Für das Modulsystem $(z_{ik}^{(\nu)} - \delta_{ik})$ geht die aus der Gleichung (2) resultirende Congruenz:

$$\sum_{h=1}^{h=n} z_{ih}^{(\nu)} z_{hk}^{(m)} \equiv z_{ik}^{(\nu+m)} \qquad (i, k=1, 2, \ldots n)$$

über in:

$$z_{ik}^{(m)} \equiv z_{ik}^{(\nu+m)} \qquad (i, k=1, 2, \ldots n),$$

und die Gleichung (4) verwandelt sich demnach in die Congruenz:

$$(7) \qquad (z^\nu - 1) \operatorname{rec.} (z\delta_{ik} - z_{ik}^{(1)}) \equiv \sum_{r=0}^{r=\nu-1} z_{ki}^{(r)} z^{\nu-r-1} \qquad (i, k=1, 2, \ldots n),$$

deren Inhalt man auch dahin formuliren kann,

dass die Reciproke der bilinearen Form:

$$z\sum_k x_k y_k - \sum_{i,k} z_{ik}^{(1)} x_i y_k \qquad (i, k=1, 2, \ldots n)$$

für das Modulsystem:

$$(z_{ik}^{(\nu)} - \delta_{ik}) \qquad (i, k=1, 2, \ldots n)$$

der bilinearen Form:

$$\frac{1}{z^\nu - 1} \sum_{i,k,r} z^{\nu-r-1} z_{ik}^{(r)} x_i' y_k' \qquad \begin{pmatrix} i, k=1, 2, \ldots n \\ r=0, 1, \ldots \nu-1 \end{pmatrix}$$

congruent ist.

Es ergiebt sich also als eine nothwendige Bedingung für die Existenz einer Congruenz (6):

$$\mathfrak{z}_{ik}^{(l)} \equiv \mathfrak{z}_{ik}^{(l+m)} \quad (\text{modd. } \mathfrak{M}', \mathfrak{M}'', \ldots) \qquad (i, k=1, 2, \ldots n),$$

dass die Reciproke der bilinearen Form:

$$(8) \qquad z\sum_k x_k y_k - \sum_{i,k} \mathfrak{z}_{ik}^{(1)} x_i y_k \qquad (i, k=1, 2, \ldots n),$$

nach Multiplication mit $z^\nu - 1$, einer *ganzen* Function von z *modulis* $\mathfrak{M}'$, $\mathfrak{M}''$, ... congruent werde.

Dass diese Bedingung aber auch eine *hinreichende* ist, erkennt man unmittelbar, wenn man in der Congruenz:

$$\text{rec.}\,(z\delta_{ik} - z_{ik}^{(1)}) \equiv \frac{1}{z^\nu - 1} \sum_{h=0}^{h=\nu-1} z_{ki}^{(h)} z^{\nu-h-1} \qquad (i, k=1, 2, \ldots n),$$

welche der Bedingung gemäss bestehen muss, den Ausdruck auf der rechten Seite auf die Form bringt:

$$\sum_{g=0}^{g=\infty} \sum_{h=0}^{h=\nu-1} \frac{z_{ki}^{(h)}}{z^{g\nu+h+1}} \qquad (i, k=1, 2, \ldots n),$$

da alsdann aus der Vergleichung mit dem Ausdruck auf der rechten Seite der Gleichung (4) die nachzuweisende Congruenz:

$$z_{ki}^{(g\nu+h)} \equiv z_{ki}^{(h)} \qquad (i, k=1, 2, \ldots n)$$

resultirt.

IV.

Für den speciellen Fall, wo an Stelle der Congruenzen Gleichungen treten, wird durch die Bedingung,

> dass die Elemente des zu $(z\delta_{ik} - \mathfrak{z}_{ik}^{(1)})$ reciproken Systems sich als rationale Functionen von z *mit dem Nenner* $z^\nu - 1$ darstellen lassen,

wohl in der einfachsten und übersichtlichsten Weise ein System $\mathfrak{z}_{ik}^{(1)}$ überhaupt als ein solches charakterisirt, dessen ν-malige Composition mit sich selbst das Einheitssystem liefert.*) Nun ist eine bilineare Form:

$$\sum_{i,k} (z\delta_{ik} - \mathfrak{z}_{ik}^{(1)})\, x_i y_k \qquad (i, k=1, 2, \ldots n)$$

dann und nur dann in die Form:

$$\sum_{h=1}^{h=n} (z - \zeta_h)\, \xi_h \eta_h$$

transformirbar, d. h. die n^2 Grössen $\mathfrak{z}_{ik}^{(1)}$ sind dann und nur dann in der Form:

(9)
$$\mathfrak{z}_{ik}^{(1)} = \sum_{h=1}^{h=n} c_{ih}\, \zeta_h\, c'_{hk} \qquad (i, k=1, 2, \ldots n)$$

---

*) Dem Wesen, wenn auch nicht der Form nach findet sich die Bedingung schon in einem vom 4. April 1887 datirten Aufsatze des Hrn. *Lipschitz* (Acta Mathematica X, S. 137).

darstellbar, in welcher (c_{ik}), (c'_{ik}) zu einander reciproke Systeme bedeuten, wenn die ganze Function von z, welche in dem einfachsten Ausdrucke der Reciproken von:

$$\sum_{i,k} (z\delta_{ik} - \mathfrak{z}_{ik}^{(1)})\, x_i y_k \qquad (i, k=1, 2, \ldots n)$$

den Nenner bildet, keine gleichen Factoren enthält.*) Da diese Reciproke für die oben charakterisirten Systeme $\mathfrak{z}_{ik}^{(1)}$ als ein Ausdruck mit dem Nenner $z^\nu - 1$ erscheint, so ist die angegebene Bedingung erfüllt, und es lassen sich daher die Elemente $\mathfrak{z}_{ik}^{(\nu)}$ jedes Systems, für welches die Gleichung:

$$\text{(10)} \qquad \mathfrak{z}_{ik}^{(\nu)} = \delta_{ik} \qquad (i, k=1, 2, \ldots n)$$

besteht, in der Form (9) darstellen. Die Gleichung (10) geht aber alsdann in folgende über:

$$\sum_{h=1}^{h=n} c_{ih}\, \zeta_h^\nu\, c'_{hk} = \delta_{ik} \qquad (i, k=1, 2, \ldots n),$$

und hieraus resultirt, wenn man auf beiden Seiten mit $c'_{gi} c_{kg}$ multiplicirt und dann über alle Werthe von i und k summirt, die Bedingung:

$$\zeta_g^\nu = 1 \qquad (g=1, 2, \ldots n)$$

als eine nothwendige, welche sich aber offenbar auch als eine hinreichende erweist. In der Form (9) sind also, wenn ν die kleinste Zahl ist, für welche die n Bedingungen:

$$\zeta_1^\nu = 1, \quad \zeta_2^\nu = 1, \ldots \zeta_n^\nu = 1$$

zugleich erfüllt werden, *alle* Systeme $\mathfrak{z}_{ik}^{(1)}$ und *nur* solche enthalten, welche

---

*) Dieser Satz ist vollständig analog demjenigen über quadratische Formen, welchen ich im art. III meiner vorhergehenden Abhandlung „über orthogonale Systeme" entwickelt und dort mit (21) bezeichnet habe.[1]) Der Beweis ist auch genau in derselben Art wie a. a. O. zu führen.

[1]) Band III S. 369—459 dieser Ausgabe; s. S. 385—386. H.

erst nach ν-maliger Composition mit sich selbst das Einheitssystem liefern.*)

Die vorstehenden Entwickelungen, welche ganz unmittelbar aus denjenigen meiner schon oben citirten Abhandlung vom Februar 1873 und aus meinen in den Monatsberichten von 1874 veröffentlichten Mittheilungen über bilineare Formen[1]) hervorgehen, habe ich, genau in der hier auseinandergesetzten Weise, schon im Wintersemester 1875/76 und alsdann auch wiederholentlich in meinen Universitätsvorlesungen über Determinantentheorie vorgetragen. Die Darlegung der weiteren Ergebnisse, welche ich aus meiner neueren Behandlungsweise der bilinearen Formen gewonnen habe, behalte ich einer folgenden Mittheilung vor; aber einige der hauptsächlichsten will ich schon hier anführen.

Ist $F(z)$ eine ganze Function m^{ten} Grades der Variabeln z, in welcher der Coefficient von z^m gleich *Eins* ist, und setzt man:

$$F(z) = z^m - \sum_k c_{mk} z^k \qquad (k=0, 1, \ldots m-1),$$

so werden durch die Congruenz:

$$z^r \equiv \sum_k c_{rk} z^k \quad (\text{mod. } F(z)) \qquad (k=0, 1, \ldots m-1)$$

die Coefficienten c_{rk} für jede positive ganze Zahl r vollkommen bestimmt. Dabei ist offenbar für $r < m$:

$$c_{rk} = \delta_{rk} \qquad (k=0, 1, \ldots m-1),$$

und für $r = m$ stimmen die Coefficienten c_{mk} in der Congruenz mit denen von $F(z)$ überein.

Die m^2 Elemente des Systems:

$$(c_{h+1,\,k}) \qquad (h, k=0, 1, \ldots m-1)$$

*) Vergl. die Ausführungen in der vom Juni 1877 datirten Abhandlung des Hrn. *Camille Jordan* (Journal für Mathematik, Bd. 84, S. 112).

[1]) Band I S. 349—414, 421—483 dieser Ausgabe. H.

bilden die Coefficienten des von z unabhängigen Theiles der bilinearen Form:

$$z\sum_{k=0}^{k=m-1} x_k y_k - \sum_{k=1}^{k=m-1} x_{k-1} y_k - x_{m-1} \sum_{k=0}^{k=m-1} c_{mk} y_k,$$

deren Determinante gleich $F(z)$ ist. Durch diese bilineare Form wird, wegen der Variabilität von z, eine *Schaar* repraesentirt, und zwar eine in Beziehung auf einen gegebenen Rationalitätsbereich „elementare“, d. h. nicht weiter zerfällbare Schaar, wenn $F(z)$ die Potenz einer in demselben Rationalitätsbereich irreductibeln Function von z ist.

Das in allgemeinerer Weise durch irgend welche m auf einander folgende Werthe des ersten Index charakterisirte System:

$$(c_{h+\nu,\,k}) \qquad {\scriptstyle (h,\; k=0,\,1,\,\ldots,\,m-1)}$$

entsteht aus der ν-maligen Composition des speciellen Systems:

$$(c_{h+1,\,k}) \qquad {\scriptstyle (h,\; k=0,\,1,\,\ldots\, m-1)}$$

mit sich selbst. Ein solches System ist wegen der Congruenz:

$$z^{h+\nu} \equiv \sum_k c_{h+\nu,\,k}\, z^k \quad (\text{mod. } F(z)) \qquad {\scriptstyle (h,\; k=0,\,1,\,\ldots\, m-1)}$$

offenbar dann und nur dann das Einheitssystem (δ_{hk}), wenn $F(z)$ ein Theiler von $z^\nu - 1$ ist.

Bezeichnet man ein System von m^2 ganzen Zahlen, welches erst bei ν-maliger Composition mit sich selbst das Einheitssystem ergiebt, als ein „uneigentliches zum Exponenten ν gehörendes Einheitssystem“, so ist $(c_{h+1,\,k})$ ein solches, wenn ν die kleinste Zahl ist, für welche $z^\nu - 1$ durch $F(z)$ theilbar wird. Bezeichnet man ferner diejenigen uneigentlichen Einheitssysteme als „primitive“, für welche $F(z)$ der zu ν gehörige irreductible Factor von $z^\nu - 1$ ist, so kann man das Hauptresultat der Untersuchung dahin formuliren, dass es diese primitiven uneigentlichen Einheitssysteme sind, durch welche sich *alle* uneigentlichen Einheitssysteme in einfachster Weise darstellen lassen. Dabei ist noch hervorzuheben, dass sich für den Fall $F(z) = z^m - 1$ das System $(c_{h+1,k})$ auf das uneigentliche Einheitssystem:

$$(\delta_{h+1,k}) \qquad (h, k = 0, 1, \ldots m-1)$$

reducirt, in welchem aber δ_{mk} durch δ_{0k} zu ersetzen ist. Da hierdurch eine cyklische Substitution dargestellt wird, so sieht man, dass sich hier eine bemerkenswerthe, aber, wie ich glaube, noch nicht bemerkte Zerlegungsweise cyklischer Substitutionen ergiebt.

Druckfehlerverzeichniss zum dritten Bande.

S. 113 Z. 2 v. o. statt „1895" lies „1885".

S. 356 Z. 8 v. o. statt „$x_1^{p_1} x_2^{p_2}, \ldots x_n^{p_n}$" lies „$x_1^{p_1} x_2^{p_2} \ldots x_n^{p_n}$".

S. 387 Z. 8 v. o. statt „$\sum_h p_h c_{hi} c_{hk}$" lies „$\sum_h \frac{p_h}{q_h} c_{hi} c_{hk}$".

(Verbesserung gegen das Original.)